U0160760

人们的食物恰如其生活

湖　岸
Hu'an publications®

TRISTRAM
STUART

不流血 THE 的革命

BLOODLESS REVOLUTION

素食主义
文化史

〔英〕
特里斯特拉姆·斯图尔特

—

著

丘德真
李静怡
王汐朋

—

译

中信出版集团 | 北京

图书在版编目（CIP）数据

不流血的革命：素食主义文化史 /（英）特里斯特
拉姆·斯图尔特著；丘德真，李静怡，王汐朋译. -- 北
京：中信出版社，2020.7
书名原文：The Bloodless Revolution: A Cultural
History of Vegetarianism From 1600 to Modern Times
ISBN 978-7-5217-1621-4

Ⅰ.①不… Ⅱ.①特… ②丘… ③李… ④王… Ⅲ.
①全素膳食－文化研究 Ⅳ.① TS971.2

中国版本图书馆 CIP 数据核字 (2020) 第 032181 号

不流血的革命——素食主义文化史

著　者：[英]特里斯特拉姆·斯图尔特
译　者：丘德真 李静怡 王汐朋
出版发行：中信出版集团股份有限公司
　　　　　（北京市朝阳区惠新东街甲 4 号富盛大厦 2 座　邮编　100029）
承 印 者：三河市紫恒印装有限公司

开　本：880mm×1230mm　1/32　　印　张：15.5　　字　数：360 千字
版　次：2020 年 7 月第 1 版　　　　印　次：2020 年 7 月第 1 次印刷
京权图字：01-2020-2076　　　　　　广告经营许可证：京朝工商广字第 8087 号
书　号：ISBN 978-7-5217-1621-4
定　价：78.00 元

献给我的父亲

西蒙·斯图尔特

(1930—2002)

丛书序
Preface to the Series

在 2008 年的汶川大地震中，被埋在废墟下 36 天却仍顽强活了下来的"猪坚强"被一家博物馆收养，成为生命力顽强的一个象征；同样是在这次地震中，一个因救了 49 名村民而被称为义犬的小狗"小花"，却出于防疫理由而被"依法"吊死——人类社会中有许多非人类动物，我们以不同的方式依赖着他们，[1] 他们与我们有着许多相似之处，甚至在许多方面超过我们，但我们的法律却将他们等同于无生命的财产。无论是在灾难时，还是在日常生活当中，我们应该如何对待他们，这是一个实实在在的伦理问题。

在改革开放以后，中国野味市场的繁荣威胁到了大量野生动物的生存。禾花雀在迁徙过程中，从内蒙古一路到广东，被无数设在田野和山间的拦网捕获，成为被贩卖的野味。短短十几年间，这种候鸟就由无危物种变成了濒危物种。亚洲人对于穿山甲的药用迷信和滥用也已经威胁到非洲穿山甲的生存。对于我

---

1 在古代汉语中，第三人称指示代词通常没有在指示动物与人之间进行刻意的分别，也不存在男女性别上的分别，都是用"他"，这无疑与汉语的普遍性特征有关。"她"和"它"两个字都是 20 世纪二三十年代的发明，既是受到西方语言的影响，也是出于翻译上的需要。汉语在第三人称指示上的这一无分别的特点，在当代伦理背景下，是一个不可多得的语言优势：在西方语言当中，一些人正在试图改变那些具有性别歧视色彩或嫌疑的用法和习惯，这一思潮也在动物伦理的领域中涌动。因此，郭鹏主张在行文中，回归汉语的一贯语法，也用"他"来做第三人称指示，而不做人与其他动物的分别。在性别指示上，由于需要体现译文的特点，在必要的时候仍然沿用英语的用法，用现代汉语中的"她"来翻译"she"。

们而言，野生动物意味着什么？是需要被开发的无尽资源，还是需要受到保护的脆弱的生态要素？野生动物有国籍吗？在全球化时代，各国对野生动物保护的使命要如何分担？经济发展与生态繁荣不可得兼吗？一个不受人类文明侵害的自然世界是可能的吗？

数千年来，在中国传统农业社会当中充当家庭卫士的看家狗，在当代中国是没有"户口"的。他们与城市里的宠物狗的处境相当不同，不仅没有基本的健康保障，安全也成了大问题。他们随时可能会因为被盗而被送上餐桌，也有可能因为"打狗令"而被集体暴力扑杀——中国城乡的不同制度，也表现在对待动物的不同上。如何缩小这种差距，这是当代中国社会管理面临的一个严峻挑战。

加拿大肆意屠杀海豹的行为受到了来自本国及世界各国家的抗议。2009年，欧盟就关掉了从加拿大进口海豹皮的市场。随后，加拿大渔业部看中了中国这个"土豪"，想把海豹皮及海豹肉都卖给中国。当被问及为什么要把海豹产品卖到中国时，加拿大研发和生产海豹油产品的帝比爱工业公司（DPA Industries）董事长韦恩·麦金农（Wayne Mackinnon）就说："中国人什么都吃。并且他们完全搞不懂为什么你们把一种动物看得比另一种动物更高。"他乐观地估计，在未来的十年，仅仅靠中国市场就可以包销所有的海豹制品。2010年7月28日，西班牙加泰罗尼亚地区议会以68票赞成，55票反对，通过斗牛禁令，决定从2012年1月1日开始禁止在该地区举行斗牛活动。但就在2009年左右，有西班牙人想在北京怀柔建一个大型斗牛场，也是看好中国这个巨大的市场。由于动物福利法和反虐待动物法的缺席，近三十年来，各种涉嫌虐待动物的产业都在向中国转移，包括原皮生产业、动物实验产业，乃至虐待动物的影像产业等。在全球化的商业时代，中国政府和人民应当如何在动物问题上保持警惕，使自己不再成为其他国家或者外国企业和机构倾倒伦理垃圾的场所，这是一个值得政府和民众高度关注的问题。

在一套学术研究书系的序言当中列举这些具体事例似乎是不恰当的，但促使我们开始思考动物问题并决定系统地翻译和出版这套"动物研究丛书"的动力，正是来自我们所面对的种种紧迫现实问题。中国是世界的一部分，在现代化的过程当中，我们时刻面临着与动物相关的社会问题。而想要解决这些问题，无论是推动立法，还是促进社会共识的达成，我们都急需关于动物的知识——这些知识既包括与动物相关的伦理学、政治学、历史学、法学、社会学和人类学的知识，也包括动物心理、动物行为、动物语言、动物认知和意识等方面的知识。

在动物问题上，伦理、科学和政治是如此密切地关联在一起。如果我们想要推动受人类剥削和奴役的非人类动物的处境的根本改善，我们首先需要拓展人们对于动物本身的了解，并增加人们对于动物问题的认知。人们只有充分了解了事实才有可能改变态度，也只有改变了态度才有可能改变自己的行为。只有当人们开始严肃思考这些与动物相关的问题并反思自己行为的时候，我们才有可能寻求在法律和制度上的修正与完善。

这是一个庞大的工程，我们需要从多学科的研究入手，以期最终在实践当中形成有益的综合。在这套丛书当中，我们既选取了专业性比较强的哲学和科学著作，也选取了有利于大众知识普及的一般性作品，还有一些可用作教科书或专业指导手册的书。我们既选取了一些有影响力的专著，也选取了一些讨论前沿问题的文集。

这个与动物相关的议题，已经在中国开始得到越来越多的社会关注。之前曾有莽萍主编的"护生文丛"面世，其中包含汤姆·里根关于动物权利的重要著作《打开牢笼：面对动物权利的挑战》以及莽萍、蒋劲松和田松等著的《物我相融的世界：中国人的信仰、生活与动物观》。蒋劲松教授多年在媒体上呼吁动物保护的时评文章后来作为文集《素食男的一千零一夜》出版。然而，从总体上看，学术界和出版界在这方面的表现还是不够积极的。

彼得·辛格教授的《动物解放》一书的简体中文版最早在 1999 年由光明

日报出版社出版，当时采用的是钱永祥教授和孟祥森先生的繁体中文版译文。但由于两岸在语言习惯上已经出现明显差异，这个译本在当时的销量并不乐观。青岛出版社在 2006 年出版了祖述宪教授的译本，这个译本受到佛教界的欢迎，出版后不久就脱销了。出于教学的用书需要，郭鹏曾努力推动这个译本的再版，却遇到了很大困难。后来郭鹏在 2009 年澳大利亚纽卡斯尔举办的首届动物与社会国际学术和社区大会（Minding Animals）上结识了彼得·辛格教授，并在 2012 年邀请他来中国访学。2013 年，她收到了辛格教授写来的电子邮件，询问《动物解放》在国内再版的情况。她于是联系了"湖岸出版"的景雁先生和唐奂女士，并相约在济南会面。

正是在这次会面当中，我们决定共同筹划出版一个动物研究的书系。这个计划得到了彼得·辛格教授和钱永祥教授的支持，他们欣然同意加入丛书的学术指导委员会，尤其在书目遴选上贡献了许多宝贵意见。这个计划也促成了郭鹏所在的山东大学动物保护研究中心与辛格教授所在的普林斯顿大学人类价值研究中心的合作。由于这个机缘，这个书系就以 2018 年再版的、采用祖述宪教授译本的《动物解放》为开端。湖岸出版也因此将动物关怀作为其一个重要出版方向。

在书目推荐上，我们还得到了陈家富、王珀、魏玉保和张卓远等人的支持，在此一并致谢！我们感谢每一位作者和译者，他们当中有长期从事与动物相关研究的科学或人文学者，也有关心动物问题的专业译者。他们的艰辛劳动是这个出版计划得以实现的最关键因素。我们还要特别感谢山东大学动物保护研究中心和普林斯顿大学人类价值研究中心对于本丛书出版的大力支持。

最后，欢迎广大读者就在阅读过程中发现的问题及时反馈给我们的编辑（联系邮箱：info@huan404.com），以便我们在再版时进行修订。

郭鹏 景雁

2020 年 5 月

推荐序

Preface

《不流血的革命》是一本精彩有趣的书，它以素食主义为线索，讲述了近四百年来的欧洲文化发展史。

在欧洲文化的语境中，发生在 1688—1689 年间的英国"光荣革命"常被称为"不流血的革命"，因为那是一场没有暴力冲突和流血牺牲的革命。本书也名为"不流血的革命"，但它与英国的"光荣革命"没有关系，而是特指"饮食革命"，即从以肉为主的饮食习惯尝试转变为素食，同时以素食的方式来重新审视人与动物、与自然环境、与自身健康等的关系，由此试图建构一种新的生态秩序和价值观。在这个意义上，素食这场"不流血的革命"或许更为"光荣"。

谈到素食，人们心里闪现的第一个词可能是"动物"，第二个词可能是"营养"，第三个则可能是一个问题（不妨把它称为"素食问题"）："关心动物与我获得营养（健康），哪个更重要？"我们会发现，在"常识"的意义上，"素食问题"间接地将人的生存与动物的生存对立起来，使道德关怀和责难在"困境"中展开张力，也使得这种思考具有剧烈的冲突性。不过，"素食问题"所带来的"困境"并非真实的困境，我们需要以科学重新审视"常识"。人们普遍认为，长期匮乏动物性蛋白质等营养元素，可能不利于健康，甚至可能导致疾病。但事实上，这是一种严重的误解。在广义素食的意义上（这时食料范围包括植物和藻类，还包括蛋类和乳品），素食可以完全提供人类所需的每一种营养物质。换言之，素食与全面膳食（这里特别说明，以营养学的规范术语表述，与"素食"

相对的概念是"全面膳食",而不是"肉食"),在营养物质供给覆盖面的意义上,没有任何差别。除非是处于供给不足或种类单一的境况,目前的营养学研究尚未发现素食对健康的负面影响。反而是,在流行病学研究的意义上,素食对健康具有明显的正面影响。因此,那种"常识"只是人们长久以来的一种偏见。在现代科学之光的启蒙下,相信越来越多的偏见都将逐渐呈现出背后的真相。当然,素食主义并不是仅仅出于关怀动物,它更是出于对人的健康、环境保护、可持续发展、资源分配、社会正义、生命意义等多重主题的关切。素食主义处理的不仅是人与动物的关系,更是人与人之间,乃至人与心灵之间的关系。这些更为深入的议题,都在本书中有相关的精彩讲述。

作为一种具有全球性影响的社会思潮,现代素食主义诞生在工业社会。其社会原因大致有两个方面。其一,物质生活的足够丰富为人类反思饮食提供了可能性。素食观念古已有之(往往伴随着宗教而存在),但就如同饥饿时不可能考虑节食,食物匮乏的情境下也无从谈论素食。故而在古代,无论选择何种饮食方式,宏观而言都是被动的妥协。进入现代工业社会后,生产力的高速发展使人类在一定程度上摆脱了物质条件对基本生存需要的束缚。人类在饱食之余开始思考饮食的由来与意义,素食从此才是出自理性的选择,方生成伦理的意义。其二,破坏自然引发的灾难为人类反思饮食提供了必要性。19世纪以来工业的高速发展一定程度上破坏了地球母体的自我修复功能,严重受损的自然以复仇者的身份闯入人类生活,给人类带来了应对不及的灾难,生态和环境问题的严峻性使人类不得不重视起来。联合国环境规划署(UNEP)明确指出,以肉食品为生产目的的动物养殖业和石化燃料的使用,是全球环境恶化的两大主因。素食主义作为环境保护中重要的主题,其严肃性日益突显。

众所周知,饮食习惯与思想观念具有高度的同构性。在现代素食运动诞生以前,世界上绝大多数人都是全面膳食者。那时零星的素食者由于行为私人化,或作为少数群体局限于特定地域,因而没有影响到全世界主流社会的价值观。现代素食主义思潮的出现,为原来的饮食观念世界展开了一个新的境域。

自此，环境保护也好，动物保护也好，不再仅仅是"我们"对自然生态的宏大叙事，而是内化成为每一个"我"直接面临的生活抉择。在个体最日常的饮食行为中，伴随着"吃还是不吃"的思索，新的世界观和价值观在无声地逐渐生成。尽管这种抉择是私人性的，尚不具普遍的伦理规范力，但随着对未经反思的生活经验的重新认识，素食主义或将成为人类未来生活的新伦理观。

本书的英文书名直译为"不流血的革命——1600 年以来的素食主义文化史"，严格来说，如果副书名中加上"欧洲"两字会更为精确。毕竟本书没有涉及欧洲（和作为欧洲殖民地的印度）以外的全球其他地区，特别是，没有涉及包括中国在内的东亚地区。当然，考虑到本书原本是面向欧美世界的读者，本不必苛求。然而，如果从更广阔的视野来看世界素食观念的发生和发展史，那么包括中国在内的亚洲地区，它们在历史上一直以蔬谷为主要食物，则有着更为深厚的素食传统。著名思想家史怀哲就说过："中国伦理学的伟大在于，它天然地并在行动上同情动物。"在全球一体化的今天，东方与西方都在致力于生态共同体的构建，以期将人类与鸟兽草木、与山河大地的命运紧密联结起来。

本书的繁体中文版由两位台湾学者翻译，笔触华美，文意传神。考虑到两岸在一些语言表述上有习惯用法的差异，同时繁体版中也有一些可以理解的讹误，所以在充分尊重繁体版的基础上，我对本书译文进行了审校修订，一些段落整块重译，历时约一年。在这一过程中，天津音乐学院外语教研室张烨副教授和天津医科大学优秀硕士生牛荣荣，为此付出了许多心血精力。湖岸出版的景雁先生给予了充分耐心和大力支持，责任编辑严谨细致地审读了全稿，并给出了切中肯綮的建议。在此对以上诸位表示深深感谢！

舌尖之上是对美的品味，舌尖之下是文明精神的蕴含。愿素食带给万物更多的善与美。

王汐朋
2019 年 10 月于天津医科大学

致谢

Acknowledgements

我非常感谢极富热情的文学代理戴维·戈德温以及超级无敌有耐心的编辑，包括哈珀·柯林斯出版集团的阿拉贝拉·派克、凯特·海德以及诺顿出版社的鲍勃·韦尔、汤姆·迈耶、安娜贝尔·赖特与莫拉格·莱尔。我也感谢几位无私的读者为我的初稿提出了深刻的建议：艾丽斯·阿尔比尼娅、约翰·伦纳德博士、霍安-帕乌·鲁维斯博士、汉娜·道森博士、科林·斯图尔特、吉姆·瓦特博士、史蒂夫·哈斯克尔与丹尼尔·威尔逊。数年来，汉娜·道森、丹尼尔·威尔逊与约翰·伦纳德成为我的知识启蒙者与伙伴，而霍安-帕乌·鲁维斯则在此书最后阶段付出了相当的心力与关注。我也很感谢奈杰尔·利斯克教授、理查德·格罗夫博士、莉齐·科林厄姆博士、阿帕纳·瓦蒂克博士与理查德·格兰特博士给我温暖的鼓励与协助。帕特里克·弗伦奇、凯特·特尔切博士、拉杰·谢卡尔·巴苏博士、戴维·艾伦博士、比旦·巴冉·慕克吉博士、迪尔温·诺克斯博士与迪帕克·库马尔博士也慷慨地帮助了我。在本书的调查研究过程中，基思·托马斯、蒂莫西·莫顿博士、安妮塔·圭里尼博士的著作也给了我极大的启发。我要特别感谢住在米尔福德的马丁·罗兰兹，投注毕生精力对约翰·泽弗奈亚·霍尔韦尔的个人豪邸"古堡宫殿"进行了漫长的研究；我还要感谢瓦拉迪侯爵的亲戚梅瑟斯·克里斯蒂安与于格·谢德比安，为我提供瓦拉迪的相关数据，包括侯爵与太太的肖像画。

本书中的主要研究于伦敦大英图书馆完成。我诚挚地感谢大英图书馆馆员，特别是贾尔斯·曼德布罗特与沙希·森，更感谢古书阅览室与东印度公司典藏室的工作人员，他们让我的生活更美好；谨向佩吉特·安东尼、夸梅·阿巴比奥、西塔·古纳辛加姆与西里尔·阿什利献上最温暖的谢意；感谢剑桥大学图书馆、法国国家图书馆、位于加尔各答的亚洲社会图书馆、印度国家图书馆、爱丁堡皇家医学院档案库、苏格兰国家图书馆、维多利亚和阿尔伯特博物馆与罗斯玛丽·克里和阿明·加法尔、牛津大学的博德利图书馆、新德里的尼赫鲁纪念图书馆、剑桥大学三一学院的莱恩图书馆、剑桥大学国王学院图书馆、伦敦图书馆、艾塞克斯档案室的馆员与工作人员；特别感谢数字图书馆的编译与编辑群，包括英国古书网、18世纪典藏网、文学网与近年发展的谷歌图书，此为学术研究的大革命。

我很幸运能在有田园诗景色的房屋里写作，感谢泰亨区的古尔德一家、夏丽蒂·加尼特的石头之家以及罗斯玛丽·萨默斯博士的9号住所。感谢斯图尔特与马瑟两家人给我的爱与宽容，感谢大家给我协助并忍耐我；感谢我的兄弟托马斯和科林，感谢你们不可思议的付出。如果不是这些人的爱，此书不可能完成，再次感谢我的导师与合作者，前述的艾丽斯，读者们应该感谢她，没有她就不会有这本书。感谢好友查利·莱菲尔德、詹姆斯·帕森斯与森格姆·麦克达夫，让我有更深远的眼光。我必须感谢大自然以及生活于其中的人类，我对众生充满好奇，并努力想要理解。最后，感谢我的爸爸，谢谢他教导我如何阅读，谨将此书献给他。

目　录

引言
Introduction

　　当威斯奈尔搬到乡下，必须亲手烧烤活生生的鸡时，他的腿软了。"我劝你现在就把它勒死，"朋友彼得焦虑地说，"免得你和它变成朋友。""我做不到啦！"威斯奈尔说道，"你看它楚楚可怜的眼睛。"这场对话是布鲁斯·罗宾逊的电影《我与长指甲》（1987）之中的一幕。1714 年，哲学家伯纳德·曼德维尔也有此困惑。"我怀疑是否有人能第一次杀鸡就上手，而且一点也不感到歉意，"他有几分挖苦地说道，"但是人们却心安理得地享用着从市场上买回来的牛肉、羊肉和鸡肉。"西方文明孕育出爱护动物的文化，但同时又认同人类具有宰杀、吃食动物的权利。今天，人们似乎在同情心与食欲间找到了平衡点，而寻找符合自身味蕾的生活方式也相当简单。"素食者"（vegetarian）一词创造于 19 世纪 40 年代；1847 年，"素食协会"出现了。虽然不时遭到消解或忽视，素食主义一直风起云涌。而在此之前，吃肉，作为一个公众议题，不仅关乎人类饮食选择，更关乎人在自然界的地位。

　　工业革命之前，应否吃肉是最激烈的一个辩论话题，人们希望以此定位人类与自然界应有的关系。最根本的问题是："人类该吃动物吗？"这对西方文明而言是一大挑战，因为他们原以为世间的万事万物皆为人类而生。而素食者则希望重新定义人类与自然的关系。"就算人是造物主,"素食者问道,"有哪种上帝会吞食自己的子民呢?"

一切要从《圣经》的首章《创世记》说起。上帝创造世界后,对亚当与夏娃说的第一句话便是:"要生养众多,遍满这地,治理它。也要管理海里的鱼、天空的鸟和地上各样活动的生物。"(《创世记》1: 28)在公元前4世纪的雅典城里,与《圣经》同样受到西方文明敬重的哲学家亚里士多德也有相同的看法:"植物为动物而生,而动物为人类而生。"西方文明的两大支柱为人类狩猎本能提供了宗教与哲学上的支持。由于"一百万年前原始人即如此",一切与当时人类不符的行为,也就得不到重新审视的机会。但是任何神殿都有罅隙,素食者们在其中埋下了撼动神殿的撬棍。

人若是大地之主,那么他的统治之下究竟包括了什么?根据《圣经》记载,一开始,人类统治的,包括动物,但不包括可以宰杀它们。上帝对亚当和夏娃说的第二句话是:"看哪,我把全地一切含种子的五谷菜蔬和一切会结果子、果子里有种子的树,都赐给你们;这些都可作食物。"(《创世记》1: 29)17和18世纪的神学家由此断定亚当与夏娃只吃蔬菜和水果,而所有生物世界也都因食素而和平地生活在一起。直到很久以后(以标准历法而言是1600年后),当大洪水摧毁大地并再次重生时,上帝改变了说法。当挪亚从方舟上走下来时,上帝告诉他:"地上一切的走兽、天空一切的飞鸟、所有爬行在土地上的和海里一切的鱼都必怕你们,畏惧你们,它们都要交在你们手里。凡活着的动物都可以作你们的食物。这一切我都赐给你们,如同绿色的菜蔬一样。"(《创世记》9: 2-3)1699年,学者约翰·爱德华兹对此做出乐观诠释:"自大洪水之后,你已拥有一切的自由,包括吃肉,如同你之前以植物和水果为食一般。现在，你可以吃肉。但这也说明，在大洪水之前，人们是不吃肉的。"

上帝应允人类吃肉和要求人类与动物和平共处，两者存在矛盾，素食主义者把矛盾放大表现出来。虽然《圣经》对当下社会的制约渐渐式微，但是相似价值观仍旧盛行，其深厚的脉络也贯穿于现代社会之中，不管是关于自然的辩论的正反双方哪一方，都如影随形。

17 至 18 世纪，各个阵营持不同观点纷纷对肉食习惯展开抨击。革命家们炮轰主流文化的骄奢嗜血；人口统计学者抨击肉食浪费了贫苦人民得以生存的资源；解剖学者认为人类肠道系统无法消化吸收肉类；游历过东方的旅行者，更把印度的人与自然和平相处的模式，送给惯于掠夺自然的西方世界作为借鉴。新锐人士和特立独行者也在强烈地动摇当时社会饮食的主流价值观。即便当时最进步的思想家也为此争论，这使人们重新理解了人类天性。当时，虽然极少数的欧洲人能够做到不吃肉，但是他们从底层社会了解到，即便过着大量劳作的生活，也实在无须消耗过量肉品。文化贵族们反过来影响了农业、医学与经济政策，并决定了多数人的饮食习惯。

17 世纪初至 19 世纪 30 年代间沸沸扬扬的论战，塑造了当代社会的价值观。重新审视观念的源头，可以让我们更明晰现代文化的肌理，并抛弃错误的假设。早期素食主义的历史使我们了解到，古代禁欲道德观、初期医疗科学与印度哲学是如何深远而巧妙地影响了西方文明。

17 世纪的人们幻想着重返和平岁月，远离血腥暴行；虽然明知不可行，无数的人仍旧抱着田园般的幻梦，亦称之为亚当与夏娃堕落前的伊甸园时代。伊甸园信仰者希望和动物们保持着原始的和睦关系。他们愿以仁慈与互助的方式管理动物，并拒绝做"野蛮暴君"。17 世纪的先锋人士以此为论点，批判人类社会的剥削与暴力。

1642年，英国议会派与保皇派爆发武装斗争，让全国陷入数年的殊死战中。不同政治光谱里的人士都希望从无政府状态里脱离，并寻求宛若天堂般和平的社会。保皇派分子托马斯·布谢尔遵从前辈弗朗西斯·培根的建议，设法证明原始饮食法可以带来身体长寿与精神澄明。而议会派的开明党员，力求民主改革的清教徒运动者们，则以吃素表达对主流社会奢华作风的不齿，他们更宣扬不流血的革命，建立无杀戮的平等社会。一些宗教人士也坚定地跟进，他们宣称上帝自得于万物之间，而人类亦须以爱和仁慈善待动物。

另一股边缘潮流意外地带给了西方文明超凡影响。旅印欧洲人"发现"了印度古代宗教及其感人的"不杀生"原则，后者代表以非暴力的方式对待所有生命。他们勤奋研读印度与耆那教的哲学要义；他们见到前所未见的动物医院、普世素食主义，以及以博爱的方式对待低阶层生命。印度的素食主义观念冲击了基督教的人类中心主义，并且造成欧洲道德良知的危机。对很多人而言，理想主义者的幻梦已灿灿然于眼前。素食主义者跪屈双膝，呼唤古代印度哲学家引领众生脱离腐败而血腥的道德苦海。

与印度素食主义的邂逅所带来的影响远远超越了欧洲的先锋思想圈。日益蓬勃的旅行文学市场促成了哲学家之间的严肃论辩，并让广大读者产生了强烈的好奇。虽然游记作者们往往取笑印度素食主义者，并认为他们的心肠过分柔弱，但许多读者认为印度文明体系包含了强健而美好的道德规范。哲学家如约翰·伊夫林、托马斯·布朗爵士与威廉·坦普尔爵士，皆认为印度素食者证明了人类能够以原始的蔬谷为食，并得到快乐富足的生活。艾萨克·牛顿阅读东方圣哲思想，并因此深信"善待野兽"正是上帝嘱咐人类的最根本的道德律则，而西方世界却早将之抛诸脑后。17 世纪末期的怀疑论者以印度素食主义大举炮轰欧洲宗教与社会的正统性，认为印度人才是在奉行原始的自然法：己所不欲，勿施于人（以及动物）。

印度素食主义动摇了《圣经》中人类是永恒统治者的思想，鼓励人们扩大道德责任的范围，并认为人类与自然都将因此受益。印度哲学特别是"不杀生"律法激起了大规模论战，并演变成现代生态学的认识危机。

17 至 18 世纪，是科学飞跃发展的时期。新发现和系统化的理论席卷西欧，并为受过教育的群体广泛接受。显微镜让肉眼得以观察到不为人知的世界；外科探索剖开了深藏不露的人体器官；不断发展的宇宙监测基站，其大尺度且精密的观测使人类知识抵达外太空。人类探索未知的技能已达到前所未有的巅峰，使得许多新的人类别与物种成了科学启蒙时代的研究对象，并被包含在旧称"自然哲学"的范畴内。而素食主义者也必须与时俱进，以符合当代思考系统的逻辑。素食者刻画出科学路径以描绘自身的哲学愿景，并汇入启蒙时代的大江大海之中。

伴随着解剖实验的发现，人体近似于猿类，并与许多动物无异，这使得解剖学与医学跃然成为哲学辩论的主战场。人类和动物很像，但是科学家还想知道人类更像哪种动物：草食的还是肉食的？知识界绝大多数意见认为，从人体生理构造来看，人类应为草食动物，并以此对应《圣经》中人类原本以蔬谷为食的说法。

科学热延续了整个 18 世纪，而其启蒙思潮源自两种截然不同的哲学派别，勒内·笛卡儿以及同样强劲的对手皮埃尔·伽桑狄。笛卡儿与伽桑狄以不同架构的理论追问最关键的问题：人类与自然、与上帝的关系，以及人类的灵魂本质。出人意料的是，不管是笛卡儿还是伽桑狄，都认为素食正是最适合人类生活的饮食。

17世纪欧洲最重要的三位哲学家，包括笛卡儿、伽桑狄与弗朗西斯·培根都提倡素食主义。当时素食主义受到的关注度，至今尚未能超越，那时素食主义得到知识界的积极支持。到了18世纪初，他们的进步思想已然形成新一波的科学素食主义运动。

解剖学家发现人类牙齿与肠胃结构更近似于草食性动物，而非肉食性动物。营养师认为人类的消化系统无法分解肉类，且肉类容易造成血管堵塞；反观蔬菜，则可以轻易地被人类的消化系统分解成极富营养价值的流体物质。神经学家发现动物神经系统具有感受痛楚的能力，这一点和人类一样，这个发现使得信奉同情心道德原则的人们感到坐立难安。同时，对印度人的研究发现，素食者拥有更健康而长寿的生活。上述科学发现使素食主义不再只是进步的政治宣言，而转型成为有可靠依据的医学观念。当时，欧洲的医学院普遍认定素食乃是最自然的生活方式，这种风潮差不多成了医学正统典范。

欧洲各地出现了素食医生的身影，他们将医疗辩论转变成一张张的处方笺，嘱咐病人吃素，期望以此消除肉食过度所造成的病痛。素食医生成了社会名流，和今天的营养师一样风光，但同时他们也是早期医疗研究的重要推动者。曾经全世界大多数人都认为，肉类乃是最营养的食物来源，特别是欧洲人对此深信不疑，对英国人而言，牛肉甚至成了他们的国族形象标志。而且很多人仍旧相信蔬菜会带来不必要的胀气，并会让消化系统产生不适感。然而素食者推翻了这样的刻板印象，证明了蔬菜富含营养成分，而肉类不但不必要，甚至很有可能危害健康。素食者推动形成了今日均衡饮食的观念，并强调了肉类的害处，特别是暴食肉类的可怕后果。

人们开始相信素食比肉食更健康，并以此反推认为人类本该是草食动物，而非嗜血生物，杀戮动物根本违反自然法则。重新审视自然法则更让欧洲人思索《圣经》的内涵以及上帝造物的原理。新的科学观察呼应旧时代神学家的说法，认为人类饮食原本不包含肉类，而残忍地对待动物更是摧毁自然秩序的人类社会暴行之一。

上述结论起因于17世纪晚期欧洲社会视同情心为基本的道德哲学标准，并由此成为西方文化的主要推力之一。现代的"同情心"等同于昔日的"悲悯心"，并为旧有的"共情"概念提供了科学解释。素食主义者托马斯·特赖恩对此进行了新的诠释，他认为人类身体如同磁铁一样，能够对所有相似的生命产生神秘的"对应"。笛卡儿派解释，如果你目睹他人手臂折伤，"动物灵气"将自然传送到你的手臂，让你产生痛楚的感觉。虽然笛卡儿派认为不该为动物感到哀伤，但不难推论，如果人类具有同情动物的本能，那么杀害动物即是违反天性。素食者整合了"科学"、"道德"与"宗教"之间的逻辑，并努力让大家承认吃肉会有损道德高度。虽然很多人从来不去想这些事，但是素食者坚持，如果欧洲可怕的农业系统是建立在宰杀动物的基础上，那么全世界人民都将遭到剥削与残害。

反素食主义阵营迅速集结动员，否认上述指控，并为食肉展开辩护大反攻。辩论越来越激烈，越来越复杂，这也显示出素食主义已成为普及的概念，而人类确实深受挑战。素食主义威胁到人类长期以来的宇宙主导地位，更糟的是，它还剥夺了人们在礼拜天畅快吃烤牛肉和大餐的权利。许多医学界名家肯定素食主义的革新观念，认为应该少吃肉类、多吃蔬谷，但是，他们又急切地宣称人类的身体构造更与肉食动物或杂食动物相似，绝非草食性，只吃蔬菜恐怕会造成营养不良。他们还指出，许多哲学家、小说家与诗人坚持同情动物是一件好事，但若变成素食者就太夸张了。

然而，许多声名显赫的文化精英坚持素食主义的理念，以饮食革命作为核心观点，发动了重返自然的运动。小说家塞缪尔·理查森认同切恩医生的理想，将素食概念写进小说《帕梅拉》与《克拉丽莎》中。卢梭认同解剖学概念，将人类本能的同情心转化成动物权利的哲学基础，并孕育出整个世纪的卢梭素食主义学派。经济学者亚当·斯密认识到肉食的奢靡之过，此后也在自己的自由市场理论的税收篇里添加了相关想法。18 世纪末期，医学院教授、道德哲学家、抒情作家与政治行动者们齐力推动素食主义。素食主义成了反对旧文化的批判武器，同时获得了主流社会的认可。

素食主义史似乎预示了近年来学者的质疑：非理性的宗教狂热信徒与启蒙自然科学家是否有对立的必要。17、18 世纪，政治与宗教人士围坐在公社的餐桌周边生食蔬菜，而受过高等教育的贵族则端坐圆桌前，用银晃晃的餐具切食蔬谷。

18 世纪末期至 19 世纪，全欧洲弥漫着一种追求革新的气氛，浪漫主义运动云涌风起。新一批的欧洲东方主义者游历印度，并将印度教奉为崇拜对象，他们孜孜不倦地学习印度文，并将梵文翻译给欣喜若狂的欧洲读者们。许多东印度公司雇员受到印度慈悲文化的感召而放弃了基督教信仰，他们全力拥戴印度教，并视之为更人道的选择。

进步的基督教批评者如伏尔泰持如此想法，并以历史悠久的印度典籍作为严厉抨击《圣经》的依据，认为印度对待动物的良善之心，使欧洲殖民者的贪婪更显龌龊。就连恪守自身基督教徒身份的知名学者威廉·琼斯爵士都深深为"不杀生"原则所倾心，并视之为 18 世纪医生与哲学家的理想缩影。

18 世纪 80 年代，当政治思想逐渐酝酿成大革命风暴时，素食主义再一次进入启蒙版图。追求普世同情心与平等概念的印度教，与民主政治和动物权概念不谋而合。从印度返国的革命党人约翰·奥斯瓦尔德心中燃着熊熊怒火，他指责人类社会的不正义的暴力，却发起法国大革命中最为血腥的武装行动。而其他人则将卢梭的重返自然运动进一步发扬光大，甚至为了坚持信念而被推上了断头台。诗人雪莱加入积极推动社会改革的裸体主义者团体，他们将自己的理念融入素食诗文之中。当无神论者的势力越发庞大时，欧洲基督教的人类中心主义随之萧条，人们不得不承认人与动物之间的有机关联，而此前的想法是错误的。遥想乌托邦的改革人士仍旧幻想一个和谐共处的世界，虽然他们明白伊甸园不过是个迷思传说，但是他们仍将犹太－基督教体系当成人类学的底色，并往前迈进，追求更为精进的人道主义与环境保护思想。

当欧洲社会面临环境衰竭与人口过度饱和的危机时，经济学者们开始着手解决自然资源有限的问题。许多人了解到制造肉食产品是多么缺乏效率：喂给动物的粮食，90% 都转化成了动物的粪便。

功利主义者认为，土地若种植蔬菜，将比作为畜牧肉场更能满足膨胀人口的基本生活需求。而拥有广大人口的偏好素食的国家如印度与中国，再一次地成为经济农业形态的典范。而此说法最终使托马斯·马尔萨斯做出结论：当人口膨胀数目超过食物生产的极限时，饥荒就会在不远处等着我们。

时至 19 世纪，素食主义的哲学、医疗与经济论述已日臻成熟，并时时刻刻让欧洲社会主流文化感到芒刺在背。虽然 19 至 20 世纪时期的素食主义有所转变，但其脉络深远，以至于对今日产生了深远影响。阿道夫·希特勒、圣雄甘地、列夫·托尔斯泰等个性迥异的人物纷纷将素食主义转化成新的政治概念，并与印度道德观遥相呼应。

当我们研究数百年来人们的观念是如何形成的，重要的是，要理解他们的行为和他们当时的情境，而不是以今天的标准判断对错，唯有这样，才能反思我们当今社会的观念。而本质上，人类社会是健忘的。早期素食主义者精彩而被忽略的人生，总是被随意地散落在历史篇章间。他们塑造了今日的你，塑造了你思考自然的方式，以及你为什么老是被提醒要多吃蔬菜、少吃肉。

Grass Roots

第一部分
草 根

01 布谢尔的蒲式耳、培根的培根和《大复兴》
Bushell's Bushel, Bacon's Bacon and *The Great Instauration*

1626 年 3 月，一个寒冷的日子里，弗朗西斯·培根爵士从伦敦驾马车越过高门山时，他注意到地上依然留有春雪，于是灵机一动想做个实验，以确认"冰雪可能无法像盐一样保存肉品"。在强烈好奇心的驱使下，培根跃下马车，向一名贫穷的女人买了一只母鸡，并且请她掏出鸡内脏，然后培根亲手将冰雪塞进这只母鸡的肚子里。这是培根一生中最后的一项实验。还没来得及发表这一成果，冰雪却先让他受了寒，害他咳嗽得连回家的力气都没有，只好先去朋友阿伦德尔伯爵在附近的一间房子休养。培根在寒冷潮湿的床上躺了几天，这位英国最伟大的哲学家，就这样去世了。

培根生于 1561 年，在政坛一路擢升至权力的最高层，他曾经担任英女王伊丽莎白的王室顾问团成员，并且曾在英王詹姆斯一世和六世任内担任大法官。培根并非出身于显赫的家庭，他的祖父是一个牧羊人。但是培根后来被封为骑士，并且获授韦鲁勒姆男爵和圣阿尔本子爵的爵位。此外，培根发表的多部哲学著作，可以说是当时知识界的登峰造极之作，在全欧洲备受推崇。在充分掌握自然界的知识的基础上，培根相信人类可以控制环境，直至人类恢复亚当和夏娃在伊甸园的幸福生活为止。在他未完成的著作《大复兴》中，培根相信他的观点是人类重建失落权力的起点。培根那大无畏的乐观主义启发了接下来数个世纪的心灵的想象力，他的名字成为启蒙运动的基石。当英王詹姆斯第一次读到培根的著作时，赞叹道："就像是神所赐的平安一样，不可思议。"

培根那场冷冻鸡的闹剧，其实并非临时起意。他长年研究食物的性质，并且在 1623 年以拉丁文发表了《大复兴》的第三部分：《生与死或延年益寿的历史》。自古以来，不少人着迷于长寿的秘诀，培根本人也将之视为医学中"最高贵"的部分。和今天一样，对培根来说，饮食方式是至关重要的。尽管很讽刺，培根对"保存肉品"的研究导致他生命的结束，但他一直希望发现一种理想的食物，以便让人类回复原本的完美状态。

培根注意到，每天吃水果和蔬菜有益健康。但如果要追求长寿，他建议读者们最好把"膳食的黄金比例"这种老生常谈抛诸脑后，极端的做法反而更为可取。由树脂和饼干构成的"严格减肥餐"能让人变得体格强健：短期内会让身体变弱，长期食用却能让身体更健康。至于另外一种极端的做法，培根认同公元 1 世纪的医疗百科全书编纂者凯尔苏斯的观点，认为极尽讲究的烹调方法对身体也是有益的。这简直是公然对奢侈生活的一种背书——后来在 18 世纪一批素食医生强烈抨击一味满足口腹之欲的饮食方式时，医学院内有不少人集结起来支持培根的这种观点。和培根生长在同时代的传记作家约翰·奥布里曾提到，后来成为哲学家的托马斯·霍布斯一度当过培根的助理，他曾阶段性地放纵自己，每年只让自己醉酒一次。后来，霍布斯活到了92 岁，他在去世后则被 18 世纪的素食者坚定地封为节制生活有益健康的典范。

"人类和食肉动物，很难仅靠植物维持营养，"培根在 1623 年写道，"也许烘烤或水煮的水果和谷物可堪此大任，但是农作物或草本植物（草本植物，包括卷心菜等蔬菜）的叶子却不在此列。"在草叶修院内，一群过着苦行生活的修女，每天仅以草叶果腹；由于仅靠草叶和植物维生，这种体验并不愉悦。但是培根认为，只要慎选食材，人类和食肉动物是可以靠食素维生的。从他著作的拉丁文原文版本可见，培根对素食的态度十分开明，倒是他去世后的翻译者和他的想法相左。培根注意到，有足够的统计数字可证明，素食主义有助于长寿：公元前 6 世纪，以勾股定理而闻名的希腊哲学家毕达哥拉斯也曾教导他的学生放弃吃肉，而有些毕达哥拉斯学派的成员，如提亚纳的阿波罗尼乌斯，都是"年岁过百的人瑞，脸上竟看不出有这么大的年纪"。培根的确整理过历史上一些素食者的资料，发现他们普遍长寿——例如，住在沙漠中并且吃素的古犹太苦修派教徒，还有斯巴达人、印度人，以及众多过着苦修生活的基督徒。"严格的毕达哥拉斯式或修道院式的饮食，"培根总结道，"似乎是长寿的有效良方。"

就在霍布斯遵行培根所提的有关奢侈饮食的教诲时，另一位才华洋溢的年轻助手托马斯·布谢尔则反复思考他的老师对素食的赞许。约翰·奥布里提到，当培根在花园散步时，霍布斯和布谢尔都会紧随其后，记下他的想法，他们二人准备以各自的方式将培根的思想发扬光大。

1621 年，培根本来一片光明的政治生涯突然遭遇横祸，他在一场有关垄断的政治斗争中成为代罪羔羊，其对手爱德华·柯克对他个人展开攻击。英王支持国会对培根的控诉，指控培根接受贿赂。他被判处罚款四万英镑、在伦敦塔服刑一段时间，并且被逐出宫廷，身败名裂。丑闻之后，更多的指控接踵而至，有人指出培根花钱要求多名男仆让他鸡奸——布谢尔便是其中之一。打油诗到处流传，用他们的名字取笑他们：培根 (Bacon) 是"一头猪、一头阉猪、一头野猪、一条培根 (bacon)/ 为神所抛弃，为魔鬼所收容"，同时他的仆人在拱食他的一蒲式耳（bushel）谷物，但"布谢尔 (Bushell) 想要吃到半配克 / 因为他的主人的屁股（buttocks）造就了他所佩戴的纽扣（buttons）"。[这里的纽扣指的是仆役制服上的装饰性纽扣，这也引出了他的一个带有猥亵意味的双关语外号，"戴纽扣的布谢尔 / 捡肥皂的布谢尔"（buttoned Bushell）。]

培根坚忍地承受这一命运，并将余生奉献给哲学研究，但布谢尔却陷入了绝境。布谢尔从 15 岁就成为培根的入室弟子，培根一心将他培养成继承衣钵的传人，并且完全资助他的生活。随着培根落难以及去世，布谢尔陷入沮丧和自责，逐渐堕落至荒淫无度的生活，结果欠下庞大债务。他的奢华服饰，连英王詹姆斯一世也为之侧目。布谢尔终日流连于伦敦的赌场、猥亵的低俗剧场以及充斥着丰乳肥臀妓女的东切普塞德街，他沦为了"大败家子"。

这位年轻人后来悔改，转入了另一个极端。在他的后期著作中，布谢尔提到他首先跑到怀特岛退隐，扮成一名渔夫；接着，他去了邻近曼岛的小曼岛，在临近爱尔兰海的一处高达 143.3 米并且渺无人烟的悬崖上，就在那里定居下来。布谢尔说："遵循已故师长（培根）的哲学教诲，我决定进行一场有关延年益寿的实验，并且把自己当作实验品。"他戒肉又戒酒，"有节制地饮食，以草本植物、油、芥末和蜂蜜作为食物，饮白开水，和大洪水前我们那些长寿祖先一样地生活，神会看见我严密地观察实验的进程，我几乎像是在信守一项宗教的誓言一样"。

布谢尔的刻苦饮食方式，显然是根植于基督教（以及基督教出现以前）的守斋戒肉和禁欲忏悔传统。基督教认为，灵魂可借由修身而获得重生，并且洁净人的罪恶。而肉类和酒精是奢侈生活的最主要成分。布谢尔的问题是：在奉行新教的英格兰，禁欲守斋被视为是天主教的迷信余绪。他冒着被指控暗中同情天主教的风险，拒绝吃肉，并且像教徒一般地生活。在他的忏悔录《浪子初犯》（1628）中，布谢尔努力为自己辩护，他写道，如果所有的圣人（比如圣安东尼、奥古斯丁、哲罗姆、使徒保罗以及十二使徒）都曾经禁欲，那么他这个罪孽深重的人为何不该禁欲呢？

培根本人其实也心知肚明，他对素食的爱好会引人疑窦。就算没有被人说是天主教徒，培根也怕被人指控他同情摩尼教徒卡特里派等中世纪的素食异端者，天主教的宗教法庭已裁定赶尽杀绝这些异端者。为了避免被施以极刑，培根一再重申："尽管我们经常食用种子、果仁和植物的根部，但别误以为我们认同摩尼教徒和他们的饮食方式……也请不要让任何人认为我们是被称为卡特里派的异教徒。"过去人们在讨论饮食方式时，总是会联想到异教徒的风俗，而培根则试着将相关讨论移转成为启蒙哲学的话题。他坚称其见解是奠基于经验事实，而非宗教式的饮食禁忌。

幸运的是，培根的健康素食理论让布谢尔重振了人生。1674 年，布谢尔以 80 岁高龄逝世，并且在威斯敏斯特修道院下葬前，他已成为一名传奇人物，而且至今依然被认为是小曼岛最有名的人。曾经有一段时间他很富裕。他从位于悬崖上的住所下山，循着培根传授的技术在威尔士开采银矿和铅矿，并且在阿伯里斯特威斯建造了一座造币厂。他声称，神对他的吃素赎罪感到很满意，因此神赐予他力量，让他能征服那些时常阻碍采矿工作的"地底邪灵"。凭借着地下矿藏的获利，他扬言要实现培根的"所罗门宫"计划——培根在他的未完成著作《新亚特兰蒂斯》中提到该乌托邦计划。培根当时想象一个理想国度，其中科学志业（包括一项原始的基因工程计划）将会由于居民的俭朴生活方式而加强，部分居民更会居住在深达 4.8 公里的山洞中，以求洁净他们的肉身。至于布谢尔的机构，则更像是一座提供矿工们膳食的慈善食堂，当中并未全面按照培根规划的菜单提供肉和酒，取而代之的是提供他自己规划的赎罪餐，即面包和水；这倒是和培根当时的想象略有出入。

与此同时，布谢尔在他位于牛津郡伍德斯托克附近的恩斯通路隐居修道，他在当地一座石室花园中建立了一个"类似天堂"的地方；该花园围绕着一座山洞，该山洞因为里面有一口汨汨流水的山泉而闻名。毫无疑问，他的灵感是来自培根笔下那些穴居的数百岁寿龄的长生得道者，以及培根在戈勒姆伯里的宅院里的"天堂"花园——布谢尔和培根二人经常在那儿冥想长达数小时。布谢尔在他的新住处中继续坚持他的饮食方式，他在其著作中提到，他依然"以橄榄油、蜂蜜、芥末、草本植物和饼干果腹，并视之为神的处方"。英王查理一世和亨丽埃塔王后在 1636 年前往布谢尔的石室访问他，布谢尔为了让他们尽兴，筹备了一场假面话剧，话剧讲述了一位慷慨的素食隐修人的故事。王后大为赞赏，还特地在布谢尔那座潮湿的石室中安置了一具极为罕见的埃及木乃伊（后来那具木乃伊慢慢地长霉，后人无法继续保存）。

1642 年内战爆发时，布谢尔从他那宁静的隐居生活中走出。当时有两派政治势力，一派极力责难当局，而另一派则认为大家根本没有责难当局的权利，这两派政治势力的对峙极端激烈，布谢尔当时依然对国王查理一世高度忠诚。培根本来已预见政治乱局，曾致力捍卫王室特权。布谢尔一如既往地奉行培根的路线，极力支持保皇党人以军事力量对抗圆颅党。他让矿工变成了英王的侍卫。为了资助王室军队，他还从自己的矿区里拨出一批银和一百吨铅弹，协助镇压一场发生于什罗普郡的叛乱，并且捍卫布里斯托尔湾的兰迪岛。最后，布谢尔在议会军的猛烈攻击之下投降，随后被逮捕，头部重伤。但获得了费尔法克斯勋爵的庇护。布谢尔负债累累，查理一世却只给他致上一封答谢信。布谢尔回到自己的花园，正如贺拉斯退隐于沙宾农庄和诗人安德鲁·马维尔退隐于阿普尔顿修道院一样，由于不认同克伦威尔擅自在新旧王朝交替之间摄政的做法，布谢尔隐居于自己的乐园中。

布谢尔的禁食行为其来有自，早期基督教传统视吃素为重返伊甸园之路。正如禁欲主义者圣哲罗姆（他曾经为一只狮子拔出掌中的刺，以及在山洞中闭关时为拉丁文《圣经》谱出乐曲）视无节制地吃肉为相当于亚当偷食禁果的罪行。如果想要解除因为亚当和夏娃堕落而加诸人类的诅咒的话，那么应当立刻戒肉。"过去我们曾经被逐出伊甸园，但借由斋戒，我们可以重返乐园，"哲罗姆说，"人类在一开始时，本来是不吃肉，亦没有离婚的制度，也不必承受割礼的痛楚。"这些特权都是大洪水之后才出现的。"但是，耶稣基督降临后，"他说，"我们不再准许离婚，不必行割礼，也不应吃肉。"根据这样的神学基础，吃肉的习俗被废除，并且持续了好几个世纪。正如约翰·佩特斯爵士在1674年提到，人"因为不断地吃动物，其罪孽比亚当大得多，那时候人类是不能吃肉的"。

新教徒在脱离罗马天主教会后，对这一传统展开抨击。宗教改革的发起人之一约翰·加尔文试图改变这些严苛的饮食规定，他对早期历代主教的素食主义提出质疑，指出亚当和夏娃被逐出伊甸园时，神让他们裹上兽皮，以及在该隐与亚伯及其子孙的时代，人们将动物祭献予神。他强调，即使那时人们不吃那些祭献的动物，但重要的是，神终究是让"人类有处置肉类的自由，因此我们在吃肉时，不必存有怀疑，也不必良心不安"。于是，认为人类应该吃素的观点都被视为不敬，和对神的慷慨不知感恩。加尔文对过度谨慎的挑剔者说过一句话："闭嘴，吃吧！"但这并没有阻止人们对完美状态的渴望，即使在信仰新教的国家，许多人仍希望通过不吃肉来重拾失落的纯真，布谢尔便是其中之一。

在为国王和王后安排的假面剧中，布谢尔也许还参与了演出。故事讲述一位吃素的隐士，他声称自己居住在牛津郡的同一个石室中，并且以挪亚时代的素食果腹维生——很明显这角色是以布谢尔自己为蓝本。那位隐士向观众说，他是在一个重建的黄金时代里生活，"当中没有生命受到伤害"。该剧结局是隐士邀请国王进入他的世界（并且暂时忘却政治危机的阴霾），一同分享自家栽种的水果的盛宴。

《圣经》故事中的原始和谐氛围，与希腊和罗马神话中的黄金时代雷同——正义伸张，人类也尚未发明铁器，因此没有动物受到伤害。对此，布谢尔纵情体味个中旨趣。1632年，在布谢尔完成假面剧之前没多久，四海为家的诗人乔治·桑兹发表了奥维德的《变形记》的译本以及评论，该译本对后世影响极为深远。桑兹以比过去的译者更为生动的笔调翻译，在提到黄金时代的段落中，有关野生黑莓、草莓、橡实和各种水果的描写让人垂涎三尺，而且以热情洋溢的笔调提到："这个集合各种幸福生活的乐土，真实重现了人类纯真生活的样貌，在农神的掌管下，简直是亚当式的生活。"他补充说，吃肉是"自挪亚以来人类的特权，因为'草本植物和水果'丧失了大量营养"。据这个说法，吃肉的行为是随着大洪水而来的不幸结果。在《变形记》的故事高潮结局中，毕达哥拉斯走出来痛骂吃肉的人："多么可恶的罪行啊／内脏，血淋淋的内脏，埋葬它们吧！／贪婪的众生，食肉而肥！"桑兹指出，毕达哥拉斯提倡素食主义，是试图要复兴黄金时代的和平状态，因为杀生是"源自不正义、残酷和腐败的行为，在纯真时代是不存在的"。毕达哥拉斯的例子，启发着布谢尔等早期素食者。

在 17 世纪初期的英格兰，完全不吃肉是有点奇怪的，而布谢尔当时也深知自己的想法可能会被误以为是"信奉吐火女怪凯米拉的狂徒"。他进一步以自己的名誉做赌注，游说政府释放好几名因为试图恢复伊甸园的饮食方式而被关在狱中的不同教派信徒，例如蔷薇十字会员、家庭主义教成员和亚当派——该教派成员将亚当式的生活推向极致，他们不穿衣服，除了仅以花果叶来遮住下体之外，赤身裸体地回归伊甸园生活。

布谢尔当时已埋首于宗教梦想的国度里，不过他标新立异的饮食方式还是有严谨的科学依据支持的。布谢尔投入素食主义，一方面是出于宗教热情，另一方面也是为了要实践培根的计划：他挺身而出，要亲身实验培根主张的以吃素来延年益寿的"完美实验"。正如布谢尔所说，他采取这样的饮食方式，是为了延年益寿和活得健康，这是基于"我们在大洪水前的长寿祖先"的经验所得出的论点。这是有统计数据支持的：在大洪水前，祖先们的平均寿命超过 900 岁，其中亚当的后人玛土撒拉更活到 969 岁，是最长寿的一位（《创世记》5）。每个人都想知道：长寿的秘诀到底是什么呢？神在大洪水之后准许人类吃肉，自此人类的寿命则大幅下降，从 900 岁到今天的 70 岁左右。对布谢尔这位习惯追究底的人来说，吃肉让人类寿命缩短这种说法，似乎是说得通的，那么停止吃肉也许能让人类恢复长寿这种想法，也似乎是说得通的。这听起来和今天的瘦身专家一样古怪，但当时却少有人敢怀疑《圣经》记载的事情。甚至哲学家勒内·笛卡儿似乎也相信布谢尔的说法。极端宗教信念和实验科学以如此奇特的方式合而为一，这是让人讶异的，而且这种想法还流行了至少 200 年。培根和布谢尔提出了很多有关素食主义的关键论题，后来的相关辩论均是围绕着这些论题而进行的。

力图补赎人类祖先偷食禁果的原罪，并不是极致主义者的专属，也是培根的学术工作目标。培根致力恢复亚当式生活知识的想法，体现了 17 世纪的学术进展。内战期间乌托邦改革者约翰·阿摩司·夸美纽斯和塞缪尔·哈特立伯希望凭借他们的新公共教育体系，以图恢复"光明、和平、健康……以及人们一直向往的黄金时代"。和他们同时期的尼古拉斯·卡尔佩珀医生更夸下海口，表示他所提倡的节食计划可以抵抗来自邪界的干扰，并且让地上的生活变成"人间天堂"。犹太教神秘哲学家克诺尔·冯·罗森诺特和弗朗西斯库斯·默库里乌斯·范·赫尔蒙特认为重拾祖先的生活智识，可以重建"成千上万的基督徒长期以来渴望的"和谐生活。甚至是在皇家学会（1662 年英王查理二世特许的英国顶尖科学研究重镇），也有成员认为，他们是在逐步努力让人类重新掌握伊甸园的永恒知识。

布谢尔的理想主义式的素食主义，和他的老师弗朗西斯·培根启动的学术计划完全吻合。培根的实验哲学旨在让人类重新掌握那些因亚当的堕落而失去的永恒知识，并且找出长寿的秘诀。通过众多素食者加入检验该饮食方式假定目的的行列，使人类可以重新找回已经失落的纯真和完美状态。这样的饮食方式意味着回归到大洪水前的健康生活，同时也是灵魂重建的路径。布谢尔的"完美实验"，是一项灵魂和"科学"结合的计划。

人拥有掌管大自然的权力，这是被普遍认可的教条；对此，培根并未予以挑战。事实上，他奉此教条为哲学范式。但是培根指出，人掌管万物的权力，要顾及一项重要的警示——他在 1605 年发表的《学术的进展》中写道："人类被大自然注入一项高尚和美好的怜悯心和同情心，这种情操甚至存在于万事万物当中。"神授予人类掌管万物的权力，但同时也授予人类同情心，以便制约人类对动物的行为。培根指出：唯有"褊狭和堕落的心灵"，才会忽略《圣经》里的命令——"义人怜悯他牲畜的命"（A Just man is merciful to the life of his Beast）。

培根对这句经文（《箴言》12: 10）的翻译，提出了以同情心对待动物的概念，这和当时大多数基督徒的信念是格格不入的。1611 年英文钦定版《圣经》的英译"A righteous man regardeth the life of his beast"其实是模棱两可的；而拉丁文通俗译本则只是说"novit"（"知道，承认"）；当然，在希伯来原文版本中，义人关注家畜的动机可能只是出于自利。尽管备受争议，但培根还是将这信念与传统结合，并且从《圣经》的律法中找寻爱护动物的理据。

培根之所以这样做，部分是因为他想在犹太－基督教中找出他在其他文化中发现的共同的人性律令。他沿着最终影响 17 和 18 世纪思想转变的哲学发展方向推进，指出东西方文化尽管在宗教上有着差异，但是在道德观念上却十分接近。这种想法源于中世纪和文艺复兴时期

"善良异教徒"的概念，只不过当有更多旅行者可以亲身与异文化接触时，这样的想法又引起更广泛和更细致的讨论。培根表示，他怀疑以《创世记》《利未记》《申命记》为基础的摩西律法中，含有禁止吃带血动物的内容，摩西是在呼应全世界要求人们对动物仁慈的律法："甚至古犹太苦修派教徒和毕达哥拉斯派这些教派均拒绝吃肉。今天在蒙古帝国下的东方人当中，还有不少人热诚地保留着这种行为。"培根总结，怜悯动物的律法并非只是犹太人的律法，而是一项深植于人性的律法，因此众多不同宗教都有相关教规，这实在不足为奇。凭借与其他文化对照，有助于培根印证他诠释人性的观点。难怪培根视探险旅行为恢复人类永恒知识的重要一环。尽管印度人和毕达哥拉斯派信徒的素食主义论述有迷信的倾向，但培根表示，他们的素食主义是真理和高尚原则的实践，他们可能在思想上有误导成分，但是他们所彰显的，是人性本善的价值，而不是培根所属社会中的"褊狭和堕落的心灵"。这是一项将外来伦理规范引进本地社群的壮举，培根后来更进一步地将这些"迷信"行为与穆斯林不吃猪肉的行为进行比较，从而让这规范更为适应本地社群。同情本能的观念，让素食变得更有科学理据。内战期间，其中一位清教教会领袖理查德·巴克斯特清楚地强调医学和道德的动机如何相辅相成。他本来健康欠佳，有人建议他戒吃肉，他反躬自省，想到神与"所有同情动物哀鸣的人同在，并且让他们的血液免受罪孽"，因而"我不再吃肉了。我不再享受食肉之乐，但我因为神让我弃绝吃肉而更加满足"。

　　培根的文化分析工作替基督徒和印度人的教义建立一项共同点，而布谢尔则更进一步身体力行了这两项教义。1664 年，即布谢尔开始吃素的 40 年后，和布谢尔志同道合的印度素食主义倡导者兼保皇党人约翰·伊夫林来到布谢尔的石室探访。布谢尔的隐修生活和那座伊甸园式的庭院布局,让伊夫林大开眼界。"真是非常隐蔽,"伊夫林写道,"他有两具木乃伊。他像一位印度人一样,躺在那挂在石室内的吊床上。"虽然他那时候可能是想到美国的印第安人而非东方的印度人,但是在伊夫林眼里,布谢尔已具有异文化身份,成功地从其身处的纷乱社会中抽离。

培根和他的助手布谢尔预见了很多接下来两个世纪的哲学和精神信仰的进展——包括素食主义和其他思想。他们结合宗教、科学和道德,预言了 17 世纪的宗教辩论、启蒙时期的医学研究,以及甚至感动欧洲良心的东方哲学。后人将会不时再次进行培根和布谢尔的"完美实验",并且不断予以改进。

02 约翰·罗宾斯：震荡者的神

John Robins: The Shakers' God

17 世纪中叶，人类的祖先亚当一度复活。他洗净五千多年的地下尘土，并且把自己的后裔从自己留下的罪孽中解救出来。他很快替自己找到了新的夏娃，称她为"圣母马利亚"，并且让她怀孕，生下了亚伯——他同时也是耶稣转世。越来越多的信徒开始追随亚当，他使用人类最古老的语言向信徒们讲述死而复生的事迹。还有一些见证人信誓旦旦地说，他们曾经目睹亚当像火焰一般地御风而行，在空中同行的还有巨龙和其他天兽。亚当让每一位听众都欣喜若狂。接着，亚当的信徒追随他到各地。在他的忠实信徒当中，还包括了背叛者犹大、先知耶利米以及遭逢厄运的该隐。亚当向大家承诺他将会在人间重建乐园，让一切回到堕落前的状态。据记载，在追随亚当的信众当中，有相当一部分来自伦敦。

那位亚当，又名约翰·罗宾斯，是 17 世纪英国内战时期的一名狂热先知。要不是内战对英国的政治、宗教和社会造成各种破坏，罗宾斯不可能拥有众多拥护者且声名显赫。经过历时七年的流血战争，就算是意志力再强的人也会感受到创伤。从 1642 年至 1649 年，全国都陷入了暴力之中，几乎没有一个家庭能幸免于难。在纷乱的时局当中，罗宾斯的煽惑宣教对很多感到迷失和绝望的心灵来说，是很有吸引力的。

随着查理一世被处决和奥利弗·克伦威尔成立共和政体，内战最激烈的阶段结束了。克伦威尔在执政初期并未实行宗教管制，再加上空前的新闻言论自由，极端的宗教和政治群众运动趁势冒起。全欧洲各地拥戴君主制度的人士均大为震惊，英格兰的情势在他们看来犹如一群愤怒的暴民将神在人间的代理人推翻了。但另一方面，对活跃于议会中的政治势力来说，这可是意味着公正和清廉的新时代的来临。不过，随后没过多久克伦威尔对议会实施管制，进步人士感到了失望。他们为自由而战，反抗君主暴政和国教专横，他们期待一个平等的新时代到来，期待公正不再屈服于冷酷无情的精英阶层。他们抛头颅洒热血、牺牲身家财产和家人性命来对抗不公义的制度，希望不必再用穷人的血汗供养骄奢淫逸的宫廷生活，希望终止君主对人民大众恣意妄为的权力。然而，让他们感到沮丧的是，克伦威尔的共和政体和过去的专制制度似乎没什么两样。

那些感到失望的进步人士转而从《圣经》中获得慰藉。教会一向承诺弥赛亚会再次来到人间，并且在人间经历一轮暴力和纷乱之后，弥赛亚将建立一个新的人间天国。于是，千禧年的信徒组织开始预言耶稣即将二度降临。甚至在正式教会中，也有不少传教士要求自己教区里的信徒准备好审判日的来临。

当时可以说是罗宾斯教派崛起的理想时机。在他走出来宣传自己是人们期待已久的救世者时，立即吸引了数十名信徒起而追随。结果，有23人因为崇拜罗宾斯而被法院起诉，当然还有更多没有被起诉的追随者。他们在感到神的启示时会震动身体，故而被戏称为"震荡者"（Shakers）。他们的行为吓到了不少旁观者，被人们称作是喧嚣教派（Ranters）那种异类组织运动，即采用疯狂宣教仪式、持激进立场，以及不时在公开场合裸体的革命狂热行为。在当时，有人认为罗宾斯启发了一些政治运动，那些运动后来变得和贵格会以及平等派（该派在军中的影响力促成君主制度被推翻）一样历久不衰。

就像是耶稣，罗宾斯毕生述而不作（他也自称为耶稣），不过政府和他的信徒均有留下关于他的记录。他的一位信徒在回忆录中提到，震荡者"向他祷告，他们全身趴下，脸朝地面，向着他膜拜，并且称他为他们的主和神"。在一众信徒的支持下，罗宾斯简直不可一世。他公开宣称"主耶稣是一个有弱点的，并不完美，且是怕死的救世者"，而他自己却"对死亡完全没有恐惧"。连罗宾斯的敌人也没有否认他的力量，而且指控他拥有施展巫术的能力，甚至还有人指控他本人就是魔鬼。

就像其他狂热教派一样，"震荡者"信众把全部财产都交出来供教友分享，而且和他们的领袖一同住在原始公社当中。无视传统道德，罗宾斯鼓励他的信徒交换性伴侣，并且和他最资深信徒的妻子发生性关系以示表率。让女性享有与男性同等的地位，是17世纪不少狂热教派的特色之一。"震荡者"信众中有半数是女性。有传言指出他们喜欢举行集体裸体聚会（也有传言指出，贵格会和亚当派也有类似习惯），因为以衣服蔽体是人类原祖因偷食禁果而堕落的象征，任何想要返回原本纯真状态的人，都必须和亚当与夏娃在偷食禁果前一样，不以赤身裸体为耻。可以想象，当时的报纸对他们自由性爱的行为进行的激烈抨击。

洛多威克·马格尔顿是另一位自立门户的宗教领袖。数十年后他忧愁地回忆着，仿佛罗宾斯是亚当再世一样："当时，这世界上到底有没有人知道他是真的还是假的？"马格尔顿沉思道，"我认为没有，一个都没有。"

　　罗宾斯在确立了自己的身份之后，就像其他狂热教派领袖一样，信誓旦旦地向信徒承诺一块应许之地（就在耶路撒冷圣地里的橄榄山），他答应信徒们将会在那儿吃到来自天堂的吗哪。他选出一位摩西的替身带领大家上路，他们从伦敦集合准备逃亡。罗宾斯发誓说，当他成功集合十四万四千人（《启示录》预言提到的以色列支派里的圣人数目）时，他就会立刻将英吉利海峡的海水劈开，然后带领大家从没有海水的地方上路，离开纷乱的英格兰，最后抵达安全和受到神祝福的地方。罗宾斯是以色列的王，他的信徒认为，跟随着他到耶路撒冷就能替基督复临人间铺路。

　　一位古怪的预言家托马斯·坦尼（又名"宝库"约翰）加入了罗宾斯的阵营，他替每一个所谓的以色列支派搭起帐篷，并且宣称这些人会随罗宾斯一同前往耶路撒冷。有些罗宾斯的信徒以及坦尼本人对犹太教抱着高度的热诚，因此他们宣称要学希伯来语，甚至彼此用希伯来语交谈。即使在罗宾斯被关进大牢后，坦尼还是继续试着完成这项任务。他自封为正统的法国、英格兰和犹太人的王；后来奥利弗·克伦威尔被封为英国国王，一星期后坦尼在国会中拿着一把剑乱砍，并且象征性地点火烧毁了几把手枪、一把剑、马鞍和《圣经》；结果他因此而遭逮捕。多年之后，坦尼在遵行罗宾斯的指示前往耶路撒冷的途中去世。他坐在自造的小船上企图渡海前往荷兰，但由于船身漏水导致船上人员全部罹难。

　　罗宾斯和坦尼引用《圣经》作出上述承诺，当时的人可能并不会觉得奇怪。有很多清教徒长期以来认为，英格兰人就是以色列一支下落不明的支派，他们等待着从埃及式的奴隶生活中被解放出来。约翰·阿摩司·夸美纽斯等思想家以恢复人类的完美状态为目标，于是试图让所有犹太人皈依基督教。但讽刺的是，由于人们有着这样的希望，反倒激起了17世纪的崇尚犹太主义。而罗宾斯的信徒在一场政治运动中，也因为人们心中的这份希望，成功迫使国会准许犹太人享有居住在英格兰的自由。一个多世纪后，威廉·布莱克加入由昔日罗宾斯的追随者成立的马格尔顿狂热教派，他当时依然抱持着这份希望，他的诗作中就提到："但愿有一天耶路撒冷会建立在 / 英格兰的怡人绿野之上。"

原版亚当被逐出乐园，而第二版的亚当（即耶稣基督）曾承诺一切都会回到原本的完美状态。约翰·罗宾斯确定自己就是"第三版的亚当，并且必定找回失去的一切"。他的信徒循着他的指示，宣称"约翰·罗宾斯就是当初在伊甸园的亚当"。一位信徒称他为约翰王，并且指出约翰·罗宾斯"现在是要到这世界，将一切还原回本来的样子，让一切回到亚当堕落前原本的样子"。

原版亚当最初是靠吃伊甸园的水果维生，因此罗宾斯要求他的信众像在乐园一样严格地吃素。托马斯·布谢尔吃素就是为了要让自己变得像是堕落前的亚当；约翰·罗宾斯声称他就是亚当，因此吃素是其狂热教派的基本要求。还有其他千禧年的先知同时宣称，必须要恢复吃素才有可能回归到堕落前的状态，像亲犹太人士乔治·福斯特在17世纪50年代就曾预言，动物将会像人类一样享有自由。就像是很多后继的素食者一样，罗宾斯也反对喝酒，他说："那不是神的旨意，那是野兽才会喝的东西，酒是有毒的，给喝酒的人带来灾祸。"当时的非激进人士认为罗宾斯的饮食方式简直是古怪得吓人（当时的人并不相信人可以单靠食素、不吃肉就能活），但是他们知道罗宾斯的目的何在；当时有人在指出"震荡者"信众的怪异行为时就提到："虽然他们有很多钱可以买其他食物，但他们却只吃面包和喝水。"

约翰·里夫曾经是罗宾斯的信徒，但后来却成为他的强劲论敌；里夫更为精密地结合粪石学和末世论学说，毫不留情地当面攻击罗宾斯的饮食戒律。"你欺骗众人！"他大吼道，"你不让他们吃各种有益身心的食物，却教唆吃那些导致体内胀气的食物，比如苹果和其他会产生胀气的水果，还要大家除了水之外什么都不准喝。"里夫说，在信徒心里，罗宾斯自以为是的素食教条根本一无是处，只会导致人体产生臭气而已。当时大多数人都认为：蔬菜可能对生活在乐园中的亚当来说不会有问题，但对一般人来说，却是难以消受。从罗宾斯的实验看来，当时这种偏见的确是普遍存在的。里夫还提到一个故事，如果内容属实的话，那罗宾斯就真的是罪大恶极了：

> 他下令不准信徒们吃肉和喝酒，他又向他们承诺说不久之后就会吃到来自天堂的吗哪。那些可怜的人遵守他的斋戒规定，几乎都快要饿死了，还有些人受不了斋戒，结果还真的因此而饿死呢！

里夫指责罗宾斯是一名恶毒的假先知，如同圣保罗警告过的那样，他会来欺骗人们，"又叫人戒荤"（《提摩太前书》4:1-5）。罗宾斯不是神，也不是亚当，而是撒但，并且让众人走上邪路和堕进他的地狱。

约书亚·加门特（罗宾斯选派他担任摩西的替身）处变不惊地召集那些"靠吃面包和喝白开水维生"的信众。他们强调自己不杀生的饮食方式，正好与压迫他们的人的嗜血习性截然不同。他们将素食主义与反战热忱以及和平主义结合起来。加门特谴责那些迫害他的人为"信奉剑刃"的"血腥教士"，他还预言这些人将会因为"嗜血成性"而受到惩罚，因为神并不喜欢"那些陶醉于杀戮的人"；相反罗宾斯则是"一位爱好和平的人"，而他的信徒们均"既不会以暴力侵犯他人，也不会以武力方式保卫自己，是一群爱好和平的人士"。

这些叫人感到不安的字眼，这些让人联想到血腥、嗜血和流血的字眼，其实是由于英国内战时的暴力冲突所引起的反应。加门特曾经被召入伍，他目睹杀戮的场面，而且很可能被迫去杀人。他在信仰上的转变来得非常突然，在经历三年讨伐英王的战争后，有一天他声称神突然降临并且命令他离开军队，并且要"以精神的剑，而非凡夫俗子的剑"去实现一场不流血的革命。神的声音命令他"带着爱以及和平的心"去等待，"直到爱与和平重建人间"。加门特相信凭借暴力是永远无法实现他的理想的，他厌恶杀人，并更进一步地扩大到憎恶一切杀生行为。以赛亚曾经在《圣经》中预言，基督千禧年王国降临在人间的先决条件，是普世的和平。而和平主义与素食主义相结合，成为当时那些厌倦了流血冲突的进步人士普遍信奉的思想。

"震荡者"信众对血腥杀戮的强烈反感，可能是因为他们承袭了犹太法典中禁食带血食物的规定。让英王詹姆斯一世感到有意思的是，17世纪初期的基督徒犹太人恢复摩西律法，视"吃任何猪肉和血糕（即猪或血）的行为绝对不合法"。当时的人觉得喧嚣教派难以理解，同时也认为犹太人领袖约翰·特拉斯克十分怪异，并且将两者混为一谈。后来特拉斯克更在1618年被处以酷刑，他因为只吃面包和喝白开水而陷入饥馑状态，直到被迫同意吃猪肉后才被释放。他的妻子在被逮捕

21 年后，在 1639 年被人在狱中发现，她身体衰弱，但依然坚持戒律。一名受惊的官员在报告中写道："七年来，她完全不吃肉；除了白开水之外，什么都不喝。"她一直被关在那儿，直至 1645 年她的狱友成功劝服她改变饮食方式为止。

尽管受到报纸的揶揄，还有来自群众的奚落，"震荡者"信众的信念始终未动摇。不过，由于执法者的强势镇压，该教派终于土崩瓦解。1650 年，国会开始围剿激进宗教势力，为了对付约翰·罗宾斯和"震荡者"，国会于当年 8 月通过了亵渎治罪法案，该法案对后来的历史发展造成了重大影响。国家随即大举展开镇压行动，众多"震荡者"信众被抓进大牢。罗宾斯的若干追随者遭到逮捕，并且被囚禁于威斯敏斯特守卫室监狱。在那里，当局对他们进行拷问，以强迫他们供出"约翰·罗宾斯（化名罗伯茨）藏匿在哪里"。最后在经过差不多一年的明察暗访之后，1651 年春季，罗宾斯在位于穆尔菲尔兹区长巷的一场秘密集会中被逮捕，他和他的支持者遭当局盘问，后来被移送往克勒肯维尔的新监狱。

在法院审判期间，控方指罗宾斯蛊惑他的信徒，让他们相信他是神。根据亵渎治罪法案，初犯者可被判处 6 个月有期徒刑（在狱中可能还得受鞭刑和服苦役，牢中的恶劣环境加上疾病横行，有的监狱还会向犯人收取费用，受刑人往往因为被监禁而负债累累）。为了确保"震荡者"信众放弃自己的信仰，当局清楚地声明：再犯者将会被放逐，如藐视判决，则以死刑伺候，并且在死后不得安排教士主持丧葬（这形同把死者丢进永恒的地狱，永不超生）。政府的记录指出，罗宾斯的信徒在法院中倒在罗宾斯的脚下，吟唱宗教歌曲、拍手、尖叫，以及请求他解救他们。

尽管罗宾斯和一些追随者勉力陈词，指他一向只是称自己为先知而已，但罗宾斯还是被判刑。在当局展开逮捕和审判之后，"震荡者"信众的财物分享生活集团随即瓦解。诽谤他们的人嘲笑罗宾斯，指他连分开泰晤士河河水好让信众们逃出监狱的能力都没有，更遑论把他们带到乐园了。最后，大部分信众以承认其他较轻罪名争取减刑，他们签名同意放弃对罗宾斯的信仰，并且承认他们之前是受到魔鬼的蛊惑。信众中仅有一位坚定不移的追随者（托马斯·卡比）始终对罗宾斯效忠。他"在法院公开审讯时诅咒和痛骂司法体系"，拒绝放弃自己的信仰，结果被判处进入威斯敏斯特惩教所服刑 6 个月，接受体罚和苦役。

　　在狱中的最初几个星期内，罗宾斯继续透过囚室的窗户对外宣教。翌年 2 月，他有可能还是被关在狱中，也有可能被重新判刑。不过，有一位他过去的信徒在不久后声称罗宾斯向克伦威尔写了一封道歉声明，于是获得当局释放。凭借过去从信众身上获得的财富，他当时还能够把自己过去的住处买回来，然后在郊区过着退休生活。不知这是否属实，但罗宾斯从此销声匿迹。无论如何，罗宾斯掀起的激进态度、神圣启示和素食主义风潮持续了好几十年。

　　罗宾斯被指为藐视亵渎治罪法案。该法案指出，任何坚持"他 / 她（或任何受造物）自称为唯一的神……或真神，或者是住在这受造世界（即由神创造的世界）上而非其他世界的'永恒上帝'者，即为刑事罪行"。罗宾斯不是唯一宣讲这种亵渎言论的人。当局制定该法案的目的，就是为了将异议分子一网打尽，其中包括来自莱斯特的雅各布·博顿利——他本来是鞋匠，后来从军，之后开始宣教。他声称："所有生物，包括人类、飞禽走兽以及花草树木，全都充满神灵。"这种动植物和人类都充满神灵的信念，在当时是具有高度颠覆性的想法，特别是这种信念让自然界和神圣界不再界限分明，这违反了十诫中的第一诫有关不得崇拜偶像的规定。而且这种想法的危险性在于，它可能会影响人们对待动物的方式，并影响人们对国家的意见，形同种下异端邪说祸根的坏疽。对于这种信念，最著名的拥护者可以说是掘土派成员杰勒德·温斯坦利。1649 年 4 月，温斯坦利带领一批同志前往温莎森林边缘，并且自行占据土地。长期以来，拥有土地所有权的精英阶层垄断土地和地上的产物。食物价格已经涨到史无前例的地步，穷人却无法获得必需的粮食。所以，当时便有人起而争取重新掌握大自然的资源，那些掘土派成员开始非法耕地、施肥和播种，以便种植自己的粮食。"大地之母会喂养每一位在土地上出生的人，"温斯坦利称，"所有人都应该平等相待。"掘土派成员号召生活不如意的大众加入他们，并且宣扬在自己家中种玉米、防风草、萝卜和豆类的好处，他们说："尽管我们只有根类和面包作为食物，但我们有一颗和平的心，乐于默默耕耘，并且因为甜美的收获而满足。"他们承诺，只要大家肯耕作，穷人就可以不必再被迫替他人劳动，而且不必再受到不可靠而且根本就是压迫大众的食品市场的宰制。

温斯坦利致力占据土地，以便让平民重新享用，同时他也努力让平民得以接近神。教会总是把神供在高高在上的天国里，宣称只有有权有势的教士才能和神接触。和同时代的很多新锐人士一样，温斯坦利坚称神一直与世人同在，地上万物都充满神性。传统神学家视世间万物都有可能和魔鬼一样污秽，与之相反，温斯坦利强调所有动物身上都有神性，所以人类应该爱护和敬畏动物。他指出："动物和人类是平等的。"这种平等博爱的精神打破了传统的人与人之间的等级观念，并且对人类漠视动物权益的行为提出了挑战。严格来说，温斯坦利未曾说神住在这受造世界上"而非其他世界"，也不曾像泛神论者一般极端地说这世界本身就是神，所以他并不算是违反了亵渎治罪法案。

温斯坦利不曾怀疑人是这世界的主宰——正如神是人的主宰一样。但其新锐之处，在于主张基督最重要的诫命不只是落实在人与人之间，而且还要落实在人和动物之间。为了替原祖的堕落行为赎罪，人类必须要开始"把人类视作其他所有动物的伙伴（尽管人是所有动物的主宰）；人类和动物互相平等对待"。

既然温斯坦利持这种信念，那他理所当然应该是一位素食者。不过，他并未曾明确地说人们应该停止杀生或放弃吃肉。当时大部分有类似信念的人都不是素食者，如果有人主张由于神是存在于所有生物当中，因此杀害动物是错误的话，那么很可能有人会说，吃卷心菜也是不对的了。实际上，如果人类、大自然和神都是整个世界的一部分的话，那么就没有理由说动物不应为了人类而牺牲性命，反正人类也是整个世界的一部分。对于这类争议，雅各布·博顿利的神学观念和温斯坦利是很接近的。博顿利提出一种解释，如果大家相信神是与动物的身体同在的话，那么杀害它们时就不必自责，理由在于：动物的死亡并非真正的死亡，所有人类和野兽只是"一个整体存在"的不同部分而已；因此动物的肉体随着死亡而回归尘土，但它们的生命则会重新成为神的一部分。也因此，在政府以武力驱赶掘土派成员后，1652 年，温斯坦利又鼓动穷人去抢掠肉品商店和偷走公家的牲畜以获得食物。

不过，有一些人却主张，夺取那些神所赐予的生命是错误的。抱持这种想法的，包括英格兰一些家庭主义教成员。这些秘密教派成员是 16 世纪荷兰神秘主义者亨德里克·尼可斯的信徒，而尼可斯宣称神充满在宇宙内，因此任何形式的暴力都是错误的，因为神"创造天地万物，万物存在都是有其存在意义的"。他要信徒们在土地上重建新的伊甸园，伊甸园中的人们"是不会杀生的，因为在那里的人是不会破坏任何事物的，他们只想爱护生命，爱护一切生命"。在 17 世纪 60 年代，来自哈克尼的泥水匠兼传教士马歇尔（他本来是一位军人，后来成为一名和平主义者，认同家庭主义教的教义），呼应亨德里克·尼可斯的言论，在闹市中对着人群宣称："杀害有生命的动物是错的，因为那是神所赐予的。"专门对付异端的长老教会传教士托马斯·爱德华兹把马歇尔的素食教义列在亵渎罪状的《坏疽》（1645—1646）黑名单上。在这份亵渎罪状黑名单中，他警告说，像马歇尔这种未经认可的传教士，竟然宣称"凡是杀生都是不合法，不管是杀任何人，还是为了果腹或其他原因而杀任何动物——包括鸡"。

神存在于自然的信念，提供了改变人与动物关系的新的神学基础，也大大增强了素食者的论点。这信念更启发平等博爱的政治思想、和平主义和不杀生的观念。在 17 世纪后期，托马斯·特赖恩重新宣扬和温斯坦利相同的信念，指神是存在于动物身上，吃肉遂变成了违背神的直接暴力行为。在罗宾斯、温斯坦利和家庭主义教的教义中，全都涉及素食主义，同时一个跨党派的新锐议题正在兴起，包括对主流社会的嗜血饮食习惯提出异议的声音。

03 罗杰·克拉布：让食物链变平
Roger Crab: Levelling the Food Chain

就在罗宾斯离开伦敦的那一年，另一位经历过战火洗礼的老兵站了出来，开始与吃肉的人对着干。罗杰·克拉布过去多年曾与不少人战斗，现在又以素食主义来对抗不公正的政治势力。就像罗宾斯一样，克拉布在面对政治打压时越挫越勇。他第一次和政府杠上的记录是1646 年。当时克伦威尔的新模范军队打败保皇党势力，而英王查理一世则投靠苏格兰人，接着是一段平静的时期。1648 年，查理一世从怀特岛的汉普敦宫逃走后，触发第二次内战。在两次内战之间的短暂平静时期，议会内不同派别之间一直争论不休——有一派人希望和英王妥协，同时另一派（例如克伦威尔将军和费尔法克斯）认为新模范军队曾经为了推翻英王而流下鲜血，因此不应就此罢休。在这场辩论中，平等派鼓动军人叛变，要求废除君主制，此举得到了广泛的回响。

甚至在 1647 年前，平等派已开始积极展开攻势。年轻的罗杰·克拉布宣扬一种有关灵魂复兴的宗教言论，而其内容也结合了极猛烈的政治思想。他让那些前来集结聆听讲道的信众接受洗礼，并且鼓动他们加入推翻英王的军队。他向信众们说，君主制度视英王为神的代表，这是偶像崇拜的行为。尽管后来议会在 1649 年转而与克拉布采取相同立场，但在此之前，议会内各个势力还是无法接受他的言论。1646 年，他有一次在萨瑟克向群众发表演说时，遭当局拘捕并且被关进监狱。憎恶素食者和新锐人士并且打击异端不遗余力的托马斯·爱德华兹也说：克拉布是一位卑劣的"施洗者和传教士"，他发表"和灵魂永生之路截然不同的奇怪教义"，诱导群众走入歧途，并且告诉群众"与其让国王统治大家……不如让一头金牛或驴子来治理我们"。

1647 年，费尔法克斯在听闻克拉布陷入困境后，他火冒三丈地在议会提案讨论该事件。面对新上任的政治家，费尔法克斯毫无妥协的意愿，并且要求各界慎重地看待克拉布的案件。在克拉布的审讯中，费尔法克斯投诉培根法官禁锢陪审团成员，而且不让他们进食和喝水，迫使他们最后同意宣判克拉布有罪。克拉布被铐起来，关在白狮监狱，直至他设法筹措巨款（一百马克）替自己赎身后才被释放。克拉布由于宣扬推翻独裁政治的言论而沦为阶下囚，这更印证了当时的制度有多么独裁。克拉布后来补充道，他曾经几乎在战场上失去性命，连头颅也几乎"被砍下来"，现在却把他关在监狱，这简直是忘恩负义。该案件掀起了 阵激烈的风潮，费尔法克斯所发表的不满言论被记录成文字并且出版，八年后多份报纸依然记录着克拉布是一名"军中的煽动者"。

克拉布在临终前撰写遗书时，他始终相信那时候的他是正在为了彼岸的生命做准备；他将要"离开人世"，但他相信神会"让他的灵魂受到眷顾"，并且再生。怀着对议会政策的不满和失望，克拉布离开军队，跑到白金汉郡的切舍姆镇开了一间帽子店。但他和杰勒德·温斯坦利一样，没有多久就看清商业活动行为的反艺术本质；并且明白了商业活动是堕落的消费主义的推手。于是他开始发难，当时有一本讽刺时弊的刊物还说:"我们有一位爱唱反调的伙伴——克拉布大哥,他身兼数职,集理发师、退伍军人和制帽师傅于一身,经常找高官的碴儿,并且向我们讲道。"1652年,他卖掉他的帽子店,把自己的财产分给穷人,在靠近欧克斯桥的阿肯汉姆租了一块与世隔绝的地皮,在那儿盖了一间幽静的小屋,并且开始耕作。为了象征他遁入荒野的生活,他自比为施洗约翰,并且大肆批评当时剥削广大劳苦民众供给少数骄奢富人的政治制度。"如果施洗约翰再次来到人世,"他宣称,"他会称自己为平等派,从荒野中采集粮食和衣服,并且宣扬他昔日的教义,即'有两件衣裳的,就分给那没有的;有食物的,也当这样做'。那些骄傲的绅士和时髦男士一定会藐视他吧。"

克拉布痛骂当时骄奢淫逸的"索多玛时代",他拒绝吃肉,并且实行最严格的素食戒律。肉类是财富的象征,而谴责吃肉则是表示与受压迫者团结一致。自己在家栽种蔬菜,一方面是作为对抗社会不平等的策略,一方面也是精神重建的出口:

> 不再饮用烈酒,我赏给这老人(我是指自己的身体)一杯水;不再吃烤羊肉和兔肉等美味佳肴,我赏给他麦麸清粥、麦麸布丁,还有切碎的芜菁块根叶和青草。

克拉布拒绝吃奶油和奶酪,而且和约翰·罗宾斯一样鄙视酒精和肉类。为了酿制啤酒,本来可以作为粮食的谷类几乎消耗殆尽,导致食物价格上涨,让最贫穷的人们受苦。克拉布注意到,奢侈品不只是社会不平等的象征,而且往往更是造成社会不平等的原因——这个论点受到不少后继者沿用,一直到17世纪末期的托马斯·特赖恩,甚至在一个世纪之后，包括雪莱等进步人士也秉持着这样的见解。

克拉布虽然过着清苦的禁欲生活，但是他坚信素食完全可以维持人体健康需求。继承悠久的素食医生传统，克拉布以传统疗法行医，声称他治愈的患者人数高达一百二十人。从病人身上取得的证据显示，肉类是人类疾病的原因，而禁食则是有效的疗方。"如果患者受伤或发烧，我认为吃肉或者饮用高浓度啤酒，会令他们的血液变得火气更大，伤口的毒性加剧，会让疾病恶化。因此，吃肉绝对是危害人类体质的行为。"就像报纸上那些浮夸滥情辞藻修饰的文章一样，克拉布宣称肉类会让"人体变成一个污秽的场所，里面尽是肮脏的体液和危险的疾病，会让人产生色欲、懒惰和忧郁。不论是男人还是女人，其身体和理智都会变得混乱不堪，变得和野兽没有两样"。

克拉布让自己的身体符合大自然的素食者法则，他很快就接收到了心灵的启示，于是开始求教于威廉·利利（受到激进分子们爱戴的星相学家），请求他解释那些启示的内容。后来，在 1655 年，克拉布前往伦敦，并且出版他的第一本激进素食小册子《英格兰隐士，或我们这个时代的奇观》，由一位退伍军人变成了留着胡子的隐士，这身份的转变本来就引人注目，再加上他那罕见的饮食习惯，于是引起全城轰动。克拉布"视吃任何肉类、鱼类和动物皆为损害身体和灵魂的罪恶"，"他吃的食物，竟然就是那些穷苦人家在家里自己栽种的食物，比如玉米、面包、麦麸、草本植物、植物的根部、羊蹄草、锦葵和青草；而且他只喝白开水"。这些都让该书的出版商和不了解的民众感到惊奇。

报界兴奋地报道，一份畅销的报纸宣称克拉布"经历了我们曾听闻过最刻苦的隐士生活"。尽管克拉布鲜少提及动物，但是当时的人们却很担心他会和他的同路人（平等派人士理查德·奥弗顿）一样，将人类等同于野兽。当时的报纸讽刺地指出，克拉布不想杀害动物是因为他和它们有着爱欲关系。每周发行两次的《抽烟报》将他与不吃猪肉的犹太教徒相提并论，并且说："罗杰·克拉布有野兽小娇，他见不得人，藏在欧克斯桥边儿上的土坏房里，除了菜根什么都不吃。"甚至连他的出版商也拿他开玩笑——在其中一本他的小册子中，更附上一幅克拉布的裸体刻版画，画面上呈现他正在和一头草食动物交媾。他们认为克拉布对动物的照顾简直是过了火。

克拉布很快就和罗宾斯的狂热教派联结，他让平等派人士罗伯特·诺伍德队长（此人与托马斯·坦尼合作，曾经在 1651 年遭当局以亵渎罪名起诉）改变信仰。不过，他们的合作并不长久，因为诺伍德承受不了克拉布这位斋戒导师所要求的刻苦生活。克拉布的出版商曾发表文章指出："诺伍德队长很了解罗杰·克拉布，对他言听计从，还遵循同样的清苦斋戒纪律，直到他因此而失去性命为止。"

有关克拉布的素食戒律让诺伍德饿死的故事，其实不太可信。一般人有所不知的是，诺伍德其实是在 1654 年死亡——那是在克拉布离开隐居地两年后的事了。该事件一方面让人们对这种崭新的饮食方式感到不信任，同时让那些钟爱牛排并且对克拉布建议的青草和芜菁甘蓝叶缺乏兴趣的人有机可乘，从而对素食肆意诋毁。诺伍德的死，让里夫对罗宾斯的指控开始变得站得住脚了。后来，更有一位评论作家在没有证据的情况下声称：克拉布"因为吃面麸、青草、羊蹄草以及其他垃圾，而毁了自己的健康"——事实上，他活到将近七十岁才去世。

克拉布和诺伍德的关系，说明了素食新锐人士之间的结盟状态其实是松散的。克拉布也一度和掘土派成员联结，而掘土派成员大多是由一些因为不满而脱离平等派的人士组成。克拉布和温斯坦利过去都是浸信会成员，二人均相信私有财产制是一种诅咒，并且认为如果农民们能够享用自己耕作的成果，而不再替地主做牛做马的话，那么上层阶级势必枯萎。克拉布也提出掘地的隐喻，例如在他后续的小册子《英格兰隐士刨地根除偶像崇拜》（1657）中。像温斯坦利一样，克拉布也认为神的诫命"你们想要人怎样待你们，你们也要怎样待人"，同样适用于动物。

就像其他的素食新锐人士以及一些贵格会教徒一样，克拉布将素食主义退隐生活与和平主义结合。他以这种拒绝伤害其他生命的素食生活来对抗那些"随时准备吃肉饮血的"对手。克拉布指出，吃肉会触发暴力的冲动，首先可能导致战争的爆发。他说："越是纵容嗜肉嗜血的欲望，那欲望就越是增强。"很多人相信，宰杀动物吃肉会让人类变得更残酷。克拉布在神的旨意中看到，除非大家停止彼此残杀，让大地上不再有吃肉的罪恶，否则所有具有侵略性的吃肉者，将会因为自己残暴的本能而自食恶果。运用"肉／肉体／肉欲"的双关意味，克拉布希望自己拒绝吃"肉"能唤起英格兰人放弃暴力冲突之源——"肉欲"。对他来说这正是一项隐喻，指示人们该放弃老旧的摩西"吃肉"律法，并且迎接新的基督精神律法。

根据克拉布的观察，大自然明确揭示肉类是对身体和灵魂有害的。现在克拉布需要在《圣经》中找到宗教上的论据，借此推动英语素食释经学派，对于经文逐段提供对他有利的解释。克拉布和全国上下的神学家争论教义，他特别引用圣哲罗姆的神学思想，为素食主义发展出一套严谨且依据《圣经》的释义。

克拉布和其他人一样，认为素食主义是从神创造万物（以及亚当和夏娃）开始的。克拉布甚至暗示人类的堕落，是因为亚当违背神赐予的饮食方式，犯了吃肉的错误。他悲叹："如果当初亚当只吃神认可的果实（即水果和草本植物），那么我们人类就不会堕落了。"他坚称，神在挪亚渡过大洪水灾难后准许人类吃肉，只不过是因为洪水暂时淹没了全世界的植物。神希望在大洪水退却后，大地一旦恢复生机时，世人应该要立即恢复吃素的生活方式。克拉布不满地认为，人在尝过肉类的味道后，欲火被点燃起来，只想吃更多的肉，并且把天然的蔬菜当作是"比不上野兽（或野兽的肉）的垃圾"一般唾弃。于是，人类就变得无可救药地腐化和暴戾。就像政治光谱上任何一端的其他素食者一样，克拉布相信人们只要过着他的素食隐居生活，就有机会重返"当初我们祖先亚当被驱逐离开的神圣乐园"。

在克拉布看来，《圣经》上记载的整段历史，是神让人类重新回到天然饮食方式的漫长历程。他说，摩西带领以色列人出埃及，是要让他们远离吃肉的埃及主人（这样的想法，也许早就潜伏在罗宾斯和加门特这两位自比为摩西的人物心中）。当那些顽劣的以色列人"在抱怨和背叛上主并且垂涎埃及人的肉类食物时"，神就惩罚了他们。神派遣出大批中了剧毒的鹌鹑，并且让他们在口中还叼着肉时死去。先知以西结、以赛亚以及耶稣的门徒，都曾经试过吃素或实行刻苦的禁欲生活，值得世人仿效。先知但以理曾经只吃扁豆和喝水，借此他得以目睹神的显现。正如很多圣人曾经获得动物协助渡过难关一样，一只长耳猎犬曾经为狱中的克拉布运送面包，他还声称神派遣小鸟告知他未来将发生的事情。克拉布坚称，甚至是耶稣本人也赞成吃素。他说，尽管我们听说过耶稣吃各种不同的食物，"但是，我们从来没有看到有人提他喝酒或吃过半块肉"。在一个表明克拉布是如何爱护动物的不寻常例子中，他说耶稣在野外将鱼分给五千人吃的事迹是"无罪的"，因为"他没有伤害任何在大地上呼吸的动物"（将水生动物排斥在肉的范畴之外，是天主教斋戒规范的一个标准区分）。甚至逾越节的宴席（耶稣明显吃了羊肉）也只是一个例外情况，耶稣勉为其难，只是为了实现犹太人的预言。

克拉布将《圣经》呈现为一份重量级的素食主义宣言，但他的对手也以其人之道还治其人之身，搬出了新约的章节，当中清楚列明必须废除古代犹太人的饮食禁忌。在有关素食主义的争论中，克拉布和当时其他投入讨论的人士所援引的所有新约章节，其实早在圣奥古斯丁和圣阿奎那与吃素的摩尼教徒争论时就已引用过。虽然相关的教义争议初次在英格兰出现，但是其历史其实可以追溯到超过一千年前，而英格兰的教士也乐于倚重这样的权威文献来证明其对手持有非正统信仰。不过，克拉布这位精通释经策略的高手，依然找到了一个办法来回击那些诋毁他的人。

耶稣曾教导人们应该感谢神赐予食物，而且任何食物都不应该被视为不洁。克拉布反驳说这根本就是胡扯，因为有些东西本来就是有害的，虽然肉类不是法定违禁品，但始终是有害的东西。克拉布机智地引用圣保罗的名言"所以肉若叫我弟兄跌倒，我就永远不吃肉，免得叫我弟兄跌倒了"以及"那软弱的，只吃蔬菜"来劝导人们："遵从良心的指示，我们应当戒肉，正如圣保罗所说他们为了软弱弟兄们而这样做。"克拉布甚至挑战里夫用作攻击罗宾斯素食主义的《圣经》章节（内容指当有人命令大家"禁戒食物"时，就是人们听从魔鬼的预兆）。克拉布坚称，他没有命令任何人戒肉，他只是希望每一个人能够拥有足够的智慧，自愿戒肉。他反驳人们对他的攻击，指无知的英格兰教士违反了圣保罗特别对于吃素相关争论时的指示——圣保罗说过"吃的人不可轻看不吃的人"。虽然克拉布努力援引《圣经》来支持其论据，但他还是遭到当地教士们的诽谤，指他是魔鬼。阿克斯布里奇镇圣玛格丽特教堂的清教徒教士托马斯·哥德波特到处向人们说克拉布是一名巫师。克拉布提出反驳，并且表示愿意和任何教士辩论。他认为那些教士们曾经在多次辩论中落败，因此害怕和他在公开场合对辩。对于当时支持教士们应该强制要求平民缴纳什一税的神职人员和政府，克拉布根本不把他们放在眼里。他认为这简直是让教堂变成了妓院，教士变成了妓院老鸨；而整套强迫人们在周日上教堂的观念，则是把宗教变成了偶像崇拜。虽然在克伦威尔统治下的英格兰盛行禁欲的生活，但是上教堂的人却视周日为可以稍稍放纵的借口——当天大家可以穿得光鲜亮丽，并且把一周的积蓄花费在烤肉上，好大快朵颐一番。因此，克拉布藐视安息日的律法，指周日是一周里人们亵渎神最为严重的一天。

克拉布的煽动性狂言对当局构成威胁，其程度比 1646 年时有过之而无不及，"当年克拉布就被关进了监狱"。受到他攻击的教士们尽管批评他的素食主义，但是并没有什么实际的作用。他拒绝遵守安息日律法，公然鼓动大家不必上教堂，让不少人松了一口气。1657 年，克拉布多次遭到逮捕并且移送法办，其中起码有四次是因为他违反了安息日的规定。当局一度把他拖到大庭广众前，用脚镣把他锁在伊肯纳姆教堂前，并且数次把他关在克勒肯维尔监狱中。克拉布甚至声称，克伦威尔曾一度判处他死刑。1655 年 1 月，他被关禁以及移送法办，罪名是他宣称当时政府为暴政政权。在这些事件中，他的素食主义总是一次又一次地引起各界争辩，于是也让更多的人关注狱中的他。

1657 年，克拉布在法院受审，他毫无悔意地听判。法官命令他必须遵守依据"更高的权威"所颁下的法则。对此，克拉布勇敢地厉声反驳，从陈词中可以看到其强悍的一面，他不是大家所描述的那么弱不禁风、只会在山林中怪里怪气地度日的隐士。他是一位敢于挑战当权者的强力新锐。克拉布的辩词揭示了革命政府的自相矛盾之处，他提到自己曾经在克伦威尔反抗军中驰骋沙场，并且"曾经用手中的剑对抗英格兰的最高权威，那就是英王和各主教，现在你们正好坐在他们的位子上"。至于这个凭着人们记忆中最大规模的反抗运动起家的政权，现在又如何能说服他：当局要禁止一切反抗当局的举动（在审判和判处刑期的过程中，当局形同在打压他们曾经鼓吹的反抗力量），克拉布让他们暴露出自身伪善的一面。

　　克拉布是当局的眼中钉，但他由于辩才和个人魅力受到民众爱戴，没多久就有一群人追随他吃素。1659 年，也就是君主制复辟前一年，已经有很多人认同他。人们称他为"理性者"或"理性主义者"，素食主义对他们来说是一项重要原则。当时有一家出版商还刊登了一首赞美素食主义的民谣——作者署名 J.B.，并且自称是素食主义信徒。他写道：

> 灵魂的灿烂更胜晨光，
>
> 哦！黑暗的凡人依旧蔑视你，
>
> 我钦佩你以麻袋自制的衣裳，
>
> 草本植物、根部，以及每一种蔬菜食物，
>
> 你就这样吃；但你却越是健康，
>
> 而那些食肉的野蛮人，则纵情酒肉；

克拉布这时坚信神通过他来向人们说话，他在小册子上发言的语气，简直就是把自己当作是神一样。他自称是受到神的启示而发言，这让他与贵格会教徒陷入争议。1659 年 1 月，贵格会的托马斯·柯蒂斯给乔治·福克斯去信，表示他对白金汉郡举行的一场"非常伟大和珍贵的聚会"的关注，出席该聚会者包括"各种鱼类"和"多位民众——当中有一些是已经接受洗礼的，有一些是克拉布的同伙"。克拉布激起了来自著名的贵格会保守分子约翰·兰斯和乔治·萨尔特的攻击（萨尔特后来在遇见约翰·罗宾斯的宿敌约翰·里夫时被逮捕）。萨尔特嘲笑理性分子，指克拉布为"一坨大雾，就像是一片吸住你们的沼泽一样"。

克拉布随后表示，他已经和"兄弟之爱会"（当时最重要以及历史最悠久的国际神秘组织）的领袖结盟。由于"兄弟之爱会"的精神领袖约翰·波代奇医生曾经在克伦威尔的部队中担任军医，因此克拉布有可能认识波代奇。波代奇曾经是布拉德菲尔德教区的教士，由于他发表具有颠覆性的言论，主张多夫多妻，反对什一税，并且接待来自家庭主义教和喧嚣教派的朋友一同举行精神狂喜聚会，而丢掉职位。据说波代奇和托马斯·坦尼结盟，并且以斋戒禁食来获得"与天使相见和交感"的机会。波代奇表示，他当时为了促成基督赶快复临人间，致力于与下落不明的以色列支派联系，并且建立理想的原始公社，以落实"全人类普世和平友爱"的价值。就像克拉布一样，波代奇认为人可以借由向大自然学习而接近神，因为他说宇宙"是神的衣裳"。

没有证据显示"兄弟之爱会"的全体成员一致吃素，但是他们以实践极端的禁食著称。他们被揶揄为"没有正常饮食能力的一群人"。该会一名后期成员理查德·罗奇在后来回忆时提到，该会参考古犹太苦修派教徒的刻苦修行方式，相信刻苦清修可以让他们"更能体悟宗教的神秘道体"。有一些"兄弟之爱会"成员认为动物有灵魂，而且会在最后审判时获得精神解放，因此他们反对为了满足人类奢侈和口腹之欲而伤害飞鸟、走兽和鱼类。不论如何，克拉布和波代奇同样向往德国鞋匠雅各布·伯麦经历的神秘现象。伯麦强调，一代又一代的思想家，都是凭借个人的领悟以及在大自然中寻觅神的泛灵论信念而受启发的。伯麦对欧洲文化有很深远的影响：17世纪的神秘主义者对他推崇备至，启蒙时代的科学家坚守着他所揭示的知识，浪漫主义者重振他强调与大自然实行精神沟通的信念。在17世纪50年代，随着他的重要著作被翻译成英文，人们对他思想的兴趣达到最高峰。虽然伯麦也许不是一位素食者，但是有很多素食者和伯麦有着同样的信念。或许由于他对大自然的敬畏态度，又或许是他热诚地呼吁世人拥抱爱，以避免遭受凶险的并且隐伏在万事万物中（甚至包括在神身上）的天谴。对于把吃肉作为传统基督教修行的主要内容，他不满地指出，在"以肉来喂养身体"时，灵魂会因为臭肉而受到污损和被遮蔽。"知道为何神要禁止犹太人吃某些肉类吗？"他问道，"想想那股臭味……就能明白了吧。"

伯麦向往亚当在堕落前的精神纯洁，但他并未为了要回到那样的状态而提出任何饮食规定（这也许是因为他相信亚当在堕落前根本就没有躯体，所以根本不用吃东西）。伯麦指出，神之所以"创造各种野兽作为果腹的食物和披身的衣裳"，只是因为已预知人终究会堕落，他的这一观点鼓舞了素食者。如果人类和伯麦一样，抱持着要"回归本来状态"的宏愿，那么伯麦可能得停止吃肉了。克拉布和伯麦有着同样的理念，认为与七星相对应的"七大属性"主宰着人类体内的七大精神力量。克拉布的七大属性说其实和传统星相学的说法更为接近；

他相信，人类吃肉和杀戮的冲动，是受到火星的精神力量刺激而引起的。

　　大多数 17 世纪中期的进步人士都在默默无闻中逝世。在 1660 年
王室复辟后，进步人士不再受欢迎，就连发表支持他们的言论都可能
会惹祸上身。特别是罗杰·克拉布，在 1680 年去世前一直致力于捍卫
自己的名誉，而据一些转引的文献显示，有大批的人们在当年 9 月 14
日前往斯特普尼教区的圣邓斯坦教堂出席其葬礼。在毗连教堂的墓地
上，人们竖起一座宏大的纪念碑，碑上写着一段向他的素食主义致敬
的韵文：

　　　　踏在这片土地上的读者呀，请放轻脚步，

　　　　看看墓碑上的遗愿吧。

　　　　这块血肉之躯曾经住着一位宾客，

　　　　他带着博爱。

　　　　他的灵魂推动了一股信仰浪潮，

　　　　其教派势如破竹。

　　　　然而，和蒙昧的凡夫俗子有所不同；

　　　　他和传统的老路分道扬镳。

　　　　他受过人们的中伤；

　　　　亦曾经被打压，但在最后却受人敬仰。

　　　　你了解他的宗教吗？

　　　　简言之，他秉持的信念是：

　　　　己所欲，施于人。

　　　　换言之，他遵循自然法则，

　　　　守候着那座没有血祭的寺庙：

他是所有良善事物的朋友。

其他的事，就只有天使们才了解了：

他们和他，动身吧。告别了。

这些诗句是由一位比克拉布更具文采的诗人写成的，其内容指出素食主义可以完美地和正统基督教教义相容。在很大程度上，该段韵文的内容似乎已经成真。克拉布在 1663 年和一名寡妇——埃米·马卡姆在圣布里奇教堂结婚，而又果真在另一间英国国教教堂的墓地落葬，另外，教会记录上写着他是一名"绅士"——这个高贵的身份可是违背了他以前反对私有财产和社会等级的进步姿态。不过，这却显示着：他纵使在王室复辟的政治环境剧变下，还在继续推动他的素食主张。

对 17 世纪英格兰的政治和宗教异议分子来说，素食主义可以说是一个耳熟能详的字眼。虽然在罗宾斯教派、掘地教派、家庭主义教、乔治·福斯特、托马斯·坦尼、罗伯特·诺伍德和罗杰·克拉布之间，他们同商共计的程度到底有多深，并没有确切的答案。但是，对一些具有组织性的力量来说，饮食方式是重要一环。对于有些人，素食主义还与革命密不可分。在经过英国内战期间的浴血洗礼后，老兵们对流血战争产生强烈的厌恶情绪，他们甚至不愿让动物流血。在不流血革命的运动中，拒绝暴力、压迫和不平等的理念，是和素食主义紧密结合在一起的。其后在 18 世纪 80—90 年代的革命岁月中，素食主义再度成为标志性的意识形态。在那段时期，素食主义尽管保留着其古老的内涵，却因为适应不同文化脉络而存续。在此意义上，罗杰·克拉布可以说是先行者，他将素食主义从内战的脉络中抽离出来，并且成功在英格兰王室复辟后将老酒换上新瓶，使之延续下去。

　　小丑：毕达哥拉斯对野鸟有什么看法？

　　马伏里奥：他认为人类祖母的灵魂可能一度寄居于鸟儿的身躯当中。

　　小丑：你如何评断他的看法？

　　马伏里奥：我认为灵魂是高贵的，所以绝对不赞成他的看法。

　　小丑：再见，你就留在黑暗当中吧。除非你赞同毕达哥拉斯的说法，我才可能认为你真的没有疯掉。留心别宰杀山鹬，免得害自己祖母的灵魂变得无处着落了。再见。

——莎士比亚《第十二夜》第四幕第二场

　　在欧洲，尽管吃肉的基督教徒并未被素食者击垮，但他们却遭遇到了另一股能产生更大威胁的势力。欧洲人本来以为欧洲处于人类文明的顶峰，但当旅行者们到了印度后，发现当地的古老宗教竟然远比基督教历史更为悠久，他们感到十分震惊。他们还发现，印度人竟然世世代代地延续素食主义的传统，并且以极端的道德责任对待动物，这严重冲击了欧洲文化中有关人与大自然的观念。有关印度人与动物王国和平相处的故事，被精妙地和基督教里的堕落前预定论与清教传统相结合，这是 17 世纪欧洲素食复兴的催化剂。尽管欧洲历史的讨论中鲜少注意到这一场运动的重要性，但它对当时的一些关键人物却有着重要影响，并影响了西方的自然观。

来自欧洲的旅行者抵达印度后，他们很惊讶地发现在种姓制度里竟然有一个叫作"婆罗门"的印度教祭司贵族阶级。婆罗门是古梵文的守卫者，并且是古代两千年前亚历山大大帝遇见的"婆罗门哲学家"的直系后裔。当博学的意大利贵族彼得罗·德拉瓦列在 17 世纪 20 年代前往印度的旅行中遇到赤身裸体、披着乱发、满身尘垢且在额头上漆着颜料的瑜伽修行者时，他自信满满地断定"他们毫无疑问就是著名的古印度苦行主义者——当年亚历山大大帝曾经派遣欧奈西克瑞塔斯向他们讨教呢"！对于向来浸淫在《圣经》教化风俗下的旅行者和游记读者来说，这是极为震撼的。

商人们对印度的钻石、棉花和香料贸易趋之若鹜，而欧洲思想家们对印度的秘传玄妙的宗教更是沉迷不已。正当基督教的教士们在想方设法向印度人传教时，欧洲却兴起了一股印度教的风潮。基督教徒描写关于印度的情况时，无可避免地因为宗教立场而戴着有色眼镜，而且难免由于欧洲当局的政治取向而在写作过程中避重就轻。不过在 17 世纪有一些曾经体验过印度文化的旅行者，对印度文化却抱着开放甚至高度崇敬的态度。在他们充满热情的文字叙述里，往往充满了幻想和投射。无论如何，借着他们的文字，部分印度文化总算穿越了跨文化沟通的障碍。欧洲的读者们开始渴望能获得真正的东方知识，人们援引印度哲学的观念来讨论宗教、科学、历史、人性和伦理。有时，印度教文化的光芒甚至还对欧洲自我中心的态度造成了冲击。

17 世纪对印度素食主义的"发现",是一场影响深远的跨文化碰撞,但这只是出自人们对古代历史的猎奇。即使在亚历山大大帝于公元前 327 年抵达印度之前,印度的素食哲学家早就闻名于古希腊了。据跟随亚历山大出征的历史学家们回忆,当希腊的军队抵达古代大学城塔克西拉(现位于巴基斯坦境内)时,亚历山大派遣他的传令员欧奈西克瑞塔斯去寻找那些著名的"古印度苦修者"或者"赤身哲人"。下面这个传说就是讲述这一场东西方的相遇过程:话说欧奈西克瑞塔斯在城镇外遇到一群婆罗门在晒太阳,他们看见他头上的帽子和身上奢华的服饰而捧腹大笑,他们取笑他竟然企图想通过翻译来了解他们高超的智慧,他们尖酸地指出这犹如"期望流水能穿过泥土一样"。最后,其中一位婆罗门姑且简明扼要地讲解了一下印度哲学。听完后,欧奈西克瑞塔斯惊觉,原来印度和希腊的思想有着不少共同点。对此他感到十分有趣,并且向那些婆罗门说:柏拉图和他们一样讲授有关灵魂不灭的思想;而且,毕达哥拉斯、苏格拉底以及欧奈西克瑞塔斯本人的老师第欧根尼也在希腊推广印度教的重要教义——素食主义。

　　尽管双方的伦理学体系有着明显的差别,但是印度的佛陀和希腊的毕达哥拉斯二人竟然不约而同地几乎在同一个时代中指出:由于生前行为会影响灵魂轮回,因此人类不应吃动物——这实在巧合。至于为何欧、印两地会分享着相近的文化主题,致力于促进文化融合的欧洲人数百年来纷纷提出各种假说,甚至在今天,这还是世界宗教史上的未解之谜。在古代希腊和罗马帝国,当时众所周知,毕达哥拉斯曾为了追寻哲学知识而前往埃及和波斯。后来,人们开始猜测他是不是还去过印度。《金驴记》的作者鲁齐乌斯·阿普列尤斯指出,毕达哥拉斯"大部分哲学内容"是从一个被称为"古印度苦行主义者"的族群习得的。

毕达哥拉斯被认为是希腊哲学的奠基人之一。他将一些对后世影响深远的观念引进希腊，其中包括灵魂借着轮回或转世而达到不灭状态，而且各种生物之间彼此有着亲属关系，因此宰杀动物是错误的行为。毕达哥拉斯一生述而不作，但是他的教义奠定了柏拉图哲学的基础。柏拉图学派坚信希腊哲学传统源自印度，甚至那些认为哲学是由埃及人发明的人也大多同意这一说法，因为很多人认为埃及过去曾经是印度的殖民地。

从希腊哲学追溯至婆罗门，个中的意义非同小可。尽管受到亚里士多德的指责，但是在慎终追远的过程中，素食主义的理想得以延伸至接近古代哲学的核心，诱使一代又一代的旅行哲学家前往印度追寻古代哲学的根源。菲洛斯特拉托斯以半虚构的形式撰写了一本讲述提亚纳的阿波罗尼乌斯——公元 1 世纪新毕达哥拉斯学派哲学家，后人认为他的影响力不亚于耶稣基督；这位传奇人物曾经施行神迹，并且主张废除祭献仪式——生平的传记。沿着亚历山大的足迹，阿波罗尼乌斯前往塔克西拉拜访当地的婆罗门。他为素食主义辩护，指大地"既然为人类种下所有东西，喜爱与野兽和平共处的人们应该一无所缺了"，不过那些吃肉的人"对大地之母的哭泣声充耳不闻，竟然对她的子女磨刀霍霍"。"现在，"阿波罗尼乌斯解释道，"印度的婆罗门……教导埃及的裸体圣者去指责这些行为。毕达哥拉斯从他们身上学习了生命之道。"阿波罗尼乌斯把这两套具有异曲同工之妙的伦理学体系融合，他视印度素食主义为重建人类与大自然和谐关系的必由之路。他旗帜鲜明地指出，毕达哥拉斯学派素食主义的基础是印度文化，而婆罗门则是所有真正哲学的根源。

新柏拉图学派创始人普罗提诺是西方世界里鼓吹轮回思想的主力，他曾经尝试前往印度探访婆罗门，但并未成功。在他提倡素食的过程中，其得意门生波菲利更是青出于蓝。波菲利读到了一些由埃泽萨的巴尔德萨内斯（154—222，本来是异教徒，后来皈依基督教）写下的记录（这些记录现已散失），内容提到他曾经于美索不达米亚拜访一群印度使节，当时他们正在前往埃拉伽巴路斯（一名崇拜太阳神和崇尚同性恋酒神祭礼的罗马帝国皇帝）的官殿。波菲利的素食专著《论禁食肉》对后世影响深远，他在书中推崇婆罗门以大地天然作物为食的行为。"吃其他食物，或至触碰那些有生命的食物，"波菲利解释道，"等同于道德不洁和亵渎神明。"波菲利解释说，尽管吃肉并不算是违反印度的法律，但是婆罗门相信禁绝吃肉就是最纯净的饮食方式（这可是和那些戒肉的基督徒保持相同的论点）。

　　波菲利对基督徒的指责和厌恶，加上阿波罗尼乌斯对基督徒毫不留情的指控，都未能让耶路撒冷新兴起的基督教接受婆罗门或素食主义。教会内的神父曾经对于戒吃肉的行为进行大量讨论，同时婆罗门也对此作出复杂的教义思辨：印度素食主义到底是神圣的精神力量还是一种渎神的迷信行为？还是更糟的，这种饮食方式只是欧洲素食异端邪说借题发挥的工具？

　　本来是异教徒，后来皈依基督教的雅典神学家——亚历山大城的圣革利免致力推广戒肉的饮食方式。他对古印度苦修者特别感兴趣，说他们"只吃坚果和只饮白开水"。不过，他认为这种极端的禁食行为和诺斯底主义禁戒派的"白痴无神论者"异端相类似，是很危险的行为。圣希波吕托斯亦对婆罗门提出谴责，他在《对一切异端的批驳》一书中指出，禁戒派的教规正是源自婆罗门。不过，对于婆罗门只吃从树上长出的食物，他也勉强地承认他们似乎是生活在乐园之中。婆罗门既然不必在地上耕作种粮，这意味着在他们所居住的地方，可能不是在神惩罚亚当的流放范围之内——神曾向亚当说过，在那儿"你必汗流浃背地生存"。希腊的异教徒认为印度人的生活是和黄金时代的人们一模一样——果实自大地上长出，不必辛勤劳动就有谷物可吃。基督徒将这种梦幻的生活合理化，指出当初伊甸园其实正是位于印度境内。但同时对欧洲人来说，没有农业就等于没有"文化"，这观念亦导致他们将印度人视为未经教化的野蛮人。

不过，有很多人受到巴尔德萨内斯的影响，对印度仍然充满热情。该撒利亚的优西比乌主教在 4 世纪遭到罗马教会迫害时撰写的《教会史》一书中，指出婆罗门"既没有自杀、没有拜偶像、没有吃动物的肉，也没有喝醉过……他们只是把自己奉献给神"。他们没有偶像（有些印度人的确如此），意味着即使他们未曾听命过基督，但仍具有基督徒的精神。圣哲罗姆（一位更为虔诚的隐士）在一次为戒肉的辩护中宣称：婆罗门展示了斋戒对精神灵魂的提升，值得基督徒效仿。他援引第欧根尼和古犹太苦修派教徒，甚至《圣经》提及的先知但以理、摩西、施洗约翰以及所有大洪水前的例子（包括亚当和夏娃）来说明他的观点。哲罗姆推崇婆罗门，并说："他们律己甚严，只吃恒河岸边树上的水果，以及一般的米饭或面粉。"这位最德高望重的神父的大力支持，鼓舞了数个世纪的基督徒素食者。

在海伦纳堡的苦行主教帕拉弟乌斯致力在印度教和基督教之间找寻神圣的联结，他将亚历山大和婆罗门的一段对话编成剧本。丹达米斯拒绝亚历山大的厚礼，以计谋战胜那位以暴力"征服众国的人"。他说："他赐给我一切——简直就像是母亲给自己的小孩哺乳一样。"他又自嘲地说，把自己喂野兽也比残害动物强。丹达米斯重复金口圣若望（君士坦丁堡主教，帕拉弟乌斯的老师）的论点，同时呼应犬儒派哲学，他指出即使是狼也比人类良善，因为它们之所以吃肉，只是由于天性使然，它们别无选择。

帕拉弟乌斯的说法后来融入中世纪《亚历山大大帝传奇》的后期版本中。该版本大受欢迎，发行范围覆盖全欧洲各地，甚至可能流传到印度，并影响到佛教经典《弥兰陀王问经》的出现。该书内容为素食的那先尊者说服希腊亚历山大掌控的巴克特里亚国王弥兰陀皈依的对话记录。《亚历山大大帝传奇》提到婆罗门过着幸福的和谐生活："当我们肚子饿时，我们就跑到大树下，就在那些垂下的树枝之间，我们吃其果实。"这些婆罗门清楚地将素食主义结合到反君主制的情绪中。素食主义自古以来就反对消费主义和专制，后来这种反对的声浪更是日益高涨。

在13世纪90年代，马可·波罗重返欧洲，他的游记得到热烈好评——这为中世纪基督教国家与印度文化相遇作了准备。马可·波罗在忽必烈位于元上都的宫殿中度过童年，长大后在亚洲各地游历二十多年，曾经被热那亚人关在监狱。在一个偶然的机会下，他和中世纪骑士故事作家鲁斯蒂谦被关在同一间囚室之中。为了消磨时间，马可·波罗口述他在东方的所见所闻，二人就这样推出了史上最出色的一部探险见闻录。该书以骑士故事的笔调写成，但内容全是真人真事。

马可·波罗在书中并未揶揄任何他所遇到的异国文化，他大步迈进了文化相对主义的道路上。马可·波罗承认，不论以任何标准来说，婆罗门都是道德高尚的群体。他们完全诚实，保持定时洗澡的习惯（当时的欧洲人并没有这个习惯），而且他们非常长寿和健康。马可·波罗解释说："他们不吃肉也不杀生，甚至连苍蝇、跳蚤、虱子和寄生虫都不杀。因为他们认为那些生命也是有灵魂的。"借由马可·波罗的见证，欧洲人很快就开始视婆罗门为"有德性的异教徒"。

在马可·波罗提及的众多神奇见闻之中，就包括位于锡兰的"亚当峰"——当地穆斯林说那里正是亚当的墓地，但一些印度人认为那里留有一个佛陀的脚印。数十年后，教宗派遣约翰·马里尼奥利作为代表，在1338年出发前往东方调查一些新兴基督布道团。他到了锡兰考察马可·波罗那本精彩见闻录中提及的亚当的墓地，他吃惊地发现，原来正如马可·波罗所说，"乐园是真的存在于大地上的"。

回到欧洲后，马里尼奥利在神圣罗马帝国的国王查理四世的王宫附属教堂内担任教士；他将这趟行程的经历写成报告提交查理四世。他提到自己曾经在一座花园中散步，那儿曾经是亚当的住处。他在花园中吃芒果、菠萝蜜、椰子和香蕉。马里尼奥利推测，那些水果以及当地的其他香料，都可能是从伊甸园中甘美的树上落下的。在那座山上，他发现了亚当的大理石屋的遗迹、亚当的一片脚印，以及最有趣的是，一间修道院。在修道院中住了一群虔诚的人（显然是佛教徒）。他说："他们从不吃肉，因为亚当和他的后裔都是如此，直到大洪水降临为止。"尽管那些高度虔诚的半裸僧侣并不是基督徒，但他们和世界上其他人一样具有道德意识。他们提出一个让马里尼奥利困惑的论点："他们既不是该隐的后裔，也不是塞特的子孙，而是亚当其他儿子的后代。"他们声称，那座山丘是照着乐园的原貌打造的，同时亦保护他们免受大洪水之灾。"不过，这和《圣经》有所矛盾，"马里尼奥利紧张地补充道，"我对此不予置评。"但他还是禁不住继续说，因为他的发现可以说是实现了基督徒的最大梦想。"我们的原祖，"他总结道，"住在锡兰，以上述水果果腹，喝动物的奶水。这群自称为亚当子孙的人们，在大洪水后一直到今天，从没有吃肉。"

也许是因为受到穆斯林的误导影响，马里尼奥利将素食佛学和《圣经》融合。他声称，在亚当和夏娃堕落后，神赐给他们裹身的所谓"毛皮"，其实是由椰子纤维织成的布料（和锡兰居民所穿的一样）。据这位已经被搞得晕头转向的基督徒指出，茹素的佛教徒和印度的婆罗门是在延续人类前堕落时期的素食风俗。马里尼奥利终究放弃了一开始的戒慎，他褪去欧式服饰，披上椰子纤维纱笼，并且加入佛教的大家庭，直到必须返回欧洲为止。这位天主教方济会的神职人员，此行的目的本来是要了解东方天主教的发展，却最终将茹素当作天主教和佛教之间的桥梁。

文艺复兴时期掀起了寻找伊甸园遗迹的风潮，不少旅行者跟随传教士的脚步前往印度。当威尼斯商人尼科洛·孔蒂在 1448 年从印度返回欧洲时，教宗派遣他的秘书波焦·布拉乔利尼去记录他的见闻。而孔蒂返回欧洲后，人们再次阅读古希腊人提及印度的著作——特别是斯特拉博于公元前 23 年发表的《地理学》；而孔蒂的新见闻也掀起了一阵风潮。他提到"巴卡里"（可能指酒神巴克斯前往印度神秘旅程中吸收的信徒的后代），他们"拒绝吃任何动物，特别是牛"。婆罗门（波焦指婆罗门并不等同于巴卡里）是出色的占星家和先知，他们可以无病无痛地活到三百岁，而他们的禁欲程度不亚于欧洲的任何修行形式。

1520 年，德国神职人员约纳斯·波米斯发表其民族学巨著《世界各国的道德、法律和仪式》，该书被翻译成法文、意大利文、西班牙文和英文。波米斯提出一些未曾在经典典籍中提过的乌托邦式图景，他说那些"默默无闻的婆罗门"过着"纯洁和简单的生活……满足于他们的食物"，简直让欧洲人无地自容，这样的生活比 14 世纪中期写成的《曼德维尔游记》中的情景几乎更为奇妙。《曼德维尔游记》是一本半虚构半抄袭的作品，书中虚构了一座"布拉格曼岛"，岛上住了一群"道德高尚"的异教徒，他们与世无争地过着纯洁而朴素的生活。托马斯·莫尔爵士在 1516 年发表《乌托邦》，该书也是受到相关的理想主义书籍所启发，莫尔笔下提到乌托邦中的居民和印度人一样禁酒、禁肉、善待动物，拥有和谐的政治。书中还暗示他们就是古印度苦行主义者。其他作家也纷纷讨论这种奇异的理想主义，例如托马索·康帕内拉因为企图于卡拉布里亚建立一座秘密的太阳乌托邦，而被判处 25 年有期徒刑后，在 1602 年发表《太阳城》。康帕内拉设定由一位环游世界各地的船长叙述该故事，当中提到太阳城内的居民几乎从不喝酒。而贪吃的欧洲人常见的疾病在那儿从未出现过。那儿的人们可以活到二百岁，他们受婆罗门影响而建立自然神论的宗教（有关自然神论的详细解说，见本书第 9 章）。康帕内拉意识到，在他的理想团体中可能有人想要引进素食主义，因此他机智地面对这个议题，他说："他们觉得好像有点残忍，所以当初并不想宰杀动物。但后来考虑到，草本植物同样拥有感觉，破坏它们也是残忍的行为。但是这样的话，他们可能会饿死——但是，他们又不想杀害牛和马等有用的动物。"在一百多年后，相关议题还是备受关注，特别是在 1726 年出版的《格列佛游记》中，作者乔纳森·斯威夫特以讽刺的手法将野蛮吃肉的犽猢国和理想素食的慧骃国作对比，"格列佛因此和慧骃国民长期住在一起"。这些乌托邦作品均是以旅游文学为蓝本写成，他们通过与其他文化进行对比，从而对欧洲的风俗进行批评。毫无疑问，在欧洲强调禁欲的人士读到那些旅行和乌托邦文学的作品后，开始努力在欧洲重建理想家园。

这次发现之旅使人们对印度兴趣高涨，旅行文学也成了一门严肃学问。文艺复兴学者开始沿着古希腊和罗马的异教的思想路径解释印度教，这样的论述为18世纪晚期威廉·琼斯爵士的东方学提供了学术基础。有一些旅行家更大胆地指出印度文化和欧洲文化的共同点，以便说明印度风俗的正当性。1515年，佛罗伦萨派出的使节从印度西南部科钦市写信给朱利亚诺·德·美第奇，信中提到他遇到一些素食者，他们"完全不吃任何带血的食物，也不容许任何伤害动物的行为，就像我们的列奥纳多·达·芬奇一样"。有传言说，达·芬奇曾经去过东方旅行。在长达数十年时间内，他严厉指责残酷对待动物的行为，并且悲叹人类可以从大自然获得各种蔬菜食物，却让自己的身体成为动物的"坟墓"。和印度教徒一样，他甚至因为人们吃蛋而感到悲痛，因为他觉得吃蛋剥夺了未来的生命。当时不少人在议论，说达·芬奇把那些被关在笼里的小鸟买下来然后放生——这其实源自毕达哥拉斯，而当时在印度的欧洲旅行者也都在谈论这样的善举。

文艺复兴时期的新柏拉图主义者已发展出把来自希腊、罗马和埃及各种异教理念相融合的方法，然后再将其理念解码，以便在眼花缭乱的表面下寻找隐藏的真理，某些异教的教义与基督教在此得以相容。当有关印度"异教徒"（非犹太人）的新信息出现时，人们多少是在这样的现成框架下去理解的。但印度人有别于其他已经消失的异教族群，他们是一直存在的。对有些人来说，这可能更具威胁性，不过对那些本来就有意向古老东方圣贤学习的人来说，印度文化倒是特别有吸引力。欧洲人对毕达哥拉斯的素食教义早已耳熟能详，而《圣经》中有关伊甸园的故事也深入人心。但是印度素食者的事迹还是带来了史无前例的震撼，让欧洲人对素食的兴趣重新被点燃起来，而相关的陆续报道也让欧洲人重新了解到素食的重要性。欧洲人基本上是将自己固有的观念投射到印度素食主义中，不过还是有一些印度哲学的观念进入了欧洲文化意识中。印度文化给西方带来的重大影响，左右了西方人对戒肉行为的宗教和伦理诠释。

在 15 世纪末期，葡萄牙的瓦斯科·达伽马船长和他的船员在经过多年努力后，终于成功绕过好望角，在几经坎坷后抵达印度西岸。达伽马此行有一个商业目的，就是要开通从印度进口香料的海上贸易路线，以便替代原来由穆斯林控制且费用高昂的陆上路线。不过，葡萄牙国王曼努埃尔一世却下令达伽马必须要找到传说中的印度基督国王，祭司王约翰，要是没有找到就回葡萄牙的话，等待他的就会是死刑。达伽马的下属在登陆后首先遇到的是一群留着长发绺的印度人，他们在看到葡萄牙人带来圣母马利亚像后，似乎对它有着崇拜之意（他们可能是因为看到当中的圣婴耶稣而误以为是西方版的黑天神）。葡萄牙人以为终于找到失散多年的基督徒兄弟，也感到十分欣慰。他们在看到一座古怪的印度"教堂"后，起初有点犹豫，但后来顿然感动得泪如雨下，并且跪了下来——于是，他们就这样开始在印度教寺庙中祈祷。

那些葡萄牙人没多久就发现这些"基督徒"好像有点特别——他们不单单"不吃牛肉"，而且当达伽马和他的属下到卡利卡特港的王宫吃晚饭时，他们赫然发现宫殿内的餐饮和欧洲奢华的王室宴会大不相同，国王竟然"不吃肉也不吃鱼，甚至不宰杀任何动物，而且贵族、朝臣和其他达官贵人都是如此；他们解释说，这是因为耶稣基督在他的律法里说过，谁杀生的话，他就会杀了谁"。那些葡萄牙人依然幻想这些印度人是基督徒，所以他们乐意将当地的素食主义作为十诫里"毋杀人"的一部分，并且欢天喜地地留下记录，人类不吃肉是完全可以生存下来的。

不过，达伽马和他的属下逐渐意识到，原来这根本不是什么印度基督教，他们也无法继续忍受这里奇怪的素食风俗。早前，其他欧洲大国眼红葡萄牙垄断印度贸易，荷兰在 16 世纪末期杀入战局，曾派出武装大型帆船替开拓贸易的商船护航。英国起而后效，伊丽莎白女王与莫卧儿帝国结为盟友。他们纷纷来到印度寻找财宝，而且他们知道返回欧洲后，要是在见闻录中大书特书各种奇风异俗和历险事迹，也将会大有市场。于是，各国纷纷出版有关印度的书籍。

让欧洲人感到最为神奇的事情之一就是素食者。事实上，只有一部分印度族群是素食者。大部分婆罗门拥护种姓制度的纯化律法，所以他们戒吃肉类。对一些欧洲人来说，这是克己虔诚的表现。不过，让西方旅行家感到惊讶的，是大量平民的饮食方式，对欧洲的标准来说，实在是非常简朴。很多素食商人种姓阶级（特别是在印度西岸古吉拉特）严格奉行素食生活，有些人更是加入了完全吃素的耆那教。若干耆那教僧侣在莫卧儿帝国宫殿中位高权重，一些欧洲人则借机见证他们的生活方式，并且与他们讨论宗教。值得注意的是，很多主张素食主义和"不杀生"的古梵文文献中，有不少都提到可以吃肉（甚至是应该吃肉）的例外情况，当中包括为了治病而必须要吃肉的情况、祭献动物的仪式以及贵族战士种姓阶级刹帝利的狩猎活动。《摩奴法典》等古梵文文献，就像是亚里士多德一样明确指出，人类天生是猎食者："没有犬齿的动物，为有犬齿的动物所吃；而没有手的动物，则为有手的动物所吃；弱肉强食。"这部分是因为吃动物是自然的行为，而不吃动物则被视为是一种美德。所以《摩奴法典》承诺："那些拒绝伤害和宰杀动物，并且有好生之德的人，将会达到永恒的极乐境界。"欧洲人十分关注印度素食主义背后的信仰基础，几乎所有的旅行者都对此啧啧称奇，这促使他们反省自身的偏见，进而思考：人应该和动物保持什么样的关系？人体适合什么样的饮食方式？要是停止对动物施暴，人类的本质将会产生什么样的变化？不管如何回答这些问题，有一点是十分确定的：印度素食主义引发了欧洲人重新检视他们的道德观念。人们热烈地讨论印度教教义，不同的旅行者提出不同的观点，这更加充实了有关素食议题的讨论。

印度人公然崇拜动物，这对基督徒来说是难以接受的事情。动物崇拜贬低了神和人的地位，而且很多基督徒认为庙宇中的动物图像证明了印度教崇拜魔鬼。印度最著名的"拜动物"例子是当地人对牛的敬畏。欧洲的基督徒觉得这简直是可恶的行为，并且将之与以色列人的金牛崇拜和埃及人的圣牛崇拜相提并论——于是，欧洲人理直气壮地抢夺那些印度寺庙中的黄金牛雕像。方济会派往印度和中国的传教士鄂多立克，他的见闻录被约翰·曼德维尔抄袭并写成的热卖出版物《曼德维尔游记》，书中以贬抑的口吻指出，那些异教徒把牛粪水和牛尿当作圣水洗澡。当时欧洲作者在谈到印度教的文本中，充斥着有关印度人利用牛的排泄物清洁房子、身体和灵魂的粪便学讨论。

除了这类偏见之外，早在马可·波罗时期，欧洲人已经了解到牛崇拜现象背后的实用理由。他们注意到，牛是印度的基本役用动物，它们除了耕田之外也提供牛奶，因此任何保护牛的宗教律法其实是在维护农业和国家的繁荣。"对牛的崇敬，"弗朗索瓦·贝尼耶在1667年指出，"更可能是因为牛极为有用。"事实上，长久以来不少人认为保护牛的法律本是出于人类自利的动机。尽管圣托马斯·阿奎那谴责素食主义，但是他也认为某些饮食禁忌是合理的，例如埃及"在古时候为了保护农业，曾经禁止吃牛肉"。还有圣哲罗姆也指出，在埃及和巴勒斯坦禁止宰杀牛"以便保护农业"。甚至在16世纪的英格兰，伊丽莎白女王颁布禁令，规定人们不得在四旬期吃肉，好让牧场保持有充足的牛只。

不过，这种动物保护意识，就连见多识广的旅行者听了也目瞪口呆。16世纪葡萄牙作家杜阿尔特·巴尔博扎就因为印度人"禁杀生"的"高度"极端法律而大吃一惊。他写道："由于摩尔人经常带着活生生的蠕虫或小鸟来到印度，并且声称要当众杀了它们，于是印度人只好付钱替它们赎身，然后放生。为了拯救它们，他们付出了超过那些蠕虫和小鸟本来价格的钱。"后来让他（和其他后继的欧洲旅行者）更为惊讶的是，虱子等害虫居然也由专人来照料——这些人的工作是让它们吸他们的血。

基督徒认为动物是为人类而生的，所以动物的价值高低取决于它们是否有用。基督徒了解，印度教和耆那教有着独特的信仰，故而认为动物拥有独立的价值，甚至高于人类。16世纪90年代，曾经前往印度的荷兰旅行家让·哈伊根·范林斯霍滕的游记《旅程》受到多个国家的读者欢迎；他在书中解释素食商人种姓阶级"完全不杀生，不论再小再无用的动物都不宰杀"。尽管这种文化差异让他大吃一惊，范林斯霍滕还是设法以基督教的教义来诠释那些道德观念。他解释道，印度教认为"把动物当作邻人看待，算是功德一件"。因为基督教有类似"爱你的邻人"的律法，以此延伸，于是印度人对动物生命的珍视，对欧洲人来说也不再是奇风异俗。在那样的思考框架之下，有人认为印度人比基督徒拥有更高的道德情操。正如17世纪80年代一位英格兰绅士指出，基督徒对待动物的方式简直"悲惨"。他说："很多基督徒可能要上学向无信仰者和异教徒学习，以便端正自己的行为。"

　　最让欧洲人感到惊奇的，是印度人的"动物医院"。为了治疗动物，这种医院投下的人力和金钱，绝对超过那些动物对人类的贡献；这再次让欧洲人感到吃惊。"他们有治疗绵羊、山羊、狗、猫、鸟和所有动物的医院，"第一位撰写印度游记的英国人拉尔夫·菲奇在 1594 年写道，"在动物老了、走不动了之后，印度人会照顾它们到死为止。"在欧洲，任何患病的动物，或者过了劳动年龄的牛，都会被宰杀。两相对照之下，欧洲人显得"忘恩负义"，这让他们感到不安。而印度人显得特别仁慈，让某些欧洲人感到不是滋味。有很多旅行者对此加以讽刺，也有些人开始反思西方所忽略的道德体系。

　　为了回应思想上的挑战，欧洲人以简化的毕达哥拉斯思想（为免伤及附着在动物身上的人类灵魂而不宰杀动物）来投射到印度文化上。这意味着在欧洲人看来，印度人所重视的，是困在动物身上的人类灵魂，而非动物本身的生命。又由于大部分基督徒认为灵魂转世的观念是荒诞的神学谬论，因此这种对印度素食主义的诠释方式可避开伦理学的难题，并且将"不杀生"原则搁下不谈。这样，学者们就可以按照基督教传统嘲笑毕达哥拉斯不吃肉的行为一样，对印度素食主义加以揶揄。正如基督教神学家特土良在公元 2 世纪提到的："免得在吃牛肉时恰巧吃到自己的祖先。"17 世纪末一位以科学方法检视素食案例的研究者表示，毕达哥拉斯学派不算是素食者，因为他们的饮食方式是奠基于"哲学上的错误，而非自然法"。基督徒否定素食主义的道德力量，认为它只是可笑的迷信。

　　有些欧洲人将毕达哥拉斯的思想投射在印度人身上，并且说：毕达哥拉斯学派和印度人的饮食习惯之所以彼此相似，是因为毕达哥拉斯曾教导过印度人吃素，而非印度人教毕达哥拉斯。这提高了作为欧洲人的毕达哥拉斯的地位，同时有些欧洲人声称婆罗门哲学源自埃及，这意味着婆罗门更可能并入《圣经》所记载的历史里。神职人员塞缪尔·珀切斯在 1625 年出版他的旅行文学巨著前，很多人都以为印度人与毕达哥拉斯学派是一回事。珀切斯本人认为，毕达哥拉斯一定曾经到过印度。他提到若干作者也注意到了这一点，例如托马斯·罗爵士（英王詹姆斯一世派遣进觐贾汉吉尔的大使）曾在 1616 年指出：印度的"毕达哥拉斯学派"相信"灵魂轮回，于是不杀生，连咬人的虫也不杀，免得吃到了朋友的灵魂"。珀切斯让人接受印度素食主义的观念，并且成为欧洲文化的一部分。

在 17 世纪 20 年代，一位名叫贝察·阿札尔格的婆罗门向人本主义贵族彼得罗·德拉瓦列说：毕达哥拉斯和印度教的创造之神梵天为同一人；毕达哥拉斯向婆罗门传授轮回和素食主义的思想，而婆罗门始终遵从他的训示。听了之后，彼得罗·德拉瓦列大吃一惊。他取笑那是"古怪的想法，而且毕达哥拉斯竟然在印度被一群傻瓜当作是神来拜，这对欧洲人来说可是新鲜事儿"。德拉瓦列总结道："我才不相信贝察·阿札尔格的一派胡言。"不过，英国驻印度古吉拉特邦苏拉特市贸易站堂区任职的牧师亨利·洛德却相信这个说法。他期望借由清除印度教中的毕达哥拉斯式的思想杂质，来让印度教融入基督教。于是在 1630 年，他效仿当年圣奥古斯丁追捕异教徒的事迹，敦请坎特伯雷的大主教谴责印度人不吃肉是违背神意的行为。相反，荷兰传教士亚伯拉罕·罗杰里斯在 1651 年出版的《打开隐秘异教之门》为印度文化提供最开明的解释，该书的法国编辑更认为，柏拉图和毕达哥拉斯并未耻于学习婆罗门的基本哲理。不过，在 1667 年出版的《中国图说》

一书中，耶稣会科学家兼传教士阿塔纳修斯·基歇尔反驳，指轮回思想是由一帮可恶的埃及教士传到印度，随后还有一位名为佛陀的"凶恶魔头"（一位深受毕达哥拉斯学说影响的恶毒婆罗门）将轮回思想连带素食主义一起在东方扩散。基歇尔满怀恶意地总结道："这不是信仰，而是罪恶。也不是教义，而是可憎的行为。"

爱德华·比希在1665年出版了一部关于印度的经典文集，收录了包括帕拉弟乌斯的对话录，当中提到婆罗门是真正的理想主义者，他们起而反抗亚历山大（正如清教徒起而反抗查理二世的暴政一样）；该书将印度素食主义的辩论带到现代政治的范围。在中世纪的清教徒主义的脉络中，托马斯·罗爵士的牧师爱德华·特里精准地解释了"不杀生"这种古老的教义——动物和人一样珍惜自己的生命，因此在违反动物意愿的情况下杀害它们，就会构成暴力伤害（即残暴、杀戮）。很明显地，特里或许是在古吉拉特邦或者在贾汉吉尔的宫殿人员陪同下的旅途中，曾经访问过一些耆那教僧侣，这可以说是跨文化沟通的重要时刻。不过，他并未有意替印度人说话。他并未强调"不杀生"的道德教义力量，只是指出印度人吃素的主要原因，是"疯狂和盲目向往"毕达哥拉斯轮回思想和"毋杀生"这种错误的诫命。特里指出，印度人虽然"宽容地对待那些本来为了人类而存在的动物"，但是和那些从事不义战争以及对动物造成"浩劫和伤害"的基督徒相比，印度人是更高尚的道德楷模。对于印度人的饮食，特里只是称赞他们节制的精神，并觉得其他的"高尚道德"显示出他们将神圣的自然法"深植心中"。

在17世纪，出现了一些成熟和自由的哲学体系，它们与正统的基督教竞争，双方激烈地争辩人和自然的关系。伟大的思想家们对于印度素食者的定位争论不休：到底婆罗门是无知的偶像崇拜者，还是曾经影响欧洲人的古老哲学家？

在出其不意之际，对于印度素食主义的正面分析开始出现——这足以显示，和毕达哥拉斯的链接可能是同化印度教的有效路径。弗朗索瓦·贝尼耶自从 17 世纪 60 年代开始，为莫卧儿帝国皇帝奥朗则布担任医生长达八年。他师从皮埃尔·伽桑狄，学习了怀疑论和伊壁鸠鲁派哲学。由于接受启蒙思想洗礼，贝尼耶对印度文化的攻击并不只是因为印度人是无视基督教真理的偶像崇拜者。他主要是挪揄那些迷信仪式——对他来说，它们等同于欧洲基督徒奉行的非理性信念。贝尼耶曾目睹大批印度人集合在圣河里净身，并且敲打铙钹和念咒以便驱除随着日食而来的妖孽，贝尼耶对此嘲笑。从火祭寡妇至太阳崇拜等，他列举了印度文化中所有的"恐怖行为"。只有一种印度人的教义并未受到贝尼耶的指责，那就是毕达哥拉斯学派的素食主义。

> 或许印度地区第一批立法者希望借由禁止吃动物从而让人性变得更美善，并且希望借由要求人道对待动物可能减少人与人之间的残暴行为。在灵魂轮回的教义影响下，人们得仁慈对待动物……又或许是因为对婆罗门而言，牛肉既不可口而且对身体不好。

贝尼耶之所以愿意承认戒肉对健康的益处，可能是受到其老师伽桑狄的启发。伽桑狄曾经坚定地主张素食（详见第 11 章）。不过贝尼耶却更进一步地引进了一种让欧洲能理解的轮回教义，他指出保护动物并不是为了动物自身的利益，而是因为终究对人类有好处。3 世纪的伊壁鸠鲁派传记作家第欧根尼·拉尔修曾指出：毕达哥拉斯从未相信轮回之说，他"戒肉的真正原因"是为了让人拥有"强健体魄和坚强心智"——这一说法长期以来祛除了毕达哥拉斯学派的迷信色彩，而贝尼耶也遵循这一说法。事实上，基督徒也曾在《圣经》中采用这样的诠释技巧：圣托马斯阿奎那坚称摩西关怀动物是为了尝试"改变人心，让人们不再自相残杀"。绕过印度教中尊重动物生命的伦理，而代之从欧洲人的饮食、农业和节制观念来发挥，尽管这看起来是强词夺理，但贝尼耶对印度教所做的，其实和基督徒对《圣经》所做的一样。贝尼耶引用这种诠释策略来解释印度文化实践——视印度人为假毕达哥拉斯学派信徒，从而发展出一套对印度文化的人道主义的诠释方式，并且从他们的"寓言"中引申出许多古老圣贤的思想。

贝尼耶看准了素食主义对人类的潜在影响，并且因为素食主义的好处而大吃一惊。他特别注意到的是印度的强大军力。当欧洲的军队因为酒肉（欧洲士兵非要有这些东西才肯作战）而不胜负荷，印度的军队却满足于扁豆和米饭等轻便干粮。在看到奥朗则布皇帝的庞大军队的补给体系竟然可以应付"多得难以置信"的军人时，他简直不敢相信。

有关素食主义的益处证据确凿，这让主张人类必须要靠吃肉来维持生命（或者维持强健体格和活力）的欧洲传统观念岌岌可危。欧洲人总是觉得不吃肉的人一定柔弱、虚弱和懒惰，正是因为这种看法，当吃肉的欧洲人和穆斯林在企图攻占印度时，就师出有名了。认为亚洲人是柔弱的想法，可上溯至2500年前希波克拉底的人种学，后来欧洲人流行据此学说诋毁印度人，在18世纪末期时尤其严重。不过，由于人们承认节俭的印度人活得和欧洲人同样长寿，并且其勤奋劳作有助于他们从疾病中很快康复，这多少减弱了希波克拉底人种学的大众接受程度。

欧洲人发现世界各地都有人吃素，这导致肉食是正常的（或者是必需的）观念破产。他们逐渐意识到，欧洲的食肉社会并不正常，甚至还是异常。在非洲和美洲，旅行者发现一些在受到奢华文明污染"之前"的人们，过着原始的简单生活。这种生活既是伊甸园式的，也是野蛮的。借由道德节制的力量和神圣的"不杀生"戒律制度，东方的素食主义以超越自然状态的形式被保存下来。这些发现多少支持了那些反对人类必须吃肉才能活的欧洲人。

贝尼耶试着要了解，甚至想学习这种印度教义——他是心甘情愿这样做的。与此形成对照的，是当时在莫卧儿帝国任职的其他欧洲人，他们大都尽情谩骂。例如威尼斯人尼科洛·马努奇曾说，印度素食者"简直不配被称为人"。

贝尼耶的朋友让·巴蒂斯特·塔韦尼耶比马努奇的"火力"小一点，但还是在他在 1676 年发表的《印度之旅》中列举了很多有关印度素食主义的惊人例子，警告有意来印度的旅行者不要杀生。例如曾经有一个波斯商人因为射杀了一只孔雀，结果死在鞭刑之下。尽管塔韦尼耶称赞印度的道德观，但是他和一代代旅行者一样，都不能理解为何存在这种荒谬的矛盾：一方面要保存害虫的性命，但另一方面却能火祭寡妇以陪葬亡夫。

让人惊讶的是，17 世纪最专心写作的游记作者竟然是一位英格兰的神职人员（约翰·奥文顿牧师），他在 1689 年到过印度。他采纳贝尼耶的实用主义原则，指素食主义很明显让印度人较为和平友善，同时也保持健康，而且在灵魂和精神上"更为敏捷"。奥文顿本身很认同印度人的动物保护态度，他说："印度这方土地，不单只是公正、和平地对待野兽和所有动物的公共境域，而且更是一个文明、一种人道主义行为的纪录。"奥文顿表示，印度人的纯洁"可媲美古代不必吃肉或不曾吃肉、只需吃水果和草本植物的人类祖先"。他总结指出，印度教的思想是高度正义的哲学："没有任何其他风俗和他们的宗教一样，具有如此严格的律法，同时这些律法又是如此地完善，既让人健康也让人愉快。"

这些认识，为欧洲人铺下了接受印度素食主义的道路，即便这不是一堂学习哲学和正义的课，也至少是一堂医学课。发现之旅和随之而来的早期人类学，皆驱使欧洲走上文化融合和文化相对主义之路。通过证据确凿地发现其他文化中人们的道德和正直，那种以为欧洲基督徒拥有人类社会典范的想法从此全面破产。世界性的素食主义直接影响了欧洲饮食文化，左右了欧洲人看待人与自然之关系的方式，对西方社会规范造成了强烈冲击。当那些读者在家里阅读游记时，印度素食主义就开始对欧洲文化造成潜移默化的影响了。

在巴巴多斯，托马斯·特赖恩凝视着制糖的农场，眼前的景象让他触目心惊。看着一排又一排的奴隶在做工时还得被欧洲人主子无情地鞭打着，他觉得这太恐怖了。基督徒比所有宗教信徒都残酷，那些离乡背井的非洲人在挨饿，能吃的只有腐烂的马肉。他们的四肢被制糖机碾轧并且数以千计地死在旷野。让特赖恩不满的是，君主制复辟后的英国靠着榨取奴隶的血汗而自肥，并且巴巴多斯的环境还被如此地摧残。人们以惊人的速度消耗着美洲的森林，连土壤也因为那些贪得无厌的白人而遭破坏。多年以来，由于持续强迫种植高经济价值的农作物，巴巴多斯已从"全美洲最肥沃的土地"变得"形同石砾"，如果不施以粪肥，根本种不出任何东西。造成这些祸害，不过是为了供应伦敦的奢侈品市场。特赖恩当初正是因为不齿与那些身上尽是铜臭味的人为伍，于是毅然离开英国。不过全世界都被扭曲了。美洲原本应该是一个新世界——在那里应该存在着公正的法律，以规范人与动物的相处，黄金时代的和平与祥和应该是指日可待——不应受到旧世界败坏风气的污染。不过，特赖恩看到的景象，与他年轻时梦想的情景刚好相反。

1634 年 9 月 6 日，特赖恩出生于格洛斯特郡的拜伯里村。他没有机会上学，在 6 岁时就开始当羊毛纺工。下班后他兼差当牧童，13 岁时挣钱还买了两只绵羊，后来卖出了一只当作学费，好让自己能上英文课。特赖恩很爱护自己的羊群，享受着在星空下仰卧沉思的日子。不过，在 18 岁时他"开始厌倦了牧羊的生活，一心只想远走高飞"。没有跟父母道别，他带着积蓄和理想背上行囊，抛下他的羊群和父辈的泥瓦工作，去了伦敦。

1653 年，适逢克伦威尔新旧政府的过渡时期，当时正值宗教激进主义的高潮。特赖恩在舰队街附近的一间帽子店中当学徒，他还付了三英镑的学费。不久之后，他跟着师傅参加重浸派教徒的集会。重浸派教徒的禁欲、静默和定期戒肉的精神吸引着他。在学徒宿舍里，他把所有的工余时间和金钱都投入在炼金术、草药学和自然法术的书籍上，一直期望有一天能获得神灵附体的经历。1657 年，23 岁的他终于体验了。数年后，他在自己的《回忆录》中写道："那智慧之声持续着，强烈无比地召唤我。"那声音要他弃绝一切奢侈品，并且要践行素食生活。他说："从此我只喝白开水，戒吃任何肉类和鱼类，过着简朴且克己节制的生活。"

当年正值罗杰·克拉布开始召唤信徒，而特赖恩的上述言论和克拉布的口吻又十分相似，所以这有可能是引用了克拉布《英格兰隐士》的内容。他们二人有着相同的兴趣（伯麦主义神秘学、星相饮食医学、素食，乃至帽子制作），这都说明克拉布有可能是特赖恩的精神领袖，而特赖恩也把基督教的安息日称为"财富崇拜"，称神职人员为"爱搞女人的骑师"；他不满上层阶级的剥削行为，并且警告说私人拥有土地"形同暴力"。和克拉布一样，他精于将《圣经》诠释成素食宣言（把摩西、但以理、施洗约翰和耶稣基督当作是素食同道），宣称神之所以在大洪水后准许人类吃肉，其实是要给人类一些"刁难和教训"，试探人类是否会做出遭天谴的行为。特赖恩坚称，对于神所创造的各种生命，人类本应是它们的"忠心奴仆"，而不是宰杀并吞食它们的恶霸。

他加入的素食者团体，其信念和克拉布的团体"理性者"、波代奇的信徒甚至和温斯坦利的掘土派教徒相似。他们均"不吃肉，以免破坏大自然的和谐统一，并且秉持己所不欲勿施于人的信条"。特赖恩听到有传言说印度人与动物和谐共处，这让他高兴得不知如何是好，他庆幸素食者可能不必再被驱赶至英国宗教异议人士藏身的荒地里——当时全国的素食同仁都这样想。

与当时很多宗教异议信徒一样，特赖恩在一开始时保持低调，并未出版具有煽动性的言论，这让他得以避过牢狱之灾。再者，他还得养家活口（他与青梅竹马的爱人结婚，但她拒绝不吃肉），有五个小孩要养。后来，特赖恩前往荷兰，之后再到巴巴多斯。巴巴多斯是一个宗教相对自由的社会，而且帽子市场的商机蓬勃。1669 年回到伦敦后，他第二次经历神灵附体。在 1682 年，他心里的声音告诉他："写书和出书吧……向世人宣扬禁欲、纯净和无邪的生活；警告人们要停止以暴力、压迫和残酷对待他人和其他低等动物的行为。"在之后的 20 年内，特赖恩一直满怀热忱地遵照那个声音的指示行事，直至 1703 年去世为止。他一共出版了 27 部著作，其中有很多畅销作品还需要再版。他的伟大作品《健康、长寿和快乐之道》在 15 年内再版了 5 次。在他的写作生涯中，平均每 4 个月就出一本书。他的若干作品是由印刷商人安德鲁·索尔（本身为贵格会信徒）和他的女儿塔丝发行，其他则分别由十多名英国最成功的书商——包括伊丽莎白·哈里斯、托马斯·贝内特和多尔曼·纽曼发行，其中不少还在丹尼尔·笛福等畅销作家的书上登广告。

到了 17 世纪 60 年代，政治激进主义已经走入死胡同，查理二世登基，克伦威尔的过渡政权退出政治舞台，英格兰君主复辟后，上流文化当道。在 1688 年的光荣革命（又名"不流血的革命"）中，摇摇欲坠的英王詹姆斯二世王朝结束，议会把王位交给他的女儿玛丽和女婿奥兰治的威廉亲王。自此英国进入民主宪政的新纪元，而社会风气也相对开放。于是，特赖恩改为宣扬较温和的素食哲学，他以朴实无华的笔调完成的著作（《让全人类富裕之道》《贤妻就是医生》《保健大全》）主要是面向生活勤俭的读者。他鼓励人们采集野菜，例如水芹、酸模和蒲公英，并高度赞赏一些可以在自家栽种的天然蔬菜，从高贵的马铃薯到生机勃勃的韭葱等。他为读者们提供详细的说明，分享最理想的烹调卷心菜步骤，以及他自己最爱的纯素食谱"浓酸奶"——他解释道："这不过就是让奶变酸，它就成了一些浓稠的液体。"（各位读者，要是想亲自尝试制作的话，后果自负。）

特赖恩也对于那些爱吃过度奢侈的食品（特别是肥肉、奶油和煎炸食品）又不运动的人提出警告，他屡次提醒人们这会造成肥胖、阻碍血液循环和"阻塞血液流动的通道"。尽管他苦口婆心，但他也意识到"人们依旧把动物兄弟的肉往肚里吞"。他屈尊俯就，让读者们学习以水煮代替煎炸，以避免吃到有害的食物。

特赖恩一生都受到广大群众爱戴，从默默无闻的星相学家到大名鼎鼎的集剧作家、诗人和小说家于一身的女性主义先驱人物阿芙拉·贝恩，都对他赞誉有加。特赖恩有可能是在巴巴多斯认识了贝恩，特赖恩崇尚自由的态度显然影响到了贝恩讲述奴隶生活的小说《奥鲁诺克》。

贝恩自称是特赖恩的追随者，并且表示她曾经试过他推广的素食生活。1685 年，贝恩写了一首赞美特赖恩的诗，但由于笔调过于夸张，让人不禁怀疑是否为一篇反讽之作：

> 真是有学问的诗人呀！施展你的才能
>
> 并且向我们展示这世上第一个纯真的国度……
>
> 那位握着全能的神所授予权柄的人（指摩西），
>
> 并未告诉人们神对饮食和生活的规律。
>
> 这些洁净的食物至关重要，
>
> 为了人们能延年益寿和终极美好，
>
> 神赐予他的选民的，
>
> 就是你依照神的警诫而指定的食物。

不过，他当时的确备受推崇：直到他去世之前，特赖恩靠着做生意、写作和购买土地已积累了大批财富，并且享有"绅士"的称号（和罗杰·克拉布当年一样），甚至还戴着一头鬈曲的假发。有些人可能会觉得他伪善，况且他贩卖的帽子是以海狸皮制作的（对此他后来感到懊悔），但无疑，特赖恩相信自己已经尽可能地让他的政治理念适应变动的时局。

数十年来，特赖恩的著作（可以说是现在的自我养成类图书的先驱）不断结集成册。他也许不如同时期的约翰·洛克和艾萨克·牛顿那样严谨，但是他的书比牛顿的书畅销得多，并受到各阶层读者的欢迎。特赖恩的素食哲学兼容并蓄，融合各家学说，在他去世多年后依然受到本杰明·富兰克林和雪莱等人的推崇，特赖恩可以说是重要的思想界传媒。17世纪后期（当时狂热的素食主义已经冷静下来），素食主义革新的关键催化剂则是欧洲人发现了印度婆罗门。在目睹温斯坦利和"喧嚣者"的泛神论向人类主宰论的信念提出质疑之后，特赖恩意识到自己和印度素食主义的共同点，热诚地张开双臂拥抱。特别是印度人让特赖恩再次确信：奉行素食主义的黄金时代是有可能实现的。

特赖恩致力于打破西欧垄断诠释真理的话语权，他指出：凭借参悟大自然的奥妙和聆听神的启示，印度的智者们建立了自己的"自然宗教"。再者，在读过旅行作家凭着臆测而撰写的作品（以及文艺复兴时期错误百出的菲洛斯特拉托斯著作译本）后，特赖恩认为毕达哥拉斯曾经到过印度，并且曾向婆罗门传授自己的素食哲学。由于和毕达哥拉斯的这段联系，导致人们将婆罗门并入到古代异教哲学家的网络里——文艺复兴时期的新柏拉图学派称之为"古老的神学家"（有人认为他们在自己的圈子中传授一种原始的神学，甚至还有人认为他们继承了摩西的教诲）。特赖恩深知毕达哥拉斯的素食哲学是来自旧约《圣经》中提到的大洪水前的古人；而婆罗门则继承自毕达哥拉斯，可以说是在地球上保留最纯粹天堂传统的遗民。

特赖恩认为，婆罗门和摩西实际上是遵循一种"不会因环境而改变"的"真正宗教"。反观犹太人和基督徒四分五裂且纵欲堕落的生活，婆罗门却是数千年来始终不变，一直保留着神圣知识的原貌。特赖恩厌恶自己国家里腐败的基督教神职人员，他转而推崇婆罗门，尊他们为神圣律法的卓越守护者。

在特赖恩的最早期作品当中，其中1682年的《东印度婆罗门异教哲学家和法国绅士之间的对话》算是一本非凡的小册子，颠覆了一般人以为欧洲人是文明的和印度人是野蛮的刻板印象。特赖恩笔下的婆罗门在问候一位法国人时，语带反讽地提到对方前来印度背后的贪婪动机，并且向他问及基督徒的信仰和宗教生活。那位婆罗门的开明哲学、高尚德行以及毫不妥协地尊重动物生命的态度，在道德上完胜那位堕落和嗜杀的欧洲人。

特赖恩借用婆罗门之口驳斥了世人对印度教的污蔑，他甚至替印度人拯救虱子的举动辩护。书中的那位婆罗门解释，如果人类可以杀害某些动物的话，那么很快就有人会认为他们可以杀害其他动物，"于是就会有人开始杀人"。那位"东印度布拉克尼"可以说是特赖恩的化身，虽然他试图调和印度素食主义和犹太 – 基督教，但是他视印度人高于基督徒的态度，还是让当时的人感到震惊，贵格会保守主义者约翰·菲尔德这样反素食主义的对立派就指控他"试图颠覆整个基督教国家"。

放弃若干基督教的戒律，特赖恩拥护他心中所想象的婆罗门的生活方式。特赖恩举证那些坚定的素食主义先驱的经验，再结合婆罗门的确凿证据，他激动地宣布这些人都"很长寿……而且过着和平及不伤害他人的生活，既和谐又和睦地和世界万物相处；他们展现出各种友谊和平等的生活方式，不只是在对待自己的同类时如此，对其他所有动物都是如此"。他们的生活方式，是罗宾斯、克拉布和温斯坦利和所有在堕落前的人类所梦寐以求的。

以印度为主题的旅游文学均强调，印度饮食方式是以动物伦理原则为基础的（实际上，人与动物之间免于恐惧的和谐是建立在非暴力理想的基础上，在古梵文的经文中就有记载）。乔治·桑兹在他翻译的奥维德的《变形记》中，曾经就书中提及毕达哥拉斯那段演说时写下评语，指出印度人由于尊重动物，赢得了动物的信任；后来特赖恩在读到桑兹的评语后，也曾经引用。桑兹激动地指出，印度人的社会秩序与黄金时代雷同，他们"绝不吃任何有生命的东西，甚至连虱子都不杀害；因此，不论是天上的飞鸟，还是森林里的野兽，都能够免于恐惧地生活，就像所有公民一样"。特赖恩认为，善待动物是复兴乐园生活的关键。他笔下的婆罗门坚称："我们绝不伤害任何动物，因此没有任何动物要伤害我们，我们和栖息于'四世界'里的无数生命一同过着美好的和谐及和睦的生活。"借由戒绝吃肉、奉行素食的印度人获得健全的身心，并且成功自堕落的状态中逆转回到纯真境界。"我们全都只喝水，只吃芬芳的草本植物、有益健康的种子、水果和谷物，这样就丰足了，"特赖恩笔下的婆罗门宣称，"所以我们在这个纷纷扰扰的世界里，还是过得很自在，就像活在昔日的乐园一样。"

在毕达哥拉斯前往印度弘扬素食生活的行动启发之下，特赖恩开始构想在英格兰建立一个"完全的爱、和睦以及和谐"的国度——其公民将会皈依素食主义。特赖恩自比为新摩西——甚至更进一步，自比为毕达哥拉斯。他告诉英格兰人：如果他们像婆罗门一样停止吃肉，他们的灵魂就能开悟、身体健康和长寿，而且人类与动物界的长期斗争将会停止，取而代之的是伊甸园式的和平。由于政府压迫异教徒，特赖恩本人和其他持异见的同胞均持续受到迫害；对此，特赖恩甚至认为，可以从婆罗门身上找到解决办法。自从引进《克拉伦登法典》以来，当局全面禁止未经批准的宗教聚会，两千名清教教士被撤职，五百名贵格会信徒被杀害，一万五千名其他教派成员遭受其他各种刑罚。甚至在 1689 年《宽容法案》实施后，情况依旧没有改善；替特赖恩出书的出版商人安德鲁·索尔持续被人砸店，甚至还有人威胁要杀害他。特赖恩呼吁当局采取全面宗教宽容政策，之后洛克在 1689 年发表《论宗教宽容》表示认同。特赖恩建议英格兰引进当时统治印度的莫卧儿政府的吉兹亚制度——按照特赖恩笔下的婆罗门的解释,在这个制度下,任何人要是没有皈依官方指定的伊斯兰教,只需缴纳额外税金,就能获得"选择信仰的绝对自由"。特赖恩补充指出,异议人士应该仿效婆罗门,素食和平主义者可免于遭受刑罚,因为"政府根本不必担心他们会造反或闹事,相比起来,绵羊或羔羊的叛乱,或者知更鸟的反抗或许更可怕呢"。就是在这种背景之下,贵格会和罗宾斯的教派,与印度教和耆那教的素食"不杀生"思想融合起来。

特赖恩心里有一种美好的想象,认为印度的婆罗门就是东方版的清教徒、异议人士和宗教开明人士。过去也有人曾经提出同样的类比,不过这种类比在欧洲通常是具有贬义的。泛神论、裸体主义、共产主义、性偏离、简朴生活,乃至轮回转世的信念,在当时全都是和印度圣人以及欧洲本地宗教异议分子有关联的。1641 年,意大利人文主义者帕加尼诺·高登齐奥将奉行素食和共产生活的毕达哥拉斯学派信徒、婆罗门以及重浸派教徒相提并论。斯特拉博笔下的古代婆罗门是泛神论的末世论者,而亚历山大遇见的丹达米斯宣称,任何遵循自然原则的人"都不会因为衣不蔽体和粗茶淡饭而感到羞耻"。特赖恩本人并未主张裸体主义,但他的确建议大家在合乎社会风俗的前提下尽可能少穿一点。毕竟,这和人类堕落前的裸体状态有所相似。他们视赤身裸体为"回归纯真状态"的手段;到了 1704 年,裸体主义被人们拿来跟基督教亚当派以及印度的苦行者相提并论。其他人如塞缪尔·珀切斯并不信任他们的禁欲生活,并且指印度瑜伽信徒暗地里是和酒神节仪式参与者一样,都是"无恶不作并且滥用家庭主义的老手"。早在 16 世纪,《世界各国的道德、法律和仪式》就曾推测禁欲的印度女性在当时其实很爱搞男人;在欧洲,秘密教派也经常遭受同样的指控,指他们是伪善的纵欲分子。

将婆罗门视为禁欲的异议人士，并试图给出正面评价，特赖恩并非第一个这样做的人；过去就曾经有人视婆罗门为对抗人间腐败的同路人。1671 年，备受争议的贵格会传教士乔治·基思和曾经跟他共同发表著作的本杰明·弗利公开表示，指婆罗门品格高尚，因此婆罗门"起而反对今天的基督徒，要让基督徒无地自容"。基思和弗利引用的文本，包括有来自爱德华·比希爵士编辑的有关帕拉弟乌斯的故事，以及加尔文教派传教士弗朗西斯库斯·里德鲁斯的著作。里德鲁斯的著作对特赖恩大有启发，以至于特赖恩让其笔下的婆罗门巴思鲁·赫里发表一段"具有基督精神的冗长布道"，而布道内容却是取材自亚伯拉罕·罗杰里斯的《打开隐秘异教之门》。1683 年，安德鲁·索尔在《异教徒的正直生活》一书中，将婆罗门描写为理想的素食和平主义者；由爱德华·比希将该书编入他的英格兰古代文集中，特赖恩可能也曾协助文集的编纂（后来特赖恩没有再提供协助，转而建议有意进一步了解详情的读者参阅他所写的《东印度婆罗门异教哲学家和法国绅士之间的对话》；该书在安德鲁·索尔书店中特价贩卖，只卖一便士）。1687 年，一位匿名作者在读过亨利·洛德和爱德华·特里的游记之后，和特赖恩同样感叹印度人树立了良好榜样，指他们"将良善、人道和怜悯之心推己及人，甚至对再讨厌的动物也是如此"，反观基督徒却是"残酷无情地对待野兽"。

正如一些游记所描写的那样，印度素食主义已开始让西方基督徒承受严重的道德压力，而特赖恩亦趁势推波助澜。他在 1695 年发表了震动各界的《阿威罗伊书信集以及毕达哥拉斯与印度王的若干来往书信》，标志着他对婆罗门的热情的最高峰。在书中，他竟然假造毕达哥拉斯和 12 世纪西班牙伊斯兰哲学家阿威罗伊的来往书信。显然特赖恩亟欲叫大家相信毕达哥拉斯、阿威罗伊和印度婆罗门都信奉同一神授的素食哲学。他的骗局竟然如此成功，以至于安德鲁·索尔家族还在 18 世纪重印《异教徒的正直生活》时，亦一同重印该书。不过，在今天该书可是备受忽视了。

《阿威罗伊书信集以及毕达哥拉斯与印度王的若干来往书信》最精彩的部分，在于其戏剧性地重构毕达哥拉斯到印度王宫晋见的情节；在王宫中，毕达哥拉斯受命捍卫他的素食哲学，并且与当时尚未奉行素食的婆罗门激辩。由于毕达哥拉斯被指为非法散播素食主义并且妖言惑众，于是被传召入宫。国王和婆罗门对毕达哥拉斯的指控，正好和特赖恩所遭受的一样——例如，人类掌管万物的权利和狩猎的勇气是神所授予的，但是毕达哥拉斯最终成功让印度人皈依他的教义。

将毕达哥拉斯塑造成印度教的始祖，是特赖恩试图硬将西方哲学插入东方文化中。但是另一方面，他又是在借助印度游记的力量来重构毕达哥拉斯学派。其实，特赖恩是将他所认知的东方哲学植入了西方文化之中。

当然，那些游记的内容全是东方主义想象，欧洲所有对印度教的描写都是受到新柏拉图学派和基督教的偏见所影响的。不过，他们也呈现了一部分真实的印度文化元素。最起码，他们的游记中提到印度有人弘扬和实践以非暴力对待所有动物的原则，这倒是真实的。要不是印度确实存在着素食者，托马斯·特赖恩永远无法建立他的信念；就算他能建立这样的信念，也势必无法让人理解。

特赖恩笔下提到毕达哥拉斯在印度建立的素食习俗其根本来自印度游记。这些游记通常提到印度的动物医院、印度人拯救待宰动物的行为以及因为牛对人类的贡献而尊崇牛只的事迹。和那些游记作者一样，特赖恩笔下的毕达哥拉斯与和平主义及素食主义站在同一阵线，并且主张保护害虫以便彰显全面禁绝暴力的原则，甚至鼓吹不得与非素食者共享食物容器。他也主张一些古怪的做法，例如种姓制度和禁止寡妇再婚等。这些教条后来也成了特赖恩的重要信条，其中一部分还被特赖恩明确制定为戒律，并且命其信徒必须遵守——其中包括七岁以上女性必须戴上面纱这样的规定。他很可能拥有一批追随者，而且罗伯特·库克之所以成为素食人士，可能就是因为特赖恩的影响。罗伯特·库克被认为是贵格会成员，本身是地主，他"不吃鱼、不吃肉、不喝奶、不吃奶油，不喝任何酒精饮品，也不穿羊毛衣，也不使用任何以动物作为材料所制成的产品，只穿亚麻衣"。库克在 1961 年解释，指他的良心要求他"不杀生"。总而言之，特赖恩尽其所能地在伦敦建立了一个素食社群。

借助印度文化的力量，特赖恩得以脱离基督教人类中心论的价值体系窠臼，从而超越到另一个道德维度中。在《阿威罗伊书信集以及毕达哥拉斯与印度王的若干来往书信》里，他借用印度国王的口达成这项工作。印度国王取消以人类幸福为优先原则，颁布有关动物权益的法令，其措辞之强硬超过任何一位 17 世纪的英格兰动物保护人士。那位印度国王指出，凡是反对虐待动物的言论都"必须采纳，一方面是因为免受我们人类侵犯是动物的天赋权利，另一方面，人类和它们之间拥有相互承认的契约……前者意味着我们其实是侵略者，后者则表示我们是不公义的一方"。这种认为人类与动物有着社会契约的想法，过去也曾经有人讨论过。例如托马斯·霍布斯就是其中之一，不过他是带着嘲笑的态度去进行讨论的。这种认为动物拥有免受人类侵犯权利的想法，在当时是惊世骇俗的。约翰·洛克指出，依据基督教和理性立法者的信念，既然动物是为了人类而存在，那么，它们顶多只是可以期待免受人类残酷的虐待。相反地，特赖恩笔下的毕达哥拉斯却指出，姑且不考虑动物权益，人类也没有理由以为自己"因为有能力，所以有权利侵犯动物"。在这里，特赖恩回应了霍布斯在 1651 年的言论——当时霍布斯指出，人类之所以有权掌管动物，全然是因为人类能够驾驭这项权利。

特赖恩和当时社会的价值观背道而驰，他坚定不移地主张：不论是否符合人类的利益，总之动物就是拥有生存的权利。他游说国会立法保护"动物的权益和财产，它们无助、纯洁，而且在这世界上没有人替它们说话"，并激动地严辞质问，在"大同世界"哪里会存在杀害动物的理据？特赖恩说，动物就是神的子民，神创造它们并且让它们在地上生活，"和大家一样拥有大自然所赋予的生存权利"。特赖恩指出，基督律法的"真正意图和意义"是要推己及人，"以便让这个神创造的世界上，所有有感觉的生命都能自在地生活，并且充分地享受造物主伟大律法所赋予的权利"。这篇重新检视道德标准的精彩文本，可以说是脱离正统基督教人类中心论的关键一步，也替现代生态学家非人类中心价值观（即动物比人类更早来到这世界上）预留了伏笔。

特赖恩后来还进一步提出其他论点。据笛卡儿指出，由于动物没有语言能力，证明动物没有理性思辨的能力。对于这种不实指控，特赖恩巧妙地做出回应。他撰写了一系列打动人心的篇章，以动物的口吻讲述它们对自身悲惨命运的哀叹。特赖恩解释，动物们从未试图打造巴别塔，因此它们不必借助语言就能沟通无碍。牛抱怨说："我们遭受各种艰苦、压迫和专横。"而鸟儿则抗议人类"破坏我们的生活和大自然授予的权利"。这些动物指出，家畜家禽与饲主的互惠互利，是奠基于一种默契（饲主提供食物和居所，动物提供奶、羊毛和劳动力），若违反这默契，就是背信弃义。特赖恩再次提到，印度人示范了最理想的做法，他们让动物们享有"所有造物主授予的权利和自由"。特赖恩说："最严格遵守神的律法者，莫过于素食商人种姓阶级，他们推己及人，甚至对所有的低等动物也是如此。"

长期以来，特赖恩在他那些热情洋溢的著作中，都是以印度人的姿态展开他对人类社会的批评，进而全面抨击欧洲人是大自然世界中堕落的一群。他察觉到人类是唯一会让自己身处的环境万劫不复的污秽物种。特赖恩愤怒地说："就算是猪都会让猪栏和猪舍保持整齐清洁。"他和某些同时代的人一样，对城市污染深恶痛绝。"多少烟囱排着烟尘，到处弥漫，"他说道，"空气质量真是无可救药。"他指责越来越严重的雾霾造成"鸟兽们纷纷患病"。他还强烈反对抽烟，认为抽烟不仅会上瘾，更会导致疾病，而儿童抽烟的受害可能性更大。他甚至对二手烟也表示不满，指二手烟会"污染本来属于大家的空气"。

特赖恩察觉到"城镇居民的排泄物都流入河川"，承载着污染物的河川却是其他物种（例如鱼）的栖身处，接着人类捕捉受到污染的鱼类。特赖恩所揭示的整个过程，为生态学思想留下了伏笔。特赖恩讲述有关"鸟儿的不满"的故事时提到，美国的鸟儿不满欧洲人入侵破坏森林，它们哭喊："你一味砍树……我们的财产和栖息地却在萎缩。"特赖恩声称，这世界的问题是因为"人类这傲慢的物种，他们让大地血流成河，让空气充满毒害和硫黄"。

特赖恩警告说，过度依赖用动物作为材料制成的产品，会造成对自然资源的过度消耗，特别是密集养殖已经让动物变成"重要的商品和生产者"。他指责消费主义现象"触发了众多本来不存在也不符合大自然要求的虚假欲望"。如果汉普斯特德荒野不再产出麝猫香料或咖啡这些奢侈品的话，就没有人会花重金来购买了。"又如果猪屎是稀有物品的话，那么它也一样会变得珍贵了。"他呼吁欧洲停止"远征大地挖掘奇珍异品"，并且主张欧洲人应该取而代之地满足于来自本地的物品。特赖恩想象印度人与世界完全和谐共处，水果和蔬菜的生产要求比较少量的密集劳力，借由坚持素食生活，印度人不像西方人一样掠夺地球的资源。

尽管他的宇宙绝对以神为中心，但是特赖恩平等对待人和动物的想法，预示着人类中心论即将演变为生态中心论的生态思想。正统基督徒意图坚持认为所有动物唯一存在的目的就是为了供人利用，但印度教协助特赖恩发展出环保主义的萌芽。这令人惊讶，现代史通常强调西方强加于殖民地的影响，但是 17 世纪与印度的接触开启了新的道德哲学基础的认知大门，反而影响了欧洲思想行为。

不过，特赖恩并未一味诉诸利他主义，他强调素食主义也是符合人类利益的。他说，素食主义是人类得以延年益寿的秘诀，比炼金术要来得有效，而且还可以节省购买粮食的金钱，有助致富。不过，特赖恩有一些"自利"的论点对当时的人来说实在难以理解，因此除了讲述他如何作为现代环保主义的先知之外，更须进一步深入探讨他的哲学。

早在 17 世纪 50 年代，特赖恩就开始注意婆罗门文化。16 世纪来自科隆的著名巫术士海因里希·科尔内留斯·阿格里帕所著的《神秘哲学三书》，是特赖恩最爱的著作之一。特赖恩可能是读到了 1651 年的英译本，当时他还在伦敦当制帽学徒，并且希望能接受巫师训练。特赖恩把该本魔法手册当作是《圣经》，虽然他从未提到阿格里帕（显然是因为他不想被人们发现他酷爱异端著作以免遭受非议），但他却围绕着阿格里帕的著作而发展自己的思想，并且经常从《神秘哲学三书》里直接把一段又一段文字抄到自己的著作里。在阿格里帕提到"禁欲……和心灵的提升"的章节中，特赖恩读到阿格里帕指出，有抱负的巫师以及那些有志和神沟通的人士，都应该实行毕达哥拉斯和婆罗门的素食生活：

> 所以我们必须吃洁净的食物，要禁欲，如同毕达哥拉斯学派哲学家一样，他们让餐桌保持神圣和简朴，以禁欲来延年益寿……婆罗门就戒酒、戒肉，并且不再行恶。

阿格里帕的指引让特赖恩感到震撼，而且一直铭记于心，念兹在兹，后来还据此而建立自己的信念。他高明地声称包括《圣经》人物等"古代智者"都实行这种饮食方式，于是成功地将这些异教生活方式融合到西方主流信仰中。

阿格里帕的禁欲处方，在17世纪50年代的神秘主义者和巫师圈子中可以说是极负盛名的。托马斯·坦尼、约翰·波代奇，甚至是罗杰·克拉布的禁食功夫很可能都是受到阿格里帕的禁欲处方所启发的。他们和阿格里帕一样，都相信禁欲纯洁是与"天灵"沟通的必由之路。杜兰德·霍瑟姆法官在他流传甚广的《雅各布·贝门的一生》中指出，有很多人为了能踏上属灵光照的捷径而实行阿格里帕的饮食方式。

古代埃及、巴比伦、波斯和埃塞俄比亚的哲学家都是魔法、星相学和奥妙的精神哲学最顶尖专家，因此享有显赫的地位。正如一位与特赖恩同时代的作者写道："所有钻研魔法的人都会去印度深造，并且探究自然魔法的秘密。"甚至连约翰·洛克也曾经向一位到过印度的朋友请教，问他印度人是否真的会魔法。素食主义则被视为婆罗门心性开悟和魔法法力的关键。

受到阿格里帕的著作启发，特赖恩认为婆罗门是一群伟大的智者，而且是在埃及和希腊古老神学家绝迹后唯一存活下来的一系，因此任何有志找寻古老神学残迹的人都会对他们感兴趣。

同样是受到阿格里帕启发，特赖恩认为人是宇宙的缩影——就像文艺复兴时期新哲学家皮科·德拉·米兰多拉一样，特赖恩相信毕达哥拉斯和摩西也是持同样看法。而特赖恩更指出，这一古老的信念是素食主义的基础理论。自从神创造人类和这个世界以来，宇宙万物都有一个缩小版本存在于人类之内。特赖恩相信，在原版和缩小版之间存在着一种隐形的交感引力。阿格里帕指出，通过运用这种"交感的"力量，人类就能够施展魔法。不过，特赖恩却更担心魔法对人类的影响。他警告，要是吃了一只动物，你和那只动物的联系就会被扰乱，而你就会变得像那只被你吃掉的动物。"由于万物都存在着交感的机能，"他解释道，"万物都在暗中唤醒其交感对象。"

更糟的是，一旦一只动物被杀害，就会触动灵魂的怒气、仇恨和复仇的力量。特赖恩说："任何动物在意识到自己的生命遭遇危难时，都会产生一种无人能想象的挣扎和恐惧的情绪。"把一盘受惊的灵魂吃进肚子的结果，是"当死亡的痛苦降临时，动物身上残留着凶恶、具有复仇意志的灵魂……会附着在肉体上（特别是血液中），在动物体内转化，然后会暗中移转至吃肉的一方身上，进而产生同化作用"。动物尸体里的愤怒灵魂激起吃肉者的暴力冲动，借由神秘的通灵术，可以抑制邪恶星宿力量的影响力，减少饥荒、战争和瘟疫的可能。相反地，草本植物和种子在收割后依然保存着旺盛的生机。他解释，"植物生机"是"充满生气勃勃的精神和德行"的，因此吃植物能让人充满生气勃勃的精神和德行。

这或许听起来有点自相矛盾，特赖恩之所以反对吃肉，是因为对动物带有敬畏之心，同时又觉得动物的肉体会污染人类。不过，基督教有些禁欲修行的教士（例如，金口圣若望）也抱持着同样的双重标准，连一些印度教经文也是如此。例如在《摩奴法典》中就因为"肉身本来就是污秽的，同时，伤害和杀害带着肉身的生命是残酷的行为"，所以限制人们吃肉。

特赖恩继承了阿格里帕的交感理论，将之融入自己后来的思想中，并且与他在印度游记中读到的轮回信仰相结合。特赖恩彻底打破传统的主要信念，放下犹太－基督教的天启教义，强化毕达哥拉斯式的印度教信条，混合形而上学的新柏拉图主义、基督教和印度教，进而创立自己的派别。企图让基督徒皈依异教信仰，在西方基督教世界可以说是十恶不赦的行为，但特赖恩乐在其中。他和阿格里帕一样，相信行恶的人在死后会转世成生前行为最像的动物。阿格里帕本人融合了柏拉图、普罗提诺、卡巴拉、赫耳墨斯主义以及异教神父奥利金的思想，进而建立自己的思想。特赖恩则信服素食主义，指吃肉行为是最大罪恶的源头，足以让人在死后转世成为恶兽。他说："由于持续地以暴力压迫和杀害动物，让它们陷入万劫不复之境，其灵魂坠落至无尽深渊，进而蜕变成为最残酷暴戾的躯体。"

这一观点与印度的轮回思想相同，宇宙永恒不灭的过程让灵魂成为动物。但特赖恩坚称，不论是他还是印度教，都不相信动物拥有不死的灵魂；不过，特赖恩相信，人不会通过轮回转世而成为动物，死后的生命将会像是一场无了期的噩梦一样，是不会具体成形的。他解释："幻念将会把受到蛊惑的灵魂带进无可名状的恐惧和痛苦……陷入无尽的凄惨折磨和纠缠当中，这状态会形成新的躯体——即狗、猫、熊、狮、狐、虎、牛、羊或其他野兽。"

特赖恩试图将最后审判日全体死者复活的信念，与基督教信仰调和。《圣经》提过，"狗、熊、狮子，以及其他食肉兽"是被挡在天堂门外的。特赖恩宣称，这些食肉动物本来是坏人的灵魂。他高明地利用人类作为小宇宙的交感能量，来解释基督教和印度教的思想体系，进而指出双方其实是同一信奉真理的宗教的两个分支。当然，反对者并不吃他这一套。约翰·菲尔德就一直想抹黑特赖恩，恐吓质问特赖恩，"到底有哪一段《圣经》经文曾说过或提及像是地狱一般的轮回世界"？

特赖恩成功跳出欧洲宗教权威建立的规范之外，并且发展出一套素食主义形而上学的理论，与他的物理学和伦理学学说并驾齐驱。由于他的信仰具有多元色彩，因此他的信徒也来自社会不同领域。每个人都能从他的理论中找到具有价值的地方，有人认同其节俭生活，有人响应他主张的恢复人类堕落前的伊甸园式生活的理想。特赖恩中肯地仿效印度人的脚步，但并未执着于乌托邦理想，实事求是地提出社会和政治改革方案。他最大的成就，是成功地将崭新的素食哲学、婆罗门、人们熟悉的新柏拉图主义以及伴随他成长的《圣经》传统联结起来。他将综合理论转化为一种生活哲学，希望借此阻止人类堕落，以免在巴巴多斯曾目睹的自然枯萎重演。

　　西奥菲勒斯：古时候的人曾经有一种信念，认为满足口腹之欲是违背神创造天地的精神……

　　阿诺尔德斯：那就是我们祖先的原始风俗吗？

　　西奥菲勒斯：我不是这个意思。我的意思是，婆罗门哲学家提出这样的论点：没有人有权创造生命，所以，不论是任何法律或风俗，都不应允许人类拥有夺取他人生命的权力。要是有人这样做，那么他就成了违反自然的残酷工具了；而他的身体，则成了埋葬尸体的墓堂了……如果该论点成立的话，那么我们就应该丢掉这套钓鱼竿了。

　　　　　　——理查德·弗兰克《北方记事……沉思与务实的钓客》，1694

　　这是苏格兰首次出现有关鳟鱼和鲑鱼捕钓的解说文字。在里面理查德·弗兰克对婆罗门和基督徒的动物生命价值观做了对比。保皇派艾萨克·沃尔顿的《钓客清话》一书中以鱼鳞譬喻暗讽克伦威尔的统治，于是弗兰克在 1658 年完成这部杂文著作的初稿，作为共和派对《钓客清话》的反驳。在 17 世纪 90 年代，一名曾经在克伦威尔旗下服役的军人，将印度教融合于过时的清教政治理念和神秘主义当中，而弗兰克和托马斯·特赖恩立场接近（这对弗兰克在设计书中的对话时具有指导作用）。弗兰克笔下的西奥菲勒斯（Theophilus）采用印度教的思想，并且引用特赖恩的笔名菲洛西奥斯（Philotheos）的英文字母重组而成。

和特赖恩一样，印度素食主义和伊甸园式和谐——两者如梦幻般的相似性深深吸引着弗兰克。不过，弗兰克最后不再向往伊甸园式的和谐。他指出，《圣经》中有关人类主宰动物的观念被福音书用来作为支持取消饮食禁忌的观点。不过，这只是一个幌子，弗兰克旨在为后面批判暴饮暴食预留伏笔而已。弗兰克最强而有力的论述网，是由"印度教"和清教主义的共同理念路线交织而成：对于那些为了放纵口腹之欲而进行"不必要的"动物宰杀行为，他们一致予以谴责。受到印度教（特别是爱德华·特里）的影响，弗兰克将清教徒的论述改头换面，清教徒痛恨人们滥用神的恩赐，而弗兰克则引用这种理念，并将之转换为批判那些糟蹋神赐天赋生命价值的人。这种融合印度素食主义的论述，后来成了17世纪末期社会批判意识的基础。这种社会批判意识不仅仅得到像特赖恩和弗兰克等政治局外人的拥护，而且还受到知识界极为杰出的思想家的拥护。

约翰·伊夫林和他的朋友塞缪尔·佩皮斯一样，都因为其日记而闻名于世。在日记里，伊夫林记载了17世纪社会的日常琐事。作为启蒙时代的重要人物，伊夫林是英国皇家学会的第一批成员之一，而且曾经担任该学会秘书。他是著名科学家罗伯特·波义耳的好朋友，也是波义耳讲座的受托人（波义耳讲座是不拘形式的圣公会教义和牛顿科学的发展重镇）。伊夫林虽然同情保皇党人，但是他在内战期间并未积极参与战事，反而当时在欧洲各地游历。在巴黎期间，他和被放逐的英国王室家庭成员成为朋友，后来在王室复辟后，他在政府从事不同的慈善工作，后来由于不满朝廷腐败，终于在他岳父所拥有的德特福德的莎耶斯花园过起了退休生活。

伊夫林在克伦威尔掌权时代丢掉官职期间，开始从事园艺，将莎耶斯花园打造成高级果园。花园内包括 38 片菜圃和一大片果树林，果树多达 300 棵，当中还包括一条"苹果树步道"，步道的终点处是一座由护城河包围的小岛，高低起伏的草面上尽是芦笋、树莓、桑树和茂盛的水果灌木。后来他搬到自己位于萨里郡沃顿的家中。在那儿，他让妻小全都能吃到新鲜的农作物，同时忙于为国家提供各种建言。建言内容包括从树木种植到城市规划等各种议题。

晚年的伊夫林整理他毕生所累积的园艺经验，撰写其巨著《乐土不列颠》。他生前并未完成这项工作，直到近年有人将他留下的手稿整理出版。他只发表过一个章节，但是该章节最后却发展成了一本书——《沙拉》（1699）。该书详载各种有关种植、采摘、制作和食用沙拉的方法；而这些沙拉，包括有增强视力和消除胀气的茴香，以及其他 18 种镇痛和抑制欲望的莴苣等。在 17 世纪，吃一盘未煮过的蔬菜，是一件十分新鲜的事情，并且与主流社会理所当然地吃红肉的习惯格格不入。但由于人们对植物学的兴趣日渐浓厚，加上在伊夫林的推动下，于自家花园种菜变成一种具有绅士风度的园艺活动，于是吃沙拉也变成了一种时尚。采种不再是农民特权，最高贵的绅士也能拿起铁锹。显而易见，正如过去不少人指出的，《沙拉》一书是要鼓励英国人吃沙拉。

和托马斯·特赖恩一样，伊夫林也有神学论证。他在其书《前言》中宣称，他希望"唤醒世人，就算不吃洁净的食物，至少改为吃一些稍为健康和温和的食物"。伊夫林赞叹地说："亚当和当时还纯真无邪的夏娃，在堕落之前，是吃蔬菜和其他粮食作物的。"直到大洪水之前，神并未"要人类杀害无辜的动物"。伊夫林在著作中加强了理论力度，最后写下了极具学术价值的素食主义颂辞。

人们相信，亚当和夏娃在堕落前的饮食方式是既健康又合乎正义的——在 17 世纪末期，这似乎成了当时人们的共同信念。和拉尔夫·奥斯汀和约翰·帕金森等同时代的园艺师一样，伊夫林对植物学的兴趣和毕生对园艺的理论和实践工作，旨在重建一座与伊甸园相似的花园。在伊夫林之前的一代著名园艺专家威廉·科尔斯就曾经在他的著作《伊甸园里的亚当》高明地指出这一点，而且他也视素食为通往健康和长寿的路径。据伊夫林指出，那座花园"拥有与天堂最相似的人间福乐，而人类一度失落的幸福，也能够在那儿获得最理想的显现"。而且，花园就像是一本百科全书，很多与伊夫林生长在同时代的人们都尽可能努力地学习植物学，而拥有植物知识，就如同当初亚当在乐园一样，得以了解神创造世界的奥妙。人类始祖在堕落之前，亚当的工作就是园艺。因此，从事园艺是重建亚当式生活的通路。伊夫林说，园艺是"各种人间福乐当中最纯洁、最值得赞赏以及最纯粹的一种，这工作有可能让人们受到神的祝福"。以园艺这种风尚为基础，他更进一步地对于饮食习惯提出其主张。在伊甸园里，亚当以食用生鲜蔬菜和水果维生，因此，如果想过着亚当在乐园里的生活的话，就只有一种饮食方式。很多草本植物是野生的（每一段树篱之间均有制作沙拉的材料），因此不必劳苦耕作就能获得，就像是人类始祖堕落前所获得的食物一样。制作沙拉就是最古老的厨艺——"和焦臭味、血腥和残酷的可耻行为相比，它是洁净、纯真、甜美和符合自然的……"

伊夫林推崇这种理想主义饮食方式，因此他致力于与动物建立更为和谐的关系。就如同采集植物样本的方式一般，他将动物集合在一起建立和谐的生活，有力地标志着一种原始和谐状态的生活。和塞缪尔·佩皮斯一样，伊夫林谴责嗾犬斗熊、斗牛和斗獾等行为"是屠夫式的运动，是野蛮而且残酷的行为"。他甚至试着借由设置一座动物园来重建伊甸园。伊夫林仿效土耳其人豢养大型猫科动物的野生动物园的做法，不过他收养的动物却温驯得多，包括乌龟、松鼠和鸟类。在那个标志着他渴望与大自然和谐相处的园地里，他亲自委托专家打造一个精心制作的乌木柜，上面装硬石板和镀金铜板，上面载有希腊神话中的素食神祇俄耳甫斯以音乐驯服动物的图画——这座乌木柜目前收藏于维多利亚与阿尔伯特博物馆。

作为保皇党成员，伊夫林和那些共和派的避世隐居素食者不相往来，不过他退隐于花园的举动，还是具有相当政治意味的。他探访托马斯·布谢尔的素食石室，并且曾经在1658—1659年间写信给托马斯·布朗爵士以及罗伯特·波义耳爵士（同样对于沙拉发表过文章），他认为失势的保皇党人应该从事园艺这项具有理想性格的活动。在他们的微型伊甸园里，英国人得以重建亚当掌管万物的状态，过着"古老简朴的、乐园式的以及园艺圣人的神圣生活"。在伊夫林的构想里，这是一个集体生活的小区，人们过着天主教加尔都西会教士式的禁欲生活，远离邪恶的政治世界，取而代之的是积极推动科学调查工作。虽然这是一种幼稚的理想，但正是因为这种与弗朗西斯·培根的所罗门宫有着异曲同工的理念，促成了英国皇家学会的成立。

著名的保皇派物理学家和园艺史学家托马斯·布朗爵士，和伊夫林有着特别深刻的书信交流。在17世纪50年代，正当素食主义受到新锐人士青睐的时候，布朗在其以机智著称的论文集《常见的错误》中，就曾对于素食主义的神学和医学意义提出反思。他指出，大洪水的出现，可能是因为神要惩罚人类吃肉——这一观点是引申自自然权利哲学家胡戈·格劳秀斯的论述。他还指出，神之所以后来准许人们吃肉，是因为大洪水"摧毁和毁坏了蔬菜"。尽管如此，品格高尚的人还是放弃吃肉，例如毕达哥拉斯学派和印度的素食商人种姓阶级依然奉行素食生活。种种事例显示"人不一定要吃肉"。他总结指出，回归素食生活可能更"有助延年益寿"。

伊夫林是一位受人敬重的绅士和居家男士，由于他在皇家学会的职位，他一直严格遵守各项社会规范。塞缪尔·佩皮斯曾公然承认自己喜欢女人的胸乳，并且坦白自己犯下的各种过失；在这方面，伊夫林和他简直是天差地别，伊夫林在日记中也致力于持守一个正人君子的形象，弗吉尼亚·伍尔夫曾经批评他："从不在自己的文字中揭露自己内心的秘密。"在他对素食主义的倡导过程中，他避免提到任何不体面的事情，和托马斯·特赖恩等同样主张素食的神秘主义者保持距离。伊夫林在他编辑的食草动物文集中，甚至拒绝收录素食神秘主义者的文章（对此，特赖恩以沉默回应，他除了编辑一本集合各家文章的文集，并不理会伊夫林，也不认为伊夫林是他的竞争对手）。伊夫林的素食理想主义可以说是一种对人性高度完美的乡愁情绪，但是这种情绪又受到严格的实用主义的包装。在他的持续影响之下，全国尽情浸染于园艺的欢乐之中，并且鼓励那些顽固的食肉人士（例如塞缪尔·佩皮斯）去试着吃更多的水果和蔬菜类农作物。

伊夫林至少在他生命的大部分日子中是酷爱肉类的。在他为妻子撰写的烹饪手册里，有三分之一的食谱是烹调肉类的。甚至在《沙拉》一书中，他也承认沙拉是羊肉汤或碎牛肉的伴菜。他的日记有记录他享受吃牡蛎（特别是自己捕获的牡蛎）的快感，这显示他其实不太担心自己实际吃了什么。事实上，伊夫林坚持"不应积极地禁绝"吃肉。也许他曾认为自己是一名素食者（甚至是一棵植物），即使他吃肉，他也只是视肉类和人类的形成都是食用并消化蔬菜的结果，因此人类"是草本植物的化身，是无邪的同类相食动物，其实只是在吃自己的同类"。伊夫林只是在年纪老迈并且濒临死于饥饿时，他才严格遵行素食（他的妻子因而忧心忡忡）。这显然是出于健康考虑，但也许是因为在撰写《沙拉》一书时受到感动，于是决心净化自己的身躯，以便迎向天国。

在伊夫林温柔敦厚的表面下，他其实另有冲动的一面。今天我们可能会感到难以理解，伊夫林文采通达、思想开明，却和当时很多人一样，深信着基督即将再度降临。他致力于将这个世界改造成乐园的状态，这想法和他迎接审判日到来的信念是密不可分的——人们一般会将这样的宗教信号联想到 17 世纪中叶的狂热人士，但像伊夫林这种举止体面的人竟然对此深信不疑，实在让不少人跌破眼镜。不过，皇家学会中确实有很多同事也是培根的追随者，他们也在致力于重新挖掘亚当曾掌握的永恒知识，以迎接千禧年的到来。伊夫林力图澄清自己并不属于激进的第五王朝派和其他千禧年团体，但是他和特赖恩志同道合，旨在重建伊甸乐园。像特赖恩一样，他引述以赛亚对千禧年的预言，并且宣称基督的王国将会奉行素食。他说："不论何地、何时和何人，都可食用黄金时代的素菜食物。一旦人重新回到吃素的状态，就能回到当初纯洁的时代。"

和特赖恩一样，伊夫林也是将古老的传说进行转换（不过转换的次序却是倒过来），以便重新赋予重要性；伊夫林声称其宗教知识最初是源自亚当，之后流传到子孙挪亚，通过英国的德鲁伊教教徒，再传到印度的婆罗门，然后再传给希腊的毕达哥拉斯学派和柏拉图。他说，异教徒保留了"若干与原始真理相似的理念"。和特赖恩不同，伊夫林并不认为婆罗门比基督教教士拥有更高的权威，但他认为，就系谱学上来说，婆罗门是具有一点神性的，他说："他们的古老传统，是从神的子民所流传下来的。"伊夫林注意到，古老的迦勒底人、亚述人和埃及人，和婆罗门和毕达哥拉斯一样，都是素食者，因此这些人都"较为敏锐、细致，并且具有较深的洞察力"。当时并不是只有特赖恩这样的另类分子抱持这样的信念，很多人都是这样认为的。伊夫林的导师约翰·比尔以及其爱好水果的同志塞缪尔·哈特立伯一样，都相信黄金时代即将重新来临，他们认为通过东方的苦行主义者，再经由德鲁伊教教徒的传播，现代欧洲人、帕拉塞尔苏斯和罗伯特·弗卢德得以重新掌握古代的知识。

由于这样的信念其来有自，因此伊夫林对于基督教和印度教之间的共同之处特别感兴趣。在伊夫林的藏书当中，有一篇由约翰·马歇尔发表讨论"一般称为婆罗门的异教祭师"的文章，被收录在《自然科学会报》；伊夫林当时兴奋地在书的边缘上注明印度教和基督教的共同特质。他兴致勃勃地注意到，印度教徒相信，超越物质的神、天国、地狱和永恒的生命是存在的；因此，印度教徒奉行禁欲的斋戒生活；印度教徒流传着一个关于人类始源于一座花园的故事，提到一名受到诱惑的女子，以及一场冲毁大地的洪水，当中只剩下一小群人生还。伊夫林认为印度教徒保留着昔日神圣传统的残余，这引起他对印度教徒的兴趣。他也对那些描写印度的游记十分着迷。伊夫林研读古希腊有关印度的记载、爱德华·比希的《帕拉弟乌斯》以及加西亚·德奥尔塔、雅各布·邦特、约翰·阿尔布雷希特·冯·曼德尔斯洛、杜阿尔特·巴尔博扎、彼得罗·德拉瓦列和当时其他作家描写有关印度的著作。伊夫林虽然和特赖恩志趣不同，但他们的素食主张同样大大受到印度文化的影响。

伊夫林在皈依"草食"生活过程中所遇到的最大阻碍，是当时大部分人都认为吃肉不单单是再正常不过的事，而且肉类更是维持生命的必需品。当时人们认为，人类在一开始时是有可能以吃蔬菜来维持生命，但自从大洪水之后，地上的养分已严重损失，因此蔬菜的营养亦大不如前。于是，人类的体质也渐渐变差，现在更是虚弱得必须要依赖动物的肉来补充养分。

为了反驳这种想法，伊夫林搜罗古代、中世纪、文艺复兴和现代的文献"引用各种事例，以证明人类单凭蔬菜就可以长寿和快乐"。但不幸的是，伊夫林所找到的素食者仅仅存在于古代的文献里。毕达哥拉斯、亚当和夏娃以及黄金时代的人们，全都早已作古，永远地被埋葬于尘土之下，无法进行经验观察。

不过，还有婆罗门可以解决这个问题。伊夫林在一篇兴高采烈的宣言中引述说："印度的婆罗门，是现存的古代苦行主义的残余族群，他们印证着他们的始祖们……完全不吃肉的生活。"他同时设法隐瞒这样的事实：婆罗门是当时他唯一能找到的活例子。外国的素食者的事迹并不只是传闻而已，这些事迹是可以被验证的，而且有大批文献提到那些当时还活着的婆罗门。因此，伊夫林骄傲地说："那些文献被广泛流传到多个国家和民族里。"而"今天依然以草本植物和植物根部为生的人，都非常长寿，而且能保持强健的体魄"。他认为印度就像是伊甸园再世，是"世界上最宜人和幸福"的地方，那儿的植物就像是在乐园一般地完美生长。据一些旅行者的记载指出，伊甸园正是位于斯里兰卡的亚当峰上。对此，伊夫林认为这是可靠的说法。至于黄金时代尽管可能无法重现，但要是想接近当时的生活方式，素食主义始终是人类可以选择的做法。

由于印度教徒依然活着，故而有少许具体的经验证据足以证明素食是可行的。皇家学会的同事们所要求的，正是这样的经验证据，而非一大堆经典权威文献。伊夫林设计出一套大规模的实验调查，以便用作了解素食者是否真的能够单凭素食而存活，而非因为"空气、气候、风俗和体质等其他因素"。他认为，经由这样的研究，就能了解是否全人类都可以单凭素食而存活。

伊夫林被誉为是现代环境保护论的先驱，他致力于阻挡城市土地退化，同时鼓励森林保育和重新植树的举动。他奉树木（特别是古树）为神圣之物，他认为"那些不人道的砍伐工具永远不应该亵渎这些树木"。伊夫林重新注视德鲁伊教教徒的神圣树林，他发现原来世界各地都有森林仪式，从亚伯拉罕的橡树到印度人的神圣榕树。他著名的论文《森林志》（1664）成功地鼓励英国地主种植需求庞大的木材树——当时钢铁工业的冶炼火炉需要大量木材作为燃料，同时当时处于新旧政府更替的过渡期间，大批民众在不得已之下也大肆抢夺木材。森林可供人们休闲之用，而树木本身也提供栗子（乡间民众认为，那是增强性欲和男子气概的食品）、榉实和橡实等食物。要是小心栽种的话，乡间民众可以获得大部分他们所需的食物和饮料，"甚至是在荒郊野外也一样"。这样一来，英国就能够更为自给自足。伊夫林总结指出，植树不单单是一项政治建设，更是仿效神在乐园的造林工程。他甚至游说国会立法限制空气污染；和特赖恩一样，伊夫林致力于反对那些制肉工场排放"恶臭的，难闻的和不健康的气味"，以及消除那些"腐烂的粪便，恶心但又到处都是的垃圾堆；它们所散发出的恶臭随风飘荡，有毒物质和细菌污染着空气环境和生命气息"。

尽管伊夫林这些想法有不少和特赖恩雷同，但他们在根本上还是大不相同的。印度教徒的存在，让伊夫林得以提出一种人和大自然更为和谐的相处方式，以扭转城市社会人工化的习惯。不过，印度教并未让伊夫林跳脱他的正统宗教思想框架。伊夫林并没有像特赖恩一般看重"大自然"独立于人类的价值地位。对伊夫林来说，大自然只是神那以人类为中心的旨意之中的一部分而已，与大自然和谐相处，只是人类属灵上的一点要求，是迎接千禧年的一个前提而已。

伊夫林倒是对于人类和动物的关系提出了新的立场（姑且不论这是否为他的本意）。由于通过经验研究成功证明了人类单靠素食是足以维持生命的，伊夫林开始进入讨论宰杀动物和吃肉是否合理的议题。尽管当时大多数人认为，在自然规律和人类体质的制约之下，吃肉被视为是一种必要之恶，不过，伊夫林则证明，就营养价值而言，这并不是必要的行为。如果吃肉是不必要的话，那这些残忍的举动就应该受到道德谴责。"这种残酷地屠杀无数无辜动物的行为，其中还有些无情而又不必要的虐待"，对此，伊夫林提出了感情和道德诉求。既然他已证明，经由农耕种植这种纯洁的活动就能够让人维持生命，不必让任何动物再流一滴血，那么吃肉就是一种既残忍又纵欲的行为，他如此推论道。

奥维德的《变形记》第十五卷就有类似的想法，其中提到毕达哥拉斯指出"慷慨的大地上有着大量温和的食物；无须杀戮，不必流血，就够人饱餐了"。不过，伊夫林将古老诗意理想转换成科学观察。在伊夫林所提出的理性并且在经验上站得住脚的论点中，婆罗门可以说是至关重要的一环，而印度教更是提供了看待动物的一种新立场。

那场围绕婆罗门素食主义的辩论，后来在 17 世纪末期更演变成大规模的争议。争议升级至所谓"现代派"和"古代派"两大阵营之间的决战。"现代派"的支持者相信，现代科学已进入前所未有的发展高峰；而"古代派"的支持者却指出，过去曾经出现过更为高等的古老文明。伊夫林总是被夹在该两大阵营之间，他认为婆罗门的生活方式正是双方之间的理想妥协，因为婆罗门一面代表神圣的古老文化，同时又经得起现代科学的检验。不过，其他人认为，对于当时在欧洲禁欲的修行者进行统计，比一味对于古代素食者的情况进行臆测来得更有意义。"有很多禁欲的修行者毕生都过着简朴的生活，"奥兰治的威廉亲王的牧师托马斯·伯内特在《大地上的神圣论》（1684—1691）写道，"但他们很少能活到一百岁。"伯内特总结指出，素食主义"可能对延年益寿有帮助，但不可能达到人们所说的那种程度"。

荷兰大使威廉·坦普尔爵士就像古代英雄一样地勇敢地加入论战，随后他的秘书乔纳森·斯威夫特更以撰写《一只桶的故事》和《书的战争》两书来捍卫他。和伊夫林一样，坦普尔指出，当时天主教僧侣所搜集的统计数字是无效的，因为必须要是世世代代都是素食者，才能够净化因吃肉而产生的不良影响。因此，有必要另外找寻其他世世代代都是吃素的样本。坦普尔发现，婆罗门是所有哲人当中最古老的一群，他在《论古代和现代的学习方式》（1690）一文中，就赞扬了婆罗门的生活。他坦承，现代人就像是站在巨人肩膀上的侏儒一样，可以看到很远的地方；但是古希腊和古罗马的人们，却是站在更高大的超级巨人的肩膀上，而那些超级巨人就是婆罗门了。坦普尔认为，古希腊以素食主义来达到永恒和四枢德的思想，正是来自这些印度哲人，他说："这应该全是来自印度的观念。"而他们的后裔（也就是"今天的婆罗门"）保留着他们长寿的秘诀，而这秘诀在西方早就失传了。他们是唯一掌握先进文明，也就是只见于原始部落的早期自然法律的族群。

"他们所秉持的公义原则，是正确且足以作为模范的，"坦普尔指出，"婆罗门很懂得节制自己，他们只吃米饭或草本植物，此外无他，却有着感性的生活。""向这个人们认为是野蛮和粗鲁的地方学习，这听起来好像有点不合理"，他宣称，这只是现代人的欧洲中心论偏见而已，而欧洲中心论却忽略了一项事实——西方众多伟大的特质，其实都是脱胎自古代东方。坦普尔这种以启蒙时代的语言来包装婆罗门思想的举动，引起当时"现代派"牧师威廉·沃顿的反驳。沃顿志在一举歼灭毕达哥拉斯学派，他对婆罗门提出了责难，指出素食主义的唯一基础，只是那些全无根据的轮回学说而已。"根本就是一派胡言，那些糊涂的婆罗门却信以为真，于是他们连跳蚤或虱子都不敢杀，"沃顿语带嘲弄地说，"过去三千年来婆罗门的所作所为，不过就是剥夺自己合法的便利生活而已。"不过，素食主义还是受到当时很多德高望重的思想家青睐的，他们祛除了迷信的部分，并诉诸于理性的自然法则。就在同一时期，特赖恩的精神论述也大受欢迎。在主流知识界的辩论中，伊夫林和坦普尔都坚称印度素食者是圣人，婆罗门被推崇为为大自然担负道德责任并照亮通往健康、营养之路的火炬。

巴伦·弗朗西斯库斯·默丘里乌斯·范·赫尔蒙特从来不甘于过着庄园主人的稳定生活。他的故乡位于布鲁塞尔附近的天主教小镇勒芬，当地的法院曾经对他判刑，而他在年轻时就逃离该镇，到一些更为自由的国家过着"流浪隐士"的生活。怀着对哲学的热情，他动身前往英国，致力发扬他在神学上的伟大发现；赫尔蒙特认为，转世轮回学说是真实的，而且和基督教的基本信念是兼容的。他希望在英国找到支持这信念的力量，因为当时英国出现了一股对转世轮回学说复兴的风潮。虽然遭到各方批评，他那些备受争议的论点却赢得了一些顶尖哲学家的支持。约翰·洛克尽管略带怀疑，但还是和赫尔蒙特一起交谈了许久，而且还详细地研读了他的多本著作。来自德国汉诺威的顶尖自然哲学家戈特弗里德·威廉·莱布尼茨在他那影响后世深远的"预成"概念中就吸收了赫尔蒙特的观念。预成论指出有机体的形成，是来自预先存在的微细生命形式。赫尔蒙特还引进了一些外来的学说，影响着此后欧洲人对动物地位的看法。

亨利·莫尔是赫尔蒙特在英国的首批支持者之一，他是剑桥柏拉图派的主将，而该学派数十年来一直致力于将柏拉图和毕达哥拉斯的哲学（诸如环抱天地万物的宇宙灵魂确实存在）引进到基督教观念里。和他同时代的杰勒德·温斯坦利一样，莫尔痛恨残忍对待动物的行为，他认为那些自宇宙灵魂衍生出的万物灵魂可能是永恒不灭的；尽管莫尔不相信它们会经由转世而成为人类，也不相信人类会经由转世而成为动物，但是他指出人类灵魂都是有前世的，而人类在人间度过的一两次生命，就是为了补赎在生命形成之前的罪孽。莫尔这种"生命形成前预先存在"的学说，和赫尔蒙特的信念有着异曲同工之妙，因此赫尔蒙特希望说服莫尔接纳他的理念。

在研究过卡巴拉（一种兴起于公元 12 世纪的犹太神秘学说体系）后，赫尔蒙特接受了转世轮回的概念。转世轮回的希伯来文为"轮转"（gilgul），在早期的卡巴拉相关文本只提及了人类,但到了 14 世纪，像《佐哈尔》等文献则指出，人类灵魂可能会因为被处罚和赎罪而变成动物，甚至是没有生命的东西，直至他们准备好回到神的身边为止。1677 年，在一群拉比的协助下，赫尔蒙特在基督教希伯来学者克诺尔·冯·罗森诺特的协助下，第一本卡巴拉学说的拉丁文译本出版了。这是一本具有划时代意义的著作，书名为《卡巴拉揭秘》，而出版的目的是要将基督徒、犹太人和异教徒统合到一个真实的信仰之下。该书收录了两篇讨论转世轮回的文章，作者分别是两位 16 世纪的卡巴拉教派领袖——来自圣城采法特的拉比艾萨克·本·所罗门·卢里亚，以及他的门生哈伊姆·维塔尔。卢里亚指出，大地是由来自亚当原始灵体的火花而构成的，为了重新回到堕落前的状态，因此那些火花（即灵魂）必须要落入转世轮回的循环。亨利·莫尔在一篇被收录在《卡巴拉揭秘》的文章中解释："每一颗石头里的灵魂，都有可能转世并进入到一棵植物里；植物的灵魂有可能转世为动物；动物的灵魂可能转世为人类；

而人类的灵魂有可能转世为天使，天使的灵魂则有可能转世成为神。"

　　尽管相信较低等生命也有灵魂，但不等于他们相信杀害动物是错误的行为。相反地，在仪式过程中，当牺牲动物灵魂（或火花）时，人们会认为它才从畜生囚牢解放出来。不过，认为较低等生命也有灵魂的想法，始终鼓励人们要善待动物。在卡巴拉信徒组成的善心秘密教派流传着一个说法，指艾萨克·卢里亚奉行素食生活，而且他认为虐待动物是一项罪行，还会阻碍着人类追求完美状态。维塔尔更指出，禁欲的卢里亚爱护神所创造的万物，以至于他不曾杀死任何昆虫——甚至是连扰人的蚊子也不曾打死。

　　赫尔蒙特把卢里亚的转世轮回说与基督复活说相融合，他在一些著作中试图说服人们追随他。这也许略带神秘色彩，甚至有点疯狂，但这种乐观的自然神论对那些曾历经各种磨难的自由派基督徒来说，却是极具吸引力的。将转世轮回的概念引进到基督教的世界观里，相信人拥有赎罪补过的机会，这样神就更为可信了。据正统基督教的说法，在野蛮食人部落出生的灵魂是无法上天堂的。但是赫尔蒙特却指出，那些灵魂并不会直接下地狱而永不超生，他们会随着转世轮回而上升，直至他们能成为基督徒为止。就像卢里亚一样，赫尔蒙特相信这适用于万物，因此野生动物的灵魂经由"升华和改良"，最终也可以转世成为基督徒，从而能够得救。他甚至将卡巴拉的概念进一步发展，指神是小心地平衡动物和人类的生死比率，以便让生命链的流动能够保持在稳定状态。但让赫尔蒙特引以为耻的是：基督徒本来是受到启蒙的一群人，但是他们却是在地狱式的精神专断影响下过日子，反而犹太人（甚至异教徒）则受到有关转世轮回的"明智和明确概念"指导下生活着。

在赫尔蒙特的时代，有很多人似乎理所当然地以为，卡巴拉式"轮转"学说只是毕达哥拉斯套印度轮回再生概念的新瓶旧酒而已。这种指控在犹太卡巴拉信徒社群中根本站不住脚，事实上，这种担心异教教义会进入基督教的焦虑，早在文艺复兴初期就曾出现；当时拜占庭神学家格弥斯托士·卜列东曾经将柏拉图和斯特拉博有关印度的著作介绍给意大利的人文主义者。从那些文本以及有关印度的晚近作品（也许包括马可·波罗）中，卜列东注意到，所有的智者（从查拉图斯特拉到婆罗门）全都相信转世轮回。卜列东赞成这些德高望重的智者的看法，他并不同意相对晚近的基督教的新思想，反而认同古老的轮回思想。在接踵而至的骚动中，君士坦丁堡的元老焚烧卜列东执笔撰写的书籍；其中他讨论吃肉问题的章节也被删除了。不过，他讨论轮回的作品还是流传下来，并且在 1689 和 1718 年再版——当时欧洲正值转世轮回风潮再度兴起。

和莫尔以及其他很多犹太人前辈一样，赫尔蒙特坚持认为毕达哥拉斯和印度人的转世轮回思想来自犹太人（而非相反）。他解释，这个目标是要重新阐扬转世轮回是"正确的、革新的，去伪存真……净化罪恶，返璞归真"，"并且要与基督教原则融合"。赫尔蒙特取得了可观的成果，一个信奉赫尔蒙特学说的小教派崛起，坚称他所说的"轮回转世"概念来自《圣经》，而非来自柏拉图的思想。在 17 世纪 90 年代，信奉转世轮回学者人士被圣公会指责为当时最可恶的三大异议势力之一。正统基督徒警告指出，转世轮回的信念让人和动物变得没有分别。

让人惊讶的是，赫尔蒙特让大名鼎鼎的贵格会教徒乔治·基思改变了信仰，而乔治·基思也因为崇尚印度婆罗门的德行而受人注目。基思明白，凭着赫尔蒙特的教义，足以调解那些非信奉基督不可的正统教义，而调和的关键在于，从未听过基督的人可以经由转世轮回而最终能够上天堂，像基督徒一样轮回。基思吸纳卡巴拉学说而进行信仰改革一事，在大西洋两岸的整个贵格会社群引起重大争议，支持和反对双方僵持不下。当基思在费城举行布道大会时，由于群众暴发骚动，地方官员下令砸烂他的讲台以平民愤。基思的支持者继而砸烂敌对势力的讲台，而他本人最后被逐出贵格会，理由是他对轮回学说含糊其辞。

相信转世轮回的基督徒较为同情动物的苦痛，但是他们和异教素食者还是保持距离。说明这态度的例子之一，是 1661 年一名来自莫尔阵营的匿名作者（可能是乔治·拉斯特）的《一封关于奥利金及其见解重点的信》。该文推崇有异教思想倾向的奥利金神父，并且赞赏其柏拉图式教义。奥利金以奉行素食著称，但是拉斯特重申奥利金明确地反驳圣哲罗姆的指控，澄清自己的行为并不是毕达哥拉斯式迷信的同路人。奥利金相信动物的灵魂在最后审判时会复活，但是拉斯特则坚持指奥利金从未相信动物可以转世而为人。在若干神学家（包括非凡人物皮埃尔·丹尼尔·于埃）的推波助澜之下，这种古老的辩论在全欧洲复苏。于埃后来持续提出主张，指毕达哥拉斯和婆罗门的教义是来自犹太人；而布歇神父则提出耶稣曾经到过印度，他更撰写一篇详细介绍奥利金的学说，并指出其素食主义与印度和毕达哥拉斯的轮回概念的差异。

转世轮回信念和虐待动物行为之间的形势剑拔弩张，最有体会的是"牛津柏拉图主义者"约瑟夫·格兰维尔。和莫尔以及拉斯特一样，格兰维尔也是一名神职人员。但格兰维尔却更强力地捍卫轮回学说，他在 1622 年匿名发表《东方之光——向东方圣贤请教关于灵魂先在性的议题》。格兰维尔宣称，"印度婆罗门、波斯博士、埃及裸体哲人、犹太大师、一些希腊哲学家以及基督教神父"印证了轮回学说。格兰维尔也承续了卡巴拉学说，断言在大地被创造以前，灵魂就带着罪恶；早在伊甸园时，这些恶灵就被挤压在亚当的肚子里。恶灵并未像一般好儿童一般地知错能改，反而让亚当二次犯罪，后来那些恶灵就沦落成为在大地上受苦的生命。为了补赎那罪大恶极的行为，必须经过不只一辈子的时间，每一个灵魂都必须经历转世，直到他们成功净化，并且让自己准备好回到神的国度为止。在《东方之光》一书中，格兰维尔将讨论范围局限于人类的先在性问题，但是他在同年秘密地写信给一名奥利金信徒，表示他们的信念理应导向全面毕达哥拉斯式的轮回学说："除非我们假设这些动物理应受到这种不法行为的对待，否则并无其他依据能说明，何以某些动物必须要为了人类的口舌之欲而丧失生命。"公正地对待动物，是转世轮回的议题里不可或缺的一环。让格兰维尔震惊和疑惑的难题是，如果动物并不是因为前世的罪孽，那么人类对待动物的方式又怎么可能是合理的呢？他推测，由于神不可能不公义地任由无辜的动物受苦，因此我们就要相信动物所受的苦是它们应得的，因为它们前世曾经犯下极端严重的罪行。这样的话，他坦承，唯一的出路就是笛卡儿式的信念，即认为动物不会感到痛苦，因为它们只是无感觉的机器。

显然，格兰维尔的哲学漏洞并不足以结束相关的辩论。安妮·康韦夫人是当时最有学识的女哲学家之一，莫尔和赫尔蒙特都是她的亲密朋友，并时常在她的树林和果园里散步。康韦追随赫尔蒙特的理念，改变了信仰。她领会赫尔蒙特的理念之中大量有关动物道德地位的启示。康韦直承纳卢里亚的卡巴拉学说，并且架构出一个精密的理论系统，就像格兰维尔一样，她指出动物理应承受它们命中注定的苦痛，但是，人类应该要向动物负责任。康韦在 1690 年去世，之后赫尔蒙特以匿名的方式出版她的哲学著作《原理》。书中指出，动物就像世界上的万事万物一样，都持续地试图向上提升，最终都会提升至成为人类的水平，从而重新回到它们的精神根源。因此"一匹马在经过一段长时间，通过某些方法，终可变成人类"。至于这种变化是因为变形，还是轮回，还是只是随着被吃掉而被带到食物链的更高端，她却似乎是含糊其辞。但相反，如果一个人残酷地对待其他生命，他的精神就会"进入野兽的体内，这当然就是一种处罚"。特赖恩有可能通过康韦的朋友听闻过她的事迹；和特赖恩一样，康韦相信"如果人残酷地对待其他生命，他应该要变成野兽才对；不论是在性情上还是在神智上来说，他根本更像一头野兽"。

康韦解释，所有的生命都致力于回到神的国度，这是万物的诉求。康韦解释，神创造所有物种的目的，是为了要"落实同情之心，以及相互爱护之情；因此神在万物身上注入了普世同情心和相互爱护的力量，这样万物就能成为一体，以及（我认为）兄弟们有着共同的父亲"。她警告说，如果有人"只是为了满足私欲而杀害生命，那么他就是做了不义之事，早晚要遭受报应"。至于为了食物而杀害动物算不算是"不必要的欲望"，康韦并未加以说明，也并未明确主张素食主义。但是她的哲学论述提供了一个以伦理态度对待动物的理论基础。

将动物纳入"轮转"的过程中，引发不少人的想象，而讨论转世轮回概念的书籍风行一时，更引起神学界的广泛辩论。《世界的时序》（*Seder Olam*）的匿名作者（们）描述了一个与康韦的学说几乎一致的、一神教的上升系统："即使是最低等的动物，也可能被变成最高等的造物，或至少成为其一部分。"

由于"轮转"的学说，基督徒获得了关于人类以外生命形式的另类理解方式。动物和它们堕落的人类兄弟姐妹一同努力向上提升，致力于重新取得一度失去的神性。每个人都有责任守望相助。这样的想法尽管有可能终止杀戮，但并不是会必然终止。不过，这始终意味着，人类必须设身处地地了解动物的感受。虽然卡巴拉的"轮转"学说从未受到基督教教会承认，但是该学说已经能够和奥利金、毕达哥拉斯和印度教一样，公认为是具有说服力的教义，并且在好几个世纪中持续地启迪欧洲人的心灵。数十年后，一些最知名的素食者就是因为了解基督教的"轮转"学说而受到启发的。

08 牛顿与异教神学的起源
Isaac Newton and the Origins of Pagan Theology

  1665 年的一个秋日，22 岁的艾萨克·牛顿为了避开当时受到瘟疫侵袭的剑桥，躲回他在伍尔斯索普村的家中，沉思那些掉到地上的苹果所隐藏的深意。他在 17 岁时，家人要他到农场工作，但是他从来没有好好看管牛，相反地总是靠在树下看书。最后，家人只好送他去学校念书。18 岁那年，牛顿考进剑桥大学。凭着敏捷的思维，他在剑桥取得第一个重大发现。有一次在房间关窗帘的时候，一道阳光射向棱镜上，他看着本来是平淡无奇的白色阳光经过折射后竟然出现光谱，研究后得出了解释光和颜色原理的理论。1665 年春天，自剑桥毕业后，牛顿在家中的果园里度过秋天，并从另一个方向进一步延伸他的假设。他想，像苹果之类的物体，尽管是在半空中也一样受到地心吸力的影响，那么，这种看不见的能量是不是也会延伸到月球呢？1687 年，这时牛顿已成为皇家学会的杰出科学家，他在经过多番运算之后，证实月球确实是在地球的牵引下保持在同一轨迹之上。并且，不论是巨大的行星或是微小的粒子，都是在万有引力的作用下彼此联结在一起。凭着神的全知全能，整个宇宙得以和谐地运行。

  牛顿以他的多项科学发现而闻名于世，从他在三一学院埋首于研究工作开始，欧洲人对自然物理定律的理解方式产生了革命性的改变。不过，牛顿的好奇心并不止于物理学；对于神创造的生命的道德律，他同样感兴趣。只有同时对道德和物理定律进行研究，他才能对神有着全面的理解。如果神利用万有引力这种单纯的力量就能统合宇宙万物的话，那么神就不会用统一的道德法则将所有生物（包括动物）统合起来吗？

　　牛顿在剑桥的同事都知道他的饮食习惯异于常人，他很少会容许他的实验被享餐时间打断，他的朋友注意到即使是将餐点送到他的房间，他也总是漫不经心地将它们搁在一旁。后来牛顿搬到伦敦出任皇家铸币厂主管后，他的外甥女凯瑟琳·康杜伊特和他住在一起照顾他的生活。她曾抱怨说："我端给他温热的稀粥或者是牛奶鸡蛋当晚餐，但他经常会放到第二天早上，在食物都冷掉之后再当早餐来吃。"她的丈夫约翰·康杜伊特证实这说法："他总是放着食物不管，而他的猫就跑去吃掉，吃到后来那只猫变得可肥大呢！"在剑桥，有人开玩笑说牛顿的食物都是被"那老女人——即打扫房间的中年妇女"吃掉的。在牛顿去世后，很多人都孜孜不倦地投入研究他的奇特饮食习惯中，而他的传记作者理查德·S.韦斯特福尔写道："牛顿最能引起当时的人持续谈论的，就是他那奇特的饮食习惯。"牛顿的文书助理威廉·斯蒂克利为了终止人们的闲言闲语，解释称牛顿的早餐很正常，包括面包、奶油和橙皮汁，这是他保持自律和长寿的关键。牛顿有着远大的抱负，但对肉类食品却缺乏兴趣。据文献显示，牛顿吃得很清淡，而且很少吃肉，但他未必是一名素食者。

　　牛顿的助手、亲戚汉弗莱·牛顿回忆说，艾萨克爵士"很爱吃苹果，有时候在晚上他会吃一点点烤木梨"。除了把热情奉献给关于苹果的研究，牛顿也把他的知识运用在剑桥郡的种植园里。约翰也注意到这一点，"牛顿最常吃的，就是蔬菜和水果了"。他指出，牛顿是主动减少吃肉的——牛顿之所以这样做，是不是因为要对抗那长期困扰他并且在最后夺去其性命的膀胱疾病？他的饮食习惯是不是来自路易吉·科尔纳罗《保证绝对有效的长寿健康之道》的规定？他是不是遵行他的炼金术导师米夏埃尔·迈尔的建议，相信要成为一名炼金术术士必须吃大量水果？还是，他在观察苹果和吃苹果的过程中，发现了什么秘密？

当时迅猛发展的素食运动很快便宣称牛顿是他们的同路人，此举引发了前所未有的激烈争论。素食医生乔治·切恩是牛顿的朋友，他在解释素食的益处时，就经常拿牛顿来当作活生生的例子。"艾萨克·牛顿爵士不论是在研究还是在写作时，"切恩宣称，"都只吃一块面包，一瓶赛克白酒掺水。他只吃少量东西，喝少量的饮料，以避免精神萎靡。"阿尔布雷希特·冯·哈勒将这些让人兴奋的资料纳入他那本备受推崇的著作《生理学基础》中。自此之后，每隔一段时间就有素食者试图证明他们的饮食方式可以让精神反应变得更敏捷。19 世纪 60 年代，美国素食者西尔维斯特·格雷厄姆和阿莫斯·布朗森·奥尔科特也搭上这班列车，借牛顿来宣扬素食的优点；因此，他们的反对者——安德鲁·库姆和詹姆斯·考克斯急于跳出来反驳，指那些素食者试图破坏牛顿的人格名誉。他们暴跳如雷地指责"有人暗示艾萨克·牛顿爵士受惠于素食"，但他们指出，牛顿很明显是吃肉的，因为"他有时候会痛风发作"——这是典型食肉人士的疾病。许多个素食者团体无视这些不满，他们依然宣称牛顿是他们最为推崇的先驱之一。

在牛顿家里的文件中，有一张收据显示：曾经在一个星期之内，有一只鹅、两只火鸡、两只兔子以及一只鸡被送到牛顿家中。这张收据的出现，让那些否认牛顿是素食者的说法占了上风。另外，在牛顿去世时，他还欠一位肉贩十英镑十六先令四便士，欠一位禽商和一位鱼贩二英镑八先令九便士。这些数额明确显示出牛顿吃肉量之高，已超过现代人所能想象的了。事实果真是如此吗？毫无疑问的是，牛顿以肉类宴客（客人们也这样说），他家中的其他成员也都吃肉。不过，由于牛顿并不和家人一同用餐，因此，尽管他有可能吃肉，但并没有确凿证据能证明牛顿自己吃过那些肉。

牛顿爱护动物的态度，众所周知。于是，有人推测，他这种态度可能会影响其饮食习惯。"他的性情温柔敦厚，"约翰写道，"他会因为一个悲伤的故事而落泪，他完全受不了任何人或动物的残忍行为，他以仁慈之心对待人类和动物，他总爱谈论人类和动物的良善本性。"约翰保存着牛顿的笔记本，里头有一页笔迹难以辨认的文字，记录着"他更爱（或致力）……以吃蔬菜存活"，从而能够"不必杀害——猎杀和射杀——野兽"。通过这些句子的字里行间，约翰相信：牛顿不愿吃他同情的动物。

在牛顿去世后的数十年内，伏尔泰宣扬牛顿哲学的力度之大，可以说是史无前例。牛顿凭着掉到地上的苹果而发现地心引力的故事，就出自伏尔泰（是凯瑟琳·康杜伊特告诉伏尔泰的；而那棵启发牛顿的苹果树后来则成为人们前往朝圣的圣地，直至 19 世纪 20 年代被大风吹倒为止）。据伏尔泰说，牛顿认为整个宇宙是由单一物理法则联结起来的，而且牛顿相信该法则也将全人类联结起来，以至于人类会有"己所欲，施于人"的黄金定律，这是每个人都能够通过天生的智力而推论出来的道理。伏尔泰指出，牛顿将该宇宙法则进一步延伸，发展为一种同情动物的定律。"他认为人类吃一些和自己接近的物种的血和肉，是野蛮的行为；对此，他感到深恶痛绝，"伏尔泰说，"他觉得这种行为完全漠视动物是有感觉的，动物因此而大受痛苦。他在这方面的道德观是和他的哲学理念相符合的。"伏尔泰尽其所能地将牛顿宣扬成为自然宗教的英雄，并且把牛顿塑造成笛卡儿残酷对待动物理论的反对者。那么，牛顿的道德观和他的哲学理念到底是如何联系起来的呢？

牛顿在找寻那属于神的、具有普遍意义的道德法律的过程中，对于《圣经》和历史学进行了规模庞大的研究，他在这方面所下的苦工夫，并不比他在物理学实验所付出的努力少。他相信，在"太初"，神向人类揭示的律法正是人类宗教的基础。后来，人类败坏了神原初的宗教精神，变成追随那些人间的偶像崇拜和迷信的各种教派。牛顿认为，即使是摩西也一度引进一些无意义而且可能会导致教会分裂的教义。基督本身并未曾提出任何新的道德法则，但基督徒却添油加醋；神传给人的信息本来是很简单的，但现在反而变得面目模糊。

牛顿的任务就是要去芜存菁，重建原初纯粹的宗教。对牛顿来说，这项任务和发现地心引力的工作同样重要。为此，他对埃及、巴比伦、波斯和希腊等地的古代典籍，以及一些现代旅行者的游记，进行对照，以便就这些文献上所载的世界各种不同宗教信仰进行比较。要是从中能够找到适用于所有或多数文化的理念，他就视之为全人类共享的文化传统。约翰·洛克在 1690 年发表的《人类理解论》中指出，人类并不是先天拥有某些共同信仰的。和洛克一样，牛顿认为某些观念（例如神确实存在的信念）之所以举世皆然，是因为不同民族各自独立运用自己的理智而推出了同样的结论。更让牛顿感兴趣的，就是要证明具有普遍意义的律法是来自人类共享的文化传统。

对牛顿来说，人类历史传统的关键正在于挪亚方舟的故事。在大洪水结束后存活下来的人类，就只剩那些居住在巴比伦尼亚亚拉腊山山下示拿的居民而已。神派挪亚前往示拿重建真实的宗教，随着挪亚的社群日渐壮大，继而分散到周边地区建立城邦。于是，原来的道德法则也就散播到世界各地；不过，在大多数地方，人们都将它败坏了。牛顿的志愿就是要带领这个世界找回真实的道德源头，他说："毫无疑问，挪亚留传给他后裔的宗教，就是真实的宗教。"

牛顿在 17 世纪 80 年代完成他的研究，并且将这些研究成果纳入他的著作中；当时该书书名暂定为《氏族神学的哲学起源》。牛顿的结论如此离经叛道，连他自己也吃惊。牛顿意识到，要是该书出版，可能会让他大难临头。即使是在《宗教宽容法》通过后，单单因为他不相信三位一体，就足以害他被严厉地处罚、丢掉工作，甚至小命不保。1675 年，牛顿被安排到"腐败的"圣公会的圣职职位，他不情愿地接受罢免他在三一学院的研究职务。幸好最后关头皇家颁布一项特别免责令，他才得以保住职务，但条件是要他保持缄默。至于他的神学著作，其拉丁文和英文手稿分别流散在耶路撒冷和剑桥的多座图书馆里，至今才收集起来，并命名为"牛顿专案"在网上发布。不过，牛顿还是将他的发现收录在一本他随后撰写的著作中；该书是关于他利用最新的天文学技术来重新计算古代历史事件的时间。这是他的最后遗作，该书在他去世数月后出版，书名为《古王国编年修订》；牛顿临终拒绝了圣公会教士在其病榻前守候进行死后祝福。

要是细心研读该书和他那些未出版的手稿，就能发现牛顿很明显地觉得自己发现了原初宗教的基本教义（包括其仪式和道德基础）。最早的宗教仪式是和太阳有关的。在神圣空间的中心设置火坛，现场由七道火陷围绕着，标志着七大行星（哥白尼革命前的认知）围绕太阳运行。该仪式是神所规定的，神将之传授予人类的始祖，以便让人类了解宇宙是以太阳为中心的运行机制，同时鼓励人类敬拜神创造万物的大能。牛顿在《圣经》提到长老的事迹中，在希腊，在努马·庞皮里乌斯执政时那些毕达哥拉斯派罗马人身上，在德鲁伊巨石里，以及在丹麦和爱尔兰的类似圆形圣坛，都有类似宗教仪式存在的证据。他还发现，现代旅行者的游记中提到鞑靼人和中国人也有相似的仪式，他总结这是为耶路撒冷第二圣殿提供了蓝本。牛顿认为，这些仪式的形态如此相近，必然是来自原初宗教——也就是挪亚所信奉并且传给后裔的宗教。牛顿说："从一开始……我就不明白，如果不是在一开始时就有人流传，为何一个单一的宗教会在这么短时间之内散播到各地呢？"该太阳仪式是随着挪亚的后裔迁移而流传至各地的，当时挪亚的每一名子孙都从原来的圣火堆里拿走一块木炭，然后带着它上路。信奉查拉图斯特拉派的波斯人和婆罗门都有拜火仪式，牛顿认为他们现在依然保持薪火相传。牛顿相信，在仪式中的火光照耀下，挪亚的后裔同时在各地传授至关重要的道德律法——可以想象，其中两条律法是《圣经》的重要诫命，要求人们要尊崇主和"爱你的邻人，如同爱你自己一样"。但是，牛顿指出第三条重要律法，却颇具争议性也颇为出人意料，那就是"爱护动物"——牛顿认为这是宗教道德的基石并加以推崇，而近代学术界却忽略了它。

在对于不同《圣经》章节进行多番曲折的解释后，牛顿指出，在神禁止挪亚吃带血的肉时，神就规定了要爱护动物，正如《圣经》所说"惟独肉带着血，那就是它的生命，你们不可吃"。牛顿认为，这项禁止吃带血的肉的命令是很重要的，对此他还撰写了另外一篇论文，专门讨论这个议题。但可惜，当利明顿子爵卖出牛顿的手稿时，以十二英镑将这篇论文卖给一位深居简出的巴黎人，他的名字叫埃马纽埃尔·法比尤斯，此后就再没有人看见过它了。不过，牛顿在《氏族神学的哲学起源》《古王国编年修订》以及简短的论文手稿《和平建议》中，也曾经重点讨论过这个议题。他还在尚未完成的教会史研究中讨论过这一议题，甚至还将这个议题在他那本具有划时代意义的《光学》的新版中设想出相关结论。禁止吃带血的肉，正是今天犹太教和伊斯兰教的食物律法的基础，而《旧约》中规定祭献的动物必须要先放血才能奉献给神。和大多数基督徒不同，牛顿认为不得吃带血的肉的律法，并不只是一项仪式性的禁忌，而是一项极为重要的道德指引，以确保动物在被屠宰时承受最少的苦痛，因此采用割喉和放血的方式。他相信这远胜于当时欧洲惯用的方式——勒死，或者是用槌子打它们的头然后割破其喉咙（事实上，17 世纪的法律规定，牛在送到肉贩之前，必须先与斗牛犬搏斗以保肉质健美）。"勒死，"牛顿在书稿中写道，"是很痛苦的，因此我们不可把动物勒死，也不可连血带肉地吃它们。如果非要吃肉，而应把动物的血流在大地上，因为我们要避免所有'不必要'的残忍行为。"（"不必要"一词是牛顿在经过三思之后才加上去的——如果人类要把吃动物定义为"不必要的残忍行为"，那么不得吃带血的肉的律法起码能迫使人类尽可能以人道的方式进行。）

　　牛顿热切地研究最早的律法，过程中他受到那些总是遵循挪亚七诫的犹太拉比们的启发；但是神学界的主流看法认为，例如约翰·塞尔登此前就指出，不得吃带血的肉的规定，并非挪亚七诫之一，而且挪亚七诫已提供了足够的动物保护的戒律。但是牛顿却力排众议，提出要调整传统的挪亚律法，以使其符合他的整个论述系统。牛顿肯定他的诠释是对的——他宣称神建立的律法是要求"仁慈对待动物"，而禁止吃带血的动物只是一个婉转的说法，以便让爱护动物的原则能在各地落实。在《古王国编年修订》第一章里，他就兴高采烈地总结出最早的宗教律法内容。最后在他明确扼要的总结中，他甚至不说血，而是直接指出血背后的意义："因此，我们相信有一个万能的神创造这世界，同时掌管这个世界，世人都敬爱和崇拜他；我们尊重我们的父母；爱护我们的邻人，如同爱护自己一样；甚至仁慈地对待动物，这是所有宗教的本来面貌。"他解释，这几条律法是"犹太教和基督教的原始内容，应该是放诸四海而皆准的宗教内容"。

牛顿高调地提出必须对动物仁慈的律法，这是非比寻常的做法。而让人惊讶的是他更进一步，种种迹象显示，牛顿视对动物仁慈为"爱你的邻居"这一重要诫命的关键环节。他在同一篇宣言的其他草稿中曾说："人与人之间必须相亲相爱，对野兽也须如此。"牛顿将邻居的意义扩充至包括动物在内，这样的言论在当时势必被视为异端，其离经叛道的程度不亚于当时的特赖恩、克拉布和温斯坦利，人们肯定会说这是素食印度人的信仰。其实，"爱邻人"这概念本身是敬爱神的延伸，因此牛顿应该是将这概念演绎至最纯粹的形式，指出上至上帝下至最小的动物，全都得接受唯一上帝的律法所规范。这思维和他的万有引力定律相似——牛顿指出，上至太阳下至最小的粒子，万物都受万有引力定律制约。和挪亚的原初宗教一样，太阳具有一种一以贯之的形式，它同时是物理和道德定律的标志。

在道德、物理和仪式方面，牛顿指出神一再采取"以七为一"的方程式。例如七大行星、围绕圣火的七把火焰，都是凭借神的力量让它们围绕着太阳运行，因此牛顿总结，挪亚的七律其实是关于"爱与相互尊重"律法整体的一部分。这种以"七"为主的结构原理，甚至可以应用在光学定律中，牛顿曾经将白色的光线分解成七种光谱上的"同质的"颜色，就像是音阶有七度一样。在道德方面，该律法让爱联系着神创造的万物，同时也让爱将它们与神联结在一起。因此，牛顿将动物纳入道德律法的关怀范围之内。牛顿解释，人们虽然无法以肉眼看见神，但他显现在宇宙万物的运行当中，"特别是在动物身体上"。

在牛顿所提出的具有普世价值的宗教观中，大部分论述都与正统观念相符，唯有对动物仁慈的观点是具有争议性的。他的论述让当时的人们感到惊讶，在某种程度上，甚至比《古王国编年修订》一书里的天文学议题更让人讶异。牛顿去世后，由约翰·康杜伊特安排《古王国编年修订》的出版工作。当约翰将该书奉献给向来对牛顿友善的卡罗琳王后时，他敦恳卡罗琳王后支持牛顿的新观念，将禁止"对动物残忍"作为"放诸四海而皆准的宗教教义"的一部分。牛顿去世后，他的言论引起各界轰动；牛顿在生前誓言不会发表的言论，后来也传到王室成员的耳朵里——这可能是因为约翰·克拉克（牛顿的朋友塞缪尔·克拉克的弟弟）在 1719 年的波义耳讲座指出，禁吃带血的肉的律法是"为了阻止任何残忍地对待野兽的行为，因此……应该尽可能地减少它们的痛苦"。

12 世纪的拉比摩西·本·迈蒙，又名迈蒙尼德，是牛顿很欣赏的犹太教学者，毫无疑问牛顿是受到他的鼓舞才发展了自己的信念。为了改变犹太教传统对动物的漠视，迈蒙拉比坚称摩西的一些律法是为了保护动物而订立的——尽管他相信，当初订立不得吃带血的肉的禁令，是因为恶魔崇拜的异教徒是以饮血来"向镇尼示好"。事实上，有关摩西订立爱护动物律法的言论，在基督教中也曾经出现过。弗朗西斯·培根曾说过，戒吃带血的肉的律法"并非只是仪式上的要求，而是为了体现仁慈的精神"（尽管他从未呼吁要恢复这项律法）。约翰·康杜伊特在替牛顿的论述作注时，曾引用过亚历山大·蒲柏在 1713 年的《卫报》发表的一篇著名文章，蒲柏在文中指出，摩西订下了对动物仁慈的制度。不过，自从圣托马斯·阿奎那和亚历山大的圣革利免以来，主流基督教观念都否认人类对动物负有道德责任，并且声称律法全然是为了保护人类而订立的。这种说法受到天主教评论家约纳斯·默瑟，以及 16 世纪欧洲的宗教改革运动领袖约翰·加尔文的认可，加尔文还说："神借由命令人们要戒吃带血的肉，以便让人变得温和……（否则）长远而言，人类甚至有可能会吃人血。"与牛顿同时代的神学家约翰·爱德华兹认为吃带血的肉会让人类变得自相残杀。"因此，神命令挪亚的后裔要完全戒吃带血的肉，以免从残忍地对待动物变成人类自相残杀，"爱德华兹补充道，"而且这似乎是自然法的一部分，带血的肉是不洁的，不适合人体健康。"牛顿也同意吃带血的肉会让人类变得暴戾，但他强调该禁令同时更是为了动物本身而订立的。

大部分英国国教教徒都认为，由于基督牺牲了自己的血，因此禁吃带血的肉的律法已被撤销。但是牛顿坚称，《四福音》没有权力废除禁吃带血肉的律法，因为该律法是从挪亚传下来的，因此具有普遍性，并且恒久有效。此外，牛顿指出，《使徒行传》清楚地写着，早期基督徒为了订立教义公约而在安提阿会面，他们公开颁布禁令，规定不得吃带血的肉、不得扼死动物、不得祭献偶像，以及不得淫乱。这段有重大争议的话，触痛了很多吃肉的基督教徒的良心。一位新教改革者在 1596 年说："耶稣的门徒命令要戒吃带血的肉……对此，今天的基督徒有什么看法呢？要是有少数人害怕触碰那些东西，他们还会被其他人取笑呢！"有好几位 17 世纪的保守主义者（如牛顿）通常以匿名发言，他们甘冒天下之大不韪加入论战，并且向基督徒同伴提出警告。《驳血腥信条》（1646）的作者指出"把有生命的东西吃掉，这行为本身就是残忍的"，而吃那些死去的动物的生命之血，就更是"极端残酷不仁"，比杀害动物的行为更要不得。这位有良心的小册子作者随即受到《吃带血的肉无罪论》作者的攻击。该书作者以挪揄的方式驳斥称："这位仁兄对动物死尸的血慈悲为怀，甚于对人和活着的动物。"1652 年，《血肠审判》这本书名滑稽的著作再度掀起争议，该书指出："神不会让人吃动物的生命和灵魂，那是野蛮且不合本性的。" 17 世纪 60 年代，威廉·罗回敬了戒吃血的"血性行为"，称之不过是出自误解《使徒行传》而导致的认知传染病。这场争议始终未曾结束。1669 年，在怀特岛宣教的牧师约翰·穆尔在《摩西教义复兴中的吃血无道之明证》中痛斥"嗜血者"，称血是魔鬼的粮食。牛顿在皇家学院中的同事约翰·伊夫林同意该禁令从未被撤销过，但他也认为，要求人们戒吃猪血肠很难实现。而托马斯·特赖恩则坚称，要将一磅肉放血放到一滴都没有，这是不可能的；因此，吃肉本身就是一项大罪。牛顿比他们（除了特赖恩之外）更为极端；他们强调吃血会让人类变得残忍，而牛顿则关心那些流血的动物的福利。

尽管牛顿和那些参与论战的人士之间存在分歧，但与他们以及犹太教徒之间的交往，让牛顿备受奚落。面对威廉·惠斯顿（牛顿之后的剑桥大学卢卡斯数学客座教授）提出的指控，当时凯瑟琳·康杜伊特全力捍卫牛顿：

惠斯顿说牛顿爵士之所以戒吃兔子，是因为兔子是被扼死的；而他戒吃血肠，则是因为它是血做的；但惠斯顿错了，牛顿爵士并不是这样的。牛顿爵士经常提起，而且身体力行圣保罗的教诲，并将地上爬的动物抓起来吃，而不必担心遭受良心的质疑。他说，之所以禁吃被扼死的动物的肉，是因为这是很痛苦的死法，而放血则是为了方便，人类应该尽可能减少动物的痛苦。之所以禁吃血，就是因为吃血会让人变得残忍。

如果牛顿严格遵守他的原则，那么他可能会戒吃所有被屠宰的肉，而这就是和他同时代的很多人的主张。惠斯顿和牛顿一样致力恢复原初基督教，而且也相信素食主义有助于延年益寿；不过，惠斯顿认为牛顿最主要是出于对被扼死的动物（例如兔子）的关怀。凯瑟琳回应，牛顿遵照圣保罗的指示，以建构社会共同体为首务，才是良心所安。这些争议显示出牛顿持续处于道德交战的状态。牛顿毕生宅在自己的家里过着离群索居的生活，对于那些违反神的基本律法中关于屠宰规定的肉食，也许他确实做到了避免食用。（有意思的是，笛卡儿也是一名深居简出的素食者，他也喜欢"与其他人分开用膳，或者单独用膳"。）

关于牛顿坚称《圣经》禁吃血的律法，其实是为了反对残忍地对待动物的这一说法，是其想象力的一大飞跃。他的目的是要找出所有人都同意的根本原则，同时他又甘愿冒着引发争议的风险，提出所有有关反对吃血的律法的诠释。他是如何产生这些信念的呢？毫无疑问，他的个人情感因素，引导着他寻觅神的律法来抚慰其同情心。但在他的论述建构过程中，来自国外的证据同样起着关键的作用。牛顿从未说过原初宗教禁止吃动物的肉，但是当他发现世界各地不同文化中广泛存在着素食主义时，觉得十分奇妙。他似乎认为那些慈悲为怀的思想，正是原始律法要求仁慈对待动物的遗风。牛顿认为古埃及明显地保存着原初宗教的原貌，而且他似乎要着手证明古埃及人是素食者。他研读有关公元前 4 世纪埃及祭师曼涅托以及公元前 1 世纪西西里的狄奥多罗斯的历史。狄奥多罗斯提到原始埃及人"以草本植物、树上的天然水果果腹"。牛顿利用这项证据进一步发挥，指古埃及人是在黄金时代的纯真状态下生活，而这可能就是（很久之后）埃及人的宗教谴责杀害动物的原因。牛顿将这些资料去芜存菁后做出简洁的结论："埃及人本来靠着地上的水果维生，一开始时就是如此，而且他们并不吃肉。"

　　一伙法国学者偷偷钻研牛顿的手稿，引发了一场跨越英吉利海峡的论战。他们提出反驳，称埃及人之所以戒吃肉，是因为他们是可耻的动物崇拜者。他们指出，很明显地，以色列人前往埃及居住时，《圣经》记载着当犹太人祭献牛、绵羊和山羊时，埃及人认为这是对他们动物崇拜的侮辱。对此，牛顿给出解释，指出当时埃及人所信奉的并不是偶像崇拜，而是挪亚传下来的原初宗教的稍有瑕疵的版本。牛顿有时候就认为，埃及帝王阿蒙其实就是挪亚的孙子含。

　　牛顿为何要极力证明这一点呢？他最具争议性的论点，就是指出犹太教是以埃及宗教为基础而发展出来的。牛顿认为，那些原初宗教在埃及不知不觉出现的瑕疵已经被摩西消除了；但牛顿指出，实际上，"摩西全面保留了那个尊崇唯一上帝的埃及宗教"。牛顿总结指出，挪亚的宗教本来传播到埃及人那里，但埃及人所信奉的是具有瑕疵的版本，后来摩西复兴挪亚的宗教，于是出现了犹太教。将摩西的启示导向这个来源方向，无形中等于是移转了整个犹太 – 基督教的信仰体系基础。

虽然牛顿并未特别说明，但很明显，他认为埃及素食主义和摩西要求仁慈对待动物的律法是彼此相通的，甚至前者有可能是后者的根源。这样的话，就得将目光放在异教素食主义者身上了。牛顿并未将这一切视为魔鬼动物崇拜的象征，反而是埃及人遵循神的原本律法的证据。他进一步将注意力移转至异国的牧养生活，也就是印度的素食主义者的生活。他着手研究古代的文献和一些游记——包括马努奇、夏尔丹、塔韦尼耶、珀切斯以及印度学顶尖专家亚伯拉罕·罗杰里斯的著作。牛顿进一步搜集其他人留下的数据，包括赫拉尔杜斯·福西厄斯和优西比乌。特别是优西比乌的资料更让牛顿相信，古代婆罗门"弃绝偶像崇拜，并且过着德行的生活"。牛顿在剑桥三一学院的书房至今依然保存完好，当中有一页文件提及斯特拉博、菲洛斯特拉托斯以及其他人文主义者对于毕达哥拉斯式和印度式素食主义指出的相同之处，而牛顿当年还折起了这一页的页角。

　　在如此纯粹的非偶像崇拜的状态下，古代婆罗门到底是如何保存原初宗教的行为方式的呢？牛顿设想出一项精彩的理论，指婆罗门是"亚伯拉罕的后裔，是出自亚伯拉罕第二任妻子基土拉一系的子孙，他们的父亲指示他们要敬拜那没有肖像的唯一真神，并且派他们到东方去"。《创世记》记载指出，在以撒出生后，亚伯拉罕派遣基土拉带着子女和其他妾侍"到东方去，前往东方的国度"，于是这就能解释婆罗门的始源了。过去也有很多人尝试解释婆罗门的始源，例如 16 世纪的学者纪尧姆·波斯特尔就和牛顿一样，试着重建一种朴素的挪亚式宗教。此外，炼金术士米夏埃尔·迈尔就以阿格里帕和牛顿最欣赏的、通晓印地文的犹太中世纪占星神学家亚伯拉罕·伊本·埃兹拉的理论为基础，将婆罗门的族谱一路追溯至亚伯拉罕和基土拉的孙子以诺，并指以诺和伟大的埃及法师赫尔墨斯·特里斯墨吉斯忒斯其实是同一人。这样的话，印度教是原初宗教的残留这种说法，就说得过去了。

牛顿指出，人类宗教在公元前 521 年曾经发生过一次有史以来最大规模的变革，当时波斯国王大流士的父亲希斯塔佩刚刚接受完一次婆罗门的短期密集宗教训练，再加上查拉图斯特拉的推动，遂领导波斯贤士进行了一次重大改革。他们废除偶像崇拜，借着引进自巴比伦以降的埃及智慧，并融合"古代婆罗门制度"，成功建立一神教信仰。

一方面指出埃及人将宗教色彩带到东方，同时指出婆罗门又把它带回西方，说明了古代世界曾经一度复兴挪亚原初宗教。正如阿普列尤斯和其他人指出，由于毕达哥拉斯取道埃及前往东方与当地哲学家交流，然后把东方哲学带到希腊，最后，欧洲得以享受思想改革的成果。牛顿曾经多次修改《和平建议》，在第一段里他就热情洋溢地替异教素食主义辩护，同时也对于上述的复杂背景进行分析，他说：

> 所有的国家民族，本来都是属于遵守挪亚后裔戒律的宗教的，信奉唯一的神，坚持敬拜他，也不会亵渎他的名；绝不杀戮、偷窃、通奸，并且不伤害他人；也不吃带有动物血液的食物，而且要仁慈地对待动物，甚至对猛兽也是如此……毕达哥拉斯是欧洲最古老的哲学家，他周游东方各国，就是为了追寻知识、与东方教士和法官交流对话以及向他们学习。之后，他教导其他学者要视世界上所有人（甚至是猛兽）为朋友……这就是摩西和基督建立的、挪亚后裔的宗教，它至今依然存在。

很显然，东方式和毕达哥拉斯式素食主义对牛顿来说，是神的原初律法的残留。他视之为联系异教和犹太－基督教的桥梁上的重要支柱。牛顿似乎将他自己的想法偷渡到古老神学家的旧壳里，但事实上他所做的并不只是如此。和当时大部分人不同，牛顿并不认为毕达哥拉斯式素食主义是基于轮回恶报的信念。相反地，他认为毕达哥拉斯式素食主义以及"东方民族的"素食主义其实是将那源自挪亚"爱你的邻人"的律法延伸至动物的结果而已。毕达哥拉斯在旅程结束带回欧洲的，包括有挪亚原初宗教的世俗化版本，以及东方先贤所保留的日心说天文学和数学知识。牛顿表示，他自己的科学研究和宗教研究一样，相对于失落的文明并没多少增益，自己在其 1687 年发表的巨著《自然哲学的数学原理》中的所有知识，其实毕达哥拉斯和古代太阳崇拜宗教的继承者早已经掌握得差不多了。在牛顿看来，在宗教和科学改革的意义上，毕达哥拉斯也是一名数学家、科学家和伦理学家，与摩西、耶稣基督以及牛顿自己都是相当的。

当时人们普遍视异教为犹太－基督教神学的讹误，当时的"大历史观"深刻地影响着牛顿时代的社会，皮埃尔·丹尼尔·于埃、赫拉尔杜斯·福西厄斯以及拉尔夫·卡德沃思也都曾经提出类似说法。约翰·塞尔登和约纳斯·默瑟都同意亚历山大的圣革利免的说法，尽管他们认为摩西并不在乎动物的感受，但他们都相信毕达哥拉斯（以及婆罗门）都是"从本来遵守（摩西）律法，转变成亲近非理性的动物"。随着旅行者指出印度人戒吃肉的行为与戒吃带血肉食的行为并无二致，上述这些带有种族中心色彩的臆测就更加剧了。例如，托马斯·罗爵士就指印度人"不吃任何带血的食物"，强调这可以和犹太教相提并论，并且称印度教寺庙为"犹太教堂"。不过，牛顿力排众议，并未单纯以犹太－基督教的角度去诠释其他宗教，相反地吸收了一些异教观点来

诠释犹太 – 基督教传统。在异教素食主义的影响下，牛顿相信《圣经》反对吃带血肉食的律法，就是反对残酷地对待动物的律法。欧洲人将毕达哥拉斯学派的观念投射到印度文化上，但牛顿也反过来将印度价值观投射回到基督教。他并未将异教素食主义视为禁吃带血肉食律法的讹误，他认为两者本为同根生，都是对动物仁慈的律法。牛顿也许曾经认为素食者可能是将该诫命过度发挥了，但要是和那些完全不限制吃带血肉食、不限制屠宰方式以及任意残酷地对待动物的基督徒相比，很显然异教素食者是更为可取的。欧洲普遍违反了神的基本律法之一，意味深长的是，牛顿认为，和他身处的基督教世界相比，一些异教文化在这方面反而和真正的原初宗教比较接近。

牛顿企图重建一套对真实物理宇宙的知识，而这和他致力于重建神的原初律法的意图是并驾齐驱的。韦斯特福尔曾说："在他（牛顿）的内心深处，也许曾经想象自己是重建真正的宗教的先知。"如果韦斯特福尔是对的话，那么我们就必须要接受牛顿对人和宇宙的关系重整改革计划。为了能够平静地生活，也为了与社会和谐地相处，牛顿并未公开地号召重建真正的宗教。不过，从那些他去世后留下的未出版手稿来看，很明显牛顿十分强烈地希望在推动科学革命的同时，也推动一场不流血的革命。

到底牛顿是不是一名素食者呢？可能不是（至少他不是一直是素食者），但在某些时期，他一定遵行着严格的素食规范。随着古老世界的科学及道德智慧的没落，牛顿认为他可以重建已失传的炼金术。在牛顿家的院子里有一间特别的小屋，他常常躲在那儿好几个晚上，孜孜不倦地燃烧着炼金釜，筛选古代的秘方，不时加入其他材料，试图通过那些晦涩难懂的公式理解个中的化学作用。在17世纪90年代中期以前，牛顿都为此而埋头苦干，后来因为他严重神经衰弱才作罢——很多传记作家都认为，他之所以神经衰弱，是因为化学中毒或是严重的宗教认同危机所引起的。

米夏埃尔·迈尔在他的炼金术手册里向那些有抱负的炼金术士指出，埃及的法师、俄耳甫斯学派、萨莫色雷斯的卡比洛斯、波斯贤士、婆罗门、埃塞俄比亚裸体主义者以及毕达哥拉斯学派，全都是致力于追寻大自然奥秘的炼金术士。迈尔甚至在阅读让·哈伊根·范林斯霍滕当时的新作《旅程》后，兴奋地发现炼金术士和蔷薇十字会会员，都是与那些以简朴生活而闻名的婆罗门同一血脉相承的。这种生活方式之所以流传到现代世界，意味着炼金术和自亚伯拉罕以降的大自然智慧之间彼此紧密相连。牛顿在读到他收藏的波菲利和菲洛斯特拉托斯的著作时，曾经提笔作注。而他的藏书之中，也包括阿格里帕的《神秘哲学三书》，对于古代哲学家以戒吃肉来净身的做法，牛顿是了解的。现在炼金术士一致认为，炼金师一定要是纯洁和节欲的，否则一切都将徒劳无功。约瑟夫斯曾指出，连牛顿最欣赏的先知但以理也掌握这种迦勒底人的神秘教派技术，不得任意"吃各种动物"。牛顿曾经告诉约翰·康杜伊特说："那些追寻贤者之石的人，都得遵守严格的宗教规定。"约翰认真地回答："爵士，我在这两方面都做得很好。"或许牛顿曾经沿着古代哲人的脚步，试图借由戒吃动物而完成炼金术的壮举。

现在回过头来看，牛顿和一些处于边缘位置的人物（如托马斯·特赖恩等）有着相似的信念。不过，虽然牛顿身处的社会普遍未能受这样的信念，他的宗教理念足以作为启蒙时代的先驱。牛顿的信仰是基于对宇宙的经验观察（单单万有引力就足以证明神是存在的），而且他的宗教观的建构是借由对照世界各地不同文化而构成的。关于人和大自然的关系，传统成见根深蒂固，牛顿不单单对之挑战，还无视千百年以来基督教主流社会对其他宗教的敌意，甚至还指出，后者其实和欧洲基督教本来是系出同源的。

09

无神论者、自然神论者和《土耳其间谍》

Atheists, Deists and the *Turkish Spy*

在 17 世纪末期，有一个秘密的哲学家群体，他们致力于将启蒙时代早期的追根究底精神发挥至逻辑学的极致。有些激进启蒙主义的推动者，他们中的一些对《圣经》的若干信条提出质疑，还有一些人则全然否定宗教的意义。该运动的中坚力量是自然神论者，他们接受这世界是由神所创造的，但他们认为所有的宗教教义都只是人类杜撰出来的，因此没有什么可信度。纵观当时主流观念和报纸媒体上各种各样的错误报导，"自然神论者和无神论者"都被视为威胁当时社会的极大力量。而其中的佼佼者，首推叛教者犹太人斯宾诺莎，他的哲学在欧洲各地传播，人们秘密地传阅他的手稿和著作，这引发了新的思想风潮，认为"神"不过就是"大自然"罢了——这股风潮给基督教带来极大震撼。由于自然神论者和无神论者不把宗教传统当作道德的基础，因此当时人们称之为不守道德、不信神的放荡浪子。但是这些"浪子"却相信自己所做的无非是给那些过时的压迫势力敲响丧钟而已。

在这种全新视角下，原来看待欧洲以外的人以及看待大自然的方式发生剧烈转变。一套八册的《一名土耳其间谍的书信集》（以下简称《土耳其间谍》）的出版，标志着这种影响力达到高峰。该书声称是由一位名为马哈茂德的奥斯曼帝国间谍，在 1637 至 1682 年间以阿拉伯文写成的私人书信集。披露了在 1683 年欧洲最终打败奥斯曼帝国之前，在基督教与伊斯兰的紧张关系之下，他如何在维也纳最后围困期间避免遭受屈辱的艰辛事迹。故事分别有两条主线：一方面，在君士坦丁堡，马哈茂德在政治上的领导派遣他渗透进欧洲宫廷，以便掌握欧洲的军事行动和政治阴谋；另一方面，则是关于他如何避过刺杀、并和一位希腊女子的失败婚姻、他所遭遇的文化冲击以及作为一名生活在欧洲的穆斯林的心灵冲击。《土耳其间谍》可以说是一部赚人热泪的政治浪漫作品。

该书第一册的作者，是一位在政治立场上亲法国的意大利记者乔瓦尼·保罗·马拉纳。他来自热那亚，在出版该书前，他曾经因为煽动罪而被判处入狱。至于其他七册的作者均为匿名，据推测可能是出自一群英国作家的手笔。另外，1718 年丹尼尔·笛福还增加了一篇古怪的续集。《土耳其间谍》一经出版，就立刻震撼了欧洲文坛。该书成功跻身于当时的顶级畅销书行列，备受男女老少读者的喜爱，随后更是被翻译成意大利文、法文、英文、德文和俄文，再版超过 30 多次，在一个多世纪后还是深受许多读者赞赏，比如塞缪尔·泰勒·柯勒律治。

该书之所以大受欢迎，多少是因为它属于当时的一种先锋的文体——小说。后来，仿照《土耳其间谍》叙事形式的其他书信体小说如雨后春笋般涌现，例如查尔斯·吉尔登的《信件遭窃的小邮差》（1692），它是塞缪尔·理查森的小说的先驱。此外，模仿《土耳其间谍》的间谍惊悚小说也大批涌现，包括《黄金间谍》《犹太间谍》《日耳曼间谍》《伦敦间谍》《约克间谍》《波斯国王的特工》等。马哈茂德这一角色，作为一名身处欧洲的外地人，其实正是和彼得罗·德拉瓦列和弗朗索瓦·贝尼耶在他们游记中的处境的镜像对照。德拉瓦列和贝尼耶的游记也由书信集构成，同时他们也把作者自身写进游记中，而《土耳其间谍》有时候甚至整段照抄他们的书信内容。事实上，《土耳其间谍》中那些带有怀疑论色彩的文化比较，正是贝尼耶的游记进一步延伸所必然产生的观点。从此以后，由外来者提出讽刺性观察的文风，就成了欧洲文学的一种基本模式，并且由孟德斯鸠在 1721 年发表的《波斯人信札》、伏尔泰在 1769 年发表的《阿马比德书信集》和伊丽莎·汉密尔顿在 1796 年发表的《一位印度王公的书信》等作品，奠定了这种写作风格的地位。

饶有意味的是，《土耳其间谍》是当时攻击基督教最激进的作品之一，教会却未能封禁它，而且它还大受欢迎，这足以说明当时欧洲开始对怀疑论（甚至隐晦的自然神论）有了一定程度的接受。该故事的张力在于马哈茂德夹在虔诚的神秘狂热主义和伊壁鸠鲁式无神论两端之间始终摇摆不定，并且以为这世界无非是一堆原子"杂乱无章的集合体而已"。但是，《土耳其间谍》中最打动人心的哲学立场，是马哈茂德宣称他的结盟对象是"西方的自然神论者，他们宣扬对神（创世者）的信仰，但同时怀疑世上其他所有一切"。该书作者显然对伊斯兰教非常了解，故事里，马哈茂德将他自己与欧洲自然神论者比拟为精诚兄弟社——10 世纪居住于巴士拉和巴格达的新柏拉图派伊斯兰教徒，他们人数不多、爱好和平。马哈茂德准确地指出，"真挚的兄弟社"（这是马哈茂德称呼他们的方式）立下坚定的盟约，在秘密会社中讨论天下大小事，而且"在会社中，人人都享有绝对言论自由，不受穆拉大师的《圣穆传》和《圣穆训》的规束"。

《土耳其间谍》之所以并未因为宣扬无神论而被起诉，多少是因为该书作者自称是一名"穆斯林"作家，因此不能算是罪大恶极的无神论。很长一段时间里，人们认为马哈茂德自认是一位虔诚的伊斯兰教信徒（不过，这个角色从未正式承认这一说法），其实这不过是该书作者故弄玄虚，旨在点出任何宗教（包括基督教）的教条式信仰都是荒谬的。作者坚称《古兰经》是真实的，这正是基督徒坚称《圣经》是真实的对照镜像——要是欧洲读者要否定其中一方的合理性，那就必然得连另一方也一并否定。同样地，作者对犹太－基督教神话的诋毁、对宗教法庭的致命控诉的恐惧，以及他跟别人诉说其宗教疑惑的需要，都和马哈茂德一角的穆斯林身份认同息息相关，同时也恰如其分地反映着该书匿名作者们的想法——他们拥抱自由思想，同时借用马哈茂德之口说话。

　　马哈茂德宣称，宗教是由人发明的，而仪式祷告不过就是把碎碎念当作戏法罢了。他在一段经典的信仰无差别论的表述中问道："我们是否相信《摩西律法》或《古兰经》，我们是否为摩西、耶稣或穆罕默德的信徒，我们是否为亚里士多德、柏拉图、毕达哥拉斯、伊壁鸠鲁或印度婆罗门伊尔希·伦德·胡的追随者——这些问题，有什么意义吗？"《土耳其间谍》中这位自由派的穆斯林主角指出，宗教教派其实只是相对社会整体来说的一个稍为紧密的群体，该书展现了非常有意味的奥斯曼伊斯兰文化观点（和欧洲基督教相比，其正当性是相差无几的）。

　　马哈茂德替怀疑论打开一片天地后，就更进一步地展现出对印度婆罗门的惊人热诚。在读遍大部分的印度游记后，他对耶稣会教士在游记中带有偏见的叙述感到失望透顶，于是恳求他的领导派他到莫卧儿帝国担任特务工作，为的就是希望争取机会亲自拜会婆罗门。"这些年来，再没有其他事情能引起我更大的热情了，"他宣称，"我最大的愿望就是和婆罗门交流，以便探听他们那隐秘却又引起世人注目的智慧奥妙。为了达成这愿望，我不知道还要克服多少困难，但我相信婆罗门的著作……或他们的口述教诲，必定比世界上所有先知和圣人都更能让我获益。"

事实上，这透露出婆罗门正是《土耳其间谍》对基督教攻击的关键，马哈茂德冷嘲热讽地指出，近代基督徒在游记中错误百出，其实古代婆罗门的梵文书稿提到不少事件，比《圣经》中提到神创造世界的时间还要早上数千年。指出印度历史其实比《圣经》所记载的事件还要古老，这对基督教来说无异于一枚震撼力极强的炸弹。那些指出宗教不过是历史纠葛的结果而非先验真理的怀疑论调，无疑是获得了一支强心针。

基督教道德规范的束缚既然已经松绑，印度文化就成了另一个道德选择，由匿名作者撰写的七册《土耳其间谍》继而问世，并且对欧洲最基本的信条（人类凌驾大自然的正当性）进行攻讦。与具有人道精神的印度人相比，欧洲人显得相形见绌，马哈茂德宣称："当今对一切有生命之物行使正义的国度，就只有印度。"在欧洲，对动物行使正义并不见于社会规范。马哈茂德期待读者支持这样的事业："长久以来，我们一直为动物呼吁。我们不仅做到自己决不伤害动物，还孜孜不倦地劝他人也接受这一最基本的正义原则。"马哈茂德对印度素食主义的热忱，一而再地在约翰·奥文顿的《苏拉特之旅》中出现（此书 1696年才出版）。《土耳其间谍》将伊甸园中万物和谐的乌托邦式的梦想，转化成一种对于法律或道德改革的强烈诉求。

在马哈茂德的想法中,过去曾经存在一种普世认可的自然法,当时的各个文明依然保留着若干残余部分,而印度教则更是完整地保存下来。从伊斯兰教开始,马哈茂德声称神圣的先知穆罕默德非常重视动物,并且能够像俄耳甫斯、阿波罗尼乌斯或圣哲罗姆一样和动物说话。动物们聆听他的教导,为了报答他,一只豹子更是守在他栖身的洞穴前保护他,"并且全心全意地成为一名奴仆"。马哈茂德指出,先知穆罕默德"尽管并未因为戒肉而快乐",但他还是坚持下去,并且建议大家也这样做,他的首批门徒也"戒绝了残杀野兽的行为"。和当年人们诠释《圣经》有素食主义的观念一样,马哈茂德指《古兰经》中有关饮食的律法本来就是为了阻止人们吃肉而订立的。

过去欧洲文化本来就认为土耳其人对待动物是十分仁慈的,例如弗朗西斯·培根就将土耳其人与毕达哥拉斯和婆罗门相提并论,因为他们均会将"舞娘奉献给野兽",而塞缪尔·珀切斯曾说"穆罕默德的信徒足以作为基督徒的榜样",同时乔治·桑兹更指出土耳其人普遍具有慈爱精神。不过,有些人并不认同他们的慈爱精神,而本身是土耳其人的马哈茂德不满心胸狭窄的欧洲人"禁止穆斯林传教,以致穆斯林无法伸张他们对动物、飞鸟和鱼儿的慈爱。这不过是因为欧洲人以为它们既没有灵魂也没有理智思想"。由于不满西方基督徒嗜血成性,于是马哈茂德想要孤立他们。

接着,马哈茂德吸收犹太教的元素,并且向他的犹太同仁解释摩西律法,他写道:"摩西律法要求所有国家都得仁慈地对待不会说活的动物。"(摩西律法的自相矛盾之处,在于它同时要求人们野蛮地宰杀动物作为奉献,对此,马哈茂德称这更足以证明《圣经》根本就是不可靠的"拼凑文集"。)马哈茂德解释,根据《颠沛流离的犹太人》传说故事指出，下落不明的以色列十大支派后裔至今依然保留着真实的原初律法。他说，这一批与世隔绝的氏族居住于亚洲北部山脉的后方，以吃水果维生，坚持信守共同的誓言"我绝不吃任何动物的肉，只吃安拉在山上告诉摩西的作为节制欲望的食物"。对比基督徒和犹太人并未好好遵循《圣经》的教示，以为"不可杀戮"的律法为"不可杀人"，而那群失落的氏族（在某个程度上也是指现代穆斯林）却并未忘却"该项延伸至对所有动物的禁令"。追溯犹太教、基督教和伊斯兰教的根源，马哈茂德发现了一道曾经失传的素食诫命。

马哈茂德大胆指出，基督教本来也是奉行素食生活的。就像托马斯·特赖恩和罗杰·克拉布一样，他援引的例子包括施洗约翰（据《圣经》英译本指出，施洗约翰拒绝吃蝗虫；不过据希腊文版《圣经》指出，施洗约翰是拒绝吃类似芦笋的"植物的芽"），还有耶稣的弟弟雅各，甚至是耶稣本人，都是"世界上最温良并节制的人"。他声称，耶稣是古犹太苦修派教徒成员，该派成员"情愿杀身成仁，也不会吃有生命的动物"。

马哈茂德还有更多其他论点，他指出，各个不同文化中都有人奉行素食主义——包括埃及人、波斯人、雅典人、德鲁伊教徒、拉科尼亚人、斯巴达人、摩尼教徒以及几乎所有的东方国家。他对世界各个文明的整理分类，可以说是从文艺复兴的古代神学过渡到 18 世纪东方学之间可落脚的石头。他将新柏拉图主义和自然神论结合，并且热烈地宣称自己是"毕达哥拉斯学派、柏拉图主义和印度学的承先启后者"。

马哈茂德大体上承认文化价值的形成往往是偶然的，但如果有某些价值普遍存在于各个文化当中，那就是人性本然的——这种推论和那些现代社会生物学的观点大相径庭。《土耳其间谍》将世界各地文化进行对比，和艾萨克·牛顿、托马斯·特赖恩，以及当时很多人们一样，得出的结论是，具有永恒意义的"你要别人怎样对待你，便怎样对待别人"自然法是同样适用于动物和人类的。马哈茂德总结指出，素食主义的依据是"大自然的基本律法，也是世界原初的正义原则，这个原则教导我们己所不欲，勿施于人。毋庸置疑，没有人会希望自己成为野兽的食物；因此，基于同样道理，我们也不应该猎杀野兽"。他呼吁："让我们爱护全人类，并且以正义和同情之心来对待动物吧！"

托马斯·霍布斯在 1651 年发表的《利维坦》中指出，"己所欲，施于人"是一种人与人之间的共同契约关系，是不可能用在野兽身上的，因为它们根本不懂人类的语言。《土耳其间谍》对于世界各个文化进行经验分析，当中有关印度教的民族学记录，足以挑战霍布斯的论点。在一次类似米歇尔·德·蒙田与猫嬉戏的场景中，马哈茂德提出精辟的解释，指社会契约的缔结其实不一定要靠言语。"我和一些无攻击性的动物有着契约般的情谊，"他解释道，"我努力经营这段情谊，我尽我所能地殷勤奉献，就像是爱人一样地赢得它们的心……后来，当我们开始彼此了解后，它们就像对待国王一样千般感恩地回报恩宠。认清了这项相互缔结的自然律法，证明大自然是能容纳社会契约的，而动物也是受此规范的。"

相反地，西方基督徒却打着《圣经》的旗帜来将他们可怕的行为合理化。"他们断言世上万物都是为了人类而存在的，并且自称为万物之灵；仿佛……（他们）之所以存在，就是为了被满足。"这不是《圣经》的错，是基督徒们拿它来当挡箭牌，以便合理化他们暴饮暴食、残酷和骄傲的行为，并且替"搜刮所有美味的美食主义"开路。马哈茂德指出，真正基督教的要义是浓缩在伊甸园的和谐状态——那是世界的原初状态，当时人类和野兽所奉行的原则是：己所欲，施于人。《土耳其间谍》对那些关于前堕落时期的神话提供人类学的解释，并且表示：即使是基督教，也存在着某种对于动物的自然法规范。

为了指出自然法始终是有价值的，《土耳其间谍》的作者们安排马哈茂德这个角色与五位当时的素食者定期通信。在这五位素食者当中，最赫赫有名的就是在乌利尔山洞中闭关，并且重建与动物和谐关系的隐修者穆罕默德。他是马哈茂德的精神导师，和先知穆罕默德类似，他提倡物种之间的平等主义，将圣善的理念延伸到动物国度中。和马哈茂德通信的其他素食者还包括一名隐修基督徒、一名穆斯林阿訇，以及托钵修会的米尔马多林（据称他就像人类的先祖一样从大地之母身上"吸吮奶水"）。马哈茂德和他们的通信过程中，也曾讨论及其他素食隐修人，例如伊尔希·伦德·胡——即弗朗索瓦·贝尼耶笔下会行使神通、居住在克什米尔的百岁隐修人。

马哈茂德曾多次（约13次）表示他亟欲成为一名素食隐修人，但由于他"贪图口腹之欲"，因此总是禁不住肉食的诱惑。他长期受到良心的谴责，并且"由于违背自己的良知而自责"，经常自怨自艾：

> 在地面上到处可见神的旨意，各种各样的根类、草本植物、水果、种子等食物……就如同在最健康的乐园一样。不过，我们却违反主人的律法，我们以暴力对待那些受他保护的动物，我们为了自己的愉悦而杀害动物，我们的晚餐俨如一座屠宰场。吞下那些被宰杀的动物的肉和血，我们进而变得野蛮和贪婪。哦！谁要是能满足于草本植物和其他地上长出的真正食物，谁就是快乐的。

由于巴黎的肉类处理方法并不符合伊斯兰清真食物的规范，于是马哈茂德更进一步地试图"什么都不吃，仅仅呼吸而已"；不过，这种行为只有三分钟热度，正如他曾经短暂地想要戒酒一样。

马哈茂德也认为，戒吃肉类可以让人变聪明，而且是通往精神重建之路。但是，当他理想破灭的时候，他语带讽刺地提到自己在禁欲过程中的灵魂出窍体验，其实不过是因为禁食和反复祷告而导致换气过度所产生的心理作用（弗朗索瓦·贝尼耶在讨论瑜伽修行者的禁欲主义时，就曾经指出类似的疑点）。尽管曾经嘲笑隐修生活，但马哈茂德始终支持素食主义道德，并且视之为"臻于完善之法门"以及通往乐园之路。

马哈茂德关于伦理道德和口腹之欲的挣扎，被设计成一本如何在现实生活中奉行素食主义的手册。面对当时的社会气氛，任何有志成为素食者的人都可能会望而却步。马哈茂德也承认，如果他将自己对素食的热情公之于世的话，他的邻人"会把他当成异教徒、白痴，或者是疯子，并且予以谴责"。面对主流社会加之于素食志士所面临的种种难题，马哈茂德把权威势力和理性思维放在一旁，聚焦于人类本能，他说："单凭天赋本性（也就是更正确的禀赋），我就能明白，靠着残杀动物来维持自己的生命，是残酷和不人道的。难道我能违背自己的本性而行事吗？"在提出感性诉求的同时，这段话也意有所指地点出：自然法是存在于每一个人心中的，素食主义是自然法的声音。毫无疑问，《土耳其间谍》让素食主义的理念扩散到全欧洲，让读者们大开眼界，看到遥远的婆罗门的生活方式，主张以最高的公义标准来对待动物。与当时的神秘主义者托马斯·特赖恩有所不同，《土耳其间谍》的作者群以精细的文字，将冰冷的理性和热切的同情心结合在一起，进而提出他们的主张。

　　要是在一种人与大自然关系的全新认知（特别是以印度素食主义为榜样）的检视下，如果欧洲式社会规范不再受到重视，到底会有什么后果——这正是《土耳其间谍》一书致力揭示的主题。其实，这本书并非特例，虽然《圣经》中提到神准许人类宰杀动物的经文是人们认为允许吃肉的根据，但是，宗教的功能之一乃是明确人兽有别。一旦经文站不住脚，人们就会重新树立新的行为规范，那么，吃肉的伦理基础也就会受到质疑。事实上，连过往那些捍卫吃肉行为的人士都认为，《创世记》中并没有提到神准许人类吃肉。视动物为食物这种想法，在《创世记》里是被描述为可恶的。正如约翰·加尔文所说，人们在吃肉时，"良心就会疑惑而颤抖"。曾对自然神论做出批评的约翰·雷诺兹认为，对《圣经》提出反驳的各种言论之中，最不堪的就是那些否定人类有权宰杀动物的论点。他指出，每一个否定神启说的人，理论上都应该是素食者。动物的智能、人类对它们的同情、肉类的低劣营养质量、印度素食者的实践等，全都旨在说明吃肉是一种不正当的行为——对此，他回应说：如果《圣经》和神并未真的准许人类宰杀动物的话，那么"屠夫这种职业就应该自地上消失，而屠宰场则应该变成水果店、蔬菜市场……以我们动物弟兄的肢体制成的炖肉、油焖原汁肉块和碎肉等菜色，全都不得再吃"。《圣经》可以说是爱好吃肉人士的最佳后盾，于是，反对宗教的人也就成了反对吃肉的最主要势力。

　　数千年来，神学界都认为人类具有掌管大自然的权力，犹太－基督教向来强调人和大自然之间存在着一道分界线。当自然神学和自由思想家开始提出挑战时，旧观念要不就抛弃，要不就重新书写。奉行素食主义已成为反对正统基督教的路径。这样的风潮之所以兴起，往往是因为人们对东方文化有了更多兴趣，以及对欧洲社会规范愈发不满。在《土耳其间谍》出版时，英国有一个自由思想家的圈子，其成员就明显以前卫姿态审视吃肉行为的正当性。

其实在《土耳其间谍》出版前，那些质疑宗教正统的人们往往会同时质疑各种饮食规范。在 16 世纪，曾经是耶稣会教士但后来被指为异端的纪尧姆·波斯特尔，以及他的追随者，是第一批被指控为信奉自然神论的人。由于波斯特尔预言耶稣再度降临，主张世界宗教大融合，并且联合家庭主义教成员，所以遭当局侦查收押。在波斯特尔的影响之下，异教徒伊萨克·拉佩雷尔（1596—1676）向基督教正统提出挑战，于是启发了《土耳其间谍》的出现。和《土耳其间谍》一样，波斯特尔对奉行素食的印度文化特别感兴趣。熟读马可·波罗和卢多维科·德·瓦尔泰马等人的游记，波斯特尔对印度婆罗门的道德水平印象深刻，他说："他们像毕达哥拉斯学派一样，戒绝一切有生命的东西。"他又以敬仰的语气提到日本的佛教圣徒，说他们"唯恐食肉会让人变得任性，他们绝不吃肉，也不吃动物"。他说，这是"放诸四海而皆准"的行事原则，就像毕达哥拉斯学派一样，佛教徒比最纯洁的基督徒还要品格高崇。他总结指出，佛教徒本来就是基督徒，只是他们"后来一点一点地将耶稣的真理重写在释迦的寓言故事里"。佛教徒和婆罗门始终守持着已经在西方失落的神圣秘密，并且凭着高度理性的推论，他们建构了一类无懈可击的宗教。即使受到观念论的曲解，像波斯特尔这种统合诸家思想的论述所带来的冲击，让亚洲文化得以渗透到西方，让西方重新思考人与大自然的关系。文艺复兴时期的新柏拉图主义者、酷爱印度文化的自然神论者，以及 18 世纪的东方学学者，他们将印度观点带进欧洲，对欧洲文化的革新有着相当贡献。

　　那些反对基督教观点的人士，大多保持匿名状态，以秘密流传手稿的方式进行思想传播，要不然就是以类似《土耳其间谍》的方式把想法暗中写进公开发表的书报上。查尔斯·布朗特和查尔斯·吉尔登是英国自然神论的中坚人物，二人可能参与了这本书的撰写工作。（如果布朗特曾经参与该书写作的话，那么，该书的第五册和第六册之所以延误出版达两年之久，很可能就是因为布朗特在 1693 年由于不堪政府特务的滋扰和社会诋毁而上吊自杀的缘故。）17 世纪 80 年代，以对异教教义的研究（特别是亚伯拉罕·罗杰里斯、弗朗索瓦·贝尼耶、尚·巴蒂斯特·塔韦尼耶、罗特以及阿塔纳修斯·基歇尔等人有关印度教的著作）为基础，布朗特对基督教正统展开攻击。布朗特翻译了传奇素食者阿波罗尼乌斯的传记（作者为菲洛斯特拉托斯），并为之写下了大量注释。而批评他的人很快就注意到，他的著作尽管表面上不过就是一些具有讽刺性的怀疑论作品，但其实颇为深奥艰涩。当然，他的著作中不乏对社会上种种血腥暴行的批判。

　　对于阿波罗尼乌斯试图废止献祭一事，布朗特在笔记中写下了他的看法。他指责献祭是一种迷信的行为，而这种行为的产生，不过就是因为教会"贪得无厌，只有鲜血才能够让他们满足"——这种阴谋论，是相当受到人们认同的。布朗特继续解释称，除了是为确保"教士们有烤肉可吃之外，另一个原因，就是因为国家要让人们通过献祭仪式来习惯面对恐怖和血腥的场面……以便让人们更能够适应战争，进行更有能力保家卫国，甚至扩大帝国版图"。布朗特指出，吃肉是一种罪恶，而国家势力和操纵政治的教会，却要求百姓献出祭品，要百姓为了主子的国运昌隆而彼此残杀。布朗特说，人们一直被困在这传统的枷锁之中，例如在"刀锋山战役中，有一支由屠夫组成的步兵团就比其他兵团更为骁勇善战"。

在这样的论述脉络中，众多古代的素食者，如俄耳甫斯、毕达哥拉斯和柏拉图的地位遂被提升成为反抗宗教压迫的英雄。布朗特说，他们始终反对献祭，认为这是"滥杀无害且无辜的动物的严重罪行。而动物乃是人类在大地上的同伴"。

海因里希·科尔内留斯·阿格里帕认为，狩猎的本质是"人类与可怜的动物之间的战争，是残忍的消遣；将快乐建筑在血腥和死亡上，绝对是一种悲剧性的活动"。除了谴责狩猎这种"可恶的娱乐活动"之外，布朗特指出，毕达哥拉斯学派的素食主义绝非出于迷信，而是一种基于人的健康和反专制立场而做出的理性决定。

如果说布朗特的讽刺作品的初衷是要宣扬素食主义，那可能有点过。他认为所有生物都是因"彼此为食"而生，他还承认："我们要不就别迈步，一迈步我们就可能会踩死在脚下的虫子。"但他对于社会上放纵口舌之欲的批评，是其社会批判中很真诚的部分，布朗特在日常生活中也身体力行，他宣称"我吃东西是基于生存的需要，绝不是出于愉悦"。

像布朗特这样的新锐人士，大多相信自己与毕达哥拉斯及婆罗门是同道，他们甚至重新诠释轮回转世和泛神论，以便符合他们的唯物主义色彩。他们解释说，轮回转世其实是指宇宙间物质的循环作用。比如与布朗特同时代的约翰·托兰德就解释说："蔬菜和动物会变成我们的一部分，而我们也会变成它/它们的一部分，而所有一切都会变成宇宙万千世界中的一部分。"如果物质是不断地循环变化，那么所有的生命都必然来自同样物质，这样人和牡蛎就没有不同了。那位土耳其间谍有时候会觉得自己"明显是毕达哥拉斯学派成员，是印度婆罗门的追随者，是灵魂转世信仰的鼓吹者"，他甚至认为自己是"磁场化境"（Magnetick Transmigration）能量（一种使灵魂符合其本性的力量）的同类。这些论述指出，由于物质恒久不灭，生命得以不断延续，因此世间的正义是以自然律为基础，不需要神的干预。同时，所有生命形式之间都是平等的，某种因果报应的力量在规范着道德行为。这样一来，人们开始重新评价以往被视为是散播迷信思想的毕达哥拉斯和印度人，开始视他们为非宗教性伦理学之父，对于怀有素食理想的自然神论者来说，无疑是一大鼓舞。回顾不久之前，人们还在批评"毕达哥拉斯是一名自然神论者"，而佛教和印度教都"不过是泛神论或斯宾诺莎主义"罢了。

查尔斯·吉尔登在当时文学界本来默默无闻，他在《黄金间谍》中采用东方学的观点向基督教正统展开攻击。在他和查尔斯·布朗特合作编辑的《理性的神谕》（1693）里，吉尔登援引中国和印度古老文化去质疑《圣经》历史的短浅（这和《土耳其间谍》的做法一样）。吉尔登以匿名发表的《信件遭窃的小邮差》，正如书名所提示，是一本类似《土耳其间谍》的书信集，书中的一封信就对托马斯·特赖恩的追随者写了一番独特的评语。吉尔登把特赖恩的素食主义当成是反基督教的政治表述，他强调特赖恩的信仰基础是来自印度教经文，而非基督教的经文。吉尔登认为，吃"我们的弟兄和动物同伴"是一种"压迫"，"让人污秽、乖戾。还有大兵、猎人、海盗、托利党人等，暴戾性格已根深蒂固，他们对待其他生物的方式，就像狮子和魔鬼一般地可怕"。吉尔登、布朗特和其他可能参与撰写《土耳其间谍》的作家，很可能对特赖恩的素食主义颇为认同。他们的朋友阿芙拉·贝恩可能曾经鼓励过吉尔登撰写该书。或许《土耳其间谍》一书中的素食主义是受到特赖恩启发，但也可能只是要讽刺特赖恩而已。虽然特赖恩对各种神秘的发明赞赏有加，但是吉尔登和一些怀疑论者一样，希望能摧毁传统教条。他的《东印度婆罗门异教哲学家和法国绅士之间的对话》以东方的素食生活向西方社会提出批评，这可以说是马哈茂德的先驱。而他的《阿威罗伊书信集以及毕达哥拉斯与印度王的若干来往书信》提出东方批评观点，配合书信体裁，并且巧妙地安排一位穆斯林角色批驳基督教的教条主义。

17 世纪末，素食者向基督教提出的质疑成为西方知识分子的讨论热点，而文化的界限则经历剧烈的变动。本来由教会垄断的权力开始让渡予非正统思想、经验主义和相对主义。在 1688 年的光荣革命后，英国的政治混乱告一段落，王室权力已被宪政民主所取代，开放的辩论空间遂得以存在。启蒙的知识分子推动了政治进步，加上异国文化的流通传播，使传统的价值观备受冲击。过去根深蒂固的观念（包括人类是否拥有吃肉的权利）则一再受到重新检视。人们过去一直相信以动物作为食物是很自然的事，是人类生活的一部分；但随着有关素食的印度人的信息大量涌现，越来越多的人开始质疑这样的观念。许多来自不同学科的知名思想家都在质疑宰杀动物的正当性。说 17 世纪是孕育"素食文艺复兴"的时代，并不为过。至少在很多人心中，发生过一场不流血的革命。

黄金时代

奥维德《变形记》插图，临摹自亨德里克·霍尔齐厄斯，1589

Part Two
Meatless Medicine

第二部分
无肉医学

10 跟着笛卡儿戒肉
Dieting with Dr Descartes

1596 年，勒内·笛卡儿生于图赖讷拉海。一岁时，母亲患肺结核去世，他也受到传染，因而在年幼时体弱多病，大家都以为他会活不长久。不过，他还是平平安安地长大了。由于成功战胜病魔，他相信自己找到了长寿的秘诀。通过独立的冥思，并坚持以数理形式表达理智活动，他将欧洲哲学推向新的高峰。17 世纪末期，笛卡儿促进了启蒙时期自然哲学的蓬勃发展。他并未依赖宗教教条的二手知识，尝试着以坚定的"理性"原则建立真理。这一做法违反了宗教传统原则——当时的传统宗教势力认为，人类需要重新建立掌管世间万物的权力地位。但由于笛卡儿的出现，一种与教会决裂的思潮开始在欧洲持续蔓延，其影响所及，直至今天还遗留着种种印迹。

从 8 岁开始，笛卡儿就在一所位于拉弗莱什的耶稣会学校就读，在那儿他学习了亚里士多德学派哲学和奥古斯丁神学等老派理论。这些理论认为，世界可以被划分为物质、非物质的精神，以及"中介物"。当笛卡儿开始以严谨的怀疑态度和推理思维检视自己所学的内容时，他同意亚里士多德学派的说法，认为人类拥有一种非物质性的理性思维，他在 1641 年发表的《第一哲学沉思集》中解释"我思故我在"来证明这一观点。他也同意亚里士多德学派认为动物缺少理性思维的观点，动物没有语言能力就是明证。不过，亚里士多德学派宣称动物的生命是来自一种中等级的"感性灵魂"，笛卡儿则认为这是一种荒唐的说法，他相信物质本身没有思维能力，因此动物和机器一样没有灵魂，它们一定是由纯物质造成的，动物的所有行动都是由于物质的因果力量而自动产生的，与人类不同，它们甚至没有感觉和知觉。动物活着，只是由于其心脏将血液输送到全身所产生的作用而已。正如笛卡儿的重要门生、耶稣会神父尼古拉·马勒伯朗士在他 1674 年至 1675 年发表的《寻找真理》一书中说："笛卡儿学派不认为动物会感觉到痛楚和愉悦，也不认为它们会有任何爱和恨的情绪，因为笛卡儿学派认为，动物身上除了物质的物理反应之外，没有其他什么别的，而且他们也认为，知觉和激情与物质无关。"马勒伯朗士语带挑衅地说："一只狗的生命动力，和一只手表的动力，两者仅有细微的差别而已。"与《圣经》不同，这种说法为宰杀动物提供了理性的正当依据：动物不会感到痛苦，由于它们的生命只是机械作用，所以也谈不上死亡。

笛卡儿以机械论来解释身体的运行，把身体比拟成由神打造的精密发条装置，这为 18 世纪一个强大的物理学派打下了基础。他指出了在什么情况下"生命"不需要"灵魂"，开创了现代生物科学方法的先河。不过，虽然他吸引了大批追随者，但是他的严格的二元论"将万事万分严格地区分为物质和精神，特别是他将动物划入和无感知能力的尘土同一类"，在欧洲（特别是英格兰）却遭遇了普遍的抗议。他认为动物没有感觉的论点，对当时的人来说是难以接受的，这违背了一般理解动物行为的常识，而且按照这样的说法，人类对宠物狗的感情就毫无道理了。知识界表达了强烈反对，其中有很多哲学家认为，动物是拥有灵魂和理性的，并且拒绝承认它们只是机器。

英国哲学家托马斯·霍布斯同意笛卡儿的说法，认为动物并没有理性思维。不过他却指出，理智是物质作用的结果，因此动物拥有某程度上的思维能力。霍布斯并不认为人负有保护动物的道德义务。即使如此，他和笛卡儿一样，认为虽然《圣经》中提到神准许挪亚以动物的肉作为粮食，但这无法证明吃肉行为的正当性。对霍布斯来说，这是弱肉强食的世界，所有生物都有权为了活命而宰杀其他生物，而人类用自己的理性思维和语言能力结盟，故而才拥有足够的力量去宰杀其他动物（而动物由于没有理性思维和语言能力，它们无法像人类一样，在同类之间缔结互相支持和避免冲突的契约）。

对哲学素有研究的纽卡斯尔公爵夫人玛格丽特·卡文迪什曾经对于动物这一议题和笛卡儿长期持续通信，她在诗歌中提出反对笛卡儿的观点：

> 如果神创造动物是为了供人类食用，
> 赋予它们生命和意识而让人类吃食……
> 创造人类的肠胃，作为动物的墓穴，
> 让那些被残杀的尸体当场填满它们……
> 那么所有生物都仅仅是为了神而存在，
> 是由他所创造，以便供人类残害。

笛卡儿提出了有关动物的新哲学观点，但对很多人来说，他的观点还不如亚里士多德和奥古斯丁提出的人类傲慢的论断。在 17 世纪初叶，大部分狂热的素食者主要是受到《圣经》的启发而过着素食生活，他们并不理会笛卡儿的理论。但是那些主张素食的自然神论者，包括查尔斯·布朗特、查尔斯·吉尔登、《土耳其间谍》的作者们，以及西蒙·泰索特·德帕托，均视笛卡儿为公敌；至于笛卡儿的对手皮埃尔·伽桑狄所提出发人深省的动物关怀思想，则备受他们推崇。《土耳其间谍》中的马哈茂德宣称，如果拥有理性思维就能证明人类拥有灵魂，那么，明显拥有一定智力的动物就足以证明"动物和我们一样拥有灵魂"。他警告，如果这还不足以证明的话，那么"很明显地，人性不过就是物质而已"。（曾经在印度游历的约翰·奥文顿曾提出这说法，甚至毕达哥拉斯和印度人都明白这道理。）

笛卡儿觉得，他所提出的人类地位高于动物的论点是无懈可击的，因为该论点的基础并非来自《圣经》，而是来自理性推论，因此他欣然接受各界提出的反驳。《土耳其间谍》颠覆了笛卡儿和霍布斯的食肉理论，指出"我们宰食动物，并不比食人族宰食我们更正当。因为食人族同样无法和我们交谈沟通，我们不懂动物的语言，而食人族同样不懂我们的语言"——这正是从霍布斯"自然的战争"推理出来的理论。对于霍布斯"自然的战争"理论，德国哲学家萨穆埃尔·冯·普芬多夫男爵在 1672 年发表的反素食巨著《自然法与国际法》中试图提出详细解释。普芬多夫对素食者的态度其实非常宽容，对婆罗门和其他素食者也并未提出尖锐批判，他甚至同意素食者指出肉类对人类有害以及素食有益健康的论点。不过他认为，人类绝对有权宰杀动物，因为人类和动物之间存在严峻和无可抹杀的敌对和竞争关系（有别于人与人之间的偶发性的冲突）。但他坚决同意素食者的观点，认为人类不应该将"愚昧的残酷和野蛮"的行为施加于动物身上，而且这种行为是绝对应该受到谴责的。

笛卡儿的信徒为了说明动物的哀嚎和开门时的嘎吱声响并无两样，他们对动物拳打脚踢和用刀猛刺。社会大众在听到他们竟然这样做时，莫不惊骇万分。一位目击者说："他们无情地殴打那些小狗，还装出疼痛的表情，来取笑那些同情小狗的人。"笛卡儿做过一件令人愕然的事，就是他亲自用刀把家里的小狗开膛破肚，以展示动物体内的机械作用是如何运行的。从此，笛卡儿学派被认定为最不人道的哲学学派。当时，柏拉图主义者亨利·莫尔本来对笛卡儿推崇备至，他的衣物间里甚至摆有一张笛卡儿的肖像；不过，莫尔也无法接受"动物－机械论"的说法。莫尔在一封给笛卡儿的陈情信中写道："借由感性和温情的力量，我让自己的精神和你那些杀气腾腾的情绪保持距离……你手执那无情利刃，一刀划破了生命的价值，动物世界顿然被贬为石像雕刻和机械。"他说他情愿相信毕达哥拉斯主义学派所认为的动物拥有不死灵魂的说法，而不愿接受残忍对待动物的想法。

不过，笛卡儿辩称这并非残忍，他的哲学是唯一正义的思想体系。如果动物能够感觉到痛楚，那么人类和神乃是罪大恶极。正如奥古斯丁解释的，人类之所以要承担痛苦，是因为人类背负着原罪，同时神应许人类死后可上天堂。不过，无辜的动物并未背负原罪，那么它们为何要受苦呢？若认为人类处置动物的方式是合理的，就唯有坚称动物并不具备知觉。笛卡儿宣称："其实，我的想法对动物来说并非残忍，对人类也并无优待（起码，是对那些并未像毕达哥拉斯学派一样迷信的人来说是如此）。我的想法是，人类绝对没有背负原罪的嫌疑，因此人类有权随意宰杀动物，并且食用动物的肉。"对笛卡儿来说，吃肉的正当性是坚定不移的。但他又暗示，按照道德要求，人类应该吃素——显然这违反了他一贯的说法。因此，后来有一位素食者语带讥讽地说：

"一个人要么接受笛卡儿学说，要么承认人类非常邪恶。"

然而，笛卡儿本身并未涉嫌虐待动物，因为他本身一直希望成为一名素食者。据他的朋友和传记作家阿德里安·巴耶神父指出，笛卡儿曾经过着隐居的生活，并且以自己栽种的植物为生。虽然他这种生活方式并未持续多久，但在他的餐桌上"总是蔬菜和草本植物，例如萝卜、芥菜、面包粥、他花园里的植物制成的沙拉、全麦面包配马铃薯"。在这种简朴的餐点里，尽管"他并未绝对戒吃蛋"，但他对肉类却是避之唯恐不及。巴耶解释，这是因为笛卡儿相信植物根部和水果"比起动物的肉而言，对人类更能产生延年益寿的作用"。

人们经常忽略一点，就是笛卡儿除了视自己为一名理性主义哲学家之外，同时视自己为一名医生。笛卡儿宣称，改善人类的健康"一直是他研究工作的首要目标"。他在 1637 年发表的《谈谈方法》中发表誓言，除了让人类免除疾病"甚至避免衰老之苦"以外，"并无其他职志"。笛卡儿在自己身上进行了多项控制饮食实验，他发现肉类食物并不适合人体机能，而蔬菜食物却对人体机能有益。他的友人凯内尔姆·迪格比爵士曾说，笛卡儿致力于让人类"延年益寿得像人类始祖一般"。就像他钦佩的神秘的蔷薇十字会员一样，笛卡儿毕生免收病人诊金，并且向"各界好友"推荐吃蔬菜的益处。他的朋友克洛德·皮科神父在笛卡儿位于埃赫蒙德的深幽隐居处静修三个月之后，感觉脱胎换骨。"他希望能持续过着笛卡儿先生安排的饮食和隐居生活；并且认为，要掌握笛卡儿所发现的将人类寿命延长至四五百岁的秘诀，这是唯一的方法。"1650 年，笛卡儿去世，享年 54 岁。这对长期宣扬笛卡儿的饮食方式的皮科来说，其内心的不安可想而知。皮科坚称，一定是因为某种意外因素，否则"是不可能如此的"。另外，还有人怀疑笛卡儿是中毒而死。

　　笛卡儿基于自己发展的机械生理学原则，他相信吃肉行为在道德上是可以接受的，不过却是不健康的。这样的思路让他徘徊于17世纪素食辩论的十字路口，有人提出伦理素食主义以反驳笛卡儿的"动物－机械论"；但同时，以医学为基础的素食者则利用笛卡儿的人体机械系统论来解释吃素的好处。对于这两种动机，笛卡儿本人认为，拒绝或接受其中任何一种都可以，两者不是非此即彼的，因为医学素食主义和伦理素食主义本来就是有着根本区别的两种思路。不过，17世纪的许多医生可不同意这一点，他们指出肉类食物会导致人体的"液压机制"堵塞和损坏，这意味着神从来没想让人类吃肉。

　　表面上，笛卡儿的饮食方式与伦理意义上反对宰杀动物毫无关联。事实上,在《谈谈方法》中他还直接攻击蒙田在1585年发表的《雷蒙·塞邦赞》中发起爱护动物的秘密教派。笛卡儿之所以提出"动物－机械论"，多少可能是因为要消除像蒙田等人所提出的同情之心，而笛卡儿在早期的手稿则证明了这一点。据那些手稿指出，笛卡儿的朋友兼耶稣会学院里的学长莫利托神父，有一次跟他介绍蒙田的门生皮埃尔·沙朗在1601年发表的《论智慧》，当中有提及关于爱护动物的言论;之后，在1619年至1620年间，笛卡儿首度提出了解剖动物的构想。

　　在笛卡儿的带领之下，尼古拉·马勒伯朗士也对于蒙田的"危险"言论展开攻击，指他"敌视人类，只不过是因为人类远离……动物——他所谓的兄弟物种和朋友"。马勒伯朗士解释，同情心只是人体机械作用的结果，就像是血液循环一样,和性的冲动一样,是兽性的表现。因此，人类应该压制自己的同情心，就像是以理智的力量节制肉欲一样。凭着理智，就能明白动物是不会感觉到痛苦的。但是"那些体格纤弱的人，往往拥有丰富想象力，体内存在着一种温柔的特质"。这种人（特别是妇女和儿童）是难以明白这道理的。他指出，这种人"在机械学上来说是非常具有忧愁善感和同情心的"。不过，马勒伯朗士承认，尽管他和笛卡儿一样，相信动物并不会感到痛楚，但是他在肉体层次上还是难免会有着同情的感觉。他说，这种不由自主的怜悯之情"让这些人无法宰杀动物——而它们不过就是机器而已"。他警告说，这是身体发出了错误信号的结果，要是无法察觉到这一点的话，则可能导致"不堪设想的认识错误"。

笛卡儿之所以提出戒肉的医学判断，或许正是因为他想抚平自己内心因为动物受苦而不禁产生的悲悯之情——当然，这已无从稽考。不过，至少在 17 世纪末期，就有一些评论者抱持这种说法，甚至还有人暗示说，这是他具有人性的一面，他"仿效普鲁塔克，总是以水果和菜为食，不吃那些血腥的肉类"。

不论笛卡儿自己的想法为何，笛卡儿学说中对于同情心的机械论说法，在 17 世纪竟然又被伦理素食主义引用，这实在是一种反讽。以解剖学的说法解释同情心是人类天生的功能，导致很多人相信这正是神的律法所在，特别是大部分人相信神是亲自设计人类的创世者。这也支持了同情心作为先天道德和社会原则的来源这一理论——该理论先后由"道德意识"哲学家沙夫茨伯里伯爵三世、弗朗西斯·哈奇森以及大卫·休谟等人提出，后来伊曼纽尔·康德提出修正。很自然地，这一论点后来延伸至动物身上，而让-雅克·卢梭更以此为基础建立了一套动物权利论述。荷兰医生兼哲学家伯纳德·曼德维尔在 1714 年表示，由于同情心"是衍生自我们天赋中的真正激情，有足够证据显示，人类天生厌恶杀戮，所以对于把动物当作食物的行为，人类也是厌恶的"。在当时,人们对大自然观察报告的重视程度,绝不亚于《圣经》。因此,这种自然法讨论就成为素食者最有力的论点。反对素食者以新笛卡儿学说大力提出反驳——新笛卡儿学说既主张要以理智压制同情,同时亦引用《圣经》来说明神准许人类宰杀动物。

马勒伯朗士曾说,有些人明知动物不过只是机器,仍然不忍宰杀动物;即使笛卡儿并非其中之一,但是笛卡儿的论述产生的巨大影响贯穿于整个 17 世纪。当时医学素食主义和伦理素食主义辩论激烈地进行着,而辩论双方的理论来源,却同样都是笛卡儿。

11 伽桑狄与人类的阑尾
Tooth and Nail: Pierre Gassendi and the Human Appendix

1699 年，在伦敦的外科医生学会会馆，解剖学讲师爱德华·泰森对于人类与动物关系的研究取得了突破性的进展。泰森对一只猿猴进行解剖，然后惊讶地发现它的身体结构几乎和人类一模一样，这可以说是西方医学的一项创举。他称它为"Orang-Outang"（来自于马来语，其拉丁学名为"Homo sylvestris"），意为"丛林之人"，目前大英博物馆还收藏着它保持站姿的标本。"丛林之人"其实是一只年幼的黑猩猩。泰森的惊人观察报告，使得 150 年后查尔斯·达尔文在发展他的"消失环节"理论时，依然得参照这个标本。

人类和动物之间有何区别的问题长期以来备受争议，而泰森的黑猩猩则为此提供了清楚的线索。泰森指出，这只"侏儒"其实"并非人类，也不是一只普通的猿猴，它是某种介于两者之间的物种"。他发现，"丛林之人"和人类之间其实并无区别，甚至"从各方面看来，它的大脑和人脑完全是一模一样的"。让人惊愕的是，泰森却认为，这反而证明了古代无神论所说的人类不过就是智力较高的猿猴的说法是错误的。泰森呼应笛卡儿哲学并且指出，如果两者之间并无体质上的区别，而动物却没有语言和理智思辨的能力，那么人类天生拥有的高超智力，则必然是因为有着一种属于理性灵魂的"更高原则"提供指引。然而，从长远来看，泰森的观察结果还是支持了人类和动物并无本质区别的说法。

泰森的解剖成果可以说是标志着人类对自身属性进行探索的历史里程碑，不过，它在当时却并未受到广泛瞩目。如果猿猴的体质和人类完全一样，那么，当时的人们则开始思考：了解猿猴的生活习惯，可以给人类提供什么启发呢？有一名内心焦虑的读者（可能是约翰·伊夫林）曾经在泰森的著作《丛林之人》页边空白处潦草地写满了字，内容提到查理一世以宫中饲养的猿猴性欲太强为由而下令宰杀。

是否还有其他欲望呢？泰森在剖开那只可怜的黑猩猩之前，就曾经因为它懂得自我节制而印象深刻。他提到，曾经有朋友送来一瓶葡萄酒，结果那只黑猩猩喝得大醉，但自那之后，它就控制自己每顿仅喝一杯的量。泰森说，这证明"凭借自然本能，动物也能懂得自我节制之道；纵欲不单是违反道德律的罪，而且还违反自然律"。那只黑猩猩似乎证明了圣保罗提出的饮食禁忌诫命属于自然律的范围。由于只要是摆在它面前的食物，黑猩猩都照吃不误，它的天性并未规定它要吃什么和不吃什么，于是泰森也推论说："我唯有相信它们和人类一样都是杂食性的物种。"

那只黑猩猩的确偶尔会追捕猴子，不过，有一种现在我们称之为红毛猩猩的动物只吃植物。不同种类的大型猿猴之间所存在的差异，的确让泰森和当时的人们大惑不解，并且感到难以对照行为观察和解剖研究的结果。泰森引述多篇游记中提到的其他猿猴的段落，内容提到"它们吃在树林中采摘的水果和坚果，因为它们不吃肉"。如果猿猴真的是草食性动物，并且它们的身体结构和人类一样，那不就意味着人体的设计在本质上也是草食性的吗？这些问题遂成为当时一整个世纪的辩论焦点：如果人类是动物的话，那么，到底是一种怎样的动物？是肉食性还是草食性动物？这样的话，就人性的层面来说，到底是性本恶还是性本善？

泰森在将那只黑猩猩解剖后没多久，他以"人类吃肉"为题在《自然科学会报》发表了一系列论文，以回应约翰·沃利斯的提问。沃利斯曾经是泰森在医学院的学生，随后成为皇家学会创会成员的牛津几何学教授。仿佛每逢世纪之交，人们总是亟待崭新的时代思潮出现。沃利斯和泰森正式提出了一项全新的讨论议题：人类吃肉行为的正当性，即将接受经验科学而非《圣经》的检验。沃利斯宣称："这场争论无关乎神学观点，我（和皮埃尔·伽桑狄的做法一样）将这场争论设定为自然哲学的问题，重点是讨论肉是不是适合人类的食物。"

沃利斯提到，经验主义的素食传统的出现，其实比哲学家伽桑狄还要早上 70 年。伽桑狄和笛卡儿一样，痛恨陈腐的传统亚里士多德经院哲学，但他反对笛卡儿具有过度怀疑主义色彩的理性主义，并且强调人类知识是以感官经验为基础的。论知名度，伽桑狄虽然比不上其对手笛卡儿，但他成功地让伊壁鸠鲁的原子论复苏，进而触发了欧洲一场非常重要的哲学运动。他曾教导西哈诺·德·贝杰拉克，即著名的"大鼻子情圣"，以及 18 世纪一整批唯物主义者，并且为现代原子理论建立了基础。

由于伊壁鸠鲁以桀骜不驯的无神论和享乐主义著称，伽桑狄冒险拥护其唯物主义哲学，并且持续为之辩解，解释他并非如人们所指控的无神论者和酒鬼。伽桑狄坚称伊壁鸠鲁遭世人误解了，他解释伊壁鸠鲁快乐伦理的内涵是要求人们与肉欲保持距离以避免痛苦，而且伊壁鸠鲁本人并没有纵情于酒肉。伽桑狄表示，伊壁鸠鲁的饮食根本谈不上是饕餮盛宴，他的饮食和农民没有两样，也和毕达哥拉斯学派一样"仅仅吃面包、水果和喝开水，并且奇迹般地从不需要看医生"。伊壁鸠鲁节制欲望的程度，据说已达到"完全戒绝肉欲"的程度。

至于无神论的指控，伽桑狄本人身为天主教修道院院长，他宣扬人类灵魂不死的信念，但和笛卡儿不同的是，笛卡儿深信在精神和物质之间有着一条无可逾越的界线，而伽桑狄认为灵魂是一种像是火焰一般的微妙实体，周流于身体之内。笛卡儿将动物定义为没有灵魂、心智和思想的机器——伽桑狄认为这种说法是谬误的，因为动物同样具有灵魂，即便它们的灵魂并非永恒不灭。伽桑狄和霍布斯的想法一致，他反驳笛卡儿说，任何人类的心智活动均是来自感官，而动物同样拥有感觉器官，因此动物可以和人类一样具有思维能力。伽桑狄认为，动物的思想和"理性"并无根本的差异，仅仅是成熟程度上的区别而已。伽桑狄在1641年给笛卡儿的一封信中写道："尽管动物在很多方面并未如人类一样能够完全运用理性思维，但是它们仍有理性思维能力。虽然它们并不会说人话（人们很自然地据此而认为它们并不是人类），但是它们会以它们的方式发出叫喊声，这和我们人类以人声进行表达，是没有区别的。"

伽桑狄替动物仗义执言，与笛卡儿唇枪舌剑长达十年。1629年，和笛卡儿在巴黎的朋友告别后不久，伽桑狄启程前往北欧和当时的另一杰出学者扬·巴普蒂斯塔·范·赫尔蒙特见面，他是一名化学家，也是犹太教神秘哲学家弗朗西斯库斯·默丘里乌斯·范·赫尔蒙特的父亲。他们二人无所不谈，后来通过书信往来辩论素食主义，在过程中伽桑狄最终写出了17世纪最具有影响力的著作——《哲学集》，伽桑狄去世后，这本书终于在 1658 年出版。

就像数十年后的泰森和沃利斯一样，伽桑狄的主要论点是以（亚里士多德以降的）解剖学为基础。并援引了普鲁塔克在公元 1 世纪发表的论文《论食肉》。普鲁塔克指出，人类"并没有钩型的嘴、没有锐利的指甲、没有锋利的牙齿、没有消化力强大的胃、没有用来消化大量肉食的高温胃液"，因此普鲁塔克认为，据人体构造显示，大自然已安排人类作为草食动物了。

大约 1500 年后，伽桑狄为素食主义提出了哲学依据，他指出："哲学的目标，应该完全是为了让人类学习自然之道。"他进一步澄清普鲁塔克的解剖学论点，指出肉食性动物均拥有锋利尖锐的牙齿，而且牙缝宽度不一；而草食性动物的牙齿则是短、平、钝，而且没有牙缝，以方便磨咬植物。他说，人类拥有突出的臼齿和门齿，很显然是草食性动物，并总结指出："大自然要求人类在选择食物时，并不是作为肉食动物，而是作为草食动物来食用大地上的简单恩赐。"他说，在神建立的伊甸园中，人类是吃素的，而古典黄金时代神话中，人类也是吃素的，再次证明上述观察是正确的。伽桑狄推测："在纯真时代，人类可不想让自己的双手沾上动物的血液。"他说，我们的牙齿并非设计用来啃咬肉类，人类无法用牙齿处理膜、肌腱和紧密的纤维，因此胃部负荷过重，消化体系呈现过多的胃液，导致精神不振。另一方面，要将水果和蔬菜消化成浆状，却是容易得多了。

赫尔蒙特提出了完全不同的解释。他坚称人类是所有动物的缩影，人类有肉食性动物的犬齿，也有草食性动物的臼齿，而且肉类的营养成分可以巩固牙齿。肉类美味可口，还有证据显示肉类有益人体健康，因此证明"大自然准许人类食用动物"。伽桑狄反驳指出，我们和动物相似，但这不是我们有权吃动物的理由，而是我们应该借此认清自己血缘的依据。伽桑狄向一位"名人"（应该是笛卡儿）发难，他说，猴子在解剖学层面而言是"和人类一模一样的，这一点能让它们自豪"，而且"不论过去我们有多轻视它们，它们和我们可能还是系出同源"。

伽桑狄料到对方会这样问："那么，为何你还未戒吃肉类呢？"他回答，这是因为他小时候是被以肉食性动物的方式抚养成长，现在已堕落了，如果突然改变饮食方式，可能会造成危险（这是自古代医学流传下来的假定，当时人们对此深信不疑）。不过，他坦承："我承认，如果我有足够智慧，我会逐渐放弃吃肉，以便能有一天单单靠着大地上的恩赐维生。我相信，到时候我会因为自己更加长寿和健康而更快乐。"

讽刺的是，伽桑狄提出这些论点反驳笛卡儿，但其实笛卡儿自己似乎也曾提出过相同的结论。也许当笛卡儿和伽桑狄在 1647 年那场著名的大和解会面时，这是他们双方有共识的论点之一。如果笛卡儿的门生安托万·勒格朗的话可信，便意味着伽桑狄学派和笛卡儿学派双方都同意：人类天生是草食性动物。在《哲学全书——据笛卡儿之论而作》（1672）中，安托万·勒格朗替伽桑狄的每一个主张素食的论点进行辩护。他坚称吃生肉是人类本能排斥的行为，因此说明了"我们并不是天生吃肉的，我们之所以吃肉全是因为受到诱惑使然，是诱惑改变了我们的本质和性情"。安托万·勒格朗推测，如果一名小孩子从小按照天性以蔬谷为食，那么他就不会变得比地上的走兽和树上的猿猴低等了。

伽桑狄的医学论点长期备受尊崇，后来弗朗索瓦·贝尼耶在 1678 年分别以拉丁文和法文发表伽桑狄作品的简明版之后，伽桑狄学说再次掀起风潮。过去，贝尼耶曾经是追随伽桑狄的学生。在发表这些著作之前，他才刚从印度游历回到法国，并且在位于蒙彼利埃的医学院任职。贝尼耶是伽桑狄学说的重要修订者，同时是 17 世纪欧洲最具影响力的印度素食主义诠释者。贝尼耶指出，戒吃肉类本来就是一种理智行为，因为这既有助于保持身体健康，也合乎道德。虽然贝尼耶从未在他的游记中提起，但是他的导师伽桑狄有关素食主义的医学论述很可能对他产生重大影响。

贝尼耶的诠释让伽桑狄的素食论述变得锦上添花，伽桑狄本来并没有多少经验层面的证据支持素食有益健康的假说，但是贝尼耶援引他在印度的经验，证明素食者的健康情况至少不输给吃肉的人。在贝尼耶的《伽桑狄的哲学摘要》一书中提到，伽桑狄指出古代异教哲学家和基督教隐修士都是以蔬菜为食，贝尼耶提到了关键的活生生的例子："时至今日，在东方有很多印度人仍然如此。"伽桑狄指出，草食性动物的坚毅性格证明植物是含有丰富营养的。对此，贝尼耶附加说明说："仅仅以吃素维生的印度人和我们一样强壮，至少和我们一样健康。"伽桑狄提到的第欧根尼、塞内卡和卢克莱修都是伊壁鸠鲁学派有节制的生活的典范，而贝尼耶则补充一篇论文，描述那些还活在人世间的"印度第欧根尼"以便"说明所有我们提到的美善事物，绝非只是哲学推测而已，这世界上存在着一些国度，那儿的人们是拒绝杀生的"。贝尼耶说，婆罗门、印度商人种姓阶级和苦行僧几乎只吃扁豆和大米，从不吃肉，而且"他们和我们一样满足、平静和快乐，而且比我们健康得多，至少和我们一样强壮和精力充沛"。

最耐人寻味的是，贝尼耶作为医学学者，他对印度医药可是颇有研究。虽然他对印度的解剖知识并无兴趣，而且还讥笑印度人每逢见他拿动物做活体解剖以说明血液循环时，都被吓得落荒而逃，但是他始终认为印度医术尽管"和我们大相径庭"，但仍有值得欧洲人学习之处。贝尼耶在游记中提到，印度人的"强效治病处方，就是戒肉；而最有害的食品，就是肉汤"。这和法国流行的治疗方式相违背，在法国，人们认为虚弱的病人需要以浓郁的肉汤"滋补"。但贝尼耶指出，印度人以戒肉治病，不论是印度教徒还是穆斯林都是如此，这似乎是有效的做法。在《伽桑狄的哲学摘要》中，贝尼耶更进一步借题发挥，全力替素食主义保驾护航，指吃肉汤是得不偿失的行为，而且"在亚洲大部分地方，人们均相信让发烧的病人喝肉汤是可能会造成生命危险的；这显然是希波克拉底的观点，因为他总是叫病人除了燕麦粥什么都不要吃"。

贝尼耶在行医过程中，采用了印度人以戒肉治病的方法，他说："一个值得一提的例子是，一位饱受痛风之苦的大人物，我建议他戒肉一整年（根据印度习俗，戒肉能强身健体，不致出现身心失调的问题），后来果真痊愈了。"事实上，贝尼耶刚到印度时就患上了类似的疾病，而他自己就是受惠于戒肉的治疗方法，因此他推断素食对任何人来说都是健康的饮食方式。

贝尼耶在印度的经验不单令他不再以肉类入药，而且更让他相信吃肉本身就是有害健康的行为。贝尼耶本身敌视印度教，但后来至少在知识的层面接受了印度教的做法和教义。

贝尼耶强势地将印度医药引进欧洲传统中，当时正值不少医生开始采用古代希波克拉底式药膳的初期，这项医学变革深刻影响了人们对生活方式的理解，可视为现代饮食平衡概念的开端，人们开始了解到新鲜蔬菜的重要性以及素食主义是有营养根据的。贝尼耶认为印度医学是比较先进的。

在 17 世纪 70 年代，本身是医生的英国哲学家约翰·洛克和他在蒙彼利埃的医界同仁曾经花了 15 个月来治疗他的疾病，他经常向好友贝尼耶请教有关印度的事情，并且如饥似渴地在日记中记录有关印度生理学和轮回概念。在贝尼耶的游记启发下，洛克研读彼得罗·德拉瓦列、亨利·洛德、托马斯·罗爵士、约翰·奥文顿和亚伯拉罕·罗杰里斯等人撰写的重要印度教著作，让洛克得以在 1690 年发表的《人类理解论》中呈现多元文化的观点。洛克同意伽桑狄的想法，认为动物是拥有思考能力的，他似乎甚至受到印度教教义（其实是经由罗杰里斯所诠释的印度教教义）影响，认为人类之所以比动物聪明，就是因为人类的大脑（而不是灵魂）比动物优越而已。

这也许是拜贝尼耶所赐，洛克在 1692 年发表的《教育漫话》备受各界重视，他支持伽桑狄的论点，批判让小孩在断奶后吃肉的传统风俗，指"如果在出生后前三年或前四年完全不吃肉"，小孩子会更为健康。但他也明白，"向来受到传统风俗影响而习惯吃过量肉类的父母们"是不太可能会认同这种做法的。和贝尼耶一样，洛克也认为大部分儿童应该要"戒肉"，他的观念预告了后世素食主义医学即将提出的社会批评。洛克认为"英格兰的大多数疾病都是因为人们食用过量的肉类和太少面包而引起的"。经由综合伽桑狄以解剖学为基础的素食主义和贝尼耶观察的印度案例，人们开始认真地重新审视何为适合人类的饮食方式。

伽桑狄强调，感官认知是人类获得知识的路径，而这种伊壁鸠鲁式的方法论则为强调经验观察的早期启蒙主义打下了基础。洛克的哲学观念和这样的想法雷同，因此有很多人认为洛克在很大程度上是受到伽桑狄影响的，而洛克的确曾经和贝尼耶讨论《伽桑狄的哲学摘要》长达数小时，并且拥有该著作的副本，这又是支持该假定的有力证据。在伽桑狄、贝尼耶以及位于伦敦的英国皇家学会会员的推动下，有关素食的争论重点已移转至关于经验科学的新领域。

贝尼耶在印度的观察以及他在病人身上进行的试验成果提供了一套全新的经验数据，足以支持伽桑狄的解剖学论点。数十年后，当约翰·沃利斯读到泰森最新并且详细的动物解剖报告后，他想起伽桑狄曾发表过有关素食的论文，并且意识到自此之后并未有其他对于这项议题的任何数据。伽桑狄专注于牙齿的形态，泰森和沃利斯则进一步探讨动物内脏的形态和功能。沃利斯指出，草食性动物肠道的设计是以结肠和盲肠（大、小肠之间的袋状器官）缓慢地进行消化的。而肉食性动物则只有极小的（甚至没有）结肠，而盲肠也仅是一个小型的附属器官，甚至完全不存在，这意味着肉食性动物的消化速度非常快。

沃利斯同意，人类的盲肠细小且干瘪，但这并不是天生的，因为人类胎儿的盲肠就饱满而健康得多。沃利斯和泰森都认为，人类和猴子、狒狒、猿猴的肠道总的来说都与草食性动物相似。而且泰森还指出，"丛林之人"的内脏和人类也相当近似。在证据确凿之下，泰森别无选择，只好同意伽桑狄所说"按照大自然的设计，人类本来就不是以肉类为食的；吃肉的习惯，只是长期放纵后积重难返的结果"。这和有些素食者的言论如出一辙。如果泰森有阅读科学论文的习惯，当他发现原来当时最新的科学研究结果竟然如此旗帜鲜明地支持自己的宗教和道德理论，很可能会喜不自胜。不过，泰森和沃利斯并未准备好要戒绝"堕落"的吃肉行为。尽管面对铁证如山，他们还是没有遵照合乎大自然规范的饮食方式。沃利斯说："我无意要提出全新的并且违反人类常识的假设，要不是伽桑狄先挑起这议题，我本来是没有想要提出讨论的。"沃利斯无法戒绝肉食，于是他声称吃肉是人类普遍的行为，所以应该算是自然的。泰森并未勉强地说是神要他吃肉。但是他多多少少修改了比较解剖学的基础，比如认为刺猬和负鼠是例外的物种——他在不久之前，指出负鼠虽然拥有草食性动物的内脏，但它却是肉食性的。

矛盾的是，沃利斯和泰森发表的论文均是支持人类天生是草食性动物的观点，但他们本人却提出相反的论点。于是支持和反对素食的辩论双方都援引他们的论文。约翰·伊夫林曾经研读过这些论文，并且在上面写下心得，最让他感到惊讶的是沃利斯和泰森都犯了同样的错误——他们竟断言，这世界上并没有素食者存在。18世纪，在医学院担任讲师的赫尔曼·布尔哈夫和阿尔布雷希特·冯·哈勒都引用这些论文以支持人类天生是杂食性动物的观点。约翰·阿巴思诺特声称，他们已成功证明人类是"肉食性动物"，但是意大利素食者安东尼奥·科基却以同样的证据指出，人类的内脏显示我们应该是草食性动物。

博物学家开始将大地上所有生物进行分类，伽桑狄以解剖学为基础的论点依然具有高度影响力。著名生物学家约翰·雷在陆续发表的《植物的历史》系列中断言："人类绝对不是天生的肉食性动物，人类身体上天生没有狩猎和掠夺的条件，既没有尖锐的牙齿，也没有可用作抓紧和撕裂猎物的弯曲爪子，只有一双用作采集水果和蔬菜的温柔的手，以及适合嚼咬水果和蔬菜的牙齿。"这些科学证据明显含有道德意味，他愤怒地坦言："宰杀动物以取其肉"的饮食方式是违反自然的。

雷的分类学研究替卡尔·林奈的重要著作提供了理论基础——林奈的二名法分类方式，人们一直沿用至今天。在《自然系统》第一版中，林奈将人类和猿猴一同划入"类人"——雷在稍早前提出该词汇，林奈后期将之改为"灵长类动物";林奈之所以做出这项改变,部分是因为人类和人猿、猴子和树懒一样,都有四颗门牙(明显是用作啃咬植物的工具)。就算是将人类划入"智人"属,而且整个属是自成一个种属,这种做法尽管已经出乎当时人们的意料之外,但其实林奈私底下还抱持着更激进的想法。在一封写给一位动物学家同事的信中,他以挑战的语气说:"请你在这个世界上指出一个足以说明人类和猿猴之间有差异的生物学种属特征,我绝对保证这样的特征根本不会存在,希望有人能够替我找出来吧。但如果我说人类是猿猴,或者说猿猴是人类的话,整个教会势必会封杀我了。不过,作为一名动物学家,我还是应该这样做。"认为人类与动物在物种意义上近似的推论,在过去其实鲜为人知,因此林奈的分类可以说具有划时代的意义。同一年,林奈在医学院学习时,就在博士论文中指出,经由对比"丛林之人"和其他哺乳动物的口、胃和手部结构,说明人类是天生适合吃水果的,因此当患者发烧时,应该让患者吃水果。作为皇家医生和医学院教授,林奈在瑞典乌普萨拉大学将伽桑狄的科学素食传统加以应用,他让学生们进行医学营养学结合解剖学分析。例如在1757年,年轻的伊萨克·斯文松向林奈提交的博士论文中指出,对人类来说,最天然的食物就是水果,儿童天生的牙齿结构就说明了这一点。而且波斯人只吃棕榈树上的果实,再加上只吃果实的"具有高度智慧的古印度苦行僧"也都说明了这一点。在当时欧洲的多所大学里,印度素食者被视为是最接近人性规范的一群人。尽管西方世界早就放弃了自然素食规范,但印度人始终提醒着人们已经遗忘的传统。人体解剖学、印度素食主义以及吃素对患者的益处——18世纪以后,整个医学界就一而再再而三地重复对比这三方面的数据。

启蒙时期的科学家着迷于找寻大自然的起源，有关如何解释神在创世"太初"的问题，开始众说纷纭。甚至在19世纪，激进的达尔文主义者恩斯特·海克尔指出，人类的阑尾是"我们的素食主义者祖先体内留给我们的遗物，过去该器官比现在我们身上的更大，而且更有用"。直至今天，科学家们仍然用测径器来量度人类的牙齿，以判断当初人类到底是从草食性动物还是从肉食性动物演化至今天的样子，而考古学家们则通过检视史前遗物而了解智人是何时开始狩猎的。尽管人们承认"大自然"在不断变化，但在西方文化中的旧有"自然"典范却认为这世界是永恒不变的。

沃利斯和泰森在伦敦发表声明的同时，法国学者路易·莱默里在1702年出版了教科书《论食物》。指出一项与之呼应的经验科学证据，正好对旧有关于素食的辩论提供了有力的参考依据。莱默里开宗明义地指出，在法国学术界中，势力庞大的伽桑狄素食主义学派指出，由于人类的解剖结构显示人类是被设计为草食性动物的，而肉类导致人类摄取过多的发酵物质，这会"对人类的性情造成负面影响，而且偶尔会引发减压病"。莱默里并未反驳这些理论，他承认人类已经和自身本质渐行渐远，他说："掌管大自然的神为了我们好，原本让我们吃植物。原初时代的人类正是以植物为食，因此他们是最愉快和强壮的。"不过，在经过一番精细的讨论之后，莱默里和沃利斯及泰森一样，在最后结论时提出了合乎现实的观点：

> 如果人类不曾吃肉，人类可能仅靠吃植物就能生活，这是最理想的情况。不过，现在已经太迟，全世界的人都积习难返了，肉类已成为人们的必需品。

大概没有人能够想象，如果没有炖鸡的话，这个世界会变成什么样。不过，在理论发展的前沿，素食者却取得了重大突破，一个权威的知识理论正在以石破天惊的姿态出现。科学家们"证实"了人类本来是草食性的动物，而吃肉是违反本性的行为的说法。学术界普遍同意伽桑狄的说法，即使是属于对立学派的人也是如此，包括笛卡儿学派的安托万·勒格朗和霍布斯学派的冯·普芬多夫。对于人类本来是被设计成草食性动物的观点，欧洲各地的科学界也普遍接受。但还有一个未解决的难题：人类是否能够以及是否应该摆脱堕落的道路，重新回到合乎自然的饮食习惯呢？随着科学案例的出现，新一代的医生们致力于达成这项目标。在宣扬蔬菜是营养品而肉类对身体有害的过程中，素食的医学人士为现代饮食和生活观念打下了基础。

18世纪初期，通过结合科学研究成果与教义中节制欲望的传统，素食主义在法国和其他天主教国家兴起。很多早期神父曾经为了忏悔而苦修，他们相信奢侈的生活是堕落的，而禁欲则是通往纯洁的道路。亚历山大的圣革利免、特土良以及圣约翰·卡西安均认为，肉类引诱人们追求奢侈的生活，而优秀的基督徒"身上是不会带有肉腥味的"。圣约翰·卡西安说："越是奢侈，就越是污秽！"据说圣彼得、圣马太和圣雅各都完全吃素，甚至反对吃素的圣奥古斯丁也承认耶稣基督"并不容许他的门徒吃肉"。

但当他们认可禁欲是一种美德的同时，早期神父却又坚称吃肉并不是原罪。宗教最主要的目的之一，是要说明世界为人而创造。即使是鼓吹禁欲的《革利免讲道集》也同意正统教义的说法，指神创造动物以便让人类"猎食鱼、飞禽和走兽"。如果提出不一样的观点，势必会被视为是危险的颠覆性言论，并且难免被指控为勾结异教如毕达哥拉斯学派、摩尼派和卡特里派等。"毕达哥拉斯并未支持灵魂轮回的传说，"奥利金坚称，"不过，我们之所以不支持这说法，是因为'我克制己身，使它完全顺服'。"圣奥古斯丁坚称，动物并不拥有理性灵魂，人类无须理会它们的感受。他愤慨地提出有别于耶稣门徒的解释，指那只在格拉森被驱赶到悬崖下的猪，正是耶稣基督昭示"不杀生和不破坏植物的做法，其实是迷信至极的行为"。

天主教与异端素食主义保持距离，并且制订自己的定期守斋律法，提倡禁欲的德行。吃肉会触发肉欲，而且是奢侈的行为，所以在守斋期间不得吃肉。中世纪时期，在全年之中的一半日子里，教会都禁止人们吃肉，甚至不准吃乳制品，即使是相对宽松的 17 世纪，在复活节前的 40 天的四旬期内、每逢星期五以及隔周主日，都不得吃肉。冷血并且没有性行为的鱼类体内，由于并未拥有引发人类欲望的血腥特质，因此教会准许人们在四旬期期间以鱼肉配面包和蔬菜（有趣的是，这可能是现代鱼素主义的滥觞吧）。对大部分人来说，他们买不起鱼或杏仁奶等其他替代品，四旬期可是很难熬的。但那些过着最严格修道生活的人，比如加尔都西会教士和圣方济会托钵僧，他们全年都如此生活。

天主教会建立这种守斋制度，多少意味着在宗教改革之后，信奉天主教的国家与信奉基督教（新教）的国家对"素食主义"的立场不同。那些另辟蹊径的天主教徒，奉戒肉的规定为他们必须遵守的教义，因此往往被人们指责为异端。反之，在宗教改革期间，基督教徒废除天主教徒的守斋规定，声称戒肉的规定就是拒绝接受神的恩赐，足以构成亵渎罪，因此天主教守斋的规定和异端素食主义没有两样。约翰·加尔文指天主教戒肉的制度是一种"亵渎的观念"。人文主义者鹿特丹的伊拉斯谟在《戒肉文集》（1534）中指出，天主教要求教友守斋，让农民们在不得已之下只能偷吃一丁点干培根肉，而有钱人却可以品尝大块鲟鱼肉、香辣的芝麻菜和"其他类似的催情食品"，实在是不智的做法。这根本就失去了守斋要求人们戒食肉类的意义。

在英格兰伦敦圣伯达传道的牧师亨利·霍兰宣称天主教守斋是"魔鬼的教义",该教义是由撒但鼓动那些吃素的埃及神父、波斯博士以及"印度巫师"所流传下来的。讽刺作家托马斯·纳什在 1599 年发表的《论四旬期》中说,鱼是无用的"冷淡"食物,而苦行修士"除了鱼肉之外什么都不吃,是罗马化的腐败毕达哥拉斯学派或笛卡儿学派信徒"。他甚至暗示,路易吉·科尔纳罗以及莱昂纳德·莱修斯等主张禁欲的欧陆作家,其实是反宗教改革阴谋势力分子,他们企图将迷信的禁欲思想渗透到基督教国家当中。甚至约翰·多恩也冷嘲热讽地指吃沙拉是疯狂的旧教行为,他说:"就像尼布甲尼撒才要吃花草一样,蔬菜比西班牙人的食物还要糟。"在政治斗争领域中,女王伊丽莎白踏在妥协的刀口上,尽管当时在守斋日吃肉还是不合法的——但国会坚持,之所以维持这项法令,全是为了减轻牲畜供应的压力,促进渔业贸易,刺激造船业,以及支持海军,而非"因为迷信的缘故"。有些基督教徒认为,淡化四旬期并非好主意,美国人威廉·沃恩爵士认为伊丽莎白时期的法案并不能制止持自由思想者的欲望,他认为健康的素食主义反而对这些人有好处。就像培根和布谢尔一样,他煞费苦心地坚称自己的饮食习惯和天主教迷信完全无关。

在英格兰,批评吃肉的人们必须与天主教划清界限。在法国,教会则不断吸收素食主义。布谢尔和克拉布为了追寻素食信念而归隐,在英吉利海峡的对岸,阿尔芒·让·提·朗塞利用修士制度作为公开戒肉的手段。朗塞年轻时本来在巴黎贵族阶层中过着世俗的生活,直至 1657 年他仰慕的蒙巴宗公爵夫人玛丽死于猩红热为止。蒙巴宗公爵夫人玛丽生前被卷入桃色风暴,并且很可能曾经和朗塞热恋。后来朗塞决定与早年的生活方式决绝,继而在严格的禁欲主义中重获新生,他将修道院的修道方式引进结合圣本笃"禁止吃任何四肢动物的肉"的训示。他以拉特拉普修道院作为鼓吹这项全民运动的基地，坚持要从事体力劳动，并且全面戒吃肉类、芝士、蛋、奶油，甚至鱼。这项诫命影响整个 18 世纪，甚至在法国大革命结束后竟然未被废除，在 1791 年还传到日内瓦，直至今天依然被人们保留着（只不过现在是可以吃鱼、蛋和奶制品的）。

朗塞在天主教会曾推出众多有关禁欲的小册子，以及成千上万篇关于守斋戒律的宣言。内容全是颂扬四旬守斋对身心灵的好处。因此，当 18 世纪出现的素食者声称禁欲有益健康时，这种论调是受到国家教会势力的强力背书的。例如，1700 年法国医生巴泰勒米·利南在《轻松戒肉》中指出，四旬期守斋是有益身心的，甚至在全年 365 天都不妨照做。利南的医界同仁对他成功地将"医学概念"和"基督教道德及卫生"结合的作为予以赞扬，而《轻松戒肉》一书则被全欧陆各大学列为学生读物长达半个世纪。

在巴黎执业的菲利普·埃凯医生可以说是将天主教守斋戒律和当时崭新的自然哲学融合的代表人物。1709 年，埃凯的全部著作让人们联想到沃利斯、泰森和莱默里；他说他会"经由药物学和医学方法来证明到底什么才是对人类最天然的食物，以及人类是否适合并是否必须吃肉"。埃凯希望借由科学研究成果来支撑道德和神学，并称之为"神学医学"。埃凯以法文发表其重要作品，读者主要是受过高等教育的人士。当时拉丁文的影响力已江河日下，因此他鲜少以拉丁文写作。埃凯也教导贫苦大众如何以低成本的方式自助养生。时至今日，当代学者已经几乎遗忘了他的贡献。由于埃凯立场倾向于天主教，因此他的著作被禁止翻译成英文，以致今天仍未有任何英译版本，但埃凯依然是欧洲波澜壮阔的药膳和素食主义运动的先驱。

在兰斯完成医学院训练之后，埃凯在巴黎执业。1688 年，年仅 27 岁的埃凯被聘为卡特琳·弗朗索瓦丝·德布勒塔涅的私人医生。这名贵族妇人当时正在巴黎南方的香榭丽皇家港口的一间修道院隐居，而该皇家港口则是极具争议的杨森主义运动的重镇，著名的布莱士·帕斯卡就是在当地皈依杨森主义教派的。当地被人们视为禁绝肉欲的避静之地，而埃凯也投入当地的禁欲生活。他不屑于豪华马车，经常徒步长途跋涉探访穷人。在那里，他至少有了这样的发现：自己在从事严谨的研究和热心地帮助穷人的同时，仍可以单凭粗茶淡饭生活。在这一年内，二十八岁的他身体开始变差，他的朋友们认为这是因为苦行生活造成的，于是劝告他离开皇家港口返回巴黎。不过，埃凯没有听从朋友们的劝告，他毕生坚持只吃粗茶淡饭。出乎大家意料，后来他的身体十分强健。

卡特琳·弗朗索瓦丝·德布勒塔涅在 1693 年去世后，埃凯在巴黎行医，他在替贵族（包括孔代亲王）治病的同时，也在慈善医院替穷人治病，成果丰硕。作为医生，埃凯集布道者和社会改革家于一身，他以医学以及道德的角度谴责现代都会奢华生活的堕落，特别不满人们在非必要的情况下吃肉的行为。埃凯认为，当时人们在四旬期守斋期间的放纵口舌之欲更是堕落至极。

按照传统，人们如果病得很严重需要吃肉补身体，则可以免除守斋。但必须由医生出具诊断证明，并有神父签字，然后将这份证明交给巴黎天主旅馆一家特许的四旬期肉贩，才可以购买肉。埃凯在 1709 年发表的《大斋期豁免规定》中声称：当时有很多人滥用该制度，在

80 年前，仅有 450 人取得过豁免守斋证书，而这一规定发表的当年却有三万七千人在四旬期间以"似是而非的借口"甚至贿赂而拿到豁免守斋证书以便购买牛肉；另外，还有更多人设法购买黑市牛肉；至于抽烟的人，简直到处都是；更离谱的是，任何在水中活动的动物（包括鸭子、海獭和江豚）都被当作是鱼类；由此可见，当时巴黎的整体社会风气比 80 年前奢华八十倍。埃凯认为，严格遵行守斋的规定是一种民族主义反抗行为，其目的是要抵御基督教放纵思想的入侵；而四旬期间的放纵行为则是社会因为吃肉而堕落的象征，因此埃凯发起了全面反对吃肉的运动。

埃凯加入了笛卡儿学说的新思潮，这种思潮正在革新对动物生理学的理解。笛卡儿的理论是以英国医生威廉·哈维的研究为基础；17 世纪初期，哈维指出心脏脉动将血液输送至血管，血液遂得以在全身流动循环。这项发现是笛卡儿建立其学说的关键所在，笛卡儿指出，动物的生命是由心脏的热力推动血液循环，进而推动全部身体机能的运作。意大利心理学家洛伦佐·贝利尼和乔瓦尼·博雷利根据笛卡儿学说发展出医学力学（iatromechanics）的主流生理学理论，对后世产生重大影响。该理论认为人体是一部由管、泵、杠杆、纤维、振动和动力构成的复杂液体装置机。

苏格兰教授阿奇博尔德·皮特凯恩将这一学派发扬光大，他将意大利的笛卡儿学派的机械理论与牛顿的最新物理和数学成果相结合，凭借这一理论基础，皮特凯恩和他的追随者自信地认为，医学研究可以和数学公式一样达到某种程度上的确定性。皮特凯恩说，动物的生命和健康是依靠自动和规律的血液循环来维系的。相反，疾病则是由于血液循环过度或不足、体内管道发生堵塞或破裂，或者血液浓度过高或过低而引起的。在皮特凯恩的推动之下，英国出现了一个具有数学思维的医疗力学学派，连牛顿的私人医生理查德·米德都曾拜读过埃凯的著作。

威廉·哈维了解血液是从心脏通过动脉而流出，然后通过静脉回流到心脏，但至于血液到底是如何从动脉流向静脉的问题，则一直没有人能给出确切的解释——直到博洛尼亚的马尔切洛·马尔皮吉在1661年与具有敏锐眼光的荷兰人安东尼·范·列文虎克在1680年分别独立使用原始的显微镜观察血球——即我们现在所知道的血红蛋白通过动脉和静脉之间的毛细血管。那些极为细微的管道正是稍早前人体液压系统拼图无法完整拼出的缺失部分。列文虎克注意到，血球刚好能够通过毛细血管，血管一旦出现阻塞，血液就无法流通。

埃凯以素食主义提出的社会批判论述紧扣着这些最新科学成果。他推断，当人们吃肉时，"笨重的"血球就会进入人体液压系统内，"进而削弱其循环能力"。他警告指出，血球也可能在淋巴血管和肠道里结块，进而阻碍消化，制造坏血以及让身体虚胖。此外，德国医疗力学家同时是埃凯的朋友弗里德里希·霍夫曼发现，人们通常都拥有太多血球，因此并不适宜从肉类中摄取更多的血球。埃凯解释，这就是《圣经》禁止人类吃肉的原因。

埃凯也说，动物脂肪会造成淋巴堵塞以及塞满人体绒膜的孔隙。贝利尼曾强调，必须保持人体纤维（特别是神经和血管纤维）的延展性，而埃凯则警告，吃肉太多会导致纤维硬化，妨碍循环系统的运作，吃肉和饮酒都会干扰人体内重要的液体流动，而且必然会导致"发炎病症"。

这一批致力于研究身体机能的学者对消化系统提供了革命性的解

释，传统医疗化学学派认为，食物在胃部遇到酸性物质进而"发酵"，但机能学派则认为消化过程是经由研磨和挤压而产生作用的。皮特凯恩在著名的莱顿大学任教期间，由于采用这套新理论授课，引起一场波及全欧洲的争议。不过，埃凯也铤而走险地发表论文捍卫皮特凯恩的理论，因此树敌无数，但同时也赢得了不少朋友的支持，有人推崇埃凯为法国最伟大的医生，并且称他为"人类的救星"。他和皮特凯恩以及当时众多医生之间的私人书信显示，他深深涉入整个欧洲的争议中。

埃凯解释，研磨的过程首先是从口部开始，而上颚和下颚的作用就像是两块磨石一样；食物到了胃部，会受到周围的肌肉挤压，皮特凯恩计算指出其挤压力度竟然高达 95 吨，就像是拥有一大批厨房助手一样，食物在胃部被如同百万机动纤维一样的肠绒毛碾碎和揉搓，然后"分解、溶解，并且呈细滑的奶油状"。这些奶油状的物质名为"乳糜"，它会进入淋巴系统，进而被提炼成为制造新血的材料。

埃凯宣称，最容易研磨成为细滑均匀的黏浆状物质的食物，就是"人类天然最适合食用的食物"。因此，埃凯认为，人类显然应该避免食用脂肪、油腻的、纤维状、带有血球的肉类。他解释说："毫无疑问地，人类适合吃哪些食物，这已是再明白不过。人类肯定不适合吃动物的肉，而是适合吃……种子和谷物……因为它们容易被分解成乳状液。"

既然研磨的过程被视为人体健康的关键，那么，比较解剖学的旧论点就有了新的意义了。毋庸赘言，埃凯必然和伽桑狄采取相同立场，认为"从人类牙齿的构造看来，人类是倾向啃咬水果、谷物或植物的"，因此，"毫无问地，人类是依靠大地上的水果生长的"。

埃凯表示，吃肉除了不健康、不道德和不合乎自然之外，更让人感到恶心和无效率。"就像是最纯粹的精华一样"，蔬菜是营养的第一层来源，而肉类却不过是"二手的"，也就是被消化过的蔬菜，"就像是被污染物一样，而且动物在以不同方式被人吃掉之前，还得承受苦痛"。那么，埃凯追问："为何还要吃肉呢？"

埃凯提供的所有证据，如果还不足以让全世界完全戒绝肉食，那么，弗朗索瓦·贝尼耶希望医生们至少不要"喂"病人吃肉类浓汤。贝尼耶说，病人疗养中所吃的食物，应该要尽可能地类似乳糜——也就是面包蘸燕麦浓汤等清淡食物。埃凯认为禁食是治病的不二法门，此举形同恢复希波克拉底、盖伦和阿斯克莱皮亚德斯这些古老医生的治疗传统——他们坚持要求病人吃清淡的食物，并且以戒肉来作为退烧和重建体液平衡的手段。公元 1 世纪，盖伦医生致力于提倡大麦浓汤疗法，认为对每一种疾病的治疗都得配合特殊的饮食，而医生有责任指示和要求病人遵行。据埃凯指出，16 世纪法国医界开始恢复使用古代忌口疗法，但当时这种做法仅仅是对于少数疾病而已。由于他致力让忌口疗法重新进入医学的中心，因此人们称他为"法国的希波克拉底"。不过，与其说埃凯的举动是复兴古法，不如说是借用古法，因为他的主要目的是要进一步提出推论（如同圣哲罗姆一样），即如果"简约的饮食"对病人有益，那么对健康的人也一定同样有益。

在埃凯首次发表完整的关于谴责吃肉的论文 11 年后，一名在英格兰执业的苏格兰医生开始发表论文，表达他对以素食治病的见解。不久之后，乔治·切恩医生成为了不列颠医界的奇人。他在 1724 年发表《论健康与长寿》后，遂成为了以素食作为疾病预防方法的权威。其书先后三度被翻译成法文，另外还有拉丁文版本。

埃凯在读过切恩的著作后，立即视切恩为战友。切恩和埃凯一样，都是狂热的医疗力学家；事实上，皮特凯恩曾经是切恩的老师，而且他们也是好朋友。埃凯的重要作品《神学医学》就积极援引"专家切恩先生"的论述。1733 年，切恩发表了下一部重要作品《英国病》；而埃凯曾正式表示，切恩在英国扮演的角色，正是和他自己在法国所扮演的一样。埃凯自认为是希波克拉底式忌口疗法在法国最初的推动者。埃凯说，这一门备受忽视的技艺"借着英国最卓越的大师（切恩医生）的出色作品，得以在英国医学界巧妙地复苏"。虽然埃凯声称提出原创论点，事实上却是遵循"这位巧妙的医生"的所有观点，他甚至在后期将自己提出的生理系统观点，与切恩着重研究的关于肉类对神经系统影响的议题相结合。埃凯本来依据天主教的观点认为吃鱼是无害的，但后来也反对吃鱼了。

他们二人公开肯定彼此的观点，发起了一场自 18 世纪 30 年代以来的欧洲医学素食运动。两人之所以保持战友关系，旨在通过提出忌口疗法的论述来进而推动素食主义，此举证明是十分有效的。不过，大部分认为素食是有效疗法的医生都并不认为素食主义是适合每一个人的，但有些医生（或许在无意间）接受了素食主义意识形态的某些元素。

埃凯支持切恩的观点，他设想了一项能够证明戒绝吃肉能延年益寿的跨国研究计划，而切恩也已经就一百多名素食者的寿命统计数据进行分类。早在 1635 年，威廉·哈维解剖著名的农夫托马斯·帕尔的尸体时，就指出帕尔由于过着毕达哥拉斯式的简朴生活，因此其寿命长达 152 岁 9 个月——当时，就已经有人提出该项研究的构想。除了这些事例之外，埃凯认为，在世界各地的无数素食者本身就是活证据，鞑靼人、爱尔兰人、苏格兰人，以及"鲜少吃肉的北方人"，都只是冰山一角而已。他说：

如果和大部分东方人一样地生活，仅仅吃大米；另外我们、甚至我们的邻居（像西班牙人和意大利人），还有住在朗格多克和普罗旺斯的居民，这一大批人当中，除了权贵们能吃肉之外，大多都吃得十分俭朴。那么，你就会了解到，吃肉的习俗对人类来说其实并非如人们所说的是天然和必要的行为，因为世界上有很多人都没有吃肉……甚至在一些常见肉类的国家，大部分少女、女士、儿童、穷人、工人和所有乡下人都很少吃肉，他们反而是经常吃水果、牛奶和糕点。要是最后注意到……异教徒改革者、立法会议员、神父、哲学家，姑且不论今天印度婆罗门僧侣、成千上万的僧人、修道者、圣人和圣女，戒绝吃肉的男女老少——无可否认，尽管有其他人认为人类必须要吃肉，但这些人没有吃肉，却还是都活得好好的。

凭着这一大堆杂七杂八的证据，埃凯的结论指出："这种世界各地都普遍存在的情景，不就是来自大自然本身吗？"他的思路类似牛顿，只是态度较为傲慢，并且声称，自从大洪水之后，素食主义文化已经散播到世界各地了，而神也将素食主义灌注进人性天赋的一部分，是"一种与生俱来的感觉以及具有普遍性的精神气质"。

好戏还在后头：一个新兴的健康素食团体崛起，并且掀起了一阵素食主义风潮。埃凯志得意满地宣称："不论是出于道德观念、还是出于天赋人性，或者是因为疾病而被迫遵行，总之如今已经有更多人保持着俭朴的饮食习惯。"他的病人也是其中一分子，他们的疾病唯有依靠戒绝"肉类和酒"才能治好；而最理想的是，还有一些人是"为了保健"而自愿远离肉类的。埃凯就像是一位医生传教士，致力于带领人类回归天然饮食。

埃凯相信，他的关于肉类有碍健康的生理学证据证明了古老神学素食主义论点的真实性。肉类阻碍生理系统的运作，这意味着，按照神的设计，人类依靠吃水果和草本植物存活。借助显微镜观察，人们可得知圣哲罗姆的说法（神让人类吃肉是一种勉强的让步）是对的，并且支持切恩提出的神准许人类吃肉是为了缩短人类寿命的新理论。因此，戒绝肉食并不仅出于健康因素，更是出于道德考虑。

埃凯的很多医学院同事都认为他"成功建构和证实"了四旬期斋戒是符合人类天然体质的。不过，医学界也有一些人并不认同他的说法，并指控其学说为异端、丑闻和目光狭隘的科学。路易·莱默里说他很明显是一名伽桑狄式素食者，医学院院长尼古拉·安德里·德布瓦 - 勒加尔发表一篇短文慨叹很多人和埃凯抱持相同观点，并且在文中对于埃凯的学说逐点提出质询。安德里对埃凯关在《圣经》的诠释提出质疑。作为一名医疗化学的拥护者，安德里对于埃凯的消化机能理论的科学基础提出反对。安德里怒斥埃凯的不对，并且指出他的两大谬误：其一，柔软的肉类"比作者在他论文中强势推荐的冰冷食物——如鳕鱼、鲑鱼、牡蛎、植物根部等多种食物"更容易被口腔和胃压碎研磨；其二，消化过程根本就不是借由挤压而产生作用的。安德里质问，蛇的胃壁十分单薄，如果只是靠压碎和研磨作用，又怎么可能消化青蛙的骨骼呢？如果胃部拥有如此庞大挤压力量的话，那浆果又怎么能全程通过人体内脏呢？当隔膜和腹部的肌肉在挤压胃部的同时，呼吸又如何可能呢？安德里认为，这些都是不可能的，胃部是依靠发酵而产生消化作用的传统说法，是唯一能解释上述异常情况的论述；埃凯认为肉类是难以消化的说法，则全是一派胡言；至于埃凯的比较解剖学，也同样是错误的。安德里指出，正如亚里士多德观察到的，人类拥有各种普遍存在于其他动物身上的器官，人类的双手还可以制作刀具和煮食，此外，人类的牙齿并不能够研磨谷类，因此人类得用石磨来磨面粉和用烤箱来烘焙面包。

就像其他的素食者一样，埃凯也因为其道德极端主义而受到人们的冷嘲热讽。1715 年，剧作家兼小说家阿兰·勒内·勒萨日在其流浪汉小说《吉尔·布拉斯》中讽刺埃凯。故事中提到，桑格拉多医生（影射埃凯的角色）有一次治疗患有痛风的美食家卡农·塞迪约时发生的对话：

> 桑格拉多问道："天啊，你平常都吃些什么？"卡农回答："我平常都喝浓汤和吃多汁的肉类。"这位医生惊喊道："浓汤和多汁的肉类！难怪你生病了，人间处处可见的美味佳肴，其实尽是毒物，它们引诱人类，以便更快速地让人类毁灭……真是乱七八糟啊！真是可怕的饮食方式啊！你早就该死掉的了，你几岁？"卡农回答："69 岁。"医生说："就是嘛！未老先衰正是放纵的后果，要是你只喝白开水和只吃粗茶淡饭（例如水煮苹果）的话，你现在就不必承受痛风之苦了，而且你的四肢也能活动自如。"

1726 年，年届 65 岁的埃凯再次渴望远离俗世的生活，决定回到位于福堡·圣雅克的加尔默罗会定居。以前他曾经在加尔默罗会行医 30 年，回来以后他在这里持续写作，始终坚持素食主义理想，并且和欧洲多位著名的医生保持书信往来，直至他于 1737 年离开人世为止。埃凯的遗体被安葬于加尔默罗会教堂，墓碑上用拉丁文记载着他成功将神学和医学结合的事迹。

13 切恩医生的感性饮食
Dr Cheyne's Sensible Diet

乔治·切恩（1671—1743）是 18 世纪英国最有影响的素食主义者。关于食物对人体会有怎样的影响，他提出了崭新而科学的见解。这不仅奠基了整个 18 世纪的食物疗法，还推动了现代餐饮的演化。切恩医生和饱受非议的同侪埃凯不同，他将自己的医学观念巧妙地转化成能同时温润病人胃囊的食谱。切恩有苏格兰人的狡黠机智，让自己在推动改革的同时，还享有居高不下的人气。他亲手为门下众多声名显赫的患者治疗，其中包括了诗人亚历山大·蒲柏，并说服许多社会名流成为他的素食信徒，例如著名的小说家塞缪尔·理查森。时至18世纪末，英王乔治三世也成了他最不情愿并饱受嘘声的信徒，当时的首相也倾倒于切恩的素食理论之下。奇妙的是，切恩这位节制主义的传道士却有着令人惊骇的腰围。人人识得肥头大面的切恩医生，市井流传的讽刺诗文也拿他当活标靶。

人们可以想象切恩大腹便便地霸占着咖啡馆的小角落，高声痛斥暴食者，此等荒谬景色宛若莎士比亚笔下的福斯塔夫故作清高端庄貌，这可把许多人给逗乐了。他的好友兼问诊患者博林布罗克勋爵就曾如此滑稽地形容切恩医生，"眼前摆着的早餐是足足 3.8 公升的牛奶咖啡、重达 2.3 千克的饼干，切恩正向我和蒲柏唠叨抱怨那些参与户外活动以增进食欲的人有多么败德。"诗人兼剧作家爱德华·扬在《致蒲柏先生的信》中讪笑切恩的举止：

> 谁能驯服此荒怪顽童？
> 又是谁，老操劳着徒劳无功之事？
> 谁谩骂我们的粗劣粮食，却自己填了满腹垃圾？
> 三英尺腰围的丰腴切恩还痛骂着肉排呢！

作家讥嘲切恩是伪善教徒的肚皮神："哦，神医！那臃肿双颊、三层猪肉下巴和葫芦腰身难道就是节制饮食的下场？"连他的老友蒲柏都忍不住三番两次地揶揄他的大肚腩："世界上再也没有比他更言行如一的绅士与哲学大师了吧？"谱写《乞丐歌剧》的约翰·盖伊则颁布以他为名的"切恩重量制"，而诗人詹姆斯·汤姆逊更得寸进尺地创造了"巴斯城大亨肥医"的谚语。

　　对于毕生都在欲望与自我否认中打转的切恩来说，他的体型确实过于逗趣。他在 1701 年时从苏格兰初来伦敦，29 岁的他有十足的信心能以牛顿派数理家与皮特凯恩医疗力学医生的身份名满天下。但伦敦城琳琅满目的物资消费品足以让到访者目眩神迷好一阵子；切恩早年宣扬的"极致简约"原则早已被暴食与日益隆胀的肚腹取代。"而且，"多年后他自述道，"频繁地造访酒馆与餐厅，养成了刁钻的味蕾，数年下来，我的健康状况惨不忍睹……身体巨大臃肿，呼吸急促，虚弱又萎靡不振。"

　　事实上，切恩在苏格兰老家就有"胖酒鬼"的诨名，做过他私人教师的竞争敌手查尔斯·奥利芬特也不时四处传播"痴肥醉汉"的故事诋毁他，声称他老在夜半酒醉后全身酸臭地轰隆隆滚进家门，扑在门徒胸前大呕，成为家门之丑。但是，切恩作为伦敦浆酒霍肉的反面教材（他曾在自传体著作《作者那些事》中提及）也绝非夸大或自我解嘲的托词：他将个人失败的体态升华成医学道德论，并以个人的病痛之躯作为医疗明证。

切恩形容自己寸步难移的肥胖身躯正是豪华奢宴、生性懒散与坏血病的综合结果。他日益颓丧的身体宛若社会病态的象征。切恩医生的溃疡创口渗出脓液，仿佛是城市黑巷囤积的便溺物诡谲地窜上他的双腿；他的血管里郁满有毒物质，就和街角塞满了白兰地和肉汤汁馅饼的杂货铺一样；他膨胀似球的肚腹就像是塞满奇珍异宝的伦敦首府。他的身躯一天天地胀大、胀大，终于达到难以置信的 215.9 千克之重。切恩谑称自己为全欧洲最胖的肥男。

随着臃肿身体的脂肪增加，切恩妄想出名的美梦随之破碎。他与艾萨克·牛顿因为对微积分的见解殊异，演变成互控对方抄袭剽窃的科学家战争。切恩开始脑神经衰弱。在他移居伦敦后的几年里，开始陷入病态式焦虑与颤抖浪潮，除了时不时会发高热以外，头痛更是无止境地侵扰他。最后他在自我诊断书里写下："一连串的病痛措手不及地袭来，我感到惊惧不已；距离中风只剩一步之遥，我不得不双手牢握两旁床柱，以免失控滚落下床。"切恩的疾病与古怪脾气吓走了老酒友，独自重重跌入精神与肉体的阒寂深渊。

然而，就在与病魔拉扯的人生谷底，切恩终究觅得身体与心灵重生的关键契机，这是他生命的转折点。在英国国教牧师乔治·加登的指引下，切恩从基督教徒的早期文献与欧洲神秘主义玄学里找到慰藉。

除了以充满光明能量的阅读抚慰精神，他更发现原始人类节制饮食对身体的疗愈功效。

切恩所著的《作者那些事》实为素食主义推广手册，他声称当他开始进行"轻量饮食"之后，"体脂如春雪一般融化"。1708 年左右，上帝的神迹让他历经诸多奇妙事件，他随之成为素食者。当时切恩偶遇一位牧师，对方突如其来地告知他住在克罗伊登城的泰勒医生，能以牛奶疗法治愈他的癫痫症状，对于切恩来说这犹如上帝显灵。尽管重病在身，切恩还是乘坐马车破雪而出，赶赴泰勒医生家中。一切仿佛都是上帝早已安排好了一样，当切恩满心欢喜并气喘吁吁地出现在泰勒家时，正巧发现"他正享用晚餐——整整一公升的牛奶，别无他物"。

作为皮特凯恩物理与数学派的中坚人士，切恩认定癫痫与其他神经系统疾病一样，皆起因于血液和神经中的液态物质淤积。如果拒食肉类与进行奶类饮食能治愈一个患者，他推断，对其他患者也必有功效。此外，既然牛奶被归类为即可消化的半蔬菜类，理论上来讲，牛奶佐以蔬菜的饮食疗法应可成为普世良方。

切恩立刻远离肉类菜肴，并着手规划以牛奶为主食，种子、面包、植物根茎磨粉、水果为副食的饮食疗法。成功如闪电般来临。他的体重掉了 102—114 千克；过了几个月后，精神衰竭的状况也消失无踪。"我大举减去肉食，身材变得修长、结实而灵活"，面对这不可思议的速度，切恩如此说道。切恩的牛奶、果实、蔬菜食疗法不只是纸上谈兵，他本人也成为了震惊全英国的活教材。切恩如同最老套的"减肥前、减肥后"广告，而全国人民皆目睹此奇迹式的转变，也因此，切恩的食疗法名震八方。

切恩吃素成为了划时代的传说。1743 年，切恩过世以后，整整 18

世纪出版了难以计数的传记与文章，报道他因为吃素而减掉三分之二的体重，不但脱离死神的魔掌，还享寿72高龄。即便某些仍旧认为他体重超标的人，也不得不承认他确实大幅改善了健康状况。一则戏谑、名为《切恩医生之死》的讣闻如此纪念他的减重成效：

> 原本，濒危的硕大身躯
>
> 饮牛乳之后，生意盎然、纤瘦
>
> 原本，暴食暴饮，
>
> 禁绝，尔后，仅牛乳得以充饥。

虽然素食的好处能以科学推演佐证，但切恩深信上帝才是隐身其后的推手。《作者那些事》全文高潮处描述道，上帝通过"随机暗示"（例如泰勒医生事件），促使他走上世界素食教主的道路。为服从圣命，他身兼心灵导师与物理学者的双重身份，全力推动饮食革新。素食疗养不仅是照本宣科的规范与生活教条，"而且是身处光明与祥和的崇高存在"，他在《英国病》一书中如此写道。切恩规避了启蒙修辞与光明派教徒式的现身说法，他以确实有疗效的简单饮食，让素食疗法成为医学、心灵与道德上的多重革新。

如同今日的心灵导师一样，切恩宣称能通过单一疗法，同时缓解人们的身体与内心创伤，而信众们更以极高的热忱接纳他的教诲。他的著作广受医疗同行与俗世大众的欢迎，并且成为当时流传最广的医疗用书。他的《论健康与长寿》再版至少24次，而《英国病》则是两年内就连续印刷了六次。切恩的名声广传至意大利、法国、荷兰、德国、爱尔兰和美国，全英国的神经疾患者纷纷提笔写信给他。他在书里提及，患者皆需要接受私人治疗，也因此，访客络绎不绝地造访切恩的诊所，要求一对一的治疗；他们忏悔自己的饮食过当，并喜得补救良方。切恩在伦敦医疗界大获全胜后，立刻于时髦的温泉城巴斯开业（人们每年赶赴巴斯城吞饮其矿泉水，全身浸泡在颇具疗效的温泉之中，并在社交舞厅里大展身手）。"国家王室风湿性疾病中心"在他的协助下成立，而他自己也成了足以媲美明星政客与文学家的旷世奇医。

塞缪尔·约翰逊的挚交思雷尔夫人让人得以一窥切恩医生信徒的忠诚度。"当我细读切恩的著作时，"她坦承，"仿佛自己住在苏格兰阿尔查高山区，以燕麦面包与牛奶果腹，克莱德湾河水净身，过着退隐生活长达七年以上。"如火如荼地推动卫斯理宗运动的创始者约翰·卫斯里亦相当仰慕切恩医生对节制主义的推崇，还将之改写收录至《原始医学》里，并将自己的长寿归功于切恩医生的素食教义。塞缪尔·理查森也发现越来越多的追随者弃绝肉食，仅以蔬菜入餐。切恩的著作被频繁地收录在畅销医学自救丛书里，赞誉他的诗文更是在文坛风靡了好一段时日。正直高尚的乡绅亚历山大·罗伯逊如此讴歌切恩："众所皆知，神圣而天赋异禀的切恩医生不忍目睹动物流淌鲜血，即便它们为人类口欲而生。切恩宁可自受饥饿。"

当然，批评切恩荒谬无知的人也绝非少数。一位讽刺作家送给他一个酸味十足的称号"大减肥家"，并挖苦地写道："借由烹煮芦笋、防风草而得到长生不老之骗术，实在不值一晒。"一篇刊登在《格鲁布街报纸》上，男人味十足的拥肉派诗文则以解剖学论点批驳切恩的"愚书"："难道我嘴里的两排利齿，为的就是磨碎核果和软塌塌的面包？"奥利弗·哥尔德斯密斯所著的关于幽默的花花公子理查德·纳什的传记中如此描述："当切恩推荐自己的蔬谷饮食法时，纳什大加反击，批评他的疗法等于是将半数人类放牧于郊野，过着尼布甲尼撒般的生活。"

医学界对切恩的理论反应不一，有学者开始模仿抄袭他的著作与论点，也有人对他的观点猛烈挞伐。当"牛肉医生"戴维·贝恩金尼尔公开攻讦这种极端素食主义时，切恩发现自己无力说服蒲柏的好友默里女士的姐姐格丽塞尔·贝利安然遵循素食疗方。众人向切恩发动攻击，他曾经在恐惧中致信塞利娜·亨廷登写道："有人威胁要对我发动暴力突袭。"那个年代著名的约翰·阿巴思诺特医生就曾如此描写切恩："他成了大伙茶余饭后的话题，甚至开启了饮食哲学这门学问。"阿巴思诺特发动反素食主义运动，力战切恩及其信徒的论点。"人类，论骨架与食量都该是肉食动物，"尽管他否定切恩的说法，阿巴思诺特也坦承，"我确实认识一些人，难以抵抗想尝试素食节食法的冲动。"其他驳斥切恩派极端素食主义的同伙之中，比如托马斯·摩根、约翰·温特与理查德·米德等，则不约而同地承认确实应该少吃肉、多吃水果，而那些罹患异常疾病的患者则更应避免肉食。

在切恩眼中，伦敦犹如堕落的巴比伦。切恩远离伦敦（他似乎忽略了他所住的巴斯城本身就是一个大规模消费肉食品的重镇），对乔治王朝的奢靡生活发动了最猛烈的抨击。作为英国托利党成员，甚至作为专政派人士（支持斯图亚特王朝复辟），切恩抨击罗伯特·沃波尔领导的辉格党有罗马暴政时代肉林酒池的作风。切恩巧妙地运用托马斯·特赖恩和罗杰·克拉布的政治性语言，他宣称将率领患者出埃及，前往牛奶与蜂蜜源源不绝的应许之地。虽然切恩不爱说狂热素食主义者的那种套话，但有时候也不回避，他在《英国病》书末敦嘱："毕达哥拉斯氏子孙，汝等饮奶茹素之人，世间享寿真君！应许之地遍布牛奶面包，清蔬鲜果诚然天国山珍。"

如此慷慨激昂的修辞，也无怪乎众人将他视为罗杰·克拉布的接班人。为切恩出书的可是托马斯·特赖恩的老东家，出版商乔治·科尼尔斯，而切恩的风格比特赖恩更为激进。在后世子民的心中，切恩确实带着一股极端的教派色彩。讽刺绘画里，切恩急切地模仿欧洲森林里食草为生的野孩子，页白处写着："早听说那些食草族随着切恩遁入丛林，甚至甘愿当他的用人。现在还有人想把孩子们逐到草原上和牛羊一起放牧，并奢望下一代以此修养道德与强健身体，超脱荒乱奢靡的俗世。"切恩痛感这些煽动性描写真是胡说八道，使他更为惊惧的是，人们谣传他就是个彻头彻尾的平等派，预谋破坏秩序，消除阶级与私有财产制。更有甚者，有人说他早已成为宗教狂热信徒，劝说世人剃发出家，遥居不毛之地，要以树根、草叶与野果为食。出于反击，切恩也铆足了劲，塑造自己中规中矩的科学家形象，并以经验法则作为节制生活的基础。旁观者老爱不分青红皂白地将蔬谷医生切恩与其他素食者混为一谈，但切恩坚称自己这种以医学为本的禁肉饮食，和古老的偏激传统毫无干系。

　　当时，最前沿的生理学理论确实支持切恩的素食主义理念。17 世纪 60 年代，曾剖开无数人类与动物尸体的牛津解剖学家托马斯·威利斯提出了迥异于前人的学说。他认为，在大脑中，灵魂盘绕于小脑，通过将精神注入神经的中空管束里来运行活动。他的学生约翰·洛克，后来论证了感觉是人类心智一切观念的来源。在 18 世纪，受过教育的人都对神经系统有些了解，神经系统也成为分析从情绪到性格所有现象的万能工具。

　　切恩本人对神经功能的看法随着他的医学生涯不断改变。早期，他认为神经借由邻近肌肉纤维的振动将液态物质推往全身。但在 1722

年之后，切恩不再认为神经是中空状的管束，而认为神经是富有弹性的实心纤维质，并能如同琴弦一般产生谐振，他还小心翼翼地引入牛顿的说法，认为无所不在的醚类物质可能穿透神经系统，结合成人类灵魂与身体之间的胶合物。

18 世纪社会热衷于谈论神经系统，认为它们是身体与心灵之间的传感。那时神经系统的地位相当于今日的基因，用于解释因生活方式的刺激和抑制造成的遗传性状。当时的社会认为，敏感的神经感知是上流社会阶层人士的基本品质；神意安排的解剖，证明了敏感或灵敏的神经体系是健康情感和道德自觉的保证。上帝造就了人的感官用于道德判断和社会活动，还有什么比这更好的工具呢？感觉，既是对自然的精敏接触，也是对自然的逼真反映。然而，过度敏感的神经也很危险地容易引发神经紊乱失常，切恩就确诊英国人正遭受着流行性的神经病痛。他把这种身心机能紊乱定义为"英国病"，普遍表现为轻微颤抖、晕厥、无气力的症状，一时间这成了整个社会的瘟疫。

切恩的一个成功之处就是让所有人深信神经衰弱意味着更为细腻敏感。他与深受其害的患者们感同身受，毕竟他认为自己也极度感性，有着过度灵敏的神经系统。他说，"我的理智与感性都过于敏锐了"，这也造成了"他易怒的性情"。切恩的理论带给小说家奥利弗·哥尔德斯密斯灵感，小说《威克菲尔德的牧师》里的英雄就染上了全身过于敏感、甚至轻触都会带来剧痛的毛病。19 世纪初，简·奥斯汀还著书嘲讽泛滥无制的理智与情感。尽管人们无情地挖苦切恩，感性却已然成为人人皆知的知识概念。

神经系统极度脆弱的人只要饮食稍有不慎，特别是酒类与肉类，就会造成严重的生理失调。切恩综合了基督教传统生理学概念，与最新式的牛顿物质重力加速原理，提出了复杂严肃的生理学学说，强调肉类对神经系统确实是不可负荷之重。以现代医学观点看来，切恩的理论似乎不尽完美，但他信誓旦旦批判肉类与酒精对身体造成的负面影响，却也符合当代医疗观念。切恩从前人那里继承了对暴食的负面看法，并提出与之对应的医学解释。他深信酒精与肉类会阻塞体液系统，这点似乎可响应当前医学界，后者认为消化太多肉类和酒类会使胆固醇阻塞血管。现代营养师宣称医学理论必得奠基于科学观察，然而，驱动科学观察背后的动机与观念框架似乎亦受到传统文化左右。无形之中，切恩影响了今日我们的思考方式。

切恩观察肉类食物含有较高的尿液盐分，这一点可以通过焚烧蒸馏剩余物质得知。他知晓盐分可以聚积成尖锐的结晶物，并且他曾听过牛顿的说法："此类物质结晶比任何身体部位都还要坚不可摧。"他说，肉类含有高分量的脂肪油质，诸如此类的物质堆积在身体里以后，将很难分解，因为"它们将互相吸引，结合成更为坚硬的物质（除了盐分以外），这是牛顿的观察结果"。此外，构成动物肉类的分子远较构成蔬菜的分子小（毕竟已通过一消化系统筛检过滤），因此，当肉类分子相互结合时，将更难以拆解与消化。

如果你向切恩抱怨神经系统问题，他会先为你抽血，并静置血液一段时间观察。如果你的红色黏稠血液比血清更多，他会警告你的血液过于黏厚，并要注意血管阻塞、血管爆裂、溃疡以及压迫邻近神经系统等问题，严重者将造成脉搏终止。此外，神经系统受损亦会造成晕倒、抑郁、中风等症状。

接着，切恩会取一小滴你的血液，并以舌尖品尝。他会用行家的口吻说道："血清味道应该要很平淡，不该有涩咸味。如果你的血液含有过多盐分，它们会组合成有硬度的结晶，并依附在小血管上，如同柳叶刀或剃刀一般，割划破血管，并伤及神经纤维，引其震荡不适，造成痉挛、抽搐以及其他危险病征，或神经失调。"除此之外，他会指出你的身体肌肉过于松散（由于大吃大喝或是疏于活动）。这会让身体更难分解坚硬分子，并让病情加剧，导致颤抖、晕厥、麻痹或四肢无力。

神经失调问题皆由于"坏血液"，而"坏血液"与错误饮食有关，切恩以相当笼统的"坏血病"称呼此症状。他依循惯用模式诊断神经问题，并将许多稀奇古怪的病况纳入神经失调的范畴里，包括：歇斯底里症、臆想病、哮喘、气郁病，以及较为常见的病况，如痛风、风湿、淋巴结核。科学分析为他提供了一个平台，他以此对无节制的肉食进行道德谴责。

> 坏血病是全英国的致命病根，大鱼大肉的生活方式造成神经失调……唯有将肉类减至合理分量，小酌神圣酒类，劳动与休憩……方可抑制鬼怪之物。当然，禁绝肉类与一切发酵酒精饮料，才能趋吉避凶。

当时世人视肉为最好的营养品和享受之物，而切恩却将肉食视作欲求无度的象征。穷人要攒够了钱才能偶尔打个牙祭，吃点杂碎肉。富人们则欢于大嚼大咽。以英国为例，食用牛肉俨然成了国家荣耀的代名词，而英国海军每人每年牛肉食用量高达 94 千克，也成为其富国强兵的象征。切恩再三诚食肉行为，并鼓励多饮用白开水，此举大与民识相左。但是切恩顽固地坚守其科学论点，并以自身遵服的无肉蔬谷饮食为范本，说明自己成功击退神经系统疾病。"蔬菜与牛奶较无盐分问题，"他观察表示，"并且可以稀释血液浓度，使肌肉纤维获得再生机会。"

除了规范患者饮食之外，他把上吐下泻当作清洁身体的秘方，认为这有收束全身肌肉组织和体内水分、防止血液流通紊乱的良效。浸泡与饮用温泉水也能帮助患者净化身体，当然，运动也能排除腺体与毛孔的脏污物。通过教诲自我节制的品德与科学逻辑，切恩将素食当作对他个人臃肿身躯减肥和净化堕落社会的完美方式。

切恩并非首位推举食疗法为重振国民健康状况的医生。17世纪70年代，吉迪恩·哈维也推荐牛奶与蔬菜，以之打击坏血病与国民嗜食肉类的贪婪积习。托马斯·威利斯除了在神经系统的发现上有所功绩外，还认为神经失调与怠惰、贪食、性生活过度有关，使神经系统"遭到秽物渣滓阻塞……使患者抽搐甚至痛楚地蜷缩"。他也相当推崇节制饮食，包括切恩推崇的牛奶疗法。切恩的饮食传记似乎直接引用好友的著作《克罗伊登的牛奶医生》，而弗朗西斯·富勒撰写的《我的身心疾病》也曾做出如下总结："出于天性，许多人视以根茎叶类为食的举动相对落伍。"切恩率众复兴古老食疗法，并如同埃凯一般，被视为当时的希波克拉底。但切恩与其他医生背道而驰，将古代食疗法中对"不节制饮食"的警告加以改造，转化为对特定食物——肉类的否定。这里，素食不单单是预防的方法，也成了素食主义者的生活保健方式。

虽然切恩仍旧有相当程度的科学权威性，但当时人们却对他暧昧不清的言辞失去耐心，他总是告知患者吃素是根本手段，多数患者通过减少肉食即可恢复健康。但人们怀疑这根本是隐藏他狂热素食信念的虚假行为，毕竟最后他总是毫无意外地要求患者吃素。而阅读切恩文章的患者更会有自己已经万劫不复、必须吃素的想象，并且乖乖地拒食肉类。

切恩相当善于揣测人心。举例来说，埃塞克斯区域的外科医生西尔维纳斯·贝文就曾阅读《英国病》，并立刻采用牛奶疗法治疗自己的周期性嗜睡。当他写信给切恩表示牛奶难以消化时，切恩立刻回复他该采用全素疗法。当约翰·卫斯里因为素食异端的恶名而放弃吃素，切恩随即告诉他，如果放弃吃素，那么他终生都将难以摆脱高热症的梦魇。卫斯里胆战心惊地恢复素食生活，两年后他向伦敦主教坦白："感谢上帝，当我遵从切恩的建议后，确实病得少了。"事实上，留传后世的诊断信笺显示，切恩总是向患者推销素食疗法。尽管他有那么一点折中主义的味道，但骨子里是货真价实的纯素主义者。

切恩的牛奶疗法本为古老偏方的素食主义改良版本。1 世纪左右，盖伦曾盛赞直接吸吮妇女乳汁的神奇疗愈力量，他宣称老翁可通过与年轻医护士交媾并咂吸其乳汁而康复。医学界大力推广吸吮人乳的功效，而到了 17 世纪 60 年代，饮用动物乳汁受到普遍欢迎，但也引起非议。托马斯·西德纳姆，上个世纪最受推崇的名医，在人们对牛奶的狂热追求中，认识到牛奶治疗痛风与女性癔病的显著疗效，但他依旧警告人们实行牛奶疗法弊大于利。牛奶让患者变得病恹恹，并难以吸收其他食物。因此患者只能或是放弃牛奶带来的疗效，或是终生坚守牛奶疗法。

但切恩将自己创新的牛奶疗法视作素食饮食，并巧妙地将上述医界警告转化成对自己有利的说法。如果患者被说服采取牛奶与蔬菜疗法，切恩会紧逼他们贯彻执行，至死不渝。当亨廷登伯爵夫人塞利娜·黑斯廷斯想要放弃素食疗法时，切恩用好友泰勒医生的下场威胁她，形容他在弃绝 25 年的素食生涯后，一命呜呼。他也用同样伎俩威吓威尔士亲王妃（日后的卡罗琳王后）的教女、布里斯托尔伯爵病恹恹的女儿安·赫维。她在 1727 年迁往巴斯城时，罹患周期性抽搐、右脚与右手瘫痪、持续性头痛、口齿不清的病症。切恩半逼半诱，令她采用牛奶与蔬谷饮食，日后不管家人与家庭医生如何恳求她，她也决计不敢违抗切恩的诊断疗方。"她根本不敢想象放弃目前的处方，"她的母亲哀叹道，"担忧任何变化都会带来恶疾。"布里斯托尔伯爵夫人知道谁是罪魁祸首。"全世界的人早已摩拳擦掌准备要将切恩碎尸万段，他使得多少可怜的人徘徊在死门关前"，她愤怒地说道。

但安还不是最后一个案例：切恩让安·赫维华丽无比的哥哥赫维勋爵也步上后尘。赫维喜欢穿着皱折花边衬身短外套，擦着猩红色的口红与胭脂，是当时时尚界的宠儿。尽管他当时已有一名妻子，却与威尔士亲王共享情妇，并在伦敦过着公开的同志生活。但是他随性的生活似乎也为他带来苦头——除了长期性头痛、高热、精神谵妄以外，他还陷入了鸦片上瘾的灾难里。当他读罢《论健康与长寿》，并在 1726 年搬到巴斯城时，他和切恩立刻发展出固若金汤的友情，并时常公开宣扬两人之间彼此富有情感的信任。切恩鼓励他将自己视作牧师，而身为患者，赫维则对切恩的感性饮食宗教五体投地。

最初，切恩保证赫维只需要戒肉数月，在此期间他必须"远离肉类，并且紧接着进行牛奶饮食法两个月整"。但三年之后真相大白，切恩连一点肉渣都不让赫维享用。"自从我把自己托付在他的手中以后，直至此刻，"赫维揭露道，"我不曾吃过鸡蛋、肉类、鱼类，面前仅有药草、菜根、菜渣、谷类、水果、豆子以及类似食物得以果腹。"

数年后，当赫维健康状况好转，开始采取切恩的中级减重餐点，小吃白肉时，切恩大发雷霆并认为自己遭到了背叛。而赫维更竭尽全力用感性而夸张的语句安抚切恩，甚至将自己每日进食种类与分量一一写下，寄交切恩。他吹嘘自己的身体能够快速地打败小病痛："如果换作吃牛肉或猪肉的人的话，可得花上数个月呢！"他向切恩担保，自己"永远都会是他最虔敬的门徒"。

> 我永远服膺与遵从你，并且视你如阿斯克勒庇俄斯医神在世，如果你看待我的努力如同我追慕你的指导一样，那么，你必定不可能会称呼我为你医事宗教世界里的背道者、变节之徒或是异端分子。再三慎思自己的行为以后，我期望你切莫再将我比喻成穆罕默德的坟墓，因为我自认坚贞的忠诚之心，赋予我返回康健天堂的荣耀，并伴随在天使加百列的身边。

世人怀疑切恩看似客观的科学素食主义底下藏有玄机，他们确实有先见之明。切恩在医疗生涯后期，18 世纪 40 年代时，终于卸下了心防，他不再害怕被视作狂热分子或迷信者，并透露了他素食主义背后的神学理论。切恩老是训诫世人，戒肉是疾病的良方。事实上，此逻辑颠倒过来一样通用：疾病才是使人远离肉类的最好武器。切恩深信素食主义使人们更接近自然。通过神经系统的修复，人们得以重拾"同情之心"，切恩将吃素视为通往天堂的道路。作为一名营养咨询师，他认为自己的事业等同于循循善诱的牧师，使人们戒肉并得到救赎。切恩的神学信念从未超越他对科学逻辑的尊崇，相反地，而是科学带领他走往神的旨意；他坚定地为自己下了相当可信的结论。肉类确实为身体带来负面影响，而蔬菜则相反，但为何神如此设计？切恩相信自己早已发现了神的心意。

切恩笃信肉食会侵害神经系统，反之，蔬菜则使之洁净。但是他认为神经系统并非仅具有生理功能，它同时亦是承载道德的具体容器。神经系统能促发人体产生"同情心"，使人能感念万物所苦，这是社会和谐的生理基础。

将此同情心扩及至动物身上，并不困难。1672 年，托马斯·威利斯证实四足兽类与人类拥有相同的神经系统——甚至连脑部也仅存在着尺寸的差别。1714 年，伯纳德·曼德维尔所著《蜜蜂的寓言》里提及人类之所以对陆栖哺乳类动物颇能感同身受的原因，在于两者拥有极为相似的生理系统："该类动物之心脏、大脑、神经……感官系统，甚至连感受都与人类几近相同。"即便笛卡儿派的尼古拉·马勒伯朗士也认同加诸灾祸于动物身上会得到机制性反弹，"引起无预警的恻隐之心"。无论是软心肠还是硬心肠，这让人们"做不到看到野兽遭殴打或听闻野兽哭嚎而感觉不到一丝痛苦"。

从解剖学观点来看，切恩认为人类本不该宰杀动物，毕竟人类与生俱来拥有得以感觉动物痛苦的神经系统。人类不仅没有肉食性动物该有的利爪、牙齿与消化系统，还拥有极力抗拒宰割动物的神经体系。上帝曾口头允诺人类可以吃食动物，也赐予人类能够辨别是非与感怀万物的神经器官。切恩则更大胆地，进一步将属于生理学的同情心概念置放在比"上帝赐予肉食"更高的位置，认为在道德决策中，感觉至关重要。切恩为提出"道德感"的哲学家弗朗西斯·哈奇森，与其神经患者大卫·休谟，提供了解剖学上的脚注。

切恩认为食肉习俗麻痹了人类天生的感性：

> 人必得拥有如顽石一般的心肠、极度恶毒与残暴的本性，才有勇气目睹可怜的动物遭受屠杀、战栗与虐待，仅为遂行私欲。对我而言，以

动物肉体果腹与吞食人肉并无甚区别，差异只在于风俗民情与习惯而已。切恩指出，肉食会使得神经感官僵化，并且很明显地抑制了同情心感受。肉类筑起了一道城墙，盐与油脂使其坚不可摧，并让人类失去了抗拒食用肉类的天生本能。而切恩的素食之道摧毁了那堵墙，让人类重新接通内在的恻隐之心。风俗习惯甚或文明，造成了人类与其本性的断裂。他的目的就是修复断裂，证明吃肉严重违反自然化育的感性力量。如同切恩总是再三训诫的，同情心不仅仅是物理反应，而是身体渴求精神救赎的内在机制。

这使切恩发展出不同寻常的《圣经》诠释。切恩说上帝在大洪水后允许人类吃肉，是为了将好人与坏人区分开来。贪食肉类的人会在暴食后猝死，并将其邪恶灵体带离世界。而有道德感的人会知晓肉食的害处，并以素食获得赎罪。当患者来向切恩求诊时，切恩总会告知对方这是上帝对他们的"有形召唤"，并应立即开始素食。

切恩的好友们在背后窃笑他对神学的过度热忱。诗人与政治家乔治·利特尔顿勋爵曾写信给亚历山大·蒲柏，说切恩声称乔治·格伦维尔勋爵（日后成为乔治三世的首相）的恶疾"不过是命运之神在弹指罢了，为了他的好，才让他要节制，并听从切恩医生的指导。但是当我们告诉他，格伦维尔勋爵向来不穷侈极奢，日常饮水不少，并且只是吃些白肉时，切恩医生如公牛般咆哮，指控我们欺瞒不实。他说要是如此，勋爵绝不可能发炎。他还准备好哲学、算术与宗教的论点反驳我们"。

更匪夷所思的是，切恩臆测仅有少数高尚的、感性的人，才有可能罹患神经系统疾病，也只有他们有可能拥抱素食："那正是形而上的解决之道。"而其余庸众，以切恩的说法，"不适用"于这种规范。切恩坚持普通的肉食餐点相当适合大众，特别是"粗笨的人、农夫和劳工"。若是以切恩的半加尔文教派式的素食主义者信仰来看，简直可以推理出相当丑恶的结论，那就是上述之人被弃绝于天堂与道德规范之外。难怪切恩老觉得自己在蜕变为素食主义者以前，就是个"受诅咒的恶棍"。

切恩诡秘的说法相当近似于卡巴拉教徒与柏拉图主义者的救赎制度：众生前世皆种下反叛的原罪；作为惩罚，他们转世为渺小生物，禁锢于人之始祖的精卵之中。无法净化灵魂的生命，死后将离开世间，前往"更为污秽、悲戚、且无光的星球（那如地狱般的燃烧星体），直至他们涤除罪业"。但是遵守切恩饮食苦行法的人，会拥有较"轻盈"的灵体，并可脱离肉身与物质世界，前往属于更高层级的星球，"以引力漂浮抵达"，最终安栖于上帝身边。切恩确实告诉患者，素食可以为"堕落、腐坏、日趋死亡"的世界除秽，并将他们引领至"完美"境界，这神迹荣光可让众生万物重返上帝身旁的"万物除刑"时刻。素食使人洗净俗尘，也使全宇宙的灵魂净化。

动物当然也包含在这宇宙轮回系统之中，切恩巧妙暗示动物有可能是净化层级中较为低层的灵明生物。他如此诠释动物感知痛苦："不管是有感觉还是有理智的生物，都能感知活着与痛苦，这令我赞叹此中的深意……终有一天我们能亲眼看见，并惊叹于那一切有感觉的和有理智的生物和谐共存的美妙奇景。"（似乎按照切恩的观点看来，上帝让动物承受被宰杀、吞食之痛并非残忍，这只是使"在较低阶层轮回里流动的生命转往下一个更高阶层和幸福的世界"。）切恩在 1705 年树立了这一信仰体系，并将同情心解释为转世轮回得到救赎的基本观念，同情心使众生万物重返上帝膝前。

切恩创建的系统看起来像是以半疯癫的状态回归卡巴拉神秘主义，但事实上，他可能也部分地受到当时具有重要地位的预定论影响，该学说由德国哲学家戈特弗里德·威廉·莱布尼茨创立，并对其挚交弗朗西斯库斯·默丘里乌斯·范·赫尔蒙特信奉的卡巴拉教提出科学诠释。依据莱布尼茨的说法，精子包藏的微型人体在子宫内展开，生长成完整人体。当人死去后，他们的身体将会回归至微小形态，并等待再次出生的机会。切恩的宇宙转世的观念更是当时诸多科学家与神学家的普遍信仰，当时甚至有人相信动物天堂的存在。举例来说，英国国教牛顿主义派的代表人物塞缪尔·克拉克就认为动物会再次复活并降临于世间。切恩也可能受到法国通神论者查理·埃克托尔和圣乔治·德马尔赛侯爵的感染，他们深信受苦乃是净化过程的必经之途，并以某种引力将灵魂带往合适的星球。两人想法可溯源到法国共济会创始者"骑士"安德鲁·迈克尔·拉姆齐。拉姆齐认为灵魂永恒存在于世间，而恶灵则幻化为野兽。或许此类信仰确实怪异，但基督教徒确实困惑于如何解释动物存在，以及究竟该如何解释上帝让动物受苦，是否仅仅为了使人类满足口腹之欲。

当然，末世论的观念时时沉潜隐伏于切恩的饮食疗方之下，但他懂得如何深藏不露。多数时候，他是以素食科学家的姿态自居。他的著作与那些地位显赫的患者与读者为他传递关于人类天生对动物具有同情心的理念，并为继之而起的欧洲重返自然的思潮提供科学后盾。或许，切恩所深信的关于戒肉可以清洁神经系统，唤醒内在同情心与良知，以及利用同情心相连的磁浮吸引力重返上帝跟前的说法，在今天看来确实荒谬怪诞。但是，昔日的科学启蒙观念又确实就是由如此的信仰所催生，当代素食伦理与相关生理学的概念正是受益于这样的信念。

14 克拉丽莎的卡路里值
Clarissa's Calories

小说之父塞缪尔·理查森开展其璀璨文学生涯之前，以出版书籍为业。而他手头业务上最火的作家，无疑就是声望卓著的神经学医生乔治·切恩。在两人商业往来频繁互动的时光里，切恩亦鼓励理查森采用自己的饮食疗法，两人的亲密友谊终其一生。理查森极其珍视切恩所留下的信件，并嘱人誊写后，与其讣告一同装订成册；不过他遵守老友遗嘱，从未将其付梓。在数十年的时光里，切恩教导理查森饮食与神经感性的关联性，最终，切恩的概念在理查森的小说里复活，辗转渗入 18 世纪的文学、情感与国家文化之中。

切恩毫不客气地判定理查森"天生神经衰弱"，同时这也是理查森聪颖过人、富有想象力与灵性并拥有剧烈动荡情感经验的主因。切恩建议理查森以狂放不羁的方式书写身体与心灵的困顿，并邮寄给他："请毫无保留地敞开心怀，并以万马奔腾的速度写下你的所思所想。"

理查森写给切恩的信件中所创造的"快写法"，成了他日后小说《帕梅拉》与《克拉丽莎》的特有风格（目前仍是英语系小说里最冗长的作品）。小说里的女主角们皆患有心因性的神经敏感疾病，而以此攻讦她们的冷酷人性，表现了奢侈生活下的变态人格。理查森小说的畅销程度远胜于切恩的医疗书籍；帕梅拉与克拉丽莎更成了感性文化的代表人物，让全英国社会同情其处境。

在探讨理查森的小说之前，我想先揭露切恩如何完全掌控理查森。令人震惊的是，切恩开给患者理查森的处方，竟然是水银。

理查森第一次向切恩袒露自己的微恙，不过是受寒感冒而已。为了使理查森的身体系统更为顺畅，切恩开给他自己最热衷使用的通便剂，每日十副，以极高含量的水银混合其他物质捣碾炮制而成，以强化胃肠吸收程度。这种药剂所含的水银成分约为今日安全容许标准的9000 倍以上。切恩的机密处方藏于信件尾端，以缩写的拉丁文字标注，使理查森的药剂师知晓。

水银向来被视作治疗梅毒的灵药，但切恩可是将汞当作"神仙解药"。他如此宣告读者，"我急切渴望水银能被医界广泛、自由（但谨慎）地运用。"他解释，浑圆饱满的水银颗粒"如同千百万颗子弹，射穿土墙"，并且以最有效的方式疏通内在体液系统。切恩甚至设计了特殊便秘法，增强患者吸收水银的程度，避免水银随着腹泻而排出体外。

水银，我们现已得知，为致命的神经性毒素。因此，毫无意外地，在理查森接受诊疗的数月后，他开始剧烈抽搐、暂时性局部瘫痪、头晕目眩、恶心、焦虑、沮丧、过敏、异常兴奋，并且极力避免社交活动。事情的发展如切恩所料，毕竟上述反应皆可称作神经失调的病状。然而，所有病征，包括理查森的帕金森氏症状与癫狂肢体（控制手脚协调的中枢神经受损），都是水银中毒的标准特征。而切恩面对理查森日益严重的神经受损，反而调配给他更多分量的水银。

1940 年，纳粹以闪电战攻击伦敦，炸毁舰队街上的圣布莱德教堂，也意外暴露出 200 具深埋其下的铅制棺材，其中也包括了塞缪尔·理查森的遗体。1990 年，科学家借由理查森的头骨遗骸，诊断出他患有弥漫性特发性骨质增生症，虽然他们知悉理查森罹患神经疾病，但他们仅以旧病例再次确认他的帕金森氏症，毕竟神经性疾病不会在头骨上遗留任何可供辨识的痕迹。

如果我们认定长期性颤抖为帕金森氏症的病征，那么该如何解释非传染性的帕金森氏症竟会在18世纪酿成大瘟疫，侵袭无数欧洲人民？当时的人们，包括切恩，观察到中产阶级与上流社会正遭遇怪病侵袭，并有轻则微颤、重则瘫痪等病况。虽然，医生们运用追溯法得以轻易诊断患者染有帕金森氏症、癫痫或精神疾病，但是这或许亦证实了中上阶层惯用水银的习惯，间接造成了神经系统失调的大规模"瘟疫"，在其中，切恩与理查森都是不幸的受害者。

在1733 年至1741 年间，切恩以轻描淡写的方式形容理查森的病况，认为他的病"飘忽不定又惹人焦躁，虽无立即危险性，但引人恐惧与忧愁"。他以坏血病引发的神经系统问题作为医疗解释，表示污秽血液与瘀结毛细血管造成他的健康状况每况愈下，问题症结就在于理查森久坐不动、用脑过度的生活，使他的神经管束损坏且反应迟缓；尽管理查森否认他的不节制，但切恩指证历历的饮食过度确实造成了影响。理查森的神经与肌肉组织皆呈现松弛情况，难以咀嚼消化肉食，因此切恩指示他进行轻量节制饮食，包括减少肉类与酒精饮用分量，并服用更高剂量的水银药丸。

当理查森表明自己的病情渐趋严重，而切恩的处方毫无帮助时，切恩立即故伎重施，他告知理查森只能选择最后一条路，那就是弃绝肉食，并进行纯素饮食。令人触目惊心的是，当切恩在1741 年11 月下旬要求好友进行素食饮食的时候，他也同时停止了水银处方：

你以自身的毅力与耐心，持之以恒地配合医生诊断与药师配药，但到目前为止，医生与药剂师能做的已到了尽头，你该当臣服于上帝与命运的跟前，接受最清淡、最节制的冷食，……换句话说，以牛奶、蔬菜与水为三餐，正是你最后的防线，以防止中风和麻痹；直至你自己恳求要全素饮食的一刻，我的心才得以平静，请审慎考虑，并表现出你的决心。

这封信似乎并没有得到理查森的重视，因为它被随意地插放到两人书信大全的某一角落，但此信确实揭露了切恩医术背后的真相。毫无意外地，随着水银药剂的终止，理查森的病情透出了一丝曙光，而切恩也趁势宣扬素食法的好处。事情犹如水到渠成，而这正是切恩万无一失的妙计。举例来说，他在《英国病》一书中曾提及一位接受他水银疗法的重病妇人，他在妇人濒危时建议停止所有药物治疗，改以牛奶与蔬菜饮食，结果妇人当然"奇迹似"地于六个月后康复。

或许很难相信切恩会欲擒故纵地用水银向病人喂毒，直到他们接受全素疗法为止；但他确实知悉水银会造成精神失常与四肢瘫痪。他在书内公开坦承此事，并以身试毒。切恩曾经以重剂水银治疗自己溃烂的脚部，造成全身抽搐与眩晕，甚至冒出的汗水亦含有水银成分，使衬衫纽扣染色。当理查森开始服用切恩的处方药物时，也曾埋怨全身不适。众所周知，水银含有剧毒。比如，托马斯·威利斯就曾经郑重警告水银会戕害神经系统，造成全身战栗、呕吐、失明、昏厥、焦躁与血便。威利斯深深恐惧水银带来的副作用，因此当他诊断安妮·康韦女士的周期性头痛时，就曾因为害怕水银药丸的危险，而沉痛声明水银只适合作为治疗梅毒的迫不得已的药物。"那邪恶解药，"他说，"只能用来舒缓那有害的犬瘟热。"

很有可能切恩认为要使患者污秽的身体系统痊愈，就必得通过水银毒辣的洁净过程，以便接受终极全素治疗。但不管他是蓄意而为，或是其傲慢态度使然，水银药丸才是他那充满神迹的素食推广运动之幕后关键。切恩一手促使理查森罹患神经疾病，又一边谆谆嘱咐他善用言辞表达苦楚，成果就是那几本善于描述感性的小说问世。

理查森担忧戒肉的程度远超过关心自己吞食水银的后果。进行蔬菜饮食疗法的最初几个月里，他描写道："我感到进退两难，又忧心忡忡。"他似乎软弱地想放弃吃素。而切恩的态度则180度大转弯，他用炮火隆隆的信件响应理查森的忧虑，甚至用威胁的言语恫吓他，而这正是他面对其他患者的真实面目。切恩一改之前的和颜悦色，并以世界级医生的高姿态，称他的病情已岌岌可危，必得即刻采用蔬食疗法，否则将有难以承受之病痛袭来，甚至还数次以猝死之说威胁理查森。切恩放弃了潜移默化的做法，改以道德恫吓的方式，宣称食肉实为自私自利之举，将使理查森的小孩痛失父亲，或者迫使他走上自我毁灭之途。

切恩像是帮理查森打了一剂预防针，提醒他，其他医生、家人、亲友必定会怂恿他大开肉戒。切恩用极端蔑视的口吻称呼有所企图的人为"荒诞生活者""食牛客""食人族"或"肉食狂"，暗示他们的行为有如食人猛兽一般，甚至以狗肉来打牙祭，最后还激愤地将上述人等与恶魔牵连在一块儿。抵制肉食诱惑正如同耶稣受难，理查森再三重申祷词："天父啊！赦免他们，因为他们不知道自己在说什么和做什么。"

除了以战斗姿态迎战食肉撒但狂徒以外，切恩也张开双臂欢迎理查森加入素食主义者的繁荣大家庭，成为遵奉独特方式得到救赎的美德者。他把理查森介绍给其他"蔬谷疗法的患者"，并鼓励他们互相照应。

大家庭里也包含了切恩自己的家人，他早说服全家吃素，特别是他最疼爱有加的女儿佩姬。完全的禁酒、戒肉并非仅是医疗手段，而是一种信仰与认同感，他用"独靠蔬菜与水而活"来形容这样的生活方式。而当理查森展开素食疗法时，切恩还截断了他的后路，宣称他必须终生吃素："一旦你的胃囊与身体系统适应了蔬谷饮食，那么任何的转变都会招致死亡。"切恩幻想自己是见证患者与蔬菜疗法结婚的牧师，要求他们奉行不悖："如同婚姻一样，不离不弃。"

理查森吃素的第一个月，切恩已乐不可支："我等不及要祝贺你，终于进入自我恢复的天堂。"切恩告诉他牛奶与蔬菜饮食等同心灵的"净化、再生、悔改与自我检视"，原因在于简约饮食代表纯真无罪与简单。此外，更重要的是，以牛乳为食是救赎的道路之一。他不断说教道："饮牛乳就像是回归童真，而这也是天父准允我们回归天堂的唯一路径。"他向理查森担保，上帝以身体等有形苦痛折磨他，为的就是劝慰他远离肉食。理查森觉得切恩的养生法改善了他的健康，对切恩的话深信不疑，虽然切恩在他吃素之后的 16 个月过世，他依旧奉行不悖至少约五六年的时光，不肉不酒直到 1748 年或 1749 年左右。然而，理查森在 1748 年提笔写信给好友布拉德希夫人说，如果"被强迫进行节食，那不是真正的治疗，充其量只是治标不治本的小动作；七年过去了，我自觉地滴酒不沾，也未品尝红肉和鱼"。虽然理查森最终放弃了吃素，但在他与切恩结交的漫长友情岁月里，他确实遵照着切恩的素食思想意识形态生活。

受到精神导师兼医生好友的不间断游说鼓舞，理查森终年勤奋创作《帕梅拉》一部曲与二部曲，并在 1741 年完成，而这正是切恩严苛要求他进行"合宜并且极度简约饮食"的时刻。《克拉丽莎》在 1747

年至 1748 年间出版，值此时刻，理查森正进行着严苛的素食饮食疗法。可想而知，书中主角帕梅拉与克拉丽莎两位女士正巧是切恩心中极其细腻敏感的心理原型人物，她们对切恩的严苛饮食理论奉行不渝。

她们的日常饮食包含面包、牛油、水、茶、牛奶、沙拉、吐司与巧克力。她们甚至时常禁食，以拒绝吃肉，表达对暴君式父权主义者压迫的异议。当时有许多读者甚至批评，帕梅拉使得年轻女性开始对体重过于斤斤计较——毕竟男士仅需单臂就可环抱帕梅拉的纤纤腰身。她们时常想起希腊哲学家普鲁塔克的象征名言"老罗马人与扁豆"，并感同身受地以咀嚼防风草抗议奢华生活。女仆帕梅拉遭受主人 B 先生的诱拐，但总是时不时地威胁离开他颓靡无礼的生活，回归纯真俭朴的穷困之中，以面包与开水充饥。"如果没有面包可吃了，"她说道，"那么我会如同冬日中的鸟儿一般，小憩在山楂树枝头啄食，或以山胡桃果、马铃薯、萝卜，或任何东西充饥。"而克拉丽莎讲话的口气则和切恩如出一辙，她宣称自己如农人般的节俭生活将会换得健康长寿，而压迫她的贪婪男人则必得承受糜烂生活的苦果。

和帕梅拉遭遇相同，克拉丽莎也被年轻男性诱拐，但不似帕梅拉嫁给了恶棍，克拉丽莎被浪荡子强暴，精神上受到严重刺激而成疾，任何"有营养"的食物都难以下咽。换句话说，就像理查森（他的疾病也被不幸加剧），她的消化能力变得很虚弱，所以她的胃不能消化像肉那样难消化的食物。为了解决小说中的难题，理查森安插进一位药剂师角色，他活脱脱就是乔治·切恩的化身。那名药剂师向克拉丽莎宣告："小姐，任何药方都于事无补，但我会给你解药……你早餐得吃清粥或牛奶粥，也可以尝尝淡羹；晚餐则任由小姐选择，只有肉不可食；午餐以牛奶佐茶；晚餐也可食用西米。请遵从医嘱，呼吸一些乡间空气，恪守饮食之道，你马上就会好转。"而切恩开给患者的药方也不外乎是西米、牛奶粥、清粥、羹与乡下空气，理查森的小说里充满了节制饮食的人物角色。《克拉丽莎》书里的遣词用字宛若切恩写给理查森的苦口婆心的信笺。"你的治疗方式，"理查森写道，"就是早餐喝茶、牛奶与薄面包上涂抹一些奶油；中午则吃芦笋、烤马铃薯、糕点与你喜好的点心；晚餐则弄点牛奶粥与面包。"

但是切恩式的饮食并没有让克拉丽莎好转，奄奄一息的她不久之后就香消玉殒。此书出版后，文学评论家对于克拉丽莎的死因议论纷纷，诸多评论者皆认为厌食症正是其死亡关键。如果仔细推敲作者理查森与书中人物克拉丽莎极其相近的饮食，那么或许理查森是在释放其内心不安的信号，担忧切恩的素食疗法会让他一命呜呼。理查森的友人们则源源不断地提供给他吃素者猝死的故事，而他自己也曾致信切恩，谈及卡多根勋爵与巴克利勋爵之死。切恩暴跳如雷并痛斥理查森，坚持卡多根勋爵根本没有吃素，他的死与此毫无关联；而巴克利勋爵的医生赫尔曼·布尔哈夫只是素食医学的初学者，况且巴克利本人亦对素食疗法漫不经心（他意有所指地警告理查森）。

1744 年的另一出死亡，同样引起了轩然大波，当时，理查森正埋头进行《克拉丽莎》的撰写。此时，切恩早已去世，但众人仍将巴斯城女诗人、有佝偻症的玛丽·钱德勒之死，归因于她过于严苛地遵守切恩的素食疗方。历史学家戴维·沙特尔顿曾论证理查森应熟识玛丽：他曾刊印她的文集，小说中也引用她的文句，还通过切恩的介绍与玛丽的弟弟塞缪尔·钱德勒结识。书店老板塞缪尔·钱德勒不仅是直言不讳的非基督教徒，更是切恩的追随者。

塞缪尔·钱德勒认定素食饮食所造成的衰弱是玛丽的主要死因，

而众多议论者认为玛丽的过度节食本就等同于自杀，这样的说法和《克拉丽莎》评论者所提出的关切点不约而同。然而，克拉丽莎和玛丽一样，都亲手撰写了自己的墓志铭，袒露禁欲主义与死亡背后的真正精神意义。为了保护姐姐免受污名之扰，塞缪尔·钱德勒极力强调她的素食道德生活，为的是拂去其灵魂的黯晦肉欲，而更臻灵魂之纯净丰满。恰巧，理查森亦暗示克拉丽莎的节食是为了使灵魂超越肉体，并能更无暇地抵达天堂之门。看来，理查森将克拉丽莎描绘成切恩坚贞的追随者，达到身体与心灵的完全净化，以此化解了小说中的两难处境。

理查森将饮食主题与动物悲悯链接在一起，这点和切恩如出一辙。切恩将细腻的人与温顺鸟儿相比，并把硬心肠的嗜肉者比作禽兽，理查森将书中吃素的女圣人们比喻成无辜的羔羊与鸽子，而其书中的男性攻掠者则是狂啖肉类的猎徒。帕梅拉与克拉丽莎时常被描述成母鸡"女儿们宛若被送往男人餐桌的鸡肉"，而诱拐她们的男人则时常大嚼大咽鸡肉，特别是象征自由的翅膀。即便瘫在病床上，浪荡少爷仍不忘说："我会耐心静待那些母鸡熬成的汤羹送上桌来。"此话不但残酷地描绘了他拥有极高无上的权力，得以摧毁如此无助的生物，还借用了双关语，表示鸡被带到他的眼前，而肉汤（broth）一词则近似妓院（brothel）。

克拉丽莎无微不至地照料家禽，而帕梅拉则满怀爱心地将一条鲤鱼放生，并在花园中种植蚕豆以代替鱼饵。"我将孕育出生命，"她告诉怒杀鲤鱼的守卫，"而你则在摧毁生机。"相反地，浪荡少爷则坦荡荡地承认施虐于动物与女人身上两者之间的关联性："男孩时期我们把鸟当作标靶，等到成为男人时我们则将女人当作目标：两者都是为了成全男人的残酷游戏。"书中有几句较为超然的观察来自贝尔福德（浪荡少爷的同伙友人），在某一瞬间他的思绪澄澈并且深怀悔意，他了解了沙文主义、人类中心主义与阶级暴政皆来自相同的人类本能。"万物创造者啊！"他嘲讽地叹道：

> 谁能忍痛强颜欢笑？当被赐予万物作为欢乐泉源和生命必需品（如食物与衣饰）他却张牙舞爪时、血脉贲张，昂首阔步地招摇着背上的羽翼，认为自己可以随意地踢打、监禁、消灭更为高贵的生命。而当所有动物灭绝，无以狩猎与凌虐时，他将用尽一切权力、力量、财富，好压迫更为弱小的同类余众。

贝尔福德以蒙田式的攻击语句，揭露了人类对众生的无情：事实上，人类确实也是动物，因此当视他者的生命如同自己的生命。或许理查森并没有以激烈姿态要求不能宰杀动物，抑或主张消除社会阶级制度，更遑论要求两性平等。但理查森确实希望通过联结人类与动物，试图以同情心弥合强者与弱者之间的道德责任断裂。

切恩认为肉类物质在人体血液里循环时会带来疾病，而理查森笔下的沙文恶徒则纷纷感染了犬瘟热。切恩曾说过，疾病打开患者的悲悯之心，并得到全面的人性革新。而理查森与塞缪尔·钱德勒协力著作的《医疗字典》（1743—1745）则如此描述赫尔曼·布尔哈夫，"自身的苦痛教导他同情弱者"。在切恩毫无避讳的鼓励下，理查森将此医疗理论套用至女性施暴者的命运上。在《克拉丽莎》与《帕梅拉》的书中，所有沙文男性与其恶毒的女性共犯，都难逃劫瘟。

根据切恩的医疗理论，疾病强迫肉食主义的患者对受虐动物发生情感。在理查森的小说里，好色之徒的放荡性生活仿佛再现施加于动物身上的暴虐。只有当花花公子们受到疾病侵扰倒下时，他们才能学会悲悯受害者，并重整自己的食与性。主角浪荡子的觉醒来得太迟，他身受重病而一蹶不振，并幻想所有动物来向他讨债索命。切恩时常向理查森谈起暴饮暴食所带来的悔恨；他运用悔恨（词源 "re-mordere"，含咀嚼之意）一词解释：猎物终将反咬捕猎者一口。主角浪荡少爷在病榻上哭喊："我如此深切后悔着，数千只秃鹫正啃咬着我的胸口。" 当他挨过大病后，克拉丽莎的堂兄莫登（亦与悔恨有同样词源 "re-mordere"）旋即将他毙命。

色欲与食肉行为的关联性呼之欲出，而理查森与切恩同样身负重责大任，想唤醒人们的内在恻隐之心。最后，当浪荡少爷的家仆们为克拉丽莎感到悲伤，但却继续坐收金钱利益，并且不伸出援手拯救她时，理查森暗示此举等同于心疼动物，却继续食肉。"可怜的小伙伴，" 他如此呼喊道，"可笑的同情心啊！那些愚笨的人们，绝不愿为了什么而杀生，但把烹熟的动物端到他们眼前时，他们就成了垂涎三尺的吞噬者。" 理查森似乎从《蜜蜂的寓言》里得到灵感。在这本书里，伯纳德·曼德维尔书里描述伪善的人们不愿手染鸡血，却欢愉地吞嚼动物的死尸，并让自己离屠宰处越远越好。理查森与切恩都希望通过施暴者与食肉者的内在关联，激起众人与生俱来的道德感。

刚开始，贝尔福德不过是个无视自己为虎作伥的伪君子。对于他亟欲撇清与克拉丽莎悲运关联的行为，男主人公浪荡少爷说："贝尔福德想缓和胸膛里填满怒火的霍屯督之心，但他又无比冷酷地吞咽下他所谓污秽肉体的渣滓，哪有什么革新。" 然而，最终贝尔福德确实洗心革面，理查森再次以切恩的饮食世界观表现其命运。贝尔福德经历了痛苦折磨的肺病痨咳，又目睹同伙恶少接连暴毙，他的感性随之苏醒，进而成为理智之人。他从耽溺于感官与口欲，转而回归清淡节制的家庭生活。

理查森在小说中创造的医疗隐喻象征成为 18 世纪小说擅用的技法。托比亚斯·斯摩莱特在 1753 年撰写的小说《费迪南德伯爵》里，女主角莫尼米亚被狼心狗肺的恶徒费迪南德与奸险毒妇监禁于伦敦居所里，由守卫控制其一举一动。像理查森笔下的克拉丽莎一样，莫尼米亚不堪折磨而憔悴，而缺乏营养更是让她命在旦夕："她的营养摄取仅足以让她犹存一口气。"如同《克拉丽莎》的剧情发展，《费迪南德伯爵》书中的恶棍们都是食肉的禽兽，最终痛改前非。费迪南德伯爵本人历经犬瘟热后心肠柔软起来，开始悲悯那些饱受残害的女人。而刽子手卡斯蒂利亚人唐迭戈的下场，则是内心犹如遭受无数只秃鹫猛烈攻击，悔恨不已。如同理查森笔下的人物一般，斯摩莱特的恶棍们的悔改最先表现在饮食习惯的改变。费迪南德伯爵决定作为禁欲隐士终了余生；而唐迭戈则浪子回头，不再打打杀杀，反其道遵行虔诚禁欲的茹素生活，他深情地向天告白："当我饿了，大地遍布牧草；当我渴了，溪流充盈身心。"

斯摩莱特在阿伯丁马歇尔学院修习医学，这点和切恩十分相似。日后他定居于巴斯城，成为医生作家。我们几乎可以确定他知晓切恩以及素食医生詹姆斯·格雷厄姆。在《费迪南德伯爵》中，斯摩莱特将那些十分在意健康问题并热爱素食的赌徒与心生怨气的毕达哥拉斯学派婆罗门相比，借以讥笑养生饮食的浪潮。每当他的书中出现切恩式疗法时，他总是使用讽刺笔法，例如《汉弗莱·克林克历险记》和《佩里格林·皮克尔历险记》。后者书中的老长官马修·布兰布尔即便罹患痛风，仍旧坦率地痛恶这种疗法："他反其道而行，毫不在意众人推崇的医疗方式。"斯摩莱特更在《罗德里克历险记》里攻击无肉饮食，书内海军部队皆以"榕树日"轻蔑地指称伙食缺肉的日子。当斯摩莱特本人的健康状况跌宕到谷底，必须采用素食疗法时，他如此自嘲："我的伙食……与驴子雷同。"

时至 18 世纪末期，"切恩式敏感"虽然仍是广泛运用的文学象征，但更多时候遭受无情的讪笑。简·奥斯汀不仅使用嘲讽法描述该时的感性文化，更进一步描述众人履行的极端饮食，她不仅从自己最爱的小说——理查森所著的《查尔斯·格兰迪森长官》里对此有所了解，她的父母居于巴斯城时亦曾亲身试法过。《爱玛》一书里，主角爱玛的父亲伍德豪斯就极端敏感，貌似患有臆想病，他甚至询问药剂师婚礼蛋糕是否含有毒素。伍德豪斯的信念近似于切恩式饮食原则，他认定婚宴餐点过于腐败，也因此强迫所有宾客拒吃眼前的美食："他自我嘉许仅以现有的薄粥充饥，那也恰巧是他祈望众人享用的。"他以荒谬滑稽的口吻向一名宾客挑剔道："我欢迎你挑战这些鸡蛋。只有煮得透熟的鸡蛋才能去除毒素。塞尔比任何人都了解煮熟鸡蛋的妙诀。我可不推荐你吃其他人煮的鸡蛋……蛋糕就更不必了。"尽管文下极尽讽刺之能事，简·奥斯汀的私人信件似乎透露了她本人亦难逃素食教条的洗脑，举例来说，她泄露了自己深信肉食会淤塞脑部活动的通畅："我满脑子的羊肉，根本无法动笔写文章。"

尽管饱受诮骂，切恩创造的医疗法则仍成为了 18 世纪道德构建的神话奥义。风靡一时的神经疾病理论及其道德隐喻，成为那个时代道德重建的普遍象征。人人深信食肉，或至少，虐待动物，意味着泯灭人性的残暴。而大自然借由人体生理失常重建公平正义，来敦促其道德革新。同时，理查森的文学创作，也成为践行饮食规范的佳例。

15 卢梭与大自然的乳房
Rousseau and the Bosoms of Nature

18世纪80年代，法国王室流行起田园风。玛丽·安托瓦内特王后与她的闺密们卸下贵重首饰，改以鲜花与叶瓣作为发饰，她们的胸脯坦荡荡，如同大地之母向众人敞怀，挤奶妇与牧羊女的简朴风格更成了她们的时尚风标。王后钟爱的画家伊丽莎白·维热-勒布伦描摹衣不蔽体的女性，一度身陷风波。朝臣们沉溺在前所未有的风流浪漫中，当他们招致非议时，就马上表达对大自然的崇敬与热爱作为道德解释。宗教信徒们也从教会枷锁里挣脱出来，往原始自然森林与崇山峻岭中寻找上帝。

让-雅克·卢梭是这股重返自然思潮的吹号手。他提倡打破常规，重返自由状态，并以此深刻影响了浪漫主义。直至18世纪80年代末，他坚定推崇的政治自由思想在法国社会弥漫开来，新的领导者们推翻了统治阶层所控制的旧制度。许多贵族因为拥抱卢梭的情感自由理论而被推上了断头台，而人民则在街头冲撞，以自由、平等、博爱之名，夺回应有的权力。

1750年，卢梭以《论科学与艺术》发动了思想辩论的首轮炮火。该文认为所谓的常规体制压抑了人类本性，而人类文明及社会文化更无法将人类带离野蛮愚昧的境地。获得最初的成功后（该篇论文得到第戎学院比赛奖项），卢梭终其一生努力鞭策人们重新找寻内在的天性。他的基本论点即人性本善，社会集体崩坏带来人为的邪恶，但可以规避。卢梭认为，"高贵的野蛮人"存在于社会出现以前的自然状态，且怀有悲天悯人的天性。卢梭的见解扭转了欧洲历史，并启发无数 19、20 世纪的伟大思想家。即便是今日，当代社会思想家仍与之进行思想角力。然而，尽管当时人人皆读其书，但鲜为人知的是，卢梭的社会哲学思想根植于素食论辩之上。他的第二部论文《论人类不平等的起源和基础》，更以人类的原初食草性作为辩论基调。

《论人类不平等的起源和基础》开头，卢梭就指出解剖学尚未对人类起源本性做出定论，这点和爱德华·泰森雷同，此外，他亦讽刺地宣称自己放弃所谓的超自然知识（例如，他绝不会引用《创世记》等伪知识文献）。卢梭以当时的科学知识为证，认为人类与万物殊途，出离天性，从草食性转变而成杂食性动物。"万物皆顺从天性，"他写道，"而人类却违背天性，不似动物世界以平等的方式享用自然食物。"

卢梭还为论文撰写了精彩翔实的解释，深入探讨史前人类状态，极力主张"人类胎儿成型的初期阶段为草食性"，此点成为其人性论点的中心基石。卢梭运用了所有证明人类原初草食性的科学研究，从红毛猩猩的无肉饮食，到古代人对于黄金时代的描述。其中最突出的观点，是他延伸了古老解剖学所提出的人齿与胃肠的素食关联性，进而提出符合时代绮想的乳房说。

卢梭向以迷恋女性乳房而闻名，这或许和他母亲于分娩时不幸去世有着深切关联。自 15 岁他逃离日内瓦开始，他与教养他的瓦朗夫人成为爱侣。日后在他罹病时，瓦朗夫人也以牛奶疗法治愈他。《忏悔录》

里，他热情洋溢地描述自己对女性胸脯的着迷。而现在，他更在《论人类不平等的起源和基础》之中宣布："乳腺创立了大自然普遍性系统，使得人类得以从肉食性动物转换成以果实填饱肚子的生物。"

卢梭在蒙彼利埃学习解剖学时，感觉将动物开肠剖肚，以及"触摸血脉贲张的脏腑"过于骇人，最终放弃。但他曾研究普鲁塔克、意大利籍医生安东尼奥·科基的素食辩论，甚至可能涵盖伽桑狄、埃凯、普芬多夫以及泰森与沃利斯的交锋争辩。毫无疑问，他也受到林奈的影响。女性主义史学者隆达·席宾格曾指出，林奈使用乳头数目作为物种分类指标，并在 1758 年以哺乳类（Mammalia）动物的女性乳房器官（mammae）为此类动物命名——该词汇根源于婴儿吸吮母亲乳房所发出的声响，许多文化更将此声源定为母亲一字。

卢梭难掩对乳房的情有独钟，并观察发现肉食性动物（比如猫与狗）多半拥有数对乳房以及成窝后代，因为它们能轻易便捷地取得食物。相反地，草食性动物（比如山羊、马、绵羊）则仅有一对乳房，并且多半拥有至多两胎后代，因为它们需要一整天的时间放牧以便产生乳汁。然而，卢梭解释道："女性仅拥有双乳，并且每次分娩多半仅能生产一胎，由此事实可以推测，人类应是天生草食性。"尽管卢梭宣称自己已放弃人类原初草食性的想法，但他依旧认为，人类拥有单对乳房确实是支持自己观点的解剖学证据。乳房不仅是温柔营养与纯洁的象征，更是人类原初草食性的科学证明。

这一论点更进一步指出了肉食性动物必须与猎物进行战斗，而"草食性动物则能和平共处"的道理。如果人类原初为草食性是真的，那么我们可以进一步推断人类内在固有和平与性情本善的倾向。此结论即为卢梭进行人性改革与道德运动的基础信念。女性乳房，即为人类原初草食性的具体象征，并且是卢梭用来证明人性本善的解剖学证据。

也因此，卢梭鼓励妇女骄傲地袒露双乳，并用委婉的"胸脯"指称人类情感的泉源。《论人类不平等的起源和基础》首页，就是一张母亲袒露乳房哺婴的画像，像是以此作为象征性的宣言。乳房热情论燃烧了许久。1783 年，普鲁士立法要求女性以母乳哺育婴儿。而要求砸碎社会阶级枷锁的平等主义者，更以袒露双乳作为自由的象征。乳房，最后成了法国大革命的象征符号。

为了维护人性本善本真的观点，卢梭不得不正面迎击托马斯·霍布斯一百年前所提出的反面论调。霍布斯宣称自私本是人类天性，而原初的自然状态即是永恒不变的征战（丑陋、暴力与转瞬而逝），万物凭借本能保护自我生存。而已臻文明之境的人类得以剥除天性本能，违背自然法则，以己所欲待人。相反，不理性的动物，则难逃被天性本能掌控的命运，也因此难享有互信网络与盟约。霍布斯的悲观主义让卢梭大感惊骇，进一步提出人类除了自我保护机制以外，更生来即富有同情心，此论点与沙夫茨伯里伯爵和其他道德意识哲学家相同："人类面对众生遭受磨难时，会情不自禁地感受痛苦，"据卢梭的说法，"这种本能情感就是同情心的起源，即便道德极端败坏的人也会有。"而在耕种文明与社会契约出现以前，人类群体仰赖此纯真同情心以规范个人利益："同情心即为所有美德的根源，进而拥有宽容、慷慨、人道……博爱与友谊。"

卢梭接受并修正了伯纳德·曼德维尔与大卫·休谟的观点，指出动物与人类拥有相似的同情心机制。有时候，人出于自我保护意识会残杀动物（或其他人）。但卢梭坚持，如果顺应自然，本能同情心会抑制人类残害其他有感情的生物。因此人类与动物的天性就构成了自然权利的基础。卢梭通过动物拥有和人类相仿的知觉这一点，进一步证明了动物权利，并推翻那些流传千年之久的谬见——如胡戈·格劳秀斯在《战争与和平法》中提出，后由霍布斯修改而成的论点："唯有能够进行理性活动的生物才能享有权利。"卢梭借由动物与人类拥有共同情感的事实，作为动物权利的理论基础，绝对是当时最重要的人类与动物关系的观念进步：

假使人类恪守内在同情本能，他必难对他人或任何具有情感的生物施以残暴；除非他面临自我存亡或自我保护的关头，此时他被赋予合理的权利行使自我保护权。以此为思辨基础，我们应该终止自然法则是否该当包含动物的漫长争论：事实足以证明，缺乏智力活动与自由概念的动物，难以觉知自然法则的存在，但既然动物被赋予知觉能力，它们亦是自然系统的一部分。因此，人类面对动物也有该当担起的责任。很明显，假使天性促使人类难以伤害任何人，那并不是因为对方具有思想能力，而是因为他们是具有情感的生命体。此道理可推及人类与动物两者，并赋予动物免受人类磨难的权利。

相异于霍布斯，卢梭如此定义人类可以宰杀动物的条件："仅当他面临自我存亡或自我保护的紧要关头时。"卢梭没有忘记，即便素食主义者，亦认为原始时代的人类有权捕杀对自身生活造成威胁的动物，例如狼群。他以毕达哥拉斯式的口吻提到："人类拥有合法权利杀掉那些足以伤害人类的生物，但吃肉并不在此限。"卢梭的自我保护论点呼应了霍布斯的"生存"概念（两者享有同样的拉丁词源），并很可能间接证明人类拥有捕猎动物以延续生命的权利。并且，卢梭在一些论著里强调，自我保护与食肉行为无关，毕竟自然已提供了丰富而营养的蔬食给人类。再者，不仅无谓的残害动物违反自然法则，即便是有意义的宰杀动物（如食肉），亦是不合乎自然法则的（遑论过度食肉的状况）。卢梭本人不是素食主义者，他也没有明确地大胆宣称食肉破坏动物权利。毕竟，以他与霍布斯相抗衡的言论看来，食肉仍旧可被视为自我保护的触发行动，并且也难以判断何时人们的同情心将超越自我利益。但是，卢梭提供了素食主义理论的哲学基础，要求"我们有义务保护人类的伙伴（动物）免受残害"，并以动物权利作为素食主义的哲学论证。

尽管卢梭振振有词并严谨地将乳头分类说归纳到笔记里面，但他的理论中心仍旧是备受攻击的（比如他在《论人类不平等的起源和基础》中指出的"人类原初草食性与哺乳类解剖学特征的关联性"的观点）。其中，18世纪法国最受敬重的自然学者乔治-路易·勒克莱尔，布丰伯爵就猛烈抨击他的论点。当卢梭的《论人类不平等的起源和基础》出版时，布丰正埋头进行浩瀚广博的《自然史》撰写，他以每日12小时的进度，持续进行了50年的精深研究。由于题材过于广泛，布丰必须时不时地涉猎各类学者的研究领域。布丰与《百科全书》编纂者狄德罗与达朗贝尔交好，并且经常使用地质学术的理论惹恼学者们，还以此为乐。但他最喜欢的莫过于捉弄卢梭，并欲借此一石二鸟地打击布丰在自然历史领域的头号劲敌——素食主义者林奈，并攻击其主张以乳房结构为标准的分级制度（布丰认为，以哺乳的单一器官作为该类属动物名称，相当不合理，毕竟马就没有乳房；他强烈反对林奈以亵渎的分类法，将人类与树獭同样放在动物园里）。

1753年，《论人类不平等的起源和基础》出版前不久，布丰出版了《自然史》第四卷，并提出"人类饲育家禽，也因此拥有宰杀它们的权利"之观点。但是，布丰认为人类过度猎杀野生动物，以及食用大量肉类的行为，等同于扭曲了被赋予的权利。"人类所吞噬掉的肉类，远超过所有动物的消耗总和，"布丰如此宣称，"人类是最可怖的破坏者，驱动他的是暴虐之心，而非真实需求。"他认为将自身权利扭曲变形的举动相当骇人听闻，毕竟印度教徒早已证明人类可单靠蔬食而活。然而，布丰坚持人类并非具有原初草食性：人类具有过小的胃，因此适宜食用营养成分浓缩的食物，比如肉类；当人类食用过于清淡的食物时，会致使营养不良。他的结论认为，所有宣称弃绝肉类能带来健康好处的毕达哥拉斯学者与素食主义医生，都是胡诌大王。

卢梭的理想主义、偏颇的解剖观点，甚至有意地忽视《自然史》的权威解释，再次刺激了布丰。布丰开始刻意地加入卢梭的敌对阵营，支持王室狩猎官员夏尔-乔治·勒鲁瓦的说法。

勒鲁瓦认为，卢梭的论辩完全根基于自身对女性乳房的猥琐癖好之上。而且，卢梭的观察与事实相左，草食性动物（例如兔子），就拥有多对乳头以及繁多子嗣；而许多肉食性动物（例如黄鼠狼），则恰好相反。至于草食性动物需要较长时间寻觅食物的说法，也说不通，毕竟肉食性动物也常常花上一整晚的时间觅食，却一无所获。不论如何，人类不可能单靠植物生存，他们绝对难挨冬日酷寒。

卢梭的科学对手们认为，他所谓的自然和谐状态理念，完全得不到事实支撑。但从卢梭的回复信件手稿看来，他坚守其素食主义抗辩逻辑，并声称肉食性动物难以觅得食物的原因，乃是因为人类破坏了它们的狩猎栖地。而真正难熬严酷寒冬的人们，仅分布于巴黎或伦敦等地，毕竟这些人早已遗忘了人类本性哪！

卢梭在《论人类不平等的起源和基础》批注笔记里，还以女性乳房分析自然状态下的非契约型性爱关系。约翰·洛克曾言：人类与肉食性动物皆会维持夫妻关系，以哺育繁衍后代，然而草食性动物的雌雄联结状态仅会维持在短暂的性交期间，这是因为草食性动物的乳汁丰足，足以滋养后代。卢梭反驳洛克的观点，甚至认为事实应该颠倒过来：自然状态下，人类于交合后会立即返回独身状态。此说法恰巧呼应了卢梭本人的引发非议的情感生活，以及将自己的五个私生子女相继送往孤儿院的行为。这更提供给了勒鲁瓦与布丰绝佳话柄，他们嘲讽道："以鹿群为例，人类与草食性动物最大的相似处，在于它们皆为地球上最大胆的荡妇，这点刚好足以使人信服，人类真该多吃果子。"

布丰在 1758 年印刷出版《自然史》第七卷，在此卷中，他公然反对卢梭，以此展开对素食主义更为强烈的报复与反攻。布丰在书中《肉食性动物》一章里宣称："依据自然法则，人类绝不该仰赖草类、谷物、果实为食。"他紧接着暗讽卢梭与其他素食主义者："许多节衣缩食的野蛮哲学家提出素食主义和谐论，这是对于人类文明的攻击，污辱了人类。"

布丰承认："对残害动物感到忧惧的背后原因，确实反映了我们固有的人性。无辜的动物……它们如同人类一样，遭受伤害时会也感受痛楚……杀害它们体现了人类的冷血和感性匮乏。"但他笔锋一转，立即给卢梭重重一击："但怜悯情绪属于与动物一样的肉体反应，而非思维活动。"布丰将悲悯情绪定义为身体本能（此说法呼应了笛卡儿派马勒伯朗士的看法），无疑暗示了屈服于悲悯情绪等同于践踏理性，服膺动物本能。他的说法和素食主义者惯常宣称的意见大相径庭，布丰认为，感性行为（而非食肉）才是兽行。

如此而言，正常来说宰杀动物所带来的破坏实不足以担忧，布丰解释道，生命再生循环和破坏行为的周期不相上下，故而肉食性动物和其他较低等的动物都足以找到安身立命之处，并产生多样且数量丰富的生命形态。"也因此，宰杀动物是合乎规范且无害的举止，"布丰结论道，"此为人类的自然天性，并因此度过了严峻的生存考验。"人类通过食肉行为参与生态链系统，反之，素食主义则企图要求剥除人类的狩猎本能，违反生态系统的运行。

布丰深知这个说法可以彻底摧毁卢梭"高贵野蛮人"的解剖学准则，并划清两派界限。卢梭派学者们认为人性本善，而反对卢梭的一派则坚信人类生来就是骁勇善战的猎人。

勒鲁瓦的儿时玩伴、同代哲学家克洛德-阿德里安·爱尔维修也对卢梭开炮，他强调人类牙齿能够切磨肉食，这是人类天然即为杂食性的明证。爱尔维修认同伯纳德·曼德维尔所言，不常宰割动物的人类确实会因恻隐之心而难以痛下杀手，但是借由不断练习和养成习惯，终将克服恻隐之心，这也完全符合人类天性。德利勒·德萨勒则帮卢梭反驳，他重申人类牙齿不仅不符合肉食，相反乃是符合草食天性的；而且，亚洲素食者早已证明素食饮食再营养不过。林奈的门徒、旅行家斯帕尔曼也支持素食观点，认为布丰学派完全误判了人类解剖起源。

从人类从何而来的古老问题，进一步追溯到何谓人类最初的食物，18 世纪哲学家希望借由探问人类起源，为人类行为找到解释。如同 21 世纪的我们探索生物演化的蛛丝马迹，好为集体行为找到解释一样。这种对伊甸园传说的呼应，对《圣经》指示人类的应许之地的呼应，正体现了西方文化传统一以贯之的连续性。

科学的争辩在整个知识界蔓延开来，但卢梭知道这仅仅影响了社会里的一小撮人而已。如果希望掀起波澜壮阔的社会运动，那么他必须同时以感性与理性征服所有人心。卢梭选择背离巴黎社会，孤身搬往友人德皮奈夫人位居蒙莫朗西近郊的小屋。他回归自然，并独自居住，在此创作出数本抒情小说著作，包括书信体小说《新爱洛伊丝》、教育学著作《爱弥儿》。他的哲学思想重新构建了接下来数十年波澜起伏的欧洲历史。《爱弥儿》背离宗教正统的意识形态，这让巴黎天主教会下令焚书，并且将卢梭丢入大牢；而《新爱洛伊丝》则使他晋身名流，他将自己仰慕的女贵族索菲·德乌德托极端偶像化，这使得他广受知识阶层女性的欢迎。他甚至因为广大人脉而获得了一辆马车。《爱弥儿》的出版引发强烈反响，后来卢梭动身逃离法国，辗转前往瑞士，最终被苏格兰哲学家大卫·休谟所收留。

卢梭曾拜读理查森所著的广受法国大众热爱的《帕梅拉》与《克拉丽莎》两书，并深感亲密书信体作为完美的文学形式，能启发欧洲社会对纯粹自然法则的热爱。卢梭的女主角朱莉与家庭教师圣普乐发展出浓浓热恋，但过于纤细敏感的心灵也造成她的死亡，此举无疑是将理查森的感性原则推往浪漫化的极致。卢梭也倾仰理查森的饮食教则；他笔下的朱莉无疑是纯真道德的化身；以克拉丽莎作为精神指引，朱莉也曾于衰弱病榻上，婉拒男人所带来的鸡胸肉。然而，理查森仅仅以暗示手法诠释克拉丽莎的节制主义，卢梭则让女主角成为坚决不吃肉的鱼素者，以阐明素食主义的新锐思想：

> 她不爱肉、炖肉和盐，甚至连一点酒也不沾。新鲜蔬谷、鸡蛋、奶油、水果，这才是她的每日餐点，要不是她热爱吃鱼的话，她真可以说是毕达哥拉斯之母。

朱莉所准备的奶制糕点，显示出她慈爱的母性，并成为阶级平等的象征，她总将点心分给家里雇用的农夫们。卢梭借用了理查森《帕梅拉》书里象征纯洁的牛奶意象；当 B 先生的私生女前往乳酪农场时，主人款待她鲜奶油与牛油。《爱弥儿》的女主角苏菲则有着相同的柔性特质："她偏好乳制品和甜食。她对甜品和糕点兴致高昂，但对肉类则明显冷淡，并且远离任何酒精性饮料。"不管是乳制品、乳房、素食主义者的普遍本性，种种象征都是卢梭《论人类不平等的起源和基础》里的基本论调。卢梭的学术论文一向以经验主义怀疑论糅合个人意见，但他的小说主角则是在大自然的怀抱里陶冶出完美无瑕的道德观。

朱莉的恋人圣普乐解释道："牛奶制品与糖即是性的本味，而甜美与纯净的象征，则交织成最难以抵抗的甜品。"圣普乐试图将奶制品与女性特质结合在一起，此点呼应了一直以来男性特质与肉类的关联——切恩曾经亟欲破除此观点，但菲利普·埃凯医生等人则对此深信不疑，他们认为："女性喜爱糕点、奶酪制品、水果以及类似的清淡食物，而非肉类。"不过，圣普乐终于明白朱莉的饮食不仅仅与女性独有的甜美特质相关，更表现了她敏锐的同情心。

卢梭明白被同情者与同情者的距离决定了同情的深度。而人类社会秩序早已借由劳动分工与阶级拉开了两者间的距离；耕作制度的发明，可以说是不平等的根源。阶级差距使得人类脱离自然，并堕落至文明腐败的深渊。卢梭急欲弥合这种差距，更甚于切恩或理查森。

朱莉的食材来自自家花园的种植，她与农民一起参与生产。即便家中男性所食用的肉类，也是在当地猎场猎捕而得（与布丰不同，卢梭认为捕猎是比农耕更自然的饮食来源）。

《论人类不平等的起源和基础》里，卢梭并未言明何时人类对动物的同情心会超越自身私欲；在小说里，他让完美的女性角色吃素，即说明了他内心如此看待人类与动物间应当存在的平衡。他详述朱莉的饮食，并借由圣普乐的角色，让读者得以窥视女主角祈望重新恢复自然权利的进步行为。理查森的女主角克拉丽莎会在鸟屋或鸡舍里收留受伤的鸟儿，而朱莉与她的丈夫沃尔玛则于家中搭设庇护所，收留野生鸟与动物。受到细心照料的小动物们因此丝毫不惧怕人类，甚至会像母鸡般热闹地聚在一起啄食饲料。当圣普乐赞美朱莉以待客方式照料鸟儿，而非囚禁它们时，朱莉马上反诘他并不了解她亟欲彻底重建的自然秩序。"你认为谁才是过客？"朱莉反问，"其实我们才是它们的客人。它们是自然界的主人，而我们略尽绵薄之力，好使它们能够勉强接受我们的短暂拜访。"

朱莉认为动物拥有自然优先权，也因此她的动物庇护所超越了类伊甸园式的和谐。她翻转了人类统治权，此举呼应了托马斯·特赖恩所著的《鸟儿的怨言》；她的庇护所近似古希腊的理想圣林，以及《土耳其间谍》所描述的印度动物医院与照料所，这成了抒情小说的特殊象征与精髓。

朱莉在另一次钓鱼旅行里，再次给圣普乐上了一课。"我带了一把猎枪，准备捉几只海鱼，"圣普乐说，"我放肆地残杀鸟类，甚至为了纯然快感而施暴，她让我为此感到无地自容。"早在《论人类不平等的起源和基础》里，卢梭就认定此类行为等同侵害动物的自然权利。教训还没结束："我钓得蛮顺利的，直到朱莉放走一尾被木桨绊住的鳟鱼，之后她更是将所有捕获的鱼全都放生。她说，这些都是受苦的动物，不如把它们放走吧。我们可以一同享受它们脱险的幸福。"朱莉的情境使我们不禁联想到毕达哥拉斯信徒和印度教徒的放生善行，以及野放鲤鱼的帕梅拉——值此时刻，怜悯之心确实战胜小我私欲。

《爱弥儿》是一本论述如何遵循自然法则养育幼儿，并使孩童远离腐败社会思想的教育小说。卢梭借此证明，素食思想不仅只适用于女性，他的小男主角爱弥儿依循皮埃尔·伽桑狄建议的素食之途长大。乳房，再次担当了卢梭的启蒙角色。

卢梭了解约有百分之九十的巴黎婴儿被送去乡下的乳娘那儿，但他们能够存活的几率远不及吸吮母乳的婴儿。因此，卢梭努力鼓舞中上阶层的母亲亲自哺育婴儿，而非将小宝贝们丢给社会阶层较低的乳娘们。但也有人批评说："卢梭将母亲们从畏惧袒露双乳的禁忌中解放出来。然而，母亲们又立刻被套上以养育小孩为生命重心的沉重枷锁，而沮丧的父亲们则是得目睹诱人双峰，转变成乏味的哺育工具。"狂妄的 B 先生曾禁绝帕梅拉喂母乳，声称她会糟蹋了自己的好身材，而帕梅拉则深信母乳哺育是不可卸载的道义责任。卢梭以《爱弥儿》为帕梅拉平反，认为这是重建社会美德的关键。"让母亲们低下身来哺育婴儿，"卢梭指出，"道德将因此重整，自然的感性力量会让人心温暖起来，而社会也因此生意盎然。"

卢梭更进一步解释，无论是谁负起哺育母乳的责任，最重要的是切莫让肉食玷污了纯净母乳。母亲必须吃素，并延续婴儿天生的素食倾向越长越好。

卢梭认同伽桑狄的说法，认为幼儿生来就偏爱蔬食，此点证明了"肉类并非是人类的天然食物"。他同时警告："最重要的是我们不该使孩童忘却最初的味觉，而变成食肉动物。"卢梭认为不但该减少儿童碰触活体动物（如蠕虫）外，更相信让孩子远离肉类得以保存天生的内在同理情怀，而同情心正是一切良善美德的根源。食肉行为所产生的暴虐性，可由钟爱肉类并且极端残酷、凶恶的英国社会观察而知；反观以蔬谷为粮的东印度人与琐罗亚斯德教徒则为"怀善之人"。

如果谨守卢梭的原则，孩童应会自然发展成仁慈善良的人："他将对他人的痛楚和呼救有所感应，目睹鲜血流淌将使他动容，而抽搐的濒死动物，将让他深陷无可言喻的痛苦中。"从自然的倾向看，卢梭解释，所有的人类美德将因此而复兴。

卢梭以伽桑狄的旧论作为自己的辩论基础，并进一步将普鲁塔克认为吃肉不是自然的行为的辩词加以具象化：

> 亲手屠杀动物——我是说用你的双手，抛下任何金属工具或小刀。像狮虎野兽一样，用指甲把它们扒开。啃咬这头牛，用爪子深抠皮肉，并且将它嚼成碎渣。生吞这只羊，吞下那温绵绵的肉，啜饮它的灵魂与血液。你打冷战？你不想尝尝动物肉身在你齿间打哆嗦的滋味？

卢梭进而书写五种感官惊惧杀戮的事实：而谁还需要更多的科学学说证明屠杀是非自然行为？即便青年人被迫学会冷漠、抛弃同情心之时（卢梭认为这毫无必要），这时实在该将他送往猎场，目睹狩猎者与被猎物相斗的现场。

现代社会极力疏远消费者与被消费者间的距离，借由雇用厨师与屠夫让大自然变得遥不可及。如普鲁塔克、伽桑狄、理查森、切恩、曼德维尔所言，空间距离造成了伪善的道德距离。卢梭坚决认同此说，认为同情者与被同情者之间的分化，是促成社会不公平的关键，他的经济理论继而启发了马克思与列宁。卢梭指出，当人们明白消费所衍生出的道德责任后，遵循自然法则足以消弭这个社会问题。

卢梭并未试图将人类社会推往伊甸园初始的简朴疏食生活。在《忏悔录》一书里，他羞愧地坦承自己曾经很爱吃肉。他回顾少年时代生涯，当时他从钟表匠父亲的家里逃跑，并受到丰满的瓦朗夫人的照顾，他深深记得她所教导的关于自然的美妙以及健康的蔬谷料理。"我实在不知道有什么食物能胜过乡村料理，"他说，"只要一点乳制品、鸡蛋、香草、芝士、烤面包和一点酒，就足以款待我。"他回忆从前快乐的乡村旅行，当时他与两位女性同游，并仿效史前人类的采集本能与热爱水果的天性，攀到樱桃树上采摘樱桃作为简约风格的点心。他将樱桃掉落在两位女性的胸前，以此融合乳房、性爱与果实三者的象征性，并幻想道："为何我的唇不是樱桃？我多么愿意代替樱桃，以唇狂热轻吻她们的双峰。"

卢梭的自然食物法则风靡全法国。18 世纪 60 年代，法国中上阶层社会狂热拥抱简约主义。历史学者丽贝卡·斯潘发现，当时餐饮业抓准时机，趁势而起。餐厅以"家庭健康"的名义兜售新菜；他们不烹调大鱼大肉，反倒端出清爽菜肴，强调以此可以恢复客人们的身体平衡状态。他们以卢梭的小说作为掌厨精神，为挑剔傲慢的顾客们烩煮精细食肴：粗粒小麦粉、新鲜鸡蛋、完熟蔬菜、新鲜奶油与奶酪芝士。以袒露半胸的华美宫女作为绘画标志的宫廷画家维热-勒布伦，此时更让宛若田园牧歌般的蜂蜜蛋糕与葡萄干入画，掀起新艺术运动。

卢梭的素食乳房论所激起的自然崇拜浪潮从法国宫廷传回民间。1789 年，民众狂热地想尝试卢梭的"公共意志"。人民以裸胸的法国自由主义取代了牛奶，掀起了波澜壮阔的鲜血革命，直到同情心所启发的平等主义重回人类集体意志里。画家欧仁·德拉克洛瓦对此做了最美好的见证。

日后，革命家将卢梭的同情理论与返朴主义发展到极致（详见第三部分）。"素食性"成了法国民间谚语，而《爱弥儿》更催生了一个时代的"卢梭之子"，他们被自然的素食法则养育成人。拒肉教育成了自然道德的象征印记。而萨德侯爵在其讽刺的反道德小说《弗朗瓦尔的欧建尼》之中，父亲长期让欧建尼素食，以此确保他遂行乱伦之举。

　　卢梭所激起的素食主义波澜在他逝世后未尝止息，甚至愈演愈烈，这多亏了他的忘年之交雅克‐亨利·贝尔纳丹·德·圣皮埃尔的努力。圣皮埃尔发展出浑然一套的自然哲学论点，并灌注至法国大革命精神之中，且提出极为确切的素食主义观点。圣皮埃尔是顽石般坚定的理想主义者。幼年时期，他自学校脱逃，隐居森林，与浆果和野生动物为伍。在放弃了法国的官方工作后，他转而投效美丽的叶卡捷琳娜二世，并全心全意地想在里海海岸建立卢梭与柏拉图式的居住区域。之后，马达加斯加岛式的生活更激起他的热爱，也因此再次迁徙至印度洋的法属群岛，并以热带区域经验作为本身的理论思想重心。最终，在路易十六与其巴黎御花园（在这里，圣皮埃尔监督建立了一个动物园）被推翻前夕，圣皮埃尔超越了布丰在自然历史上的专业地位。

　　1771 年，圣皮埃尔第一次返回法国，并与卢梭交好。他效法卢梭，运用流行小说与哲学知识传递理念。他的小说《保罗与维尔日妮》（1788）受到全欧洲空前绝后的热烈欢迎，成为有史以来翻印与被模仿最多的作品。尽管 19 世纪末，此类浪漫主义形式的小说早已成了陈腔滥调，并广受嘲讽。例如：古斯塔夫·福楼拜就曾亲昵地让小说《十一月》中的妓女玛丽将《保罗与维尔日妮》当成宝，甚至熟读一百多次；《一颗简单的心》里头，奥班夫人的小孩就被称呼成保罗与维尔日妮。

在浪漫主义时代，同名的保罗与维尔日妮，被世人偶像化，成了人类性本善良和博爱的象征。

保罗与维尔日妮出生于孤立的毛里求斯岛上，并与自然和谐共处。维尔日妮于森林中的某处喂养虚弱疲倦的小鸟，它们"如驯养的母鸡般围在她脚边"（这点和朱莉相似）。"保罗与她沉浸在爱情、欢愉和食物的美妙之中"，"和平的孩子们从不曾听过枪支发出惊骇的声响，只听闻过欢乐笑声"。圣皮埃尔为自己所创立的天堂感到无限向往。他融入了印度教的道德思维，当维尔日妮于海上罹难时，"印度女孩们带来了数笼因为悲伤而宁可放弃自由的小鸟"。小说里，保罗与维尔日妮热爱享用印度饮食，"精致的乡村餐点毫不以肉食入菜，葫芦里注满了牛奶、刚捡拾来的鸡蛋、用蕉叶包裹着的米蛋糕、满篮的马铃薯和芒果、橘子、石榴、香蕉、枣、菠萝。一次给予她们最营养、色彩最鲜艳、最多汁的天然食物"。

他的下一本小说《印度小屋》，描述西方科学家前往东方寻找智慧的故事。（圣皮埃尔曾阅读范林斯霍滕、罗爵士、基歇尔、塔韦尼耶、贝尼耶，以及更为现代东方主义概念的威廉·琼斯爵士的作品。）科学家发现婆罗门以极端迷信的方式看待素食禁忌，但最终他在贫穷村庄的贱民种性阶级的人家找到了快乐生活与素食的智慧。村民以丰盛的蔬菜水果招待欧洲访客："芒果、苹果蛋糕、番薯、以余烬烤熟的马铃薯、香蕉，以及一碗加了椰奶与糖的米饭。"而他的妻子，如同所有现代绘画的翻版，裸露着胸脯。木屋火炉旁边，猫儿与狗儿并肩窝着，这正是黄金时代的象征景象。

圣皮埃尔在其巨作《自然的研究》和《自然的和谐》两书中，透露了热带水果饮食的重要性。他分析热带区域必然是人类起源地，因为只有在那里人类才能够不依靠劳力与技术获得衣食温饱："香蕉树果实累累，能让所有人都填饱肚子。粉状、多汁、甜美、油脂丰富而清香的果实躲藏在令人垂涎三尺的树荫下……婆罗门以此法延长寿命至百年以上，并且维持健康体态。"圣皮埃尔将犹太基督教的伊甸园说，转化成支持自然神论的卢梭派人类起源观点。此举成为《圣经》演化论过渡成当代演化学说的进步基石。他的天人合一的东方主义者观点启发了浪漫主义，并进而形成环境主义的早期哲思。他深深认为热带文明为全世界提供着一种最好的环境和谐模式。

> 我们的艺术、科学、律法、竞赛游戏、宗教都是源于印度。哲学之父毕达哥拉斯，向婆罗门智者寻求物理与道德的原理。他也从印度带回蔬食疗方，众人更以他的名字命名此类饮食，并深信能以此获得健康、美貌、长寿，并抑制轻狂，增长智慧。厌恶人类的学者宣称素食削弱了身体的勇气与精力，但我们真的有必要当个食肉族或屠杀者，仅仅为了敢于面对危险和死亡？

圣皮埃尔严词反驳素食主义将导致身心柔弱的观点后，更进一步阐明蔬食的关键益处。历经粮食短缺与生态衰竭退化，法国重农主义者积极寻觅更有效率的食物生产方式。圣皮埃尔认为栗树提供了解决之道。因其提供丰富营养的果实远胜于玉米田以外，还提供了可供使用的剩余木材。卢梭认为此生产方式将能防止都市人类过度消费而造成地表沙漠化的危机。布丰发现，植物能提供土壤的养分远比它消耗的资源多；然而，动物，包括人类，则反其道而行。卢梭进行的耕种实验证明，果树不但能喂饱动物，还能使土壤营养化。

除了印度人与香蕉树以外，醉心于海带料理的日本人提供了另一个选项。毕达哥拉斯派般的日本人民遥居于孤立岛丘之上，并找出适应资源短缺的生存之道。尚武而弃食肉类的日本，推翻了蔬谷造成柔弱性格的说法。日本人还发现了简单烹煮营养海带的方式。关于此点，圣皮埃尔哀叹道："我们轻忽那些自己也搞不懂的食材，连植物学家也闻所未闻。"日本人搭配海带食用的贝类，亦是相当符合生态圈经济效应的海生资源，那也是圣皮埃尔让笔下人物保罗与维尔日妮吃的唯一动物肉类。圣皮埃尔希望欧洲人能从东方文明国家汲取经验，他坚持："即使没有海带这样的资源，我们也一定可以过毕达哥拉斯派的生活。"

圣皮埃尔以"自然的研究"进一步发挥卢梭的格言，他宣称孩童应当仅以蔬谷为食："非素食无以养德，当小孩的餐点只有蔬谷的时候，他们的体态将更为美好，同时也会感受到心灵的平静。"他如此作结："吃素者，确实是人类之中最英俊、深怀美德、热情并且毫无肉体苦痛侵扰，并得以享有长寿的人。"

圣皮埃尔并不只满足于空论，他身体力行所有理论。"你也在吃素吗？"他写信给好友埃南先生，"我现在深切相信，素食可以治愈所有疾病。"虽然这有些夸张，但他确实以素食法养育女儿维尔日妮。当法国爆发天花灾疫时，远在他乡的圣皮埃尔焦虑不安地敦促他的妻子："尽可能让女儿远离一切肉食。肉汁含有微碱性的腐败物质。"圣皮埃尔视素食主义为道德、肉体与农业工程的解决之道，他将卢梭哲学转化成革命宣言，而法国革命者更怀抱着这一熊熊信念，走向抗争。

卢梭所孕育的浪漫主义也在德国迅速萌芽。著名的文学巨星约翰·沃尔夫冈·冯·歌德曾遥想自己年轻时的一段岁月。当时他与伙伴们过着返璞归真的生活，他们只洗冷水澡，睡硬板床，并且"吃足以颠覆肉食消化系统的食物"。从文辞间，似乎可发现歌德正追随卢梭所提出的素食主义思想与生活："借由完全误解卢梭的旨意，我们以蒙昧无知的方式逃避腐恶世间的道德，寻求自然融合。"歌德曾阅读罗杰里斯与琼斯爵士的梵文翻译，因此和圣皮埃尔有着相似的泛神论天人合一的观点，并认同所有动物皆能感受喜悦与苦痛。在《少年维特之烦恼》与《威廉·迈斯特的学习时代》之中，歌德让主角深受卢梭与理查森的饮食法则影响。举例来说，维特钟爱自家栽种生产的豆子与奶油，并开心地说道："我能感受农夫桌上摆满自己所收获的果实时的单纯喜悦。"

与歌德同时期的作家让·保罗，效法卢梭以"让"为小名自称。他曾呼应《爱弥儿》阐述道："孩童理应学习视一切动物生命为神圣不可碰触，（而人们则该）教养孩子拥有如印度教徒般的心肠，而非笛卡儿哲学家的心地。"他们的同侪作家约翰·戈特弗里德·赫尔德亦曾请教苏格兰卢梭派学者詹姆斯·伯内特·蒙博杜勋爵。蒙博杜回应认为，既然大猩猩（他认为是原始人）为天性素食，最初人类必定是仰赖蔬食生活演进而来。德国思想家们想必也受到魏玛贵族御医威廉·胡费兰的鼓舞，他所提倡的"自然生活"与歌德相去不远，认定人类长寿与素食主义有相关性，并以科学法则替代情感同理心，反对食肉，呼应了切恩与埃凯的素食运动："我们时常发现极其长寿的素食者，他们从年少时代开始吃素，甚至有人终生未尝肉味。"

继卢梭与圣皮埃尔掀起素食教育改革浪潮后，父母们纷纷以素食法养育下一代，希望将同情心孕育成自然品德。拿破仑时期诗人阿方斯·德·拉马丁的母亲，即是以"感性教育"、卢梭与圣皮埃尔的学说，以及爱弥儿与毕达哥拉斯的教义将他养育成人：

> 我母亲深信，为了营养价值而宰割动物，是人类因堕落而受到的诅咒，亦可视为自身行为的偏执反常；而我，也是这么认为的。她和我都相信，习惯性地伤害温柔动物，让人类的心肠顽固不化，温柔天性也会因此消失。她与我同样认为，外表看似多汁、极富能量的肉食，事实上包含了糜烂与污秽的血液，将导致人类缩短寿命。她以虔诚且避免吃食任何有生命动物的印度人为证，说明节制饮食的概念。

拉马丁说道，尽管怀有如此信念，成年后他亦屈服于社会观念而开始食肉。但当时人们回忆，拉马丁晚年自印度旅游返回巴黎后，以印度教素食主义者的方式生活，并精心照料其宠物。

　　卢梭以天然的同情心为武器，精准打击了长久以来人类自命有权宰杀动物的傲慢成见。我们终究无法得知，有多少人因此打消了吃肉的念头，或是开始善待动物。假如文学与艺术对社会有一点功用的话，那么卢梭确实永远地改变了欧洲文化。

16

反素食主义的吉祥物：蒲柏的快乐羔羊

The Counter-Vegetarian Mascot: Pope's Happy Lamb

世人屡爱嘲笑风趣诗人亚历山大·蒲柏所过的贺拉斯式节俭生活。出于社交需要，蒲柏必须时不时地参与珍馐美馔的宴会，而他的消化系统总在此刻肠痛屡发，高举白旗。作为切恩的老友，他深知自己应当只能以菠菜与鸡蛋作为晚餐。他在《人论》中的词句，很容易误导读者以为他奉行素食主义，也确有无数晚近学者与素食主义者误读他的作品。但事实上，思虑甚深的蒲柏反而将对动物的同情，转化为对素食主义道德论的驳斥。

本章节的目的在于重新审视这类不实辩称，其中许多甚至出自学者之手。比如诗人詹姆斯·汤姆逊的《四季》和威廉·柯珀的《任务》等，看似反对猎杀，支持素食主义，但诗文的实际观点显然与字面意义不符。有难以计数的文学作品，包括蒲柏的写作，都同情动物面临杀戮的惊惧，并似乎以此鼓舞素食主义者。但此类诗文总是毫不意外地坚信上帝赋予人类宰杀动物的权利，也因此同情动物成了渺小卑微之举。他们甚至宣称人类可以通过"无痛宰割"与"快乐羔羊"的人道方式获取肉类来饱餐。18 与 19 世纪素食主义文人约翰·奥斯瓦尔德、乔治·尼科尔森、约瑟夫·里特森与霍华德·威廉斯纷纷引用上述感性诗句为己方辩护，误使人们以为此类保守派文学含有同情素食主义的意味。素食主义者对那些诗句的巧妙修裁，凸显出保护动物的主旨，却刻意忽略那些诗文中主张人类自然宰杀权利的部分。

事实上，蒲柏式诗文的目的正相反，是要重申食肉的权利，并以此驳斥素食主义的观点。这类作品容许对动物施以合理程度的同情，但反对任何人非理性地亵渎否认人类可以宰杀动物的正当性。他们引导读者合乎礼教地表达同情心，而避免成为斯库拉式素食主义者，或是卡律布狄斯式非理性的思考者。汤姆逊、柯珀、蒲柏绝没有赞许素食主义，反倒为反素食主义文学的创作费了不少心思。他们代表了欧洲文化中那些处在主流规范和边缘狂热之间的激烈斗争。

切恩（以及后继者卢梭）可谓反素食主义者的头号劲敌。同时，作为感性文化来源的印度教道德观，也是反素食主义者轮番开炮的对象。而对奥维德的毕达哥拉斯哲学的攻击，更是炮火不断。18 世纪初，约翰·德莱顿的译注使奥维德的《变形记》作品更广为人知，德莱顿于其翻译本内偷偷加入了应是来自印度游记的观点："莫使生命无故折耗，众生皆负有茂育生物的使命。"

撰写爱国主义诗作《统治吧，不列颠尼亚！》的詹姆斯·汤姆逊，在其划时代诗作《四季》里，透露出支持素食主义的态度。他仿效奥维德，呼吁人类纯真的天性："当人类体内未流淌着动物鲜血时，他是世界之神，而非暴虐君王。"而吃食肉类则无法拥有同情心，他写道：

> 但是，大自然以无比柔软的黏土揉捏而成的人类，
>
> 心中的感性极其丰沛，
>
> 他们俯卧在自然之母的膝上，低声哭泣，

她流泻下万千食粮、草药、水果和雨水，

而他伴随着光辉而生，被赐予完美的形体。

他的微笑甜美真挚，仿佛自天堂降临，

他弯腰啜食微风拂过的香料草，

他的舌尖可曾触及血块？那些性好血腥的禽兽，

使人流血的，必也会身受创伤：但可怜的羊群哪，

你们做了什么？温驯如你，

谁将对你痛下杀手，你贡献那甜美如清泉的鲜乳给我们，

又借给我们你柔美的衣裳，以防冬寒；

而朴实的牛，那温良、诚实的动物，

它可曾伤及无辜？它辛勤、坚忍地滋养土地，

让土壤上长出丰收的果实；

它该当何罪？

为何它该残酷地死在自己所喂饱的小丑手中。

汤姆逊附和奥维德的厌肉之说，并以人类同情心与其呼应，这让汤姆逊的好友切恩误以为吃肉确实是违反自然的行为。但是汤姆逊的感性诗句深怀诡秘。这些诗句所诉求的，不过是吃肉的人"心怀感伤、矛盾犹生"等老掉牙的多愁善感。汤姆逊认定稍加抒发高贵自然天性的话并不碍事，"但是，"他话锋一转，"上帝早已将我们归属于肉食动物，并暗自否认我们的吃素行为。而我们，万万不可违抗天堂旨意。"汤姆逊认为素食提倡者所向往的人类堕落前的伊甸园状态，等同于亵渎上帝。素食主义并非遥不可及的理想，而是——走火入魔的邪道。

在他后来的诗作《自由》里，汤姆逊又使用相同策略。他赞美毕

达哥拉斯的柔性制度，以及"善待所有生命体的宗教观"。但和《四季》如出一辙，汤姆逊将温和平等主义归纳于基督教义的生存链之中，并暗自呼应切恩的轮回论——杀生，让动物转世投胎。

1713 年，《守望者刊物》里，亚历山大·蒲柏仿拟塞内卡和普鲁塔克的观点承认："人道应推及各层次的生命体，即便残暴野兽也不例外。"不过蒲柏将两人的看法大加稀释，普鲁塔克抗议的是食肉行为，但蒲柏反对的却是浪费以及过度残忍的屠宰方式："生烤龙虾，鞭打猪致死，以及给鸡缝纫，这都是控诉我们残忍暴行的证据。"蒲柏认为只要稍微宽松地看待普鲁塔克的建言，人们就可以让同情心与杀戮并行不悖："如果我们必须遵守上帝律法进行屠宰，那么请怀抱着漫溢的悲悯之情，切莫平添苦难。"屠宰方式的残酷与否，成了终结同情心论争的烟雾战：社会集体意识合理化食肉行为，并毫无戒除肉类的念头。

当时作为市民发声筒的新式英国期刊如《闲谈者》以及《绅士杂志》等，都采用了如此自我感觉良好的除罪观点。1731 年，《全球观点》发表了相似于蒲柏的文章，认为人类虽然天性吃素，但禁肉已成为荒诞之说："让我们大口吃肉，但请不要以暴力亵渎死亡。"众肉食者借由将屠宰暴行转嫁到制造者"屠夫与农民"身上，从此罪恶感消失无踪，消费者得以置身事外。

蒲柏想出了一招妙计。他在《人性》里盛赞印第安人对动物的敬爱，以及素食主义者式的伊甸园景象："人类与野兽同行，躲避于树荫下，他的手从不沾染鲜血，与动物们和平相处。"他沿用切恩派的说法，视犬瘟热为盘中冤死动物的复仇，并强调当人类习惯宰杀动物后，他亦会对同类伙伴施与暴力：

奢靡难敌顽恶疾患，

万千死伤都会酝酿复仇，

被吞下肚的热血与骨髓积淤着愤恨，

最后，人将食人。

乍看之下，蒲柏似乎呼吁人类停止暴力循环，回归自然平和状态。但是他的论点与布丰更为相仿，他辩解道，既然人类豢养饲育家禽，那么就有操纵其生死之大权。挑战食肉行为，就是逆行自然状态的行为："高天盘旋的鹰，是否会拍打着羽翅，免鸽子一死？"

众所皆知，人类拥有鹰所不具的悲悯胸怀；那么，蒲柏如何回应此诘问？他巧妙地引用奥维德书中场景，将之转换成令人困惑的"快乐羔羊"象征：

羊儿们注定今日开膛破肚，

如果它知道的话，还会如此调皮嬉闹吗？

它满心欢喜吞下花花草草的食物，

并亲昵舔舐着，将要屠宰它的双手。

很多读者，包括素食主义者们，会将此段诗句视作控诉人类背信弃义、宰割家禽的宣言。但是，蒲柏无情地宣称大自然让羊儿无知于眼前灾难，直至致命的一击袭来，这正是标准的"无痛死亡"。羊儿上一秒钟还活蹦乱跳着，下一刻即魂飞魄散：两种相异状态间的转换完全无涉痛感。既然多愁善感的素食主义者只在乎痛觉，而非生命本身，那么食用无痛杀戮而得的肉类应当心安理得。直至今日，人们仍旧抱有相同观念：

抗议屠宰场使用的怪异杀戮装置"电笼、限制行动的哺育栏、小牛监栏",并在周日午餐时光享用"快乐死亡的鸡、猪、小牛"。

1773 年,理查德·格雷夫斯出版的小说《灵性的堂吉诃德》就将蒲柏的反素食主义"快乐羔羊"表现得淋漓尽致。格雷夫斯与切恩相识,也曾亲身试验禁欲饮食,但晚年他以小说角色"格雷厄姆先生"大力批斗嘲弄神经兮兮的感性主义。半真半假的毕达哥拉斯信徒格雷厄姆不仅号召立法禁止宰杀动物,还拥有一群切恩与卢梭派的知交。"我对愚笨动物的同情,"格雷厄姆道,"犹如滔滔江水般,这常使得我坐立难安。"格雷夫斯笔下的英雄角色杰弗里·怀尔德古斯力劝格雷厄姆停止过于诡异的滥情,并以蒲柏田园诗歌般的景象推销"快乐羔羊"的想法。他暗指莎士比亚《一报还一报》的概念,怀尔德古斯解释说道:"动物的生死苦痛对我来说不足挂齿,而过度关怀动物的苦楚,以我理解的角度看来,实在是多虑了。"

当死亡快速到来之前(这正是杀戮该有的样貌),它们仍旧欢喜如常,直到死神来临的一刻,此时此刻,暴力攫取了它们的生命与痛感。

既然死亡无痛无觉,那么屠宰场也无须故作哀伤状。蒲柏的"快乐羔羊"概念成了反素食主义的传统标志。1767 年,布丰的追随者约翰·布鲁克纳以蒲柏傲慢的"快乐羔羊"概念将食肉行为合理化,并辩驳认为同情心只证明了人们应当"缩短处死动物的时间,以减少疼痛"。相反地,许多头脑清醒的素食主义者直指蒲柏的无痛死亡羊为谎话连篇。别号彼得·平达的约翰·沃尔科特和雪莱皆否决蒲柏的无罪恶感杀戮,而当素食主义先驱约翰·奥斯瓦尔德阅读《惆怅的吉诃德》后,在《自然的呐喊》中重新诠释蒲柏的场景，他将感受痛苦的主体，从被杀戮的羊转到母羊身上。

反素食主义的浪漫文学著作，再一次地强化、转译了神学家用以攻击素食者的论证。牛顿派学者约翰·克拉克曾在《邪恶的根源与起因》里声称，反对屠杀动物即是"扬弃万事万物应得以享受的愉悦，并否决生命应当享受的快感，生命坠落至无底深渊，而暴力与非预期的死亡本是生命常态"。蒲柏率领的绵羊派更祭出都柏林大主教威廉·金，他以诗情画意的描述，平抚1702年当下众人骚动不安的良心。这位大主教如此解释：

> 动物如果有感，那必当赞美造物主，因为它们生有时，感亦有时，而非无知无觉地遭受永恒的摆弄，看哪！野兽感动于当下的满足，而非上一刻的情状，它们得以平静地引颈受戮，况且，人类的宰杀远较疾病与肉体衰迈来得仁慈。

在蒲柏这样的反素食主义者看来，吃动物的肉绝非作恶，反倒让动物满心欢愉：难以数计的动物为劳苦朴实的农民畜养，而死亡只是悄悄地来临，不带剥肤之痛，动物也免受了衰老的哀伤。换句话说，反素食主义者诉诸人类与家禽间的互惠合作关系。

哲学家们用了整个18世纪的漫长时光推演上述辩论。这一时期，人们广为接受更为进步的人类动物道德责任。但是推动"进步"道德观的作者们，同时更视防卫素食主义为己任。他们认可吃素行为，但多数时候，他们的主要论述还是集中于强化人类吃食动物的正当权利这一目的。伦理学家弗朗西斯·哈奇森在1746年逝世前的短暂四年中，他从强烈谴责不必要的痛楚屠宰，变为主张动物有免受不必要痛苦与折磨的正当权利，但他依旧坚持人类有宰杀动物的正当权利。卢梭发表《论人类不平等的起源和基础》的同年，哈奇森的文章在其去世后出版，展现了与卢梭大相径庭的观点。哈奇森强调饲养与屠宰家禽为必要之务，并再三重复大主教的说辞，认定宰杀是基于互利互惠的原理。虽然他公开表明动物有一定权利，但保护动物免受屠戮只是次要的。哈奇森的终极任务仍是捍卫人类宰杀动物的权利，他不以为然地说："当今许多文明国家与社会，乃至有些高贵的同盟，宣称人类不享有宰杀动物的天然权利。他们还声称，除非天降神迹或有使徒前来报信，否则我们无法证明肉食乃为天性之一。"

哈奇森的学生大卫·休谟则在 1739 年承认："动物亦如人类一般，富有丰沛的感知能力。"虽然不能确切证实动物具有理性思维的能力，但是它们应当受到"温情地怜惜"。但是与卢梭和哈奇森的结论都不同的是，休谟否认人类应秉持正义的原则对待动物。

切恩的好友以及忠诚的动物天堂论信奉者，哲学家戴维·哈特利则在《人类观察》著作里，将动物哲学论进一步推往平等主义的道路上。他认同伯纳德·曼德维尔在《蜜蜂的寓言》里提出的观点，认定宰杀动物"无疑是破坏了博爱与互惠的原则"。但是，哈特利终究未如他所宣称的那般，提供素食主义论证的知识基础。哈特利观察并得出结论，不论人类以何物为食，生物界都必将经历磨难与折损，而拒食肉类仅会招致饥荒。他的说法似乎呼应了《圣经》里人类被恩准吃肉的说法。哈特利结论道："除非在特定情况之下，否则食肉与否都仅仅是个人抉择。"

切斯特菲尔德伯爵菲利普·多默·斯坦诺普活跃于当时的伦敦贵族文学社交圈。他曾接受切恩的诊疗，并于阅读奥维德的《变形记》后，一度成为素食者，尽管他在 1756 年提到，那不过是年轻时的无知之举。他反思道，大自然"本就建立于弱肉强食的优先原则之上"，而人类"仅需避免使动物遭受不必要的苦痛"。受到当时贵族傲慢气息与学术圈较劲的风气影响，斯坦诺普讽刺地结论道，既然只有受教育阶层富有同情心，而动屠刀的又是风马牛不相干的劳力阶层，那么动物实难受惠于所谓的道德怜悯之情。同一时期，神学论文作者索姆·杰宁斯更将施虐动物之罪行，推卸给为贵族服务的松鸡猎人与平民屠夫；而大嚼牛肉的中产阶级则得以置身事外。他如此形容屠夫们："狠狠地将公牛击倒，而不怀一丝悲悯，他们击打动物的方式有如铁匠敲打马蹄铁一般。"杰宁斯为城市中产阶级特有的多愁善感与饮食习惯辩护，并将肉食消费行为与实际动物宰杀区别开来，毕竟他们正是自己的主要读者群。

就连广受自然浪漫主义者爱戴，并被当代学者认为是素食主义者的诗人威廉·柯珀在当时其实也属于反素食主义阵营的一员，他的长诗《任务》是当时英格兰最广为人知的作品。诗中痛诉了对动物的暴行，满怀对野生动物的怜爱之情，并推崇最原始的无差别之爱。柯珀用最常见的感性笔触写道：

> 那种轻贱生命的人（不管看似多么光鲜亮丽或举止温文优雅），我绝不会将他视作朋友。

他对动物的无限怜爱，从私人信件里可见一斑。当柯珀精神状态萎靡时，他从自己养的鸟、兔子、猫儿、狗儿身上得到恢复的疗愈力量。他过度崇拜农人的俭朴菜肴，并时不时饮用牛奶以对抗病魔。柯珀翻译约翰·弥尔顿的拉丁文著作《耶稣诞生颂》，书中宣称圣洁的诗人应追随毕达哥拉斯式的饮食方式。但他个人信件里从未提到自己出于道德原则吃素，与其他人相同的是，他所抨击的是"加诸动物不必要的煎熬"，而非宰杀动物：

> 挪亚方舟上的人类，
> 我们被恩典特许，
> 拥有动物肉体的绝对权力，
> 并操纵它们生死之大权。
> ……
> 一言以蔽之，
> 如果我们的健康、安全及舒适与野兽冲突时，
> 人类才是至高无上的制裁者，
> 而动物必须牺牲。

　　诗人塞缪尔·杰克逊·普拉特不但反对奴隶制度，更被视为素食主义吹号者。他模仿柯珀的诗作，并颂扬监狱改革家约翰·霍华德的博爱素食主义精神。他于诗作《人性》与《自然的权利》里，大肆褒扬落后的婆罗门甚至"不忍杀害虫子"。但他强硬地否认印度素食主义适合欧洲的文明状态，如同柯珀与蒲柏，他所批评的仅是"冷血暴行"：

> 你应避免双手沾染鲜血，
> 别让牺牲者徒受折磨。

据传，18 世纪时期，女性诗人以绝对挑衅的阴性方式，群起抗议男性压迫者对动物施加暴力；有"布里斯托尔运奶妇"之称的安·伊尔斯利、安娜·苏厄德、安妮·芬奇与安娜·利蒂希娅·巴鲍德皆在此列。或许当男性诗人汤姆逊、蒲柏、柯珀抗议人们对动物的滥情时，脑海中也时常将同期女诗人视作敌手，而当时人们确实认为女性对肉体的关注远高于灵性，也因此，女性诗人似乎更能强烈感受肉体生来俱有的悲悯与同情。不过，即便女性诗人，也可能视素食主义为过于激进的行为，更遑论绝对的动物权利。伊尔斯利为一只被狂虐致死的知更鸟发出悲叹，但是（如同男性诗人一般）她却从未替惨遭屠宰的牛或羊抗议过；巴鲍德抗议某人以杀鼠泄恨，但对于餐桌上的牛肉、猪肉，她却不吭一声；苏厄德的猫咪幻想远方有一座猫咪天堂——但那座天堂默许柔弱的动物成为牺牲者。女性诗人将合法杀害与过于残暴的杀害视作两件事，这一点和男性诗人相差不远。

抒情小说家萨拉·斯科特与芭芭拉·蒙塔古的作品，似乎深受卢梭与理查森的影响，但她们却抛弃了卢梭的动物关怀视点。在她们合著的《千年圣殿》（1762）小说里，书中的女性乌托邦天堂建有仿效"爱弥儿"的动物庇护所，在那儿"动物从未遭受暴力对待，也因此它们早已忘却恐惧，甚至热情欢迎前来避难的小动物们"。然而，女主角梅纳德太太坚持道："我认为人类为了生存与生活舒适，确实持有宰杀动物的权利，但是绝非残酷任意地宰割生命。"她们的动物避难所呼应了汤姆逊的黄金时代氛围："人类与野兽同行，躲避于树荫下。"但另一方面，她们的餐桌上摆满了鸡肉、鸽子肉、鹿肉、鲜鱼、野兔和家兔。女人们确实展现了充沛的感性能力，但是对于填饱肚子这件事也丝毫不妥协。

1781 年，玛丽·德弗雷尔出版的《杂记》里，少女遵照医嘱，以素食作为饮食疗法，她鄙视过度奢华的生活，虽然她并不认为素食背后隐含什么道德动机。她甚至认为当健康状况好转时，自己应该会放弃素食。反倒是她的年轻男朋友"将自己局限在毕达哥拉斯式的素食之中"：

> 他那人性的智慧，对血淋淋的大餐深恶痛绝！
>
> 无知的人们啊！饕餮着有灵明的鸟兽。
>
> 他岂忍心直视那涂满牛油的鸡肉，
>
> 仅仅，以蔬谷为食。

德弗雷尔的笔触过于轻柔，如此歌咏般的颂词亦抹杀了素食主义的可行性，并将之视作奥维德式的奇想，而非人人皆可身体力行的选择。

看起来，女性多半仍旧选择墨守社会成规，这也是当时世俗礼教所乐见的。伊拉斯谟·达尔文在其所著《女性教育实行手册》中说道："己所欲，慎施于人。"老达尔文认为，同情心乃为法律的基本精神："与人当心怀仁爱，痛其所痛，此理亦应推及至鸟兽。"但是，（为避免人们错误理解卢梭的动物权利理论）他坚持此举"仅限于吾人能力所及，盖人之性命所需，不得不食鸟兽草木。故而，吾人于鸟兽必有生杀之权，以使世代长存"。老达尔文在其所著《动物法则》里警告："许多人，甚至某些族裔，像是巴布亚企鹅，对万事万物怀抱着过多的同情心，以至于他们不但不敢杀生，连虫子吸他们的血也不回避。"并且指出，人们除了同情心之外，还应当学习自然界的首要法则：弱肉强食。

对于 18 世纪感性的浪漫主义时代来说（当今社会也是），人们乐于公开表达他们对动物的喜爱——上一秒还在逗弄兔子、绵羊或鸽子，但是下一秒就在餐桌上大嚼它们的同伴。犹如奥利弗·哥尔德斯密斯撰写的《世界公民》里面，崇拜婆罗门的华人角色连济如此对着欧洲访客惊呼："自相矛盾呀！他们深深同情，接着却吃掉了应受怜惜之生命。"

富裕繁荣的 18 世纪促使人们豢养溺爱宠物，比如金丝雀或狮子狗，同一时间农场动物则因大量的消费需求而历经了工业化。食物生产工业的刽子手残酷地延续，甚至扩张。屠夫们在露天市集里现宰动物。对于刨肉去骨的操作、血腥味与动物们垂死挣扎的场面，市民们见怪不怪。而当人们对动物的同情心开始精细化以后，屠宰场也被迫移居室内，甚或远离闹区。这正是结局（另拜经济工业化与城市卫生条款所赐），令人难堪的肉品工业，被推得越远越好。

切恩与卢梭都曾声嘶力竭地期望人们可以明了，对待动物的同情心，与他们所消费的物品背后的生产过程是矛盾的。但是多数的文化评论者都对肉品制造的遥远距离感到满意，并且激烈地保护自己不被道德禁令侵害。因为如曼德维尔、理查森、柯尔律治所唾骂的，普通读者的愚笨感性，根本不会为动物带来什么好处。虽然 1822 年时，法律规定，把虐待动物当作娱乐是犯罪行为（虐待动物致死以祭五脏庙却仍旧相当普遍），且劳工阶级的民间血腥文化，如斗狗、斗鸡、斗熊、斗獾也受到政府管制（上流社会热爱的猎雄鹿与猎狐，则迟至 2004 年才明文禁止），但是，正如今日所见，反对虐待动物的运动迟迟无法对肉品工业产生确切的影响。城市分子热衷于猛烈批判虐待动物为乐的消遣行为，但是他们的餐桌何尝不是欢快地摆满动物死尸。肉食者将矛头指向"不必要"的凌虐，以掩饰肉食消费所造成的道德溃堤。本该对肉食行为造成道德压力的同情心，被巧妙地移驾转向。这一现象完好如初地保存至今日，而早在 18 世纪时，就已深埋下文化的种子。

17 安东尼奥·科基与坏血病药方
Antonio Cocchi and the Cure for Scurvy

佛罗伦萨医生安东尼奥·科基可谓 18 世纪欧洲最有名望的专业素食主义倡导者。他以营养学为科学证据,规避了流言纷扰。他身为比萨城的医学教授与佛罗伦萨的解剖学教授,又担任托斯卡纳大公、后来的弗兰茨一世的宫廷古物研究官,乌菲兹美术馆的创建人和馆长,以及佛罗伦萨医学院与伦敦皇家学院的成员,科基高尚的社会地位相当有利于他要推行的素食主义。他最著名的作品《毕达哥拉斯医疗法则》在意大利刊印再版数次,并在 1745 年转译成英语版的《毕达哥拉斯式素食》,接着又被译作德语。让 - 雅克·卢梭视科基为最重要的素食主义权威,他曾在《爱弥儿》里提及《毕达哥拉斯医疗法则》和科基的反对者乔瓦尼·比安基。

科基与第九世亨廷登伯爵在佛罗伦萨交好后,与其一同返回英国居住了三四年直至 1723 年。他热爱英国,还曾在 1727 年的信件里,以典型的亲英的欧陆人的语调写道:"任何造访英国的人都会想永远于此终老。"在他短居于英国时,科基与前辈艾萨克·牛顿、著名医疗力学学者约翰·弗赖恩德及理查德·米德相识,而后两位都认识切恩医生。当切恩医生正为亨廷登伯爵夫人塞利娜问诊时,科基恰好与伯爵本人往来密切。切恩在 1724 年发表《健康长寿论》时，科基也正居于英国。1727 年时，当科基要求一名伦敦痛风患者停止食用含有大量盐分的肉类，尔后患者大获痊愈时，科基第一次真切地强烈感受到素食疗法的力量。至此，科基成为切恩与埃凯发起的素食医疗运动的坚定追随者。科基在论文《过度肥胖》里，赞许切恩接受素食饮食后，这个"巨大、圆滚滚的胖子，从此减肥大获成功"。

身为医疗力学医生，科基亦视切恩的导师阿奇博尔德·皮特凯恩为精神风向标，他还编辑意大利医疗力学大师洛伦佐·贝利尼的作品。如同所有的饮食医疗前辈一样，科基以现代科学的观点为素食饮食注入新鲜血液。他希望极力撇清素食主义的负面诡谲、极端、迷信形象，并转化成启蒙主义式的理想生活方式。他抛开了素食主义的伦理基础，以坚定的科学观察为原则确立了自己的论点。尽管泰森与沃利斯极力反对素食主义，科基还是将他们的解剖学观点挪作己用。"所有以蔬谷为食的动物，都有结肠构造，"他重申，"而肉食动物则没有。"科基以医疗化学的角度解释蔬菜富含固体酸性盐分，加热后并不会挥发于空气中，然而肉类黏着性的碱类物质在体内遇热后，会散发出有毒物质。科基如此警告：蔬菜因属酸性，也因此能成为体内溶剂，易于消化。相反，肉类黏着性物质则会阻塞肠道，并使血液分离。科基相当认同切恩的说法，认为蔬菜能抑制神经性疾病，比如风湿、忧郁症，甚至还能减少肺痨、动脉瘤、血液阻塞以及坏血病的发生。

《毕达哥拉斯医疗法则》的书名，似乎为极力想破除素食主义迷信形象的科基帮了倒忙。但科基坚信毕达哥拉斯从未相信错误的轮回说。相反，毕达哥拉斯的素食主义完全以营养学与科学作为基础："他的灵魂转世轮回说，仅是让教义得以通畅无阻地传给中世纪人们的一种修辞。"科基还引用第欧根尼·拉尔修的古老著作以资佐证。"蔬菜生长快速，并能抑制有如毒蛇般的欲望，带来心灵与身体的和谐与平静，"科基坚持道，"毕达哥拉斯是以健康为理论重心的。"

世界各地的素食主义者都可以成为素食主义健康论的明证，反击蔬谷不能供给足够能量的说法。科基将托斯卡纳穷困人民的勇健，归因于地中海的新鲜水果。而欧洲中部力大无穷的山居人民则是以牛奶与植物为食，科基更说明道，"至于日本人（善于避开死亡与危险）则弃绝任何动物肉类。"最后，科基更将自己与太太、女儿、儿子雷蒙多的强健体魄，作为毕达哥拉斯素食主义健康论的绝佳证明。

科基强调，素食主义是科学进化下的文明结晶，同时，素食主义与道德观感并行不悖。他认为，毕达哥拉斯教义对动物的保护，是出自自然学者的天生好奇心以及人道主义，"正好与幼稚、冒进、破坏倾向相反，即那种出于荒诞儿戏，将大自然造物主最美丽和有用的创造品，撕裂、践踏的倾向"。在科基的想象里，素食主义能在生理上净化人体感官："任何人只要远离肉味一段时日，其味觉将臻至美好的觉醒境界。"科基呼应了切恩所言，素食者不仅为极其杰出的精英，更是最富教育程度、最有教养、代表欧洲社会顶尖阶层的精英。

科基是英国共济会的重要推手，1732 年，他协助建立佛罗伦萨的第一个共济会。欧洲文艺复兴时期，共济会大为流行，当时许多杰出思想家都属于此古老秘密组织。由于共济会相当自豪其开放与自由的态度，也因此他们十分钦仰古老的毕达哥拉斯与埃及人的知识学习。

尽管共济会的历史大多以极其神秘的方式保存，不为外界知晓。但科基留与后人独特的手稿日记《历书》，则是第一部由意大利人撰写的共济会辩护著作。科基追溯了毕达哥拉斯哲学一路以来的传承，从他所游历的埃及开始，到定居并创立学派的意大利殖民地，再到伽利略所复兴发扬的日心说，最后是自己的素食主义主张。他的线性思维(如同另一位成员艾萨克·牛顿)认为现代人有义务重新发掘古代文明智慧，这恰巧符合典型的共济会理念。对科基而言，素食主义融合了古老智慧、当代科学与道德复兴，并合而为统一的认识论。许多流出的文件证明，许多共济会成员确实相信科基所提出的素食传统。

科基(以古典学派学者与医生身份闻名于当世)将自己比作切恩与埃凯，自认为是全欧洲古典饮食医疗运动的复兴者。为了达此目的，他更撰写阿斯克莱皮亚德斯医生的传记，后者为公元前1世纪的希腊罗马医生，常嘱咐患者以禁肉为良方。他援引希波克拉底、普林尼、阿莱泰乌斯、凯尔苏斯，并视上述哲学医者为引介者。科基判定素食疗法最早源于毕达哥拉斯。"素食主义被漫不经心地打入冷宫数个世纪，这是一个重大的错误，"他在《毕达哥拉斯医疗法则》中写道，"直至这个世纪才重见天日，素食再次成为医疗方式。"他认为医疗素食主义的复苏，关键在于牛奶疗法成功治愈了痛风与风湿症患者，"而在上世纪行使此术的正是在巴黎执业的专治痛风的天才名医(或许是弗朗索瓦·贝尼耶)"。他的看法源自约翰·格奥尔格·格赖泽尔的《牛乳治疗论与关节炎》，更进一步受到英国医生弗朗西斯·斯莱尔的实验佐证。他使用切恩惯用的推断法，并认为如果备受重视的牛奶疗法能治愈疾病，那么蔬谷疗法亦当具有奇效。

但真正让科基独树一帜的乃是其见解。切恩与埃凯遵嘱患者以禁欲、节制为饮食准则，并要求自己与患者以鲜乳、种子，甚至面包与白开水充饥。他们所看见的是肉类的毒害，而非蔬菜的益处。这或许能激起社会心理中消费过剩的罪恶感，并寻求洁净身心之道，但科基所标榜的则是味觉至上与想象力以及道德观。在科基的读者眼前展开的，是果菜园式的盛宴。科基告知社会大众：大自然所提供的绝非必需品，而是"璀璨极致的盛宴"。同时，科基也确信新鲜蔬谷提供人体必需营养素。现代饮食观于此萌芽，并以此解释出坏血病的病因与治疗方法。

1740 年 1 月，舰长乔治·安森率英国海军在南美洲海域攻击西班牙商船。英国政府主导的这一海盗行动竟获得美梦般的收获与胜利：安森以他的名声保证，西班牙大帆船上载满从墨西哥阿卡普尔科港口搜刮而得的黄金赃物，但是等舰队停泊回归至英国港口时，隶属于安森舰长的三艘船只宣告失踪，而 1000 名海军仅余 145 名生还。身亡的海军并非与西班牙舰队战斗而死或罹遭海难，而是受尽煎熬死于怪病。"坏血病，"安森的一名海军中尉写道，"以令人难以置信的恐怖形象现身。"当时海军队员们牙龈臃肿发黑、渗出鲜血并口吐蝇臭之气，牙齿松脱坠落，皮肤长出发紫的肿包并形成溃疡，双足发肿，四肢倦怠无力。患者最终毫无气力，呼吸困难，发烧，抖个不停，即便最微不足道的动作都可能招来惊险危难，最终导致可怖的死亡。当安森的舰队穿越太平洋、抵达马里亚纳海域的岛屿时，军队终于获得新鲜的柠檬与橘子，中尉记录下这苦苦等来的惊喜："蔬菜和水果是治疗我们疾病的唯一药品，也是我们唯一朝思暮想的财富！"

18 至 19 世纪的探险史，向来伴随着最惊险的传说。陆地上的饮食向来趋近营养失衡，切恩发现营养缺乏导致的坏血病在欧洲酝酿成大规模瘟疫，使成千上万的城市居民罹病。坏血病又被称作"老海神病"：它千变万化，如同希腊神话中的九头蛇。当时所称的坏血病，包含今日的多种失调性症状，而借由维生素 C 补充，如果食用新鲜绿色蔬菜与柑橘类水果，就有立竿见影的疗效。但是由于缺乏精确的营养学知识，加上蔬谷短缺，坏血病与其他营养失衡导致的疾病在欧洲成了人们的头号大敌，无论人们是生活在陆地还是大海船舶上。

在坏血病病因被彻底了解并找到偏方以前，成千上万的水手们因此丢了性命。坏血病成了航海冒险时代的绊脚石，而殖民者往往在寻觅新大陆时，将罹患坏血病的士兵们抛诸脑后，转而投入提倡国际贸易的狂热之中。为坏血病寻找新形式的解药，更成了当时国际上的烫手问题。

讽刺的是，正如同安森证实的，水手们普遍知道柑橘类植物能够治愈坏血病。早在 1498 年，航海家瓦斯科·达伽马的船员在前往印度的途中，饱受坏血病之扰时，一艘载满橘子的阿拉伯商船就曾救过他们一命。达伽马自认为空气污浊乃是病因，但是当时情况危急，约有 30 名船员死在返航中，每艘船仅余七至八名水手能掌舵时，船员们才知道什么是解药，并向橘子船呼救。弗朗西斯·德雷克在他的航海中就携带了柑橘类水果，而弗朗西斯·培根也曾提及血橙"乃为航海疾病的良药"。1603 年时，弗朗索瓦·派拉德曾经相当有信心地宣称："没有什么能胜过柑橘水果及其汁液。"荷兰人会在毛里求斯岛与圣赫勒拿岛上种植柑橘，以供应东向贸易船只，甚至尝试在舯板上建造菜园。

然而，当时保存果汁的技术尚欠纯熟，以至于许多人忽略了柑橘类水果的妙用。每当保存不当的橙子汁发臭并无法发挥效用时，人们就会质疑其功效。此外，有学识的医生总是不愿以水手的经验之辞作为诊断参考。传统派的医生们更会将水手病归因于忧郁的心性和生小麦，甚至冷开水和水果，甚至胡乱开药给患者吃。药剂师们认为保存肉类所使用的盐造成肠胃侵蚀才是水手病的病因，他们嘱咐患者停止性生活并多服泻药。医疗力学专家如皮特凯恩等，则认为血管扩张才是主因，他们建议患者多饮牛奶与开水。还有人认为懒散、烟草、纵欲导致坏血病，而水银或千足虫则能治百病。皇家医学院则建议英国海军饮用硫酸、酒精、糖分与调味料。

很多人注意到水手们服用过多的腌制肉类，显然这正是病因。切恩则认为过量酒精与腌肉才是病发根源，并且顺理成章地将坏血病纳入素食主义运动的辩词里。伊夫林巧辩道："实验证明粗盐与草药正是此流行疾病的解药（对于我们而言，亦是唯一的解决之道）。"泰伦怒批肉类造成坏血病，但他乐观地宣布，只要定期食用绿色蔬菜就能抵御怪病。没有人认识到水手病是出于营养素不足；即便那些深知橘子、绿色蔬菜、坏血病草（假山葵草本植物与金盏花）功效的人，也只把植物当作草药使用，而非人体所需营养素。

1734年，约翰·巴赫斯特伦终于提出具有前瞻性的看法，他认定坏血病是缺乏蔬菜水果导致的疾病。他在印度、格陵兰岛进行观察发现，坏血患者只要服用植物与酸味水果就能得到"奇迹式的康复"。巴赫斯特伦凭借大量样本数据下了定论："既然服用这类蔬谷可以疗愈疾病，那么病因正是缺乏这类营养素所致。"

巴赫斯特伦的理论让科基深受震撼，科基认为这是唯一的解决方案。作为切恩忠实的追随者，这次科基郑重强调自己在坏血病诊疗上遥遥领先。他以系统化的方式一一驳斥其余坏血病理论，甚至包括切恩的说法，科基强调坏血病"与北方气候、海风、腌制肉类无关，仅仅因缺乏蔬菜营养导致此疾病"。他坚持，戒断症状会发生在营养不良的海事人员与城市居民身上。这直接证明，坏血病是由于营养素不足所造成的，而只要适当补充蔬谷，就能立即减缓病痛。科基发现，不只酸橙汁有着神奇功效，落叶或任何新鲜果实都有着相同的疗效。接下来的数十年里，许多医生遵奉科基为坏血病的救星。

法国国王御医同时也是皇家科学院成员的让-巴蒂斯特·塞纳克医生对科基大感钦佩。他甚至在编辑法语版《毕达哥拉斯生活》时，擅自附加了安森的恐怖航海历险故事，并拥护科基的素食主义思想。塞纳克分析发现，"经常遭受众人鄙视眼光的蔬菜水果，却被安森的海军部队狼吞下肚"。他总结道，蔬菜水果食用量不足的人，会因营养素短缺程度罹患坏血病。水果富含生命力，"能让奄奄一息的人起死回生"。塞纳克以逻辑法推断而言，健康的人亦当食用水果，以保持健康。安森的军队如同社会的缩影，塞纳克同意科基所言，当人体因缺乏营养而得病时，应当以最自然的素食疗法予以治疗。

爱丁堡海军外科医生詹姆斯·林德向来被视作坏血病治疗方法的发现者，他在 1753 年出版《坏血病治疗法》，比科基的作品晚了十年。林德以十二名罹患坏血病的海军进行对照实验，成了当时医界创举。他将十二名患者分成六组，每组分别给予不同的食物进行治疗，分别为苹果汁、硫酸丹剂、醋、海水、柑橘、芥末与大蒜混合物。其中柑橘组在治疗六天后成功康复返回岗位；苹果组与硫酸组稍有起色；其余几组病况则等同于未接受治疗者。林德以精准操作的实验证明："柑橘和柠檬正是这种海上疾病的有效解药。"安森喜出望外，钦点林德为朴次茅斯海军医院的军医，林德担任此医职直到 1783 年。

奇妙的是，20 世纪医疗史，甚至包括《大英百科全书》，都将林德视作坏血病疗剂发明者，并认为林德证明坏血病是由于营养不足而造成的。但是林德本人却认为坏血病病因是腐坏潮湿的空气、排汗障碍，而不是海军缺乏蔬菜的饮食。他对于柠檬汁能治愈坏血病感到大惑不解，甚至认为即便不提高蔬谷摄取量，干燥温暖的空气与醋也能治好坏血病。虽然林德承认科基的说法，认为蔬谷缺乏造成了坏血病，并且认为酸质水果能中和微碱性体质，但他激烈反对巴赫斯特伦，否认"人体无法自行维持长久的健康状况，缺乏绿色蔬菜与水果会导致疾病发生"的说法。科基相当不甘自己的医学发现又受到打击，并在 1757 年再次出版巴赫斯特伦的手记作为对林德的答辩。

尽管有了科基的劳心劳力与林德的实验结果，直到几十年后，人们才普遍接受坏血病的正确治疗方法。库克船长利用酸菜（保存得当的状况下能含有大量维生素）力克坏血病，他更要求船员们尽可能地食用大量新鲜蔬菜。当霍拉肖·纳尔逊迎战拿破仑时，英国舰队通过饮用柠檬汁补充营养素，达到强兵健体、抵御坏血病的功效，但是人们始终没有发现营养素的重要性。

确确实实，科基有功于当代医学，他使人们明白坏血病是营养缺乏导致的，他也有功于新饮食观念的树立，使人们知晓蔬谷是健康饮食的根本。后世素食主义者乐于引用科基的观念：被轻视的蔬谷的的确确为饮食之本。事实上，哭求橘子船的海军船员们就是那个腐败社会的缩影，渴望着被人们遗忘已久的天然饮食。

18 薄食：苏格兰的素食主义盛世
The Sparing Diet: Scotland's Vegetarian Dynasty

人们常说乔治·切恩死后，素食主义立刻回到激进动物保护的革命路线。但事实上，18世纪末期乃是医疗素食主义的黄金盛世，欧洲医学界的许多权威医师皆热衷传播素食思想。

许多医生相信素食是最营养的饮食法，认为节制饮食能改善诸多疾病。虽然部分医疗师与病人认为自己的禁肉行为与道德主义无关，但也有许多人认为戒肉有着深刻的道德意味。急欲根除身体疾患的病人，很容易被素食主义的道德理想形象所吸引。素食主义聚合了无数营养学家、道德家与怪人，这也难怪其中许多人的观念大相径庭。18世纪晚期，苏格兰弥漫着"薄食"的风气，人们希望减少肉食，并以此表达崇尚节俭的美德。莱顿与爱丁堡大学里的医学教授们，谆谆告诫学生和患者食肉的危险，而走火入魔的毕达哥拉斯主义者则在乡间徒步传道，教诲人们素食科学的道德意义。这个时代正好也是约翰逊与博斯韦尔目睹苏格兰裸体派土著光溜溜地告诫他们的那样，人活得就该像只猩猩一样。

德国莱顿大学的讲堂里，挤满了穿着黑衣的吵闹学生，准备聆听世界顶级的医学教授赫尔曼·布尔哈夫对反素食主义者展开全面回应，批判所谓"素食将导致身体失衡"的谬论。在全欧洲最优秀的大学的每学期第一堂课里，一批又一批的学生听到布尔哈夫如此展开他的演讲："早在人类初始……能果腹的就只有水果与土壤生成物。"布尔哈夫解释《圣经》与古代经典，分析毕达哥拉斯的禁肉思想，确实与自然原始状态及人类草食习性密切相关。虽然他并不期望所有学生都转而吃素，但他确实要求学生们了解所有食物皆含有相似的化学成分，而吃动物相当于"间接"消化植物，因此人选择吃肉或是吃植物而活，根本没有太大差别。

他公开宣布，早期希腊哲学家、殖民时期前的巴西原住民，以及古代与当代的婆罗门，已再三证实蔬菜能提供生命所需养分。"他们的生活丰富多彩，他们的头脑适合冥想，而他们的文化更是鼓励学习与保持好奇。"布尔哈夫的经验论也与神学密不可分。举例来说，他的婆罗门资料部分来自荷兰植物学家约安内斯·博达厄斯·斯塔佩尔，斯塔佩尔搜集的大量数据显示：印度贤哲赖以维生的香蕉正是天堂独有的产物。而印度与人类早期的素食思想，仍是文艺复兴时期医学专家们的辩论重心。

布尔哈夫发现当时的素食主义故事往往令人不敢恭维，比如某个与羊和牛群一起在野外长大的小孩，不仅以咩咩的叫声作为沟通，而且"只吃青草和稻草"。布尔哈夫改用更为合理的例证来说明素食主义的益处，比如某位只吃豌豆的荷兰富豪，再比如一位在法国入狱的德国人，被迫三餐只能以蚕豆充饥，"他总是到处炫耀，在法律的监控惩罚下，自己的身心状况却异常良好，这说明戒肉对人体的好处已经得到充分证明"。布尔哈夫还提到："许多人因为惧怕患痛风而长期饮用牛奶为餐点。"事实胜于雄辩，布尔哈夫会开出牛奶疗法的处方给罹患天花、溃疡或痛风的患者。他在自己编纂的医学教科书里写道："很长一段时间里，我只以最朴实粗糙的饼干和乳清当三餐，我对自己消化系统的能力相当有信心。"布尔哈夫的权威辩词，彻底粉碎了那种声称素食对身体有害的成见。

布尔哈夫的明星学生神经学家阿尔布雷希特·冯·哈勒在哥廷根大学延续了乃师风范。像布尔哈夫一样，哈勒也受到皮特凯恩的体液系统说影响，他更进一步提出惊人的发现，那就是肌肉纤维与神经的扰动性。哈勒也认为人类最初"确实仰赖柔软的根茎与植物而活"；他推测，过多的肉类会造成血液所含碱性物质过量，而蔬菜的酸性物质则恰好能让身体趋于平衡。和科基相仿，哈勒追溯希波克拉底的饮食疗法，认为其根源为毕达哥拉斯，"他应当受到众人赞美，竟然能在酷热天气之下舍弃肉食"。哈勒甚至在自己的小说《坞松》中，鼓励善待动物。小说中来自东方的女主角黎欧苏阿，"她甚至会为了愚笨动物的幸福感到开心"。

令人讶异的是，哈勒将布尔哈夫的论点扭曲成反素食主义的誓词，他认为纯素生活将招致危险，因为动物肉体的淋巴凝脂为人体不可或缺的营养素。哈勒对素食主义的强烈敌意，也可显示出当时素食主义所凝聚的力量有多么庞大。素食主义支持者与其反对者的争辩将医学界四分五裂，哈勒坚定地选择加入反素阵营。他摩拳擦掌，志在必得。哈勒发现食用动物有其经济需求，如同前辈所言，否则动物数目将超越地球所得以承载的限额。此外，人类的肚腹与牙齿皆有肉食性特征，而非草食性，"禁绝肉食……将会使胃肠与体能衰竭，并长期遭受腹泻与呕吐之苦"。

虽然哈勒本身对素食主义抱有反感和敌意，但他没有禁止学生阅读杰出素食主义者（波菲利、普鲁塔克、埃凯、利南、塞缪尔·卡尔、莱默里、科基与切恩）的著作。哈勒表示："他们远胜于其他饮食作者。"更出奇的是，他把托马斯·特赖恩的六本著作也纳入书单里，包括《健康、长寿和快乐之道》。当时最有影响力的知识分子纷纷接受素食主义者的先进思想，实在是饮食战争的捷报。主流饮食思想也不再视素食者为眼中钉，并将其观点纳入科学复兴时期的教育体系。哈勒认为道德、科学与宗教三者密不可分，在这样的框架下，素食主义仍然是健康与饮食辩论中的重要话题。

时至 18 世纪初期，英国人开始厌烦漂洋过海远赴德国接受医学教育。1726 年，爱丁堡大学终于开设医学部门，并致力成为英国医药学术的中心。早在 1705 年，切恩与皮特凯恩就曾经梦想能够重整医学领域。这时爱丁堡大学终于圆梦，学校以布尔哈夫的莱顿模式建立课程学制。当时爱丁堡医学院使用布尔哈夫与哈勒的教科书作为教学指南，尽管哈勒明显从布尔哈夫的学派叛离，但是这并不影响爱丁堡仍旧因此成为医疗素食主义的学术总部。

爱丁堡大学解剖学科首席教授亚历山大·门罗（其父为莱顿毕业生，也因此将他送往母校，并师从于布尔哈夫）就以《解剖学比较论文》作为投身素食主义战营的信号弹。他的理论惹恼了大不列颠半岛上的反素食主义布丰派学者。门罗宣称："以大小肠与齿类构造观之，人类明显应为食草性动物。"门罗解释由于肉食腐败迅速，因此肉食性动物的肠类构造较短，适易于消化（他的说法和埃凯相反）。肉食性动物的消化器官短捷化，可以避免肉类久置所产生的毒素。这很有可能说明了，人类体内适应草食性的繁复肠道结构，虽能延迟排便这种"不体面的运动"，但会导致肉类消化过程过于缓慢而酿成"最可怕的下场"。门罗的儿子亚历山大·门罗二世，亦为爱丁堡大学解剖与外科学院教授，他于四十年后和编辑共同重整父亲的论文："我着手改进并增添附注。"但门罗一世的人类草食观点，始终保持着优越的地位。在门罗王朝的数百位科学家中，门罗学派在解剖学院院长的席位上长达 126 年之久，而查尔斯·达尔文在 1825 年至 1827 年就读于爱丁堡大学时，正是门罗三世继承父亲与祖父职位，继续任教于该校的时期。达尔文证明了，即便否定了神创论，以进化观点取代上帝观点，素食主义也依然在新的理论体系中自洽："我们知道，人类选择定居于温暖的地带，是为了便于获得果实；同时以解剖学观点看来，水果确实为人类原初的食物。"

爱丁堡大学的其他学科课程也积极呼应门罗的观点。在威廉·卡伦在爱丁堡大学医学院呼风唤雨的 34 年间（他历任化学教授、医学理论教授和临床医学教授，并同时在爱丁堡皇家医学所授课），素食主义成了医学正统。卡伦在课堂里教诲过成千上万名学生，被视作欧洲医学领域最重要的英国权威学者。他是知识界的知名人物，他从未发表过演讲，但是他向广大群众科普自己的道德饮食建议。幸亏爱丁堡皇家医学院所收存的手稿，我们得以窥见卡伦的理论与实践。不论是授课笔记或是迄今尚未整理完全的 21 册诊疗记录，都可见他对素食主义的医学与道德贡献。

卡伦和多数人一样，认同门罗的看法："相同分量的萝卜所含的营养素，确实不及牛肉或羊肉。"但是他指出，许多人早已食用过量肉类，并使身体处于超重的风险之中，而肥胖会带来诸多疾病。正如门罗所解释的，肉类腐败迅速，如果不能及时排出体外，"过长的停滞时间将带来致命的疾病"，卡伦特别关注肉类"过度刺激与扰乱神经系统，造成发烧与高血压这一问题"。卡伦的诊断记录证实，他会对五分之一前来求助的患者进行素食疗法。他在诊断信件里，时不时地如此建议患者："采用牛奶与蔬菜饮食，将可以避免过度刺激。"他甚至相当推崇严苛的切恩式的牛奶与种子疗法。另外约有七分之一的患者，被要求减少食肉量至最低，而其余患者，他允许有条件地食用肉品。值得注意的是，卡伦亦对蔬菜有诸多顾忌，比如他认为根类植物与小黄瓜的属性过冷，会引起腹胀。

卡伦的医学理论认为，肉食不但会引起多发性疾病，营养成分也相对过量。此说法确有解剖学数据足以佐证，也因此常被素食主义者拿出来作为证据——全世界许多人并不仰赖肉食，却健康强壮。事实上，卡伦更进一步在课堂中表示，自己能以系统化的数据，通过比较在印度的肉食回教徒与素食印度教徒的差异证明素食更健康："约有四千万名素食印度教徒不以动物为食，他们和欧洲人一样健康，而且还比他们的食肉穆斯林邻居更健康。"他以严谨的人口调查数据证明，印度教徒较为健康的原因，不可能是出于气候等其他因素。

卡伦并不认同过于冒进的观点，因此众人可以感受到他很谨慎地下结论："或许动物食物看起来确实毫无必要可言，只是我不敢妄下结论……但是我观察认为，即便劳力工作者都绝非必要肉食，那么懒散而好逸恶劳的人，更缺乏食用肉类的理由。"他认同在辛苦劳动情况下和极端气候并且缺乏充足住屋与暖气的区域，肉食确有其存在必要。但是他更明确地说道："世界上多数的低下社会阶层民众都以蔬谷为营养来源，他们刻苦勤奋地工作而没有丝毫不便。他们甚至比耽溺肉食者更少受到疾病侵扰。"卡伦以不畏惧谴责议论的语调说明："简言之，我不认为肉食是维持健康的必需品……牛奶与谷物即可供应人体每日生活所需。"他做了相当犀利的结论：肉食含有过多毒性与危险性，人类应避免食用肉类。

肉类所造成的神经刺激会为人体带来负面影响，更进一步，卡伦认为脆弱的神经系统所造成的自我控制失常，还会败坏道德品行，而缺乏自我控制，又导致耽溺于过度饮食。卡伦证实，肉食与道德败坏互为因果，恶性循环。

卡伦的素食主义营养论从医学领域延伸出来。历史学者罗莎莉·斯托特就曾指出，卡伦的道德神经论对苏格兰启蒙运动哲学家造成了巨大的影响，其中包括了大卫·休谟。他们的朋友，鼓吹自由市场经济的学者亚当·斯密认为，斯多噶学派的自制（节俭与自律也是其中一部分）是人类的基本道德，并应成为市场经济的基本准则。在他开创性的著作《国富论》里，斯密提及爱尔兰妇人以马铃薯作为三餐，以保持外貌美丽，而苏格兰与法国苦力几乎不识肉味，并不影响正常工作和生活。他因此赞成卡伦所主张的谷类、蔬菜、乳制品能提供丰富多样且富含能量的饮食，而屠宰摊的血淋淋肉块则毫无必要。因此，他认为政府应可对于肉食征收奢侈税，毕竟"我们确实怀疑肉类是否为人体所需品"。

受到众多地位显赫的爱丁堡大学学者强力支持，素食者人数持续往上攀升。约瑟夫·布莱克，提出"潜热"概念的物理学者与化学学者，亦于卡伦旗下勤勉学习，并担任其助教。布莱克最终超越恩师，成为格拉斯哥解剖学部院长，以及爱丁堡大学化学系与医学系教授。布莱克肯定卡伦的想法，认为肉类具有高刺激性。当他不幸罹患痛风并开始吐血时，亦停止食肉。他于晚年移居爱丁堡草原，以方便饮用该地生产的新鲜牛奶，甚至将牛奶作为主食。他感觉自己的"新鲜空气与草饲牛乳"生活确实有点乏味，但是正如他写信告诉朋友的那样，"只有如此能保护我的肺部和极端不适的胃"，"当然，有时我觉得深切渴望某项事物，会带来负面刺激"。然而，布莱克确实因此起死回生，痛风症状也消失无踪。

布莱克曾于病痛休谟晚期时为他进行治疗；他除与亚当·斯密交好以外，也与苏格兰哲学名人圈相熟，包括反神创论的现代地质学创始者詹姆斯·赫顿。赫顿本人同样崇尚"薄食"，据说他也吃素。推崇文明论哲学的著名哲学家亚当·弗格森移居爱丁堡并取得哲学院院长职位时，也和卡伦成为挚交。当时赫顿与布莱克同住，日后还娶了他的侄女。弗格森本来也吃肉，直到50岁一场中风发作几乎夺走他性命，布莱克强迫他戒肉而进行蔬菜食疗，并保证可以治好瘫痪。弗格森被允许可以喝肉汤，但绝不能吃肉。"肉块和酒类实在很难引起他的注意，"他的朋友科伯恩勋爵写道，"但一眨眼他就可以吞掉成筐的蔬菜并灌下数罐牛奶。"

由于并肩作战的经验，布莱克与弗格森时常撰写歌咏对方吃素行为的文章，两人成了最著名的素食主义二人组。弗格森的儿子亚当形容："看见两位哲学家就着炖萝卜大开辩论炮火，实在相当幸福。"直到布莱克死前的一刻，弗格森都陪在身旁，他以充满仰慕之情的笔调回忆道："他沉静地坐在餐桌旁，桌上放着寻常的食物——一点面包、几颗梅子、按比例稀释过的牛奶。"弗格森恪守严谨的饮食方法，活到93岁："我从不曾吃肉，或喝酒。"两人的交情与素食生活让众人称羡，他们自身的医疗记录也收录于当时颇具声望的学术期刊之中。

然而，卡伦的理论在威廉·斯塔克的身上酿成灾祸。斯塔克毕业于格拉斯哥，师事亚当·斯密与布莱克。当他转移阵地至爱丁堡进行研究时，受到门罗与卡伦的影响，加入素食主义的行列。在本杰明·富兰克林的指引下（富兰克林不但是科学家，还是美国总统），斯塔克在

1769 年开始以自己的身体做实验，测试人体所需营养的最小值。他限制自己每日只能饮用少量的水，食用极小分量的面包，此实验明显受到托马斯·特赖恩著作的影响，后者更是富兰克林的素食启蒙者。斯塔克系统化的测试不同分量的肉类对身体所造成的影响，但是，他随即染上坏血病，牙龈浮肿溃烂。到第二年的 2 月，冒进的实验导致年仅 30 岁的斯塔克严重营养不良，最后死于非命。此消息亦大大重击了素食主义浪潮。事实证明只吃少许的面粉类食物不但使人精气衰竭，更有可能因此致命。富兰克林慌乱地写信给朋友们，希望得到斯塔克一事的解释。总统的御医詹姆斯·卡迈克尔·史密斯出版《威廉·斯塔克晚期作品》，坚持斯塔克的饮食绝非造成他骤逝的原因。为了使人们信服，他还刊印了斯塔克的部分日记，里面记载了关于斯林斯比先生、奈特博士甚至富兰克林的素食主义证词，富兰克林如此形容："当我只吃面包和水的时候，感到前所未有的壮硕与兴致高昂。"

富兰克林证明了医学、道德与经济三者，乃是素食主义的根本动机。富兰克林 16 岁时为印刷工，当时他从特赖恩的《健康、长寿和快乐之道》里，找到了面包薄食的灵感。很快地，以素食节省开支的富兰克林，发现茹素亦能改善动物处境，因此他将素食主义论点融合进反奴隶法与政治权的争论之中。然而，正由于人道主义的弊病致使他最终无法成为素食主义者。在一次航海旅程，富兰克林目睹大批鳕鱼捕获上船："当时，我遵奉恩师特赖恩的教诲，认为网中的每一条鱼都代表着无端杀戮。我心里思忖着如何在基本原则与现实中找到平衡……直到我看见当鱼儿被开膛剖肚时，它们的胃里滑出一条条更为细小的鱼。我认识到，如果弱肉强食是它们的生存原则，那我们为何就不能吃它们呢？"虽然富兰克林始终称不上全素者，但他自传中所呈现的勤俭的生活方式，确实成为 18 世纪末期素食主义者们的偶像。

卡伦的另一位年轻同事詹姆斯·格雷戈里则将医疗素食主义带到 19 世纪。多亏格雷戈里的长期患者，奥赫特泰尔的约翰·拉姆齐的信件受到良好保存，学者得以了解卡伦于医学院传授的素食理念如何辗转流入民间，使患者们放弃食用奢华昂贵的危险肉靡。拉姆齐的信件透露出医疗素食主义如何成为苏格兰贵族士绅间的风潮。自 1797 年格雷戈里诊断拉姆齐患有致命的极端病症开始，拉姆齐就一直仅以自家种植的蔬菜入餐，以治疗重感冒、胃肠不适、眼疾与轻度中风。经过十年的时间，拉姆齐告知堂妹伊丽莎白·格雷厄姆，格雷戈里的饮食法救了他一命："蔬菜和水果，你一定觉得这样的治疗很好笑，真能治好病吗？但这正是格雷戈里名医传授给我的秘诀。"随着他的食欲减低，以及阅读温和的反素食主义书籍的影响，包括约翰·辛克莱的《论长寿》以及《健康与长寿法》，拉姆齐时不时会偷偷将格雷戈里的教条抛在脑后。他绝非素食主义信徒，反倒是斗牛狂热分子，动物的处境明显并不是他会放在心上的议题。但是尽管拉姆齐这般看似纯医疗的素食主义法，仍旧隐含道德意义。拉姆齐因其禁肉行动而产生了一股优越感，甚至以此批判上流社会的奢靡贪婪。他拒绝与过度铺张的友人共进晚餐，除非他认为自己有大好机会可以痛批富裕的友人们。他自视为医生与教主，想象自己为奢侈成性的朋友们开下忏悔药方：水、杂菜、野果。他痛斥斯特灵、格拉斯哥、爱丁堡的富家子弟，并以尖刻的口吻训诫道："一点节食和祷告，也就是格雷戈里医生大法，就能净化资产阶级的心灵与身体。"

拉姆齐的私人信件意外揭露了该地的温和素食主义网络。拉姆齐本就相当排斥过于严厉的素食法，他的好友詹姆斯·斯特林亦饱受其苦，"他根本不应该只吃牛奶和蔬菜，如果能以肉类混合上述两种营养物，才是最能吸收消化的饮食"。除了斯特林以外，拉姆齐的信件也提及马尔伯爵约翰·弗朗西斯，"他似乎可以作为格雷戈里的正面教材，佐证戒食与素食法的功用"。拉姆齐的另一位朋友埃德蒙斯通"则应采取绝对的禁食，不得饮烈酒和任何过于油腻的食物"。当然，拉姆齐也提到了为自己生命进行绝食奋战的格雷戈里医生本人。

拉姆齐定期与素食者们交流，正如切恩皈依者的团体聚会治疗。毫无疑问地，饮食医生的患者互助网络遍布全欧洲。试计算，当时全欧洲鼓吹素食主义的顶尖医学学者数目，以及他们对学生所造成的深远影响，继之以成千上万的执业医生人口，以及广大的素食主义书籍阅读者，遑论那些被嘱咐以素食疗法养生的患者；归纳加总起来，18世纪欧洲奉行素食主义的人口数目确实相当庞大。当然，暂时性采纳禁肉饮食者实难列为素食者，但是广泛大众的确借此拥有茹素经验，并且获悉其论点，这使得社会潮流渐趋于素食者的道德思维。素食者不再被视为癫狂的边缘人物，反倒占据了欧洲文化的高级知识分子圈与上流阶层。

拉姆齐的素食道德观点被他心爱的堂妹玛丽亚·格雷厄姆发扬光大，后者后来被尊为考尔科特夫人。格雷厄姆花费数年光阴于印度旅行，期盼能遇上旅行文学里屡屡提及的印度田园风情。拉姆齐则忧心忡忡，害怕格雷厄姆过度沉浸于印度文化里，而忘却了她的天主教与基督教教养。毕竟，拉姆齐确实知道许多素食的印度文化狂热者。事实上，格雷厄姆的热情很快就被浇熄了，她于散文小说《印度游历日记》与《印度诗信集》相继提及："仅有少数的印度人不吃肉，"她哀怨道，"我很快放弃了对印度教徒抱有道德纯真的想象，即便在贱民阶级里，我也无法看见如圣皮埃尔所描写的印度景象。"格雷厄姆对于印度教徒的怀疑态度，正是当时欧洲社会的普遍看法。但是，仍旧有部分人士视印度人为纯正素食主义理论的实践者，而欧洲医学院教授也乐于弘扬印度教徒的朴素生活。其中最著名的即是拉姆齐的老友，居住于莫弗特镇的约翰·威廉森。

当苏格兰患者向爱丁堡的饮食医生求助时，往往得到建议去闻名的低地温泉镇莫弗特进行治疗，并以当地温泉抚慰疼痛病体。而在那里等待着悲伤的患者们的，正是该地素食主义者威廉森。虽然威廉森从未接受正式的医学教育，也难以企及乔治·切恩的国家级知名度与知识水平，但是他仿效巴斯温泉城的胖医生，将许多欧洲文学世界的名人推往善待动物的终极道路。

威廉森原为牧羊人，但在他拒绝把羊交给屠夫时，也把差事给丢了。他的房东霍普敦伯爵二世约翰·霍普曾出版论文讨论动物智慧与过于残暴的英国肉食习俗；霍普相当激赏威廉森的怪行，甚至还赐予他一笔优渥的退休金。威廉森的朋友向来称呼他为"毕达哥拉斯"，他终日漫步于山丘小径间，寻觅矿物，并吸引了大地主与矿物业富豪的注意。他们鼓励他依循中世纪手稿追寻矿脉，并代为探查自己的土地是否埋有银矿或丹砂。某日散步途中，威廉森恰巧于邻近莫弗特的哈特山挖掘出了药用温泉的源头，随后霍普敦伯爵立即整修患者专用的温泉道路，并将众人视为神奇药品的罐装温泉水的利润分享给威廉森。

尔后，威廉森的举动让乡亲们惊愕，他在奇山怪景间赞颂上帝的举动（如同东方神学者），使他成为邻里间的奇谈。而他对于性的脱俗想法更是逗乐了大家。据谣言，尽管威廉森是个彻彻底底的光棍，他却宣称每个男人至少得有三个妻子。可当被问起为何拒绝别人好意推荐的异性对象时，威廉森这么回答："这个国家、这个年纪的女性都是可恶的食肉者，我实在没办法和她们拥有亲密关系。"朋友们介绍了一名年轻女孩给他，据友人们宣称，她一点肉也不沾；起初，威廉森对她充满爱慕之情，但在这位珍妮贪图"肉体"并追随士兵私奔后，他的美梦就粉碎了。

1757 年，当约翰·拉姆齐造访莫弗特镇以治疗胃部疾患时，他还未成为詹姆斯·格雷戈里的素食患者；威廉森锁定拉姆齐，在一次乡野漫步时，他向拉姆齐满怀热情地宣扬"毕达哥拉斯学派与婆罗门的信念"。虽然拉姆齐对他抱有"似乎神志不清"成见，但是拉姆齐确实深深地被威廉森吸引，甚至为他撰写了简单传记。几次见面以后，拉姆齐回忆起几本印度游记使得威廉森"深深陷入对毕达哥拉斯与婆罗门的狂热之中，他更进一步相信轮回转世，并认为人类有禁绝肉类饮食的责任，以保灵魂与身体的健康"。威廉森对印度素食者的着迷，使他赢得"婆罗男"的称号。他仿照婆罗门的和平精神，向苏格兰民众传递非暴力行动与施惠动物的理念。

然而，威廉森不认为单纯的信念能说服他的听众拒绝吃肉。他强调，食肉会导致人们罹患恶疾，而这也正是食肉违反自然法则与上帝旨意的证据。拉姆齐认识到威廉森论调中的医学证据，也承认"他的婆罗门信仰并没有使身体衰弱或精神不振"。其实，拉姆齐对威廉森的道德说辞也相当中意。拉姆齐极其欢快地形容威廉森如何在奢华无度的晚宴中发飙，痛斥众人的荒淫行为，而在拉姆齐吃素后，他也如法炮制威廉森的清高态度。拉姆齐曾于厄斯金男爵的宅院，目睹贵族亨利·圣克莱尔吞食犹如整座山丘的肥肉："我以不屑与愤怒的口吻……炮轰所有的贪食客。"圣克莱尔最终罹患恶疾，并且和拉姆齐一样，被迫以"祷告与清粥"维生。

多亏戴维·艾伦发现了威廉森的手稿，我们得以厘清威廉森的素食主义全貌。《对人类杀戮、残害、吃食动物的正义控诉》里，可以清楚见得威廉森并不如拉姆齐所言深信轮回转世；相反地，他的观点更相近于爱丁堡大学里推广素食主义的教授们所抱持的医学论调。确实，威廉森只是以素食主义道德论作为科学理论的辅佐。

威廉森论证人体偏向草食性动物结构，非常不易于消化血淋淋的动物尸体，而肉食会破坏"人体血液与体内汁液，并产生造成风湿、坏血病、头痛与高热的酸性物质，很有可能导致气喘与哮喘"。他和卡伦站在同一阵线，警告种种身体负面影响将导致精神失调，激发出"忧郁、愤怒、狂乱与癫狂"。他的证言与拉姆齐如出一辙，认为自从自己开始吃素以后，"健康情况大为好转，不像之前总是发高烧，犯坏血病，牙齿与头剧痛……并找到对事物怀抱适度热忱的方法，相较以往更为理智地生活"。

威廉森为其医学观察找到神学解释。假使上帝让食肉的人类染病，那么说明他必定不愿意人类残杀与烹煮动物。食用肉类所导致的恶疾，是自然为惩罚人类虐杀动物的明证。这正是以科学法推演素食主义所得到的道德观，威廉森与前辈们走在同一条道路上。

威廉森的自然神论架构与大自然神圣正义说其来有自，那正是托马斯·特赖恩的高见。威廉森完全同意特赖恩的说法，认为被暴力宰杀的动物灵魂将残留于肉体里，而当人类吞咽其肉，必会激起屠杀暴行的潜在痛楚，并造成"毁灭性的瘟疫与战争后果"。威廉森舍弃了特赖恩关于同情潜藏着力量的老旧说法，转而以可信的因果机制过程取

不流血的革命

The Bloodless Revolution

代。他认为，这种机制在国际事件中得到了体现，比如 17 世纪晚期的英荷战争，最初仅仅是为了争夺渔权。对于近年的英法北美战争（1754—1763），威廉森补充道："一开始也是为了渔业、毛皮贸易、鹿皮和海狸皮生意。当人类贪婪竞逐夺取动物性命而彼此仇杀时，正义必然降临世间，使人们相互厮杀。"

威廉森力推特赖恩的《健康、长寿和快乐之道》，并要求热爱藏书的霍普敦伯爵代为购买，他还认定英格兰与宾夕法尼亚州另有特赖恩信徒集体。除了早期禁肉主义者外，包括 7 世纪格拉斯哥神父圣芒戈到 12 世纪的瓦勒度教派，威廉森翔实记录了现代素食主义的脉络。他追溯出罗杰·克拉布《英格兰隐士》的 1745 年版本、罗伯特·库克于宾夕法尼亚州邓卡德教派出版的《虔诚杂志》对毕达哥拉斯式素食主义的极力辩护，以及乔治·切恩著述的《英国病》与《论治疗》。威廉森成功采集名家精华，比如库克的动物皮毛禁令，以及克拉布对《圣经》的诠释（他巧妙美化了耶稣要求信徒不得为渔民的故事）。

但是，让威廉森最着迷的仍旧是印度婆罗门与素食商人种姓阶级，他饥渴地翻阅能够找到的古典与现代相关资料：斯特拉博、希腊史学者阿里安、亚历山大的圣革利免、波菲利、帕拉弟乌斯、约翰·丘吉尔与约翰·哈里斯的旅游文选以及安德鲁·迈克尔·拉姆齐的世界宗教合一论。威廉森认为，向印度人学习，人类能返回目前所能企及的原始愉悦境界。威廉森与那些人类中心论、可持续发展观的开明的现代生态学者不同，他坚持活蹦乱跳的动物远比躺在餐盘中更有意义。即便是大众认知中的害虫，如蛾子，亦有滋养泥土的功用。人类能向动物学习变色与飞行的技能，而驯服的家鼠能吃下的食物远较追捕它的猫狗少。依威廉森解释的后伊甸园论点看来，动物的残暴野性起因于人类的暴力屠杀。只有当人类重返素食的和平主义境地，动物才会报之以温驯和互惠模式。威廉森甚至认为人类应当模仿动物的自然交配模式（季节性的交配等同于可持续的生殖调控），他宣称古代印度教徒贯彻运用这一交配法，这种符合自然主义论的人类行为想必会受到卢梭与特赖恩所描述的"愤怒之牛"的嘉许。

威廉森观察发现，当时的政治社会发展下，对这种理想主义的生活方式破坏，比如为取得放牧土地的"苏格兰高地清洗运动"，就是实例。威廉森几乎是少数率先（假使他不是第一人）以资源贫乏观点批判肉食行为的先驱者。此观点受到数个世纪的伟大经济学者与哲学家的广泛关注，包括：亚当·斯密、圣皮埃尔与托马斯·马尔萨斯。他如此称誉素食生活：

> 素食生活是最纯净与符合效益的道德与政治模式，它不像那些屠宰生意使广大牧场荒芜，后者还使全国人口骤减。素食生活使人口增多，并且使土地状况保持良好，以生产水果、谷类、绿色蔬菜。此外，吃素使人们能够轻松获取丰富的生活必需品，让生活远离贫困苦难。

如同现代人口统计学者所认为的，只有缩减畜牧业并将土地转作可耕地，才有可能喂饱全世界的膨胀人口。苏格兰高地清洗运动的萧条时期，权大势大的贵族地主几乎将佃农们赶尽杀绝，以便改作获利丰厚的畜牧业。威廉森认为，竞相争逐资源的举措，破坏了世界粮食安全。虽然此说法未必符合他的神学信仰的逻辑，毕竟肉食者不是直接受害者，但是威廉森确实向往以正义和平的信念抵抗少数人的不正当的暴利。

1787 年，威廉森去世后 20 年，《绅士杂志》大篇幅称颂他的素食生活，并认为那正是他得以享受 90 余岁高龄的主因（据拉姆齐更为客观的记载，威廉森应于 70 岁时过世）。文章也提及威廉森的朋友、佩尼库克爵士乔治·克拉克为他所撰写的墓志铭——克拉克在莫弗特教堂外为威廉森竖立了墓碑。1802 年，苏格兰古文物研究者约瑟夫·里特森在其素食文选里重新刊印了那段讣闻，里特森很有可能与威廉森或拉姆齐相熟，他也可能阅读过威廉森的手稿。威廉森借助汇编各种素食主义者深奥的辩词，确立了自身丰富广博的素食视角，是素食主义传统建构过程中的重要人物。

尽管威廉森出身卑微，他的哲学思想却渗透进社会上流阶层。当年轻的詹姆斯·博斯韦尔（1740—1795）从爱丁堡旅行前往莫弗特，接受矿泉水治疗坏血病病情时，他与威廉森一同在森林里漫步，并张开双臂接受重返自然的观念——当然，威廉森模仿动物交配的想法，如其素食主义观念一样，也使博斯韦尔相当震撼。博斯韦尔向来抱有返朴主义的观念，他崇拜威廉森与卢梭，并期望自己能回归山林。然而，如兄长一般的塞缪尔·约翰逊常常为此训诫他。保守的约翰逊冷冷地说道："如果你希望搬到沙漠定居，那你实在应该考虑苏格兰。"约翰逊讽刺地暗指苏格兰荒地相当适合酝酿返朴主义，然而，至少在乔治·切恩的时代，禁欲形式的观念，特别是素食主义，似乎在苏格兰获得极大的回响，或许当地人们确实想塑造与英格兰奢华烤牛肉相异的身份认同。

博斯韦尔曾于晚年写信给让-雅克·卢梭，期望从备受敬重的自然导师那里获得称许。博斯韦尔向卢梭坦白年少时代巧遇威廉森的始末。"我碰到了一位老毕达哥拉斯主义者，"博斯韦尔写道，"深受他的影响，我坚定自己绝不吃肉的信念，并以人道为名，不惜牺牲小我的一切。"他告诉卢梭，虽然自己从未刻意放弃此道德原则，但日子久了，他不免也妥协起来，过往的价值观也烟消云散。但是他仍保持着感性，认为猎鸟、斗鸡等活动无比罪恶。

不过，讽刺的是，由于频繁感染淋病的缘故（他热切仿效雄鹿的多重性伴侣模式），博斯韦尔时常被医生嘱咐遵从无肉饮食。博斯韦尔向来认同食疗的功用，因此他对切恩医生的素食疗方跃跃欲试。《塞缪尔·约翰逊传》一书里，可见博斯韦尔与约翰逊对此之热忱。两人不但认定自己罹患切恩所发现的"英国病"，更将切恩视为医疗导师与引路人。博斯韦尔视切恩为绝对权威，他时常得压抑奇大无比的胃口，更采用切恩推荐轻微神经症患者的"半素食疗法"，以对抗疑病性神经症、眼疾与频繁感冒。他时常写信给思雷尔夫人，报告自己的饮食细节，还向她保证，虽然自己有时会小小地放纵一下，但多数时候他都恪守严谨的饮食规范，仅以马铃薯、菠菜与豌豆为主食。

约翰逊认定自己的食疗法仅仅出于医学考虑，但是他亦质疑人类是否拥有宰杀动物的权利，并激烈抗议活体宰杀的残酷无当。他全力攻击鼓吹人类食肉权的威廉·金、布丰与索姆·杰宁斯。约翰逊认为，重点不在于农场动物的生命是否归属于豢养它们的主人，而是"为了取悦与服务人类而遭受各式摧残折磨的动物们，是否能接受如此这般地苟活着"。

1773 年时，当博斯韦尔终于说服约翰逊离开安逸的伦敦，前往赫布里底群岛进行两人著名的旅程时，他立刻巧妙安排了造访老友詹姆斯·伯内特·蒙博杜勋爵的行程。蒙博杜不但是为人熟知的苏格兰法官，更发表了著名的人猿学说——大猩猩、黑猩猩与红毛猩猩，都是尚无语言能力的原始人类。虽然他的观点很接近今天的现代演化史的观点，但在当时那个年代，蒙博杜却饱受人们的嘲笑，连约翰逊都时不时地讥讽他。不过，约翰逊仍旧相当乐意在途经阿伯丁时与这位怪异的富豪共进便餐。

蒙博杜勋爵是返朴主义历史的重要角色，他的想法恰好介于提出高贵野蛮人概念的理性主义者卢梭，与亟欲返归狂野自然本色的浪漫主义者之间。对蒙博杜勋爵以及卢梭来讲，人类演化的原初状态，特别是其原始饮食习惯，正是决定人类天性最重要的关键因素。蒙博杜承袭卢梭《论人类不平等的起源和基础》的难题，一方面他认定人类的两栖调节性使其拥有选择草食动物群聚生活与肉食动物单独生活的弹性，但另一方面，如同卢梭认为的，蒙博杜坚持"人类在最初的自然状态下本是草食动物，尔后通过习惯养成而拥有猎捕动物的能力"。蒙博杜认为，当果实不再能喂饱繁衍过量的人类时，人类转而以狩猎与放牧谋求生存，而从草食性转变为肉食性的过程，造成了"性格巨变"：

> 当人类以自然果实果腹时，他们尚保有纯真动物的本性……但是自从人类成了猎人以后，猛兽在他的血液里脉动，并占据了他的灵性。他变得暴力而粗劣，陶醉于血腥屠宰的快意之中。狩猎终于招致战争，而战争意味着胜者得以吞噬败者。他们追捕敌人，将其砍杀致死。而当人们枉顾法律规范并摆脱其温驯本性时，他们成了上帝最可怕的造物。

蒙博杜勋爵左批卢梭，右攻霍布斯。卢梭认为"同情与爱将我们紧紧结合在一起"，但蒙博杜认为这绝非出自天性，而是来自于后天学习；但是人类亦绝非霍布斯所称"自私自利的禽兽"。布丰认为卢梭的返朴主义含有反社会意味，而蒙博杜认同布丰的观点，强调社会伦理道德与人类理智皆须通过后天学习而得，然而，身体则最好维持在最自然的状态。蒙博杜声称人类可同时符合自然天性与文化，并期望借此消弭二元争论。他解释道，欧洲人应学习印度人，毕竟印度拥有最长的人类智慧文明，而他们的素食生活"更是再自然也不过"。虽然，印度人过于极端地尊敬动物生命，以至于以肉身喂养虱蚤，蒙博杜抱怨道，但"欧洲人则走上另一个极端境界，彻底误用上帝赐予我们支配动物的权力"。

蒙博杜认为肉食相当难消化，甚至会导致疾病，而蔬菜饮食则能治愈致命疾病。"事实是，"他总结道，"能使人恢复健康状态的饮食，等同于有强身健体之效。"人类肉体应当回返草食原初性。至少，蒙博杜建议可以以蔬菜混合少量肉类，并且尽量避免饮酒。他本身对此原则奉行不悖。

除了饮食习惯，猩猩的"穿着方式"也相当值得人们学习。蒙博杜解释，人工衣物阻碍毛孔接触新鲜空气，因此他建议"在任何可能的情况下保持赤身裸体"。裸体运动正是最好的减肥方式，这也是希腊人的古老礼俗。蒙博杜的杰出好友，同时也是佐治亚州殖民地的先驱詹姆斯·奥格尔索普将军就听从了蒙博杜的建议，每日双手双脚张开，裸体跳跃，并因此享寿百岁高龄。

蒙博杜向来是博斯韦尔的精神导师，也无怪乎后者自年轻时就相当推崇威廉森与卢梭的信念。然而，在约翰逊眼里，蒙博杜只是个实践返朴主义的怪胎；博斯韦尔总是津津乐道蒙博杜每日裸体经过他窗前的故事，这听在约翰逊耳里则不太舒服。当两人在苍凉荒原驱车拜访那位疯狂富豪时，博斯韦尔激动得坐立难安，而约翰逊则是冷淡到极点。日后，约翰逊仅引用麦克白与女巫碰面时所说的话，记述这段旅程："蒙博杜赤条条而又野蛮地住在残破不堪的城镇里，那里只有个破烂老屋。"博斯韦尔的不祥预感果然成真了。

当身穿乡村衣裳、手里摇晃着玉米秆的"伯内特老农"出现在门前招呼访客时，争吵就没有一刻停歇过。蒙博杜衷心推崇人类的老祖先，而约翰逊则认为现代人不但勇猛程度不输原始人，还更加聪颖。"这说法绝对猛刺进蒙博杜的心坎"，博斯韦尔忧心忡忡地写道。当众人共享晚餐时，约翰逊对晚餐的朴实风格大感不快，他唠叨说："这等晚餐实在让我不知该如何下刀。"而坚守禁欲主义的蒙博杜"则对约翰逊博士的生活方式大感诧异"。当两人为了"究竟是原始人还是伦敦的店主活得更有意义"争执得面红耳赤后，约翰逊与蒙博杜终于言归于好。蒙博杜视猴子为人类祖先的说法让约翰逊乐不可支，日后他甚至研读起蒙博杜的六册著作，并不时提笔写信给思雷尔夫人，笑谈人类是否应当有尾巴。回到爱丁堡后，博斯韦尔盛邀约翰逊与素食主义者威廉·卡伦以及亚当·弗格森共进晚餐，当晚众人就讨论起蒙博杜关于人猿是否可以学会说话的理论。后来蒙博杜也时常与两位旅行家碰面。

18 世纪社会弥漫着关于素食主义的各式讨论，清教徒、贵族地主与大学教授们对此争论不休。不管背后动机起因于道德或医疗，纷杂的讨论终究归结到对人类与自然的认识。人们很难一边大嚼牛排一边无视道德败坏的可能性。18 世纪人们将食物与道德联结在一起，并衍生出同情所包含的神学意义与肉食对健康的影响两大议题。法国大革命之前，已有无数人狂奔在荒野里寻求与自然的亲密结合，而浪漫主义更会将此激情推向极致。不管是对于钻研解剖学的科学家，或是抱持卢梭思想的社会人类学者来讲，人类最初是草食性还是肉食性已然变成欧洲文明亟待解答的问题。

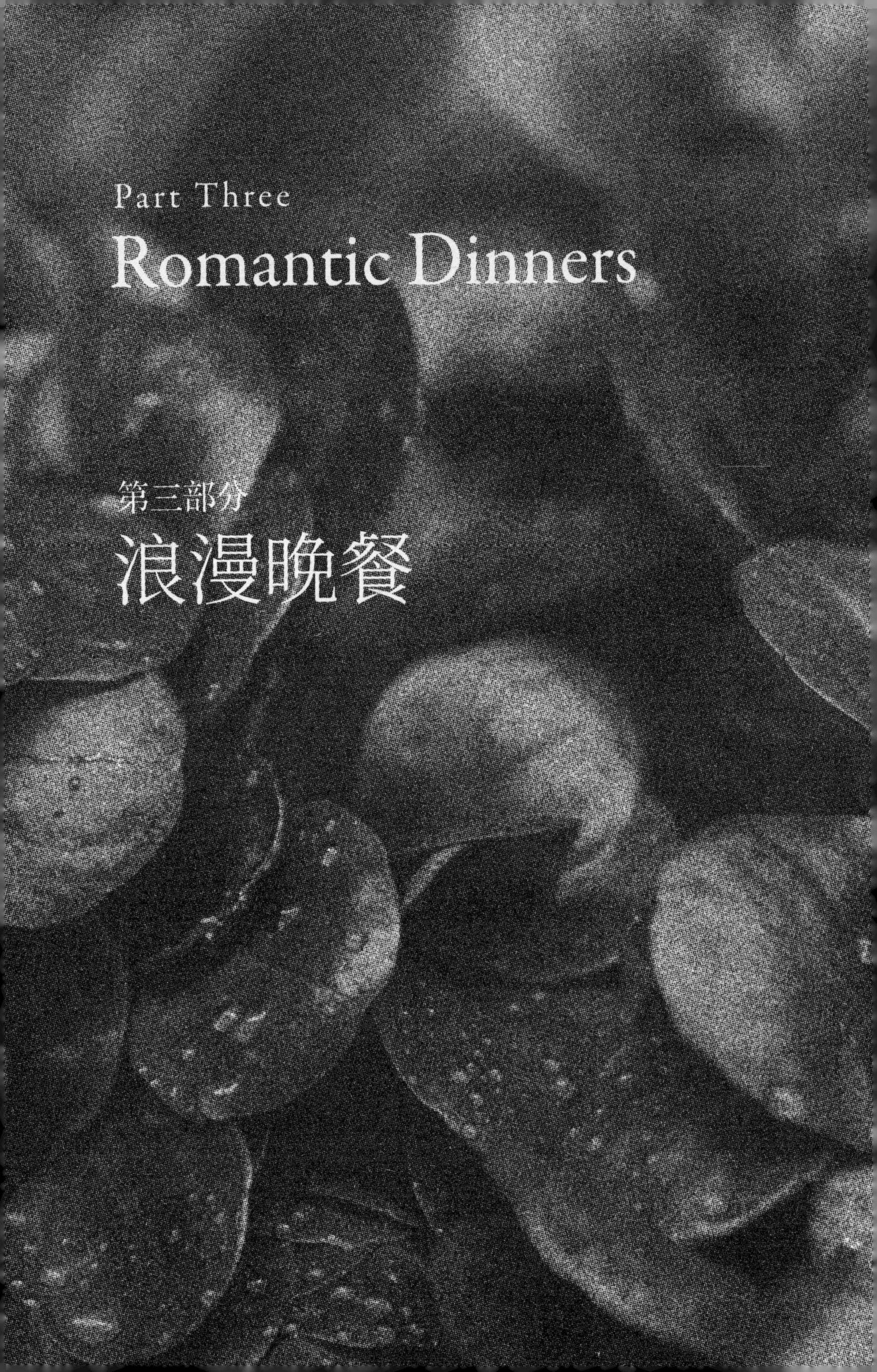

Part Three

Romantic Dinners

第三部分

浪漫晚餐

19 饮食与外交：在圣牛国度吃牛肉
Diet and Diplomacy: Eating Beef in the Land of the Holy Cow

1602 年，意大利年轻贵族罗伯托·德·诺比利前往南印度，进行耶稣会传教工作。当诺比利看到其他传教士因为吃肉且与印度贱民交好，受到印度教祭司鄙视而不利于传教时，他决心跻身印度上流社会。诺比利勤习梵语和泰米尔语，并请求王侯加持；他脱下了欧洲黑色教袍和皮鞋，裹上印度托钵僧的赭色袈裟，还剃了头，在眉眼上方涂抹了檀香膏，自称真理之师，改以苦行僧的身份行走于印度。

诺比利察觉到，印度教徒，特别是居住于泰米尔南方区域的信徒，认定吃鸡蛋和肉类是一种残忍暴行。因此，诺比利排斥任何肉类食物，誓言终生以茹素苦行僧的方式生活。"我每餐仅食少量米饭，"他记述道，"以及一点香料与水果；鸡蛋和猪肉绝不会进我的家门。我必须让人看见我的忏悔，否则他们不会相信可以通过我找到天堂的道路。"诺比利动身搬离了欧洲人居住的区域以免受到干扰。诺比利搬到自己的小泥屋，学会了如何盘腿端坐在地面上，并以右手抓食蕉叶上的食物。相较之下，他的资深传教士同伴贡萨洛·费尔南德斯，一位教育程度低下的葡萄牙退役军人，则对诺比利稀奇古怪的举动相当不屑。如同其他传教士一样，费尔南德斯乐于讪笑印度人的异教徒举动，毫不掩饰地贬低印度教的生活模式，如素食行为，甚至期望借由军事武力行动强迫印度教徒放弃其宗教信仰。当诺比利踞坐室内角落，吃着婆罗门的仆人送上的素食餐点时，费尔南德斯则坚持坐在餐桌边，用刀叉切食盘中的牛肉。

诺比利和费尔南德斯恰巧代表欧洲人初见印度文化的两种典型反应。而基督教传教士更以此一分为二，持续分裂骚动了两百年。此传教模式更进一步影响了商业殖民主义，东印度公司的雇员们各自拥戴诺比利与费尔南德斯为典范进行模仿。到 18 世纪末，居住于印度的欧洲富豪们已习惯了印度的服饰、食物和性——许多人乃至与印度女性结为连理。众人把费尔南德斯的告诫当作耳边风，他们遗弃了基督徒的本分，入印度茹素的习俗，甚至皈依印度人的信仰。英国人借由彻底印度化，不但享受了扮演"他者"的乐趣，更是天衣无缝地成为合法的地方统治阶级。直至 19 世纪，英属印度总督韦尔斯利派系大规模扩张领地，特别是 1857 年的印度民族起义以后，独裁科学家与管理者才开始掌控种族隔离政策，居印的欧洲人被教导贯彻落实费尔南德斯模式，他们披上不合时宜的羊毛绒面呢，吃食远洋而来的昂贵家乡食物，以维护其民族优越性。

费尔南德斯认为诺比利拒绝共食的举动无疑是当众羞辱他，而他对这个初来乍到的传教伙伴也感到相当恐惧。"诺比利的一举一动都像个异教徒"，费尔南德斯在 1610 年向罗马传教总管牧师抱怨道。"诺比利牧师穿着异教苦行僧的服饰，"他写道，"诺比利乖乖遵守印度教所规定的饮食法则，那就是绝不吃鸡蛋、鱼类和肉类。"以他的观点看来，黑暗的印度大陆早已吞噬了诺比利。费尔南德斯指出，印度素食主义是异教徒迷信与崇拜动物的象征，印度教认为人类被打入畜生道而非独一无二的宇宙存在，这种异教信仰必将颠覆既有的基督教世界秩序，而诺比利对印度文化的迎合态度，更是污蔑欧洲文化的崇高性，并贬低了基督传教的意义。

而诺比利比著名东方学家学习梵语的时间早了 150 年，他确实相当尊敬印度文化，并深信其教义揭露了神圣真知。他通过与印度语教师密切地讨论，撰写了极其深刻而丰富的印度轮回研究。他为自身文化与印度文化的相似处感到开心，并指出自己的素食法与基督禁欲主义有着极大的关联。即便是反对诺比利行为举止的人，亦承认"基督修道院远不及印度教来得严苛……即便是底比斯的隐士也难与之匹敌"。但是，1613 年，诺比利的神学指导牧师佩罗·弗朗奇斯科命令他与其信徒放弃素食主义，以免遭受病痛袭击："在必要情况下，如呕吐、恶心或身体虚弱时，人们应当顺应自然与经验法则，食肉以求自保；并放弃过当节制肉类与鱼类的行为。"

诺比利毫不知情自己所引起的争议将燃烧至罗马。他将矛头转向教义矛盾，并激昂地辩解自己的行为恪守使徒准则：使徒圣提摩太就曾行犹太割礼，并使众多犹太人改宗；即便是圣奥古斯丁都默许英国人只以牛为祭品；如同圣保罗所言："务使人人得偿所愿。"东洋使徒之父圣方济各·沙勿略，以及诺比利直属前继使徒、接受良好教育的那不勒斯贵族范礼安彻底开发了"调适政策"的推行技巧，并将此法推及全亚洲。范礼安要求前往日本的耶稣会会士改穿佛教僧侣的袈裟，并学习跪坐在日本矮桌前，以筷子吃饭。范礼安曾说，为了要赢得改宗者的信任，传教士必须即刻克服"先天的反感"，遵循日本饮食之道，"吞下大量的生鱼、酸橙、海螺和一堆又苦又咸的食物"，毕竟"对佛教徒来说，肉食也是同样的恶心"。

1623 年，教宗格列高利十五世下令支持诺比利的传教模式，至此，诺比利获得空前的胜利。但是，关于改宗者是否有保留原有习俗的权利，争议仍在继续并导致了"礼仪之争"。尽管诺比利的柔和政策赢得了成千上万的信仰者，1704 年时，出使印度的代表团还是谢绝了教宗的许可，要求传教士们必须以罗马规格行使基督使徒之命，那意味着：不得避讳牛肉和猪肉。

但事情发展已然不可扭转。对传教士来说，获得较高的社会地位有着明显的传教优势，而他们也毫无可能改变当地的素食主义文化。如果欧洲人自诩为导师甚至统治者的角色，他们必须向当地习俗让步。1710 年，当约瑟夫·康斯坦蒂乌斯加入诺比利于马都拉所成立的传教计划时，他披上施教王侯的湿婆派阿阇黎导师的华丽紫色法袍，并戴上珍珠耳环；泰米尔区域的皮莱贵族阶层纷拥至康斯坦蒂乌斯门下，日后，改宗者阿·穆杜萨米·皮莱盛赞道："当康斯坦蒂乌斯抵达印度就抛弃了食肉和食鱼的习惯。"

许多人则见识到食肉所带来的厄难。17 世纪冒险家尼可劳·马努奇曾记录当印度人发现葡萄牙耶稣会教士并非他们所宣称的"欧洲印度教徒"，而是嗜肉的外国佬时，许多基督徒惨遭处决，并因而酿成地方暴动。当一名耶稣会教士炖牛肉时，他的印度伙伴恐惧地将牛肉抛出窗外，并大喊："牧师绝不是贱民阶级，他们不应吃牛肉的。"

新教传教士同样面临相同的问题。印度人即便改宗皈依基督新教，仍不会放弃素食习俗。"如果你告诉他们基督教对于饮酒和美食的开明态度，"新教传教士菲利普斯·巴尔戴乌斯在 1672 年回忆道，"他们会认为，既然基督信仰本质和饮食无关，所以没有必要违反本身教养与天性而义务性地吃食肉类。这绝非故作傲慢，毕竟他们从婴儿时期起，体质早已习惯较为温和的食物，也因此得享高寿。"巴尔戴乌斯的报告显示了印度人在素食问题上的睿见，他为印度基督教徒深感震撼："他们可说是最富有道德感、明智、洁净、勤奋、开明、乐于助人并且适度饮食的一群人。"巴尔戴乌斯认为，纯净的饮食可以视作基督禁欲道德观的另一种体现。

欧洲旅行者对饮食调适见怪不怪，事实上，这样的反应不但普遍，甚至符合他们的常识。历史上，欧洲人就曾对叙利亚基督信众好奇，该信众社群在 6 世纪时建立于喀拉拉与科钦，使用印度仪式，并进行禁肉饮食调适，自称纳亚尔婆罗门。1630 年，亨利伯爵发现信仰琐罗亚斯德教的印度帕西人——早在 8 世纪时期逃至印度的波斯人后裔，亦禁绝肉类。因此，许多旅行者回忆道："为了避免激怒印度商人阶级，只有不杀害任何有生命的动物，才可能谋求暂时庇护之地。"

事实上，基督教徒的外交妥协与早期印度教教徒的做法极为类似。当时食肉的印度教阶级亦会通过茹素以迎合上层阶级，甚至进而提高自身的社会阶级。位居统治阶层的拉杰普特人与贾特人，就曾放弃好战文化下的食肉习俗，以向印度教圣职人员示好。前殖民时期的欧洲人似乎也从前继统治者莫卧儿帝国那里，务实地顺从原住民的习俗。

阿富汗穆斯林领袖穆罕默德·古尔在 12 世纪攻掠北印度时，印度人称之为残食牛肉的野蛮人。克什米尔的一位诗人讥笑古尔的名字，认为那听起来像是侵犯者（Gori）与牛（go-）的谐音，他谩骂道："古尔邪恶之灵，饕餮污秽不停。其乃圣牛宿敌，故有如此恶名！"这样的思想冲击也影响到了印度教与伊斯兰教的文化融合，莫卧儿统治者很快地察觉到宜调适饮食政策。

统治者阿克巴大帝更是身体力行当地习俗。他与印度女性成婚，虔诚信仰耆那教,并且极力奉行"不杀生"的礼法。阿克巴大帝在位时期,曾多次敕令禁杀动物与鱼类,并提倡每年维持至少6个月的禁肉时节。如此严格的立法反对禁杀动物,堪可比拟3世纪佛教阿育王大举立柱刻石以弘扬佛法。阿克巴大帝的编年史官阿布·法兹勒·阿拉米亦与高阶级的耆那教教徒交好,他在《阿克巴律例》中做了惊人的声明,表示印度素食主义对莫卧儿帝国影响的程度远胜于欧洲人:

> 真主极其排斥肉类。真主赋予人们能无尽享受的食物,但人们因其无知与贪图口腹之欲,被蒙蔽双眼,不见守奉仁慈之善;人们屠杀动物,使肉身皮囊成了动物的坟墓。如果我不是君王,我会立即戒肉,而今的我,也要逐渐力行。

阿克巴对于素食主义的观点,好似古代欧洲的普鲁塔克与奥维德的不平之鸣。他引用犹太人禁食血液的习俗来与印度素食主义相比较,正如同托马斯·莫尔爵士拜访莫卧儿朝廷后写道:"血,是生命之本,阿克巴说,避免吃动物血即是荣耀生命。"根据阿克巴最荣宠的耆那教朝臣,备受尊敬的僧侣尚蒂钱德拉所言,有一次,当他因开斋节"虐杀无数动物生命"向阿克巴要求准允自己于穆斯林祭典前避离朝廷时,"我向阿克巴解释,按照伊斯兰与耆那教教义,'不杀生'乃是通往真主的唯一道路"。阿克巴融合了印度宗教、伊斯兰教苏菲主义以及日神教派,立旨禁吃牛肉(而猪肉则很不幸地未在此列),此举使一些穆斯林大吃一惊。

阿克巴的儿子,继位者贾汉吉尔,其母为印度人,他曾歌咏父亲每年会维持长达九个月的素食(苏菲食物)。贾汉吉尔颁订新的耆那教规定，并在 1618 年震撼朝廷，他宣誓将戒除自己热爱的狩猎活动（以忏悔杀害阿布·法兹勒·阿拉米之举），并且"绝不允许自己的双手介入任何伤害动物的活动"。贾汉吉尔于回忆录里宣称，在他的统治时期里，猛兽变得极其可亲，并且常常亲昵地走动于人类身旁。

当沙阿·贾汉继位时，他抛却贾汉吉尔对当地宗教的融合态度，致力纯化印度的伊斯兰教。即便如此，贾汉仍旧没有拘泥于伊斯兰教艺术不得呈现人类与动物的原则，他的德里红堡宝座以镶嵌的红宝石刻画了动物沉醉于俄耳甫斯音乐的画面。沙阿·贾汉描绘的所罗门王将恩泽施及动物走兽，宛若印度传说时代的首位帝王卡尤马尔特一般。艺术史学者埃巴·科赫曾解释道，此类艺术景象时常被莫卧儿帝国用以诠释其帝国思想体系。此外，自阿克巴时期开始，神话角色玛吉努亦时常与动物相伴出现于大漠中，甚至基督教惯用的狼与绵羊相伴而眠的画面也深受莫卧儿艺术家欢迎。或许，画师特意挑选俄耳甫斯图像，以取悦贾汉皇朝境内有着相似艺术传统的印度教与耆那教徒，后者向来乐于描绘野生动物深受音乐感动的景象。为沙阿·贾汉制作王座的艺术家或许并不知情，俄耳甫斯为古希腊素食主义异教的精神原型人物，而俄耳甫斯派信众之一的毕达哥拉斯，还曾通过新柏拉图派学者传递其信念。无论如何，出现在伊斯兰印度国王的宝座上的俄耳甫斯图样，是东西方文化交流的不寻常的见证。

后来，印度艺术家们已将俄耳甫斯式乐手视作东西文化融合后的艺术概念。17 世纪末期，德干高原艺术家们甚至描绘穿着印度服饰的欧洲人心满意足地逗动物玩，旁边甚至还摆放着传统印度妇女被动物环绕着的图画。或许，这些图画有意无意地透露出欧洲人已被同化融入进印度友好动物的习俗之中。

沙阿·贾汉的儿子奥朗则布则舍弃父亲的宗教宽容政策，全力拥护伊斯兰教正统。尽管如此，他却以戒肉表达杀害亲生兄弟的忏悔（欧洲旁观者对此大感诧异），奥朗则布"仅吃些让人不起劲的食物，像是蔬菜或是蜜饯"。莫卧儿帝国最后一位帝王巴哈杜尔·沙阿二世则以追随阿克巴的宗教宽容政策而为后人景仰。巴哈杜尔·沙阿一世在1775年出生，其母为印度拉杰普特人，他时常于额头涂抹圣饰、披上圣裟、穿着婆罗门的衣饰，拜访印度寺庙。巴哈杜尔·沙阿二世虔诚信奉苏菲主义与印度教，故绝不食牛肉，他甚至在1857年爆发印度民族起义时，颁布禁止屠牛的诏令，以修睦与印度穆斯林的关系。

王室素食主义推广者让后人得以窥见莫卧儿统治者对所征服文化的尊重态度。《阿克巴律例》乃最早被英国东方主义者翻译的印度经典之一，并提供给后继欧洲殖民主义者实用的信息。许多英国人仿效阿克巴的做法，放弃食肉，但更多人仍旧无视文化融合的重要性。事实上，由于印度肉价远较欧洲便宜，因此许多居印的欧洲殖民者借此机会不亦乐乎地吃肉。虽然部分英国殖民者一度禁止屠宰牛，但是，一方面牛肉仍为英国传统食物，另一方面帝国殖民主义根深蒂固的偏见，使得漠视地方传统的行为逐渐盛行。

英国对地方饮食禁忌的漫不经心酿成了巨祸。1857年时，谣传英国殖民者提供印度士兵以猪油或牛油润滑的新式步枪。由于步枪使用前需用嘴咬开子弹包装，因此士兵们必会受到污秽物的污染。士兵们更疯传英国军队以骨灰掺杂面粉。不管是印度人、印度教徒或穆斯林都难以幸免。他们深信宗教污染仅是英国统治的第一步，随后而来的将是大规模的强制同化，而这点亦可从众多传教士身上觅得蛛丝马迹（乃至后来传教也受到严厉地责备）。印度人民对英国殖民者的不满日积月累，终于爆发了反抗的怒火。当军队开始严惩反抗者，印度人民更是掀起了愤怒的海啸：士兵们暗杀军士长，并发动有史以来规模最大的民族事变——印度民族起义，该事变演变成拉吉地区长时期的血战。直至20世纪，英国依旧多次试图将屠牛合法化，常因推广英国饮食激怒印度教徒引起暴动。

　　早有许多评论家预言，如果英国殖民者对当地饮食禁忌能更为敏感，则可避免许多不必要的死伤。备受敬重的耶稣会传教士让·安托万·迪布瓦神父就曾于其权威性著作《印度教礼俗与仪式》预言灾祸的发生。他倡导以传教士的调适政策为外交关系之本。当印度总督威廉·本廷克勋爵阅读迪布瓦著作后，立刻将之视作居印欧洲人的准则，他宣布："我们必须协助政府官员以更友善的态度，包容印度原住民的习俗与观念。"

　　迪布瓦讽刺地描述："欧洲人对于印度人的节制原则视而不见，更不了解自己的行为如何激起了对方的反感，他们仍旧公开地大嚼牛肉。可以肯定的是，此举会让居印欧洲人被排除于印度种姓阶级的高阶层之外，甚至远低于贱民阶级。"他提出警告，欧洲人不应该因印度人消极默许宰牛之举，而陷入错误的安全感中，暴动正在秘密地酝酿。迪布瓦说："印度教徒深深痛恶主人以肉食宴请宾客，这是最要不得的粗鲁行为。"

　　迪布瓦一到印度，就效仿诺比利以白布束起头发，衣着印度罩袍，随身携带竹杖。他以"全能的主"为教诲的名义，并"全盘接受印度人的习俗与观点；以印度教徒的方式生活，成为真正的印度教徒"。迪布瓦警告说，即使是偷偷吃肉也是绝对不允许的，因为"印度人长期禁绝任何动物食品，使得嗅觉对肉类食物特别敏锐；他们可从对方的鼻息、皮肤沁出的汗水，察觉对方食肉与否"。

迪布瓦的书写见证了浪漫主义时期的人道主义者精神，如诺比利与范礼安的实践如何延续促进早期欧洲殖民者的印度化。但迪布瓦擅长的不仅是遵从陌生的餐桌礼仪，他对印度教的诠释理论架构，使之发现了真正的印度教义的核心价值。

迪布瓦破除了长久以来人们认为印度教素食主义根源自轮回概念的说法，他坚持当毕达哥拉斯造访印度并学习其素食主义与轮回思想时，混淆并夸大了教义。"以事实看来，"迪布瓦宣布，"或许印度教徒在许多方面来讲相当可笑，但他们厌恶食用有生命的食物的原因，并非因为眼前食物可能会是投胎转世的祖先，他们并没有那么愚笨。"他解释，印度僧侣用来推广戒杀生的宗教教义的根源是圣牛说、对不洁感的害怕以及对吃食动物尸体和谋杀的恐惧。迪布瓦再次强调印度素食主义的中心哲学思想是"不杀生"。

可惜的是，如同早期欧洲人一样，迪布瓦仍旧拒绝正视"不杀生"内在的合理性，并将之视作是一种柔弱。但是他进而解释其历史根源(此点与该时宗教推论相左)，认为素食主义与保护牛的政策来自地方农业的需求，再者，肉类对热带气候国家来说，不但难以消化，也易于腐败。"毫无疑问，"他结论道，"印度教义谆谆告诫污秽与净化两原则，为的就是使信徒保持健康与洁净。"迪布瓦的诠释虽过于实用主义，却影响深远（今日仍有部分人类学家对此说法深信不疑），他的想法来自孟德斯鸠的著作《论法的精神》，但两人或许皆深受贝尼耶的古典经验法则说影响。以印度炎热气候作为素食的现实原因，意味着其行为难以成为普世道德准则；然而，居印欧洲人确实被鼓励学习地方文化。至少，迪布瓦完全认同自以为的印度洁净教义，他形容道："我知道很多欧洲人因此再也不吃肉，因为当肉下肚以后，他们也会感到消化不良。"迪布瓦对读者的警示相当明确："如果碍于主人的情面而不得不食肉，那就意味着放弃健康！"

迪布瓦的建议相当符合欧洲对热带气候医学的传统观念。至少自17世纪以来，欧洲医生就时常警告在热带区域食用熟肉的极端危险性。他们指出，上帝早已分配世界各地的人们适当的食物，而热带区域的人民享有的即是源源不绝的清凉水果。

相反地，其他居印欧洲人则坚持必须饮烈酒和吃肉，以避免感染上当地人过于阴柔的气息。众多医生认为正是由于如此无知的成见，特别是无知的军人和水手们，数以千计的欧洲人一到印度即染上重病。1680年时，约翰·弗赖尔发现，饕餮无度的欧洲人往往刚抵达孟买就一命呜呼，像是漂荡异乡的失根植物。"而在当地的印度人，或许因为节制的生活方式而得享高寿。他们从不像我们一般，狂饮烈酒又塞填了满肚子的肉食。"有热带生活经验的素食主义者托马斯·特赖恩，则以讽刺口吻传递医疗处方，他说："生活在全世界最热的国家，只有无所事事的醉鬼苏格兰人才不知道，热爱水果的印度人是我们的楷模！"

18世纪末，欧洲人已从长寿且健康的印度人身上学习到旅印时应当戒肉，或至少食肉量必须降至最低标准。医疗史学家马克·哈里森观察发现，对想要统治全世界的欧洲殖民者而言，热带生存法则是至关重要的课题。

海军外科医生詹姆斯·约翰逊在其权威性著作《热带气候之于欧洲体质的影响：以印度为例》里，将欧洲饮食疗法输出套用至印度生活。

他很清楚自己的观点混合了毕达哥拉斯主义道德观，并结合诗意化的乔治·切恩准则以及老达尔文的毕达哥拉斯哲学指导医嘱，称人类"应以慈爱之心恩泽所有生命，视蚁如兄，蠕虫为姊"。

约翰逊是威廉·卡伦的基本信徒，他时常谆谆告诫欧洲人所罹患的疾病，特别是英国人，往往来自性质"刺激"或过量的肉类。尤其在印度的炙热气候生活时，约翰逊建议："普遍来讲，蔬菜水果会比肉类来得更好。"虽然他妥协地认为欧洲人可以安全地从严格的"印度模式"转换成"回教模式"。约翰逊不全然欣赏印度教，但他认为印度素食主义包含了完善的医学知识（如同孟德斯鸠之意），并帮助"建立更为仁爱的社会秩序"。最后，在其《健康经济学》（1837）里，约翰逊不情愿地宣称："虽然婆罗门与毕达哥拉斯学派过分强调饮食系统对身体健康的益处，但他们并非无的放矢。"他承认，欧洲人若以清淡与温和的印度教食物为食，"不管他们是否身在印度，都会相当健康"。印度素食主义者的健康状态，使世人再次肯定其传统素食主义的医学作用；而医疗素食主义更让欧洲人对印度教形成了一种全新的正面看法。

欧洲的文献中记载了无数印度人对于欧洲人食肉行为的反感。当时广为流传的段子是，当欧洲人踏进印度人的前院时，印度人会愤而将房屋拆毁。欧洲人乐于将印度人夸张描绘成狂热的原教旨主义者，但是要找到描写对早期欧洲定居者不满的印度文献却相当困难。

这少数文献其中之一，是印度人阿南达·兰加·皮莱在1736年至1761年间以泰米尔文写就的12册私人日记，他曾担当法属印度总督约瑟夫·弗朗索瓦·杜布雷的地方官，法国人杜布雷是统治印度的高层里最具权势的人。阿南达·兰加生动翔实地记载了这一关键时期的历史与社会事件、宗教礼仪与日常生活，并提供了以印度视角观察欧洲殖民主义的历史文献。

身为主要地方官，阿南达被地方人民称作"泰米尔领导人"，并手握大权。他对消除上个世纪基督教对印度的影响居功甚伟，连原本试图使他改教的基督教传教士都禁不住抱怨，如果没有阿南达，那么印度不可能在基督教信徒们日趋疲顿时，仍旧持续兴旺，由此可见阿南达的成功。阿南达极其痛恨欧洲人在当地的罪行，特别是士兵们"摸妇女胸乳，或是羞辱、戏弄甚至强暴妇女，杀害其夫"的暴行。他经常请印度教占星师为杜布雷排盘算命，他更是唯一获准在法国官员前穿鞋的当地人。但是，阿南达与欧洲友人们仍旧耗费相当多的精力解决彼此之间的饮食差异与摩擦。正如其所言，这是外交僵局。

身为皮莱贵族阶层，南印度维拉拉与艾代因阶层的种姓之一，阿南达是坚定的素食主义者，如同当时印度人一样，他不愿与欧洲人或回教徒同餐共食。他目睹友人们享用丰盛的羊肉、猪肉、鸡肉大餐，但不愿参与。每日午餐时间，他会回到为其特别打造的屋舍，时间允许时，甚至会回家一趟——以虔诚的印度教仪式，先沐浴，再烹煮米饭、木豆与酥油。他认为即便是犯人都应享有此权利。偶尔，阿南达要款待宴请欧洲人，比如东印度公司的重要领导蒙莫朗西伯爵就曾为其座上宾。通常他会准备米饭、木豆、酥油、水果、甜点、牛奶和咖啡，他也曾以丰盛的肉食宴客，包括羊肉、鹿肉、兔肉、鹧鸪、鸡肉和鱼。他解释说，欧洲人可以吃他们想吃的，只要不玷污他这个洁身自好的印度人即可。

欧洲友人们十足殷勤回礼，邀请阿南达同进晚餐，他们小心翼翼的程度连阿南达都大感诧异："食物竟然是由婆罗门亲手料理的，这一点连我都做不到。"欧洲友人们小心避免阿南达受到不洁的欧洲礼俗影响，但如此的互惠美意却造成了好坏参半的结局。在无数次的压力累积下，向来对阿南达十分亲切的杜布雷喋喋不休地发火。阿南达回忆杜布雷如此怒吼：

> 泰米尔人的食物能吃吗？他们吃的是动物饲料。除了蔬菜和咖喱还有别的东西，总之那不是给人吃的。穆罕默德那派人吃的香料米可能还可以接受；但我们吃的食物，不管是就烹饪或食材来讲，当属世界第一。众人围坐餐桌吃饭，太太、先生、亲戚、朋友一起悠闲共享此社交活动。泰米尔人和穆罕默德回教徒老想吃我们的食物，但我们可一点都不愿意碰他们的食物。我们不爱素食……泰米尔人与我们共同生活了许久，他们认为我们违反习俗，中伤我们、挑剔我们，甚至无知地将我们比作贱民。

阿南达以一贯的谨慎词句记述如上批评，他以温和的笔触陈述杜布雷"贬低我们的食物，并践踏其缺点"。但他并未反驳，不管是私下或公开场合，都从未回敬批评欧洲饮食。但是，阿南达绝非不敢言，每当欧洲人有惊人之举时，他亦直言不讳。举例来说，某次杜布雷将一位野蛮杀戮并吃食野牛的军官监禁并罚款时，阿南达亦毫不保留地谴责。虽然阿南达对基督徒亵渎印度教的行为大加批驳，但他对马德拉斯的英国政府官员托马斯·桑德斯的赞美之情则是溢于言表。桑德斯迥异于杜布雷，他"习惯吃泰米尔食物——米饭、豆子、酥油、胡椒、胡椒汤、椰奶蔬菜，他现在更习惯独自进食"，像个彻头彻尾的印度教徒。

讽刺的是，阿南达观察欧洲人言行的印度观点，让当时英国与法国人宣称印度人仇恨外国佬食物的说法不攻自破。然而，他的记述确实反映了印度人与欧洲人相处时所产生的种种问题，这对于新帝国的外交关系有其重要意义。

那么，如果换成印度人想要穿越重重障碍的外交地雷区，比如一位素食主义印度教徒初次抵达烤牛肉的国度时，会发生什么状况呢？1781 年，首位正式拜访英国的高阶层种姓印度教徒胡蒙德·拉奥、同时也是名素食主义者，代表受罢黜的马拉地总理拉格纳特·拉奥，在未受邀的状态下，前往英国本土请求乔治三世予以军事支持。同行伙伴还有会说英语的波斯人马努瓦尔·拉塔吉与其子库尔塞吉·马努瓦尔。一开始，东印度公司极其粗鲁地完全忽略他们的到访，拉奥与其随从被安排居住于伦敦郊外的伊斯灵顿城，最后甚至在未被告知东印度公司的决定下，被要求动身离开英国。

辉格党人埃德蒙·伯克闻知此事后大发雷霆。他自许为英国殖民主义受害者的领导人，并曾将统治孟加拉国的沃伦·黑斯廷斯以贪污、暴政之罪名丢入大牢。伯克认为马拉地总理是英国最重要的盟友之一，曾将其极富经济价值的土地割让给东印度公司，而此时正是援救马拉地总理拉格纳特·拉奥刻不容缓的关键时刻。伯克要求东印度公司给予这一行人高规格的外交待遇，却遭到拒绝。不过，他仍旧在众人反对声浪下，在自家府邸宴请接待了马拉地外交使节团，首要任务即是借此向印度人展现"英国人的高尚本性"和"国家名誉"。伯克使乔治国王了解到了东印度公司主管的行为举止让英国"颜面尽失"，进而授权伯克赠送外交使节两百英镑的礼金。

几日之内，马拉地使臣胡蒙德·拉奥成了社交圈的名人，大批知识分子与社会要人争相拜访，包括艺术家与评论人乔舒亚·雷诺兹爵士。胡蒙德·拉奥的外交行成了热门社交话题，而伯克细心谨慎照料其饮食需求的态度，更是令众人印象深刻。伯克友人玛丽·沙克尔顿证实，拉奥会在屋外温室石板上准备自己的晚餐，因为"他只愿在自家房中用餐"。他"拒绝饮酒，并赤裸上身坐在地上吃饭，若有任何人过于接近他，他会立即放下食物"。

　　当胡蒙德·拉奥即将离开英国时，伯克动笔写信给被罢黜的马拉地总理，担保其外交使节的英国之行毫无受玷污之虞。"吾竭尽全力使居所符合拉奥之需，"伯克担保道，"而且拉奥谨慎而虔诚地奉行其宗教之礼仪与规矩，即便身处困顿之中，仍旧不改其色，始终如一。"当然，饮食问题免不了浮上台面。"诸君初始遭遇的不当对待，"伯克以充满歉意的口吻向他坦承，"实出于我国之疏忽，而非心存不善。"

　　他向马拉地总理确认英国已从胡蒙德·拉奥那儿了解到"贵国的特殊生活方式"，"日后若有高阶层种姓使臣前来英国处理事务，务请提前告知，待我国收到确实的官方公文后，将致力提供安适环境，以确保英国礼俗不至于使官员不便，并力求其旅程顺遂"。饮食外交，伯克洞察到，正是英印关系成功的奥义所在。

　　尽管伯克的初衷为其政治利益，但是"拉奥虔诚投入印度教的举止"确实让他深受感动，特别是印度教徒"以博爱的态度珍视所有动物"，因此伯克热情地乐于安排调适其饮食起居。伯克致信友人，认为自己并非毕达哥拉斯式的素食主义者，但他真心期望世人们"能以平等态度"对待动物。18世纪后半叶，英国人对印度宗教的狂热达到巅峰，究竟是出于外交考虑，还是诚心受到素食主义的感召，已难分辨。

20 约翰·泽弗奈亚·霍尔韦尔：伏尔泰的印度先知
John Zephaniah Holwell: Voltaire's Hindu Prophet

约翰·泽弗奈亚·霍尔韦尔是远近闻名的大富豪。1732 年，当他乘坐东印度贸易船离开英国前往加尔各答的时候，还只是个外科医生助手，30 年后，当他回来时，已成了坐享荣华富贵的大亨。他在邻近米尔福德港的斯坦顿为自己建造了豪华的宅邸，称之为"古堡宫殿"，尔后他搬至巴斯城最顶级的住所，过退休生活。霍尔韦尔的巴斯城宅邸可俯瞰整个宁静的小村镇，带有浓浓的格鲁吉亚式建筑风格，而"古堡宫殿"则显示出他自己着迷的印度风。后者应该是欧洲第一座以印度风格建造的别墅，据传，他在庄园深处还另建有印度风格、外形酷似宝塔的建筑。可惜的是，虽然腹地广大的花园直到今日仍旧完好，外围更有约 3.7 米高的城墙与礁岩保护着，但房屋本身已在 1950 年遭到国防部摧毁，富豪的神秘建筑只残留一堆石砾。霍尔韦尔或许拥有一座私家印度教寺庙，他并不在乎让大众知道，他笃信印度教的神明，并视其为地球上最伟大的宗教。

对于见怪不怪的英国百姓来说，霍尔韦尔行为诡异，而平日作风又极端保守。长久以来，他被视作英国殖民主义的奠基者与英雄。他在 1711 年出生于都柏林，在加入东印度公司之前，一直在伦敦接受专业医学训练。后来他与东印度公司辗转贸易征战印度大陆数年，并被任命为加尔各答医院助理外科医生，一路爬升至东印度公司的管理阶层。1736年，他获选为市议员，1748年，他奉命前往英国递交印度法庭"原住民事务处理办法"的改革书。英国本土对他的提议特别欣赏，霍尔韦尔因此受封为加尔各答土地包税中间人"柴明达尔"，并于地方议会拥有第十二顺位的高阶地位。

"柴明达尔"意即"地主"，霍尔韦尔身负管理地方法庭与催收土地税、贸易税的责任，这一管辖权力由莫卧儿统治者孟加拉国王公在1698年让渡给东印度公司。霍尔韦尔很快了解到，如果东印度公司能从商业贸易转型为殖民势力，并向当地百姓收取租税，将带来源源不绝的财政收入，远胜贸易业务。他大刀阔斧地着手进行，并且承诺东印度公司年收入能增加六万卢比。五年后，霍尔韦尔大获成功，东印度公司将他的薪水翻了三倍，地方议会的地位则擢升至第七顺位，以嘉奖他大幅增长了公司的营收。许多人认为霍尔韦尔缓减了莫卧儿帝国暴政，将商务责罚改制成罚款的形式，并将东印度公司的法庭制度与传统印度习俗融合。霍尔韦尔深信自己能够一边行使慈善，与印度人民交好，一边使东印度公司金盆钵满。

然而，1756年6月，灾祸悄然降临。由于英军非法攻占领地并僭越双方议定事项，新任孟加拉国王公西拉杰·乌德·达乌拉兵临城下，进军包围加尔各答。多数英国人仓皇失措地跳上船只，由胡戈利河颠沛逃亡。霍尔韦尔率领寥寥可数的几名士兵进行短暂攻防，并搁浅于威廉堡外。达乌拉王公趁势将英国俘虏驱赶至狭小、供氧不足的地牢，此为历史上恶名昭彰的"加尔各答黑洞"事件。根据历劫归来的霍尔韦尔的报告书指称，有123名士兵窒息而死，其余的23名生还者则以衣袖上的汗水解渴，并争夺地牢小窗内透进的新鲜空气。后来，有研究认为囚虏的数目应不可能超过 69 名，甚至有人怀疑此事件纯属杜撰。但对于英国单方面来说，霍尔韦尔从此被视作英国殖民主义战胜莫卧儿暴政的历史见证人，而黑洞事件更被引用成为英国攻占印度的合理借口。数月以内，英国派遣罗伯特·克莱武将军与孟加拉国王公进行决战，并由此大加扩张殖民领地。即便至 20 世纪，印度总督寇松勋爵仍旧认为黑洞是具有象征意义的，并缅怀霍尔韦尔为英属印度之父。霍尔韦尔为此事件建立纪念碑，既凭吊死去的士兵，也作为英国合法侵占印度的悲剧见证。后来，这一纪念碑在多次民族运动中遭到破坏，寇松进行了修补重建，直至印度独立时被彻底迁移。英国本土为奖励霍尔韦尔的英雄行为，特授予他孟加拉国治理权，但他推辞了。在克莱武将军返回英国时，霍尔韦尔即任临时总督，直到他被反对者中伤、排挤，被指摘收受贿赂，与有夫之妇发生关系等等，行为极其不检点。

霍尔韦尔深恐晚节不保，因此迅速以尚未受舆论影响的荣耀身份返回英国，并发表了多本关于印度历史与政治的著作。霍尔韦尔丰富多彩的作品透露出，他在印度工作之余，亦曾努力搜寻印度教经典古籍，并请高僧耆宿为之译读。虽然他的研究报告在加尔各答战役中散佚，但是塞翁失马，焉知非福，霍尔韦尔凭借敏锐记忆与丰富想象，得以重建符合自己品味的印度教。

霍尔韦尔最初的出版物，译自印度教圣典的断简残篇，此时，读者们还不了解他对印度教的狂爱。数年后，霍尔韦尔另觅出版商终于出版了《历史事件与趣闻》第三卷，此卷有着令人吃惊的标题——"婆罗门轮回，或堕落天使之转世：以婆罗门原始经典兼及基督教典的考察"。这是欧洲本土第一次出现的拥护印度教思想的文本，霍尔韦尔正是发起者。实际上，他的终极目标是要向全世界推广素食革命。

霍尔韦尔的古印度教著作为读者们揭开了印度教的密旨，成为几个世纪以来最有影响力的印度宗教指南。伏尔泰将霍尔韦尔视作"向众人揭示深埋数世纪真理的第一人"；蒙博杜勋爵在霍尔韦尔的著作里发掘印度素食主义的相关知识；以氧气发现者著称，同时也是法国大革命支持者和非正统基督神学牧师约瑟夫·普里斯特利在其《摩西教与印度教建制比较》一书里，以霍尔韦尔的译作作为基督教史实捏造的证据。通过伏尔泰与普里斯特利，霍尔韦尔为激进自然神论者抗衡批驳基督教提供了整套知识系统，从而开启了新的世代。

如同 17 世纪来过东方的人一样，霍尔韦尔对印度教、中国的宗教、琐罗亚斯德教、古希腊，特别是毕达哥拉斯与柏拉图的相似性大感诧异。霍尔韦尔发现，后来更由威廉·琼斯爵士证实，梵语和欧洲语言有着相似的语义，而希腊神话与宇宙起源说更与印度神话极其近似。他发现印度经典提及素食主义黄金时代经由三阶段的循环破灭而消亡的故事，从而认为印度经典包含了基督教的基本信条——三位一体、灵魂原罪、未来的奖赏或责罚。为了解释如此不可思议的巧合，霍尔韦尔总结认为印度教是最古老的宗教，并为诸宗教之源。

霍尔韦尔承认摩西之行确实有其真实性，但是他强调其所发生的时间远晚于记载印度先知梵天的典籍。根据霍尔韦尔对世界宗教的大胆解读，摩西乃为先知梵天与基督转世，而印度神祇则不断转世轮回以不同面貌于人类历史不同阶段出现，提醒人类应尽的责任。好战的大天使米迦勒即是破坏之神湿婆，加百列则是和睦的毗湿奴。此三神由上帝创造，并且为最初的三位一体，而基督教的三位一体论则成了盲目偶像崇拜的理论支撑。

既然基督教教义与印度教经典极其相似，而印度教又比基督教多了数百年的历史（霍尔韦尔草率地认定印度圣典出现于公元前 3100 年左右），因此他痛快地下了结论，认定基督教的渊源是印度教。置身于浩瀚无垠的人类文明史里，霍尔韦尔发现自己已难以相信，基督教信仰是通往真知的唯一路径。毕竟世界宗教历史都与印度圣典有着惊人的相似度，因此，霍尔韦尔深信所有宗教皆来自印度先知梵天的启示。

　　此外，霍尔韦尔更发现梵语经典时常记载的神话被辗转复制到各式信仰里。他发现不止一种梵文典籍记述了恶魔"阿修罗"于天堂造反作乱，被上帝"天神"贬堕至地狱的故事。霍尔韦尔也注意到希腊神话与基督教同样拥有相似的天堂争斗与堕落天使的记载，他的研究结果认为，人间即是上帝创造以行使惩罚与净化魔道之处，而魔道正是基督教所称述的路西法与伙同其后的反叛天使"提婆"。众灵被囚困于动物之体，极恶之灵化身为食肉动物，而善灵则化身为食草动物。它们会被强迫转世轮回八十八次，再化身为神圣的牛，最后转化成人。如果灵魂于试炼受苦过程中表现出真诚地为其原罪与反叛感到悔改的话，灵魂将历经十五星球试炼（梵语称之为观省），直至以纯净之身重返天堂。而坚不悔改的人类将被贬谪至地狱幽冥之门，再次接受轮回的命运。

　　既然人类与动物的灵魂起源如此类似，霍尔韦尔认为吃肉等同于违背天命的罪过。既然动物和我们拥有相同的灵魂，并共同参与了天堂的叛乱，那么我们岂能吃食它们的肉身？"人类与恶魔皆由我而生，"上帝通过梵天预言说道，"它们不得遭到摧毁。"预言告诫道："堕落汝等不得吃食圣牛或任何灵魂转世投胎之动物体，遑论其爬行于地壤、潜游于溪海或翱翔于空中。汝等食物该是圣牛之奶与土地生成之果实。"

霍尔韦尔解释，最初魔道欺骗传道者，宣称牺牲祭祀能缩短人类受惩罚的时日，并获得拔升至下一道轮回的机会，此乃食肉罪过之始。但是犯下食肉罪过的人类，终将重新接受轮回与惩罚。肉食带来暴力并使人们染上夺命恶疾。恶魔以此圈限困顿于人间的灵魂，并阻碍灵魂完成净化，回归上帝身边。酒精，亦是恶魔的利器，醉酒使人类蓄意杀戮同类。"平心而论，"霍尔韦尔以一贯急于结论的方式总结道，"酒精与肉类即是恶魔政治的登峰造极之作。"

　　铺垫好素食主义的神学背景后，霍尔韦尔随即展开了动物权利哲学的论述，毫不留情地攻讦肉食者。他为西方素食主义传统加上了印度特色的注解，指出食肉"违背自然与人的口腔与肠道"。霍尔韦尔于乔治·切恩的时代接受医学教育，亦曾于莱顿大学接受赫尔曼·布尔哈夫的教导，此外，他观察印度医生会在天花痘毒接种时，遵嘱患者吃素以作为术前准备——他曾在 1767 年描述此法，日后成为了欧洲普遍流行的医疗常识。霍尔韦尔指出，印度教义以卫生洁净与农艺功用作为素食与圣牛保护的辩词，毕竟牛可以产出"美味食物，它们吃食草类，并且可用于耕种农作土地"。然而，相反于弗朗索瓦·贝尼耶以降的素食主义者，霍尔韦尔认为所有实用主义的理由皆为吃素的次要原因，宗教信仰才是最原初的动机。

　　霍尔韦尔指出，除了少数如理查德·迪安曾绞尽脑汁地解释动物应具有灵魂并会通往天堂以外，西方哲学始终未有能力处理动物存在的神学意义。霍尔韦尔认为自己已为笛卡儿对动物为何存在于世间受难的困惑找到答案：它们正在赎偿自身的原罪。故基督教《圣经》不该赋予人类"吃食与凌虐"动物的权利，印度教就认为"世界乃平等地为青蝇与人类所造"。

欧洲人学习印度教教义的目的不仅仅是为了全面掌控东方思想命题。如同爱德华·萨义德的观点,早期东方主义者确实试图通过东方宗教为西方神学争议解套。自文艺复兴以来,神学论者早已被人类与文明起源的争议团团包围,而古老印度教义提供了繁杂浩瀚的选项。虽然霍尔韦尔的堕落天使转世成人的说法会令许多人瞠目结舌,但是他认为自己解决了基督教老是自打嘴巴的离谱状况,像是亚当与夏娃后代的可怕乱伦。

霍尔韦尔研究印度教的动机来自对西方宗教未解争辩的执着思索,他对基督教持轮回观念的旁支流派更有浓厚兴趣。他埋首于非正统神学论的漫长脉络体系,自认已发掘出众人苦苦寻觅的真理,而答案正在印度教的教义之中。

霍尔韦尔曾阅读印刷匠雅各布·利夫的著作,后者因为撰写"亵渎作品"而被打入大牢。利夫认为人类(而非动物)本为作乱天使之灵,被天神遣逐投胎至人间直至涤尽一切罪愆,始能重返天堂之境。霍尔韦尔还深受英国国教牧师卡佩尔·贝罗启发,贝罗将印度教义混合亨利·莫尔、约瑟夫·格兰维尔、17 世纪奥利金主义者、犹太卡巴拉教派与"土耳其间谍"的信念,甚至还包含"犀利的切恩医生的观点",以此将利夫的观点延伸至广大动物族群。贝罗解释,上帝绝不可能使得"有情感或智识的生命饱受无端的折磨",所有世间灵魂必定是叛乱天使的化身,投胎转化成微渺之物,再慢慢晋升成人,最终返回天堂。尽管贝罗并非素食主义鼓吹者,他本人确实对动物所承受的不必要杀虐感到震撼。"多少动物承受了如此痛苦的折磨,"他哀叹道,"全拜毫无同情之心的残酷禽兽所赐!"

切恩的挚友,安德鲁·迈克尔·拉姆齐的观点也影响了霍尔韦尔许多。拉姆齐曾争论认为希腊、波斯、巴比伦迦勒底哲学皆援引自印度教义，并视世间动物皆为叛乱天使之灵，受困于毛茸茸的肉身。虽然拉姆齐认为轮回说乃异教徒对创世记史实的扭曲，但他承认为数众多的古宗教之存在，使霍尔韦尔有理据反推基督教才是唯一失却真相的宗教。

而较晚近时期的新教牧师纪尧姆·布让也曾开玩笑地暗示动物（而非人类）为堕落天使之灵，虽然它们有责身受宰割之苦，但它们的灵魂"比我们更为善美"。虽然缺少合理根据，他仍尖锐指出，我们有理由认定轮回乃根基于毕达哥拉斯学派与印度人的系统。（伏尔泰日后曾言，布让无意中揭开了古老东方牧师所持的信念。）约克郡沃斯地区的牧师约翰·希尔德罗普曾修正布让之说，认为动物受灾乃由于人类遭贬斥所致，并因此成为"不受人类照护与关爱的可悲之物"。

霍尔韦尔抽丝剥茧地分析各家观点，但他以神圣的印度教义为宗，证明屠杀动物确为罪行（虽然此定论与许多人的观点相抵触）。霍尔韦尔以受人崇仰的古典印度教义解决了基督教内部漫长的争辩，并证明了两宗教可以轻松地达到互不冲突的平衡。

当然，基督教与卡巴拉轮回论者过分夸大了霍尔韦尔所诠释的印度教义，但是他给予印度教如此崇高的先决地位，确实引人侧目。他的八十八阶投胎轮回和宰牛者亦必得重回轮回之初的说法明显地来自印度教。虽说他认为魔道因忌妒而坠落人间的说法和基督教教义呼应，但他也可能从印度经典所批评的骄傲和愤怒找到转世灵感。而霍尔韦尔搞混的三种存在方式：叛乱天使、阿修罗和人类，也曾于印度神话中现身，并一起堕落至人间。根据印度教的说法，恶魔确实会重新获得权力，如同霍尔韦尔记述的魔道一般。霍尔韦尔认为原罪使世间被邪恶势力占据，并难以重返轮回之道，此说法和印度经典不谋而合。印度教和基督教神话如此相似，正如印度学者温迪·多尼格指出的，当印度人初次听闻基督堕落天使故事时，往往会和自身文化的传说混淆。霍尔韦尔首次于其医学著作《天花之起因》（1767）里暗示，堕落恶灵借由传染疾病散播微小恶菌体。此说法看似起源于耆那教的古老信仰，认为带有极恶原罪的灵魂，通过转世轮回成为随风飘荡的"微灵体"（Nigoda），并寄生、控制其他生物。霍尔韦尔认为，人类应避免吃食含有高分量"微灵体"的食物。他甚至指出酒精使人类犯下暴力之罪，此说法更和梵文经典雷同。

西方和印度宗教惊人的相似处，让霍尔韦尔认定印度教是源自上帝的直接启示，而此说法则和多数学者观点大相径庭。霍尔韦尔认为当代印度经典早已被扭曲与过度诠释，也因此认为自己能比印度教徒更为精确地转译先知梵天的旨意。霍尔韦尔以天才的禀赋，神奇地融合了印度教与基督教；他运用自身想象力，废寝忘食地建造出一套毫无瑕疵与破绽的末世论系统，而他的亲和力、美妙修辞与完整的人道思想，使得这套崭新思想系统逐渐受到欧洲思想界的重视与包容。

直至霍尔韦尔公开自己犹太素食主义者身份之前，他的早期印度经典著作在当时可谓是受到空前瞩目的印度学研究。杂志与书册摘要、评论他的文章，都迅速翻译成德语和法语。《绅士杂志》大篇幅刊印了他的印度圣典译文，并称其"描绘了许多引人好奇的概念，值得详加研究与学习"。1770 年，德尼·狄德罗与反圣职的纪尧姆·托马·雷纳尔神父出版了六卷本的批判欧洲帝国主义的著作，尽管该书遭到封杀，却在后来的 19 年间再版了 30 次。两人复制了霍尔韦尔的观点并且认为印度教"以神圣道德性、缜密哲思与严密法典，使人保持清明思绪，并且抑制流血屠杀"。18世纪重要轮回研究学者约翰·鲁道夫·辛纳就曾赞誉霍尔韦尔为被长期诬指盲目偶像崇拜、多神论以及套加众多莫须有罪名的婆罗门辩护。晚至1826年，海德堡大学历史学教授弗里德里希·施洛瑟证实，"霍尔韦尔的印度教论文是这个领域最优秀的作品"。霍尔韦尔成功地让印度教义晋升为基督教知识分子必读且可信的宗教经典。

但是对于其余视印度教为异教的学者来说，霍尔韦尔的积极平反，甚至将印度教哲学对比西方文明的举动，则极其荒诞不经。个性谨慎的印度文化学习者威廉·朱利叶斯·米克尔则在霍尔韦尔的著作中，看见欧洲殖民主义得以见缝插针的机会，他认为印度渴望欧洲文明带来理性与民主思想的启蒙。而印度的素食主义及其愚笨的毕达哥拉斯式哲学，被米克尔认为是黑暗大陆懵懂无知的明证。如果吃食动物如霍尔韦尔所言一般罪该万死的话，米克尔认为，就连最神经兮兮的婆罗门也会因为在喝水或吃沙拉时不小心杀死"无数生命"，而被丢进地狱深渊。

而保守的《批判性评论》则猛烈谴责其叛教行为，否认他对殖民主义的批评，甚至毁谤他的个人清誉。讽刺的是，这时，霍尔韦尔仅仅出版了《历史事件与趣闻》的前两卷，内容只是蜻蜓点水般地表达他对印度教的热爱。批评者们无意质疑霍尔韦尔译文的准确性，反认为他再次证实了印度教乃为"摩尼教、神圣基督教、异教偶像崇拜与迷信仪式的现代混合体，以及愚昧的呓语"。

当霍尔韦尔在《历史事件与趣闻》第三卷开诚布公自己的印度教徒身份时，欧洲社会以令人难堪的沉默予以回应。身为备受敬重的公众人物，他曾肩负保卫全国最重要的前哨站的重责大任，担当威尔士的法官。在他死后，人们以如此赞词缅怀他："他怀有令人赞叹的天赋、善良真知、友善、热情与严谨的言行，如此真挚诚实，令人仰慕。"乔舒亚·雷诺兹爵士为他亲绘画像，画里他身着英式军装，而那幅画还挂在东印度公司大厅上。而在欧洲社会看来，霍尔韦尔与保守的基督教徒们为敌，将一切宗教准则抛诸脑后，攀附大逆不道、滥情的印度异教徒信仰。印度人本该乖顺服从，如同纯粹的质料等待被使用，而非上帝箴言的继承者。素食主义，对英国人的体质充满挑战性。如同约翰牛的形象，吃牛肉是宣扬英国国族荣耀的徽章。直至拿破仑战争时，法国人就以"烤牛肉"直呼英国佬，而霍尔韦尔竟称呼牛为圣牛，宰牛、吃牛竟还成了该当惩罚的宇宙罪行！

之前争相赞美霍尔韦尔著作的评论家们如今面面相觑，并决心采取全新姿态，让霍尔韦尔的作品销声匿迹。即便《绅士杂志》里为他撰写讣闻的作者，也完全忽略《历史事件与趣闻》第三卷，并有礼地悲叹霍尔韦尔会迷信轮回信仰是因为"他以77岁的高龄逐渐凋零，仿佛回到孩提状态"。且不说《绅士杂志》少算了霍尔韦尔两岁，作者甚至刻意无视霍尔韦尔自60岁以来沉浸于印度学圣典的事实。传记作者们也群起效尤，用沉默否认其晚年信仰。19世纪心系旧时代的英属印度历史学者巴斯蒂德曾与存有霍尔韦尔佚失论文的子孙见面，巴斯蒂德刻意缩短霍尔韦尔的生平，并完全抹杀他晚年的信仰变化。直至新近的《国家历史纪实字典》才客观地记载霍尔韦尔版本的黑洞冒险故事，但仍旧对其遵奉印度素食主义一事只字未提。

1771年，《当月评论》终于说出全英国社会避而不谈的忌讳：霍尔韦尔的新书根本是可以媲美伯麦主义神秘学的超级怪书。但是人们的缄默抑制不住霍尔韦尔的出版热情。他还紧接着以"拒绝教堂的传道者"署名，撰写两本更异乎寻常的新书:《原始宗教阐明与复兴》(1776)。原本此书以霍尔韦尔支持者为名共同合写，但即便日后他表示自己就是作者本人，众人仍旧充耳不闻。《原始宗教阐明与复兴》以自然神论为糖衣包装，内容则畅谈印度教义。霍尔韦尔的最后著作《论人类起源、自然以及智慧存在》也使用了同样手法。此时，霍尔韦尔已经完全弃绝神迹说，更认定殖民帝国的屠杀暴行获得上帝的首肯无疑是亵渎神意。相反地，他推崇亨利·莫尔、托马斯·特赖恩与"土耳其间谍"脉络下的"同情心运动"，认定灵体将依其特性投胎成各式各样的动物。

这种无止境的批判已经让人不容忽视。渊博的反印度教学者威廉·朱利叶斯·米克尔立刻指认霍尔韦尔为该书作者，并贬斥他企图用诡秘学说混充理性推论，以"推销灵魂说和印度教义"。他指出英国大众早已受够了霍尔韦尔的荒诞不经，并且该是时候贬黜异教徒了，毕竟他的书籍根本就是"一堆好笑的娱乐刊物":

> 对于旅行作家来说，写写异国宗教乱象与荒谬事件，倒是无可厚非。但是当作者本人成为狂乱的异教徒，如同霍先生一般，热爱混乱而肤浅的印度教时，我们对于人类天性的软弱感到诧异。我们期望那些东方旅行者们能不要干扰神圣祖国的平静，使我们远离蛮荒梦想、语无伦次的印度迷信和粗鄙故事。

当然，毫无疑问，亚历山大·道同样会让米克尔非常焦虑。身为正统基督教徒，道日益失去信仰，并且沉浸在柏拉图式的印度圣辉之中。1758年前往印度的安托万·波利尔将军则娶了印度老婆，还向印度贵族承诺绝不会以动物皮毛装钉《吠陀经》书皮。而在1754年抵达印度的安基提尔·杜佩隆则发现《奥义书》和基督教拥有相同的根源，并因此成为"东方先知"的信徒。日后返回法国时，他即加入安托万·格莱兹的素食主义协会。但是米克尔的反击无力扭转情势。日后崛起的孟加拉国统帅查尔斯·斯图尔特还举办偶像法会，备感震撼的旁观者如此回忆："于基督领地出生、教养的英国绅士，竟成为恐怖、堕落的邪教分子。"驻新德里公使的助理威廉·弗雷泽则穿着印度服饰，拥有数个印度情妇，并对当地素食甘之如饴。而托马斯·梅德温笔下的富豪则酷似他个人的化身："既非印度人，也非英国人；既非印度教徒，也非基督徒。饮食方面，则仿效先知梵天，并认为宰牛与杀人无异。"接下来的数年，许多从印度回国的基督徒们，前仆后继地向欧洲大众分享他们的印度信仰经验。

伏尔泰，原名弗朗索瓦-马里·阿鲁埃，对于霍尔韦尔热衷于印度文化并不惊奇。当霍尔韦尔翻译印度经典时，伏尔泰早已因激烈鼓吹宗教宽容与自然神论，辗转流浪于巴黎、普鲁士、日内瓦等地，并往返穿梭于法国与瑞士国界两端的避难所，以避免两国警察的追捕。霍尔韦尔认定印度经典远早于《圣经》一事，为伏尔泰的宗教圣战添加了生猛柴薪，借以打击基督教，而素食主义更成为伏尔泰批判英国残酷文化的致命切入点。

伏尔泰曾在《风俗论》中谈论婆罗门，以作为宗教宽容的榜样。他更点出一神论宗教多半拥有包含多神信仰的习俗。如同孟德斯鸠，伏尔泰论辩轮回说让印度人成为"和平的守护者与信仰者"，并因之抑制人性的恶，"避免血腥暴力，以仁爱之心相待并关怀动物"。他以一贯的讽刺风格说道："印度宗教与其气候，使其人民仿佛我们在羊栏和鸽子笼里饲养并等待被无故割喉的善良动物。"印度人的"不杀生"原则凸显欧洲文化的野蛮："印度典籍只谈论和平与仁善，他们禁止杀害动物；反观希伯来典籍只谈屠宰与杀戮，动物或人类皆难以幸免。我们以上帝之名杀害众生；这真是天壤之别。"

伏尔泰在著名的《哲学辞典》里，在关于"肉"的章节中大加褒扬婆罗门，夸赞的程度极致到让人怀疑这竟是全然真心的。此外，他亦赞美古希腊的哲学家、拉特拉普修道院的僧侣以及医学素食主义者菲利普·埃凯，并宣称开明杰出的倡导者们证明素食主义者"得以摆脱疾病的束缚，成为国人之中最长寿的"。而在《动物》篇章里，他则以长篇大论炮轰反制笛卡儿学派：

> 那些野蛮人绑架了忠心耿耿的狗儿，将它捆绑在桌上，活生生地大卸八块，只为了要告诉你静脉在哪里。你发现它和你拥有相同的感知器官。告诉我，你们这些机械脑，难道大自然赋予动物情感是为了让它们像现在你们说的这样毫无知觉？它们拥有神经为的是被人类麻痹？请不要再愚蠢地暗示大自然会如此矛盾。

在伏尔泰接下来的数本著作里，皆可发现印度经典使他以更进步的思维看待动物议题。霍尔韦尔的印度圣典翻译启迪了他的思索，他更视霍尔韦尔为"唯一懂得婆罗门信仰的欧洲人"。虽然伏尔泰认为圣典里的每一句话不都是真实可信的，但他尊崇霍尔韦尔夜以继日撰写的包罗万象的论文，他甚至将自己的著作重新修改，以符合霍尔韦尔所提供的宗教信息。数年后，《风俗论》再版时，伏尔泰在其中致谢霍尔韦尔近30年来为追求真知所做的努力，并认为最初的婆罗门正是能在自然神论国度里以宗教力量统治国家的族群。相反地，当代婆罗门滑稽透顶的迷信行为，说明了宗教日趋腐败的事实，而基督教也充满了荒诞故事。伏尔泰极其大胆地推论，基督教根基于印度教的堕落天使传说而诞生。"我们的信仰蕴藏在印度文明深处，"他坚持道，"再由婆罗门传递给我们。"当然，伏尔泰和霍尔韦尔不同，他认为基督教与印度教惊人的相似处，并不代表两种说法都是真实的，不过是贪婪的牧师企图控制人民而创造出来的神话罢了。约瑟夫·普里斯特利牧师更以此发展出发人深省的反基督教正统性的论辩。虽然霍尔韦尔本身为虔诚的印度教徒，但他以比较方法间接证明《圣经》乃编造而生，以维护自身开明、进步而无悖于欧洲礼俗的良好形象。

作为欧洲启蒙时代的巨擘，伏尔泰让印度教晋身为主流知识分子谈论的议题，他更自豪自己将霍尔韦尔的印度教学说传播遍布欧洲文坛。伏尔泰广泛地讨论素食主义议题，使得欧洲知识分子圈日益关注印度教，乃至产生许多效仿之作。至此，伏尔泰建立了激进进步思潮与素食主义的超强联结。

伏尔泰更以极度自由的方式，在小说或故事中传播哲学与批判思想。《巴比伦公主》的滑稽场景里，一只凤凰对着凤凰公主说，它们的伙伴不愿再开口与人类说话，因为"人类如此习惯吃食我们"。凤凰坚定地说："人类肚皮里塞填了满满的动物尸体，还痛饮酒类，这让他们的血液变得辛辣，连头脑都发生了变异。人类满腔怒火准备将自己的同伴开膛剖肚。"伏尔泰以机智、合乎情理的方式呈现印度教教义。那只凤凰以解剖学方式对比人类与野兽的相似处，并以丰富美味的大餐总结："数不尽的上百种可口食物里看不到鸟兽的尸体，只有米饭、西米、粗粒小麦粉、细面、圆面条、煎蛋饼、蛋奶、芝士奶酪、各式馅饼、水果和蔬菜。"伏尔泰对印度饮食的推崇在极简式的素食主义饮食之外创造了新的时尚，而后者正是他的知识学界敌手卢梭所致力倡导的生活。

1769 年，伏尔泰以《阿玛贝德书简》创造了伪游记体裁，戳破欧洲游记写作的民族优越感。阿玛贝德是一位造访欧洲的印度年轻旅行者，他为"信仰之地"的文明与野蛮交织的违和感而大为震惊：

> 晚宴餐厅干净、庞大而精致，惬意的宾客们看起来饱读诗书；但在厨房里，油脂与鲜血横流。到处堆满了兽皮、禽羽和腑脏，感染病蔓延，令人胸口发疼。

在他描写的情景里，伏尔泰摒弃了轮回迷信，转而强调肉食行为的粗暴和残忍。通过伏尔泰，霍尔韦尔成为 17 世纪力挺印度教的自然神论者与 18 世纪向往印度并抵抗欧洲暴虐的文化思想家的中坚桥梁。伏尔泰以厌恶杀生的印度教徒作为自己的军队，展开了不可思议的观念战争——不流血的革命。

威廉·琼斯爵士是 18 世纪最重要的东方主义学先驱。孟加拉国亚洲学会在他的关照下建立，并为翘首以盼的欧洲读者们首次翻译了梵语经典。人们将勤奋好学并通晓印度语的琼斯爵士与狂热的霍尔韦尔相比，不过，在琼斯爵士前往印度之前，他们并不相似。1708 年时，身为彭布罗克郡法庭律师的琼斯，还在调侃霍尔韦尔是个暴发户律师："他想将印度法律复制到欧洲大陆，这会把一个明明诚实的人打入牢房。"那时琼斯非常厌恶素食主义，在他写给好友奥尔索普子爵的信件里，他以相当英伦式暴力的口吻描述自己多么渴望猎杀雄鹿，他幻想"自己应该会很喜欢亚洲式狩猎，不知疲倦地将老虎与豹子圈起来，再用标枪突刺它们"。然而，当琼斯造访印度时，真正震撼他心灵的绝非狩猎，而是"不杀生"的信念。

1783 年，当威廉·琼斯受封爵士，并以最高法院法官身份前往孟加拉国时，他开始着手翻译《摩奴法典》，并称之为《印度法典》。虽然多数人深信琼斯的初衷在于建立有效管理印度人的法制基础，但是他探索印度文化的目的绝非如此卑鄙。当琼斯终于请印度教徒教他梵语时，他满怀欣喜，并感动自己终于不再是"不得碰触"的外来阶级。他认为自己是新毕达哥拉斯，拥有"毕达哥拉斯与古希腊贤士梭伦必会钦羡的通晓梵文的优势"，"他们可无法阅读《吠檀多》"。他宣称，毕达哥拉斯与柏拉图从印度圣贤那里发展出自己的崇高学说，却不信教。琼斯坦承基督教与印度教有着深厚的相似基础，他如此书写："对印度教徒来说，要奉行 39 条信条远比基督教徒来得容易得多，毕竟婆罗门早已如此生活。"

然而，保守的琼斯与霍尔韦尔形成极大的反差，他认定《圣经》的绝对真实性，并且否认梵语经典早在《圣经》出现。相反地，他认为印度梵语经典的历史远较霍尔韦尔宣称的要年轻许多。琼斯终其一生试图证明印度、希腊与希伯来文化的相似点可溯源至同一起始基础。在他给孟加拉国亚洲学会的著名演讲里，他首次透露三者的源头来自移居伊朗的挪亚与膝下的三位儿子。挪亚儿子含占据了印度、意大利与希腊，并将自身独特的文化注入当地传统。虽然日后毕达哥拉斯与柏拉图学习了部分印度教义，但早在挪亚一代，人们已有了直接接触印度的机会。琼斯爵士挑选出部分印度经文加以篡改，好符合《圣经》

历史，甚至篡改大洪水、人类与巴别塔出现的时日。尽管琼斯爵士大量援引看似客观的辩论，以巩固自身文化固有的信念，但他的顽固研究方法论看起来仍旧远远逊于霍尔韦尔。事实上，世人对霍尔韦尔的批判往往来自他认为《圣经》远较印度经典来得年轻的说法，毕竟这绝非多数欧洲人的观念；此外霍尔韦尔认为，如果《圣经》与印度经典两者都是真实的话，那么印度人可能更早获知得到真实信仰的路径。

琼斯对印度与希腊文化同根同源的论证，远比那些关于毕达哥拉斯旅行的故事来得精准，他机智地建构印欧语系文化的基准点，使之得以普遍接受。然而，当大众盛赞琼斯与时俱进的研究成果时，他们多半未察觉琼斯本人信仰的古老《圣经》原型。当他追踪古老文化相似点至挪亚时代，他有意识地延展了牛顿的作品《古王国编年修订》。有趣的是，即便琼斯顽强地将《圣经》视作万物之始，但他的源宗教（Urreligion）概念，如同牛顿一般，皆深受印度"不杀生"想法的影响。

1794 年琼斯所翻译的《摩奴法典》版本里明确写道："人类不可能以无害的方式取得动物肉类，而宰杀动物阻碍了证成真理之路。"面对此类说法（尽管有其他动物献祭的行为），琼斯本人于序言里解释："本书传递虔敬箴言，并对人类抱以仁爱，对世界万物抱持着关怀。"

琼斯甚至认为轮回概念远较基督教的永恒地狱诅咒论来得"慈悲"。他向弟子以及亲近友人斯潘塞伯爵二世强调："但是我认为印度教预言的未来状态确实比较理智、比较真挚，也比较教导人类向善，胜过基督教反复强调的可怕想法，比如堕入永恒的无边无尽的地狱。"如同琼斯擅改印度教义以符合自身的挪亚起源说一样，当他对此有新的想法时，他再次扭曲《圣经》的"永恒惩罚"，而将之解释成"漫长但有终点的惩罚"。

琼斯和牛顿一样，不约而同地将印度"不杀生"概念归溯自挪亚法典。1787年时，他告诉斯宾塞二世，"友善地对待动物，正是上帝通过古老宗教告诉人类的伟大道理"。琼斯大加拥护此概念，并将动物保护视为自己的新命题。他开始劝诫斯宾塞二世不该如此热爱狩猎，甚至引用他最钟爱的诗人菲尔多西的名句："哦！不要杀谷粮里爬行的蚂蚁，它们活得正快乐，却要死于非命。"琼斯一反常态地放弃英国绅士热爱的狩猎活动，更宣称："我实在无法违背人道想法而残杀无辜野兽，虐待令人怜爱的鸟儿。或许很多人会嘲笑我的多愁善感吧。"他不只是在私下发表这类可能招人讪笑的意见，琼斯在亚洲学会刊行的《十周年论文集》里，再次指责残害动物以进行研究的自然学家：

> 我完全不能明白那些自然科学家拥有何等权利，得以如此残酷对待鸟儿，使它们的幼鸟独自待在冰冷巢穴，只因为拥有美丽羽毛之故……或是将蝴蝶带离其原有生长环境，只因它的稀少性与极致美丽。

亚洲学会的成立宗旨是研究印度区域的人类与自然环境，但是琼斯严词警告该学会过度延伸了动物志的工作范围："虽然亚洲区域拥有数量广大的稀有动物，但我只认同在绝对自由而符合自然的环境下进行动物研究，如需监禁动物以进行研究时，更务必得确保其快乐状态。"至此，印度已让琼斯爵士进化成动物福利运动者的角色原型。

琼斯沉浸在田园牧歌般的诗意生活里，他严斥为了科学发展而牺牲动物，并温存地善待家中豢养的宠物，其中还包括一头幼虎。他将自己在印度的家称为"我的印度世外桃源"，那里的景色"和诗人讴歌的黄金时代一样，小兽和鸟儿直接吃食我们手心上的面包，你会看到老虎和小孩们一块儿游玩"。《摩奴法典》中，琼斯发现古代即有素食疗法的存在："遵守法规而拒绝吃肉的人，将拥有非凡美德，并免受身体苦痛。"琼斯在印度时深受"消化疾病"的困扰，他接受了热带大陆的医生的建议，采取"严格禁食法"，只吃自家菜园新鲜采摘的轻食，佐以柑橘汁，并避开任何固态食物（比如肉块）。自此之后，这位曾经的英国猎人与饕客成了"不杀生"的忠实信徒。

如同奈杰尔·利斯克教授在《帝国焦虑》里所描述的，殖民者有"逆向涵化"（reverse acculturation）的倾向，帝国宣扬国力富强的同时，也注重不被"他者"吞噬自我认同的安全措施。虽然琼斯并不像霍尔韦尔般全心全意地奉献给印度教，而且琼斯比以往更遵奉《圣经》的权威。但是，当殖民光谱另一端的"逆向涵化"产生作用时，印度教不仅教化了琼斯个人，并进而促使他重新诠释自身信仰。霍尔韦尔的改教之举毫无疑问地相当罕见，但即便是早期殖民时代里最顽固保守、最坚守欧洲哲学、宗教、社会与政治等一切背景的"人类中心论"的人物，亦难以自制地倾心于印度教"不杀生"哲学。当欧洲以科技与重商主义大举侵略印度大陆之时，一股文化暗流也反扑向欧洲的中心，并颠覆其根深蒂固的暴虐的肉食观念。

1782 年，爱丁堡金匠之子约翰·奥斯瓦尔德以黑卫士兵团军官的身份抵达孟买。当时他的作战敌人正是英国劲敌——与法国缔结作战联盟的迈索尔统治者海德尔·阿里与其子蒂普·苏丹。当时奥斯瓦尔德仅是个 20 岁出头、血气方刚的家伙，甚至有传言他曾于旅途中与指挥官决斗，并几乎致对方于死地。而几个月的短暂作战之后，奥斯瓦尔德的反叛气息升华成抵抗者擅长的思想战斗。目睹英国大兵所犯下的大规模屠杀与强奸罪行，奥斯瓦尔德认为印度人如同美国前独立时代的印第安人，遭受殖民机器的剥削，更如同英国劳工阶级当时的处境。他认为，全世界的被压迫者应当团结起来，推翻暴政枷锁。奥斯瓦尔德叛离了殖民统治者，转身融入印度人民。

当他做出政治抉择后，也同时转换了身份认同。他的同侪形容说："奥斯瓦尔德模仿印度人茹素，并且定时沐浴净身。他多数时间和感化他的婆罗门生活在一起，他再也不吃肉，遵行他所谓的人道原则生活。"奥斯瓦尔德对印度人民的政治同情产生新的动力，他进而接受印度人对受压迫物种的广泛关怀。

在他悠游于印度圣徒之间一段时日以后，奥斯瓦尔德展开了史诗般的旅程，途经波斯与中亚库尔德人的领土，再经由陆路返回英国。当他抵达大英帝国时，旁观者如此回忆：

> 不管是行为举止还是服装，他彻头彻尾地换了一个人，令友人们瞠目结舌。他改教，信仰印度神学，并从怒气冲冲的年轻士兵，转变而成温和的印度哲学思想信徒。他在英国时，绝不吃肉，若途径卖肉的市场，他会千方百计地绕道而行。

英国人开始对此见怪不怪，并讥嘲奥斯瓦尔德正如心肠软弱的笨蛋霍尔韦尔一般，在印度失去了理智。菲利普·多德里奇的《关于圣灵、道德与神学的课题》出版序言里，肉食拥护者安德鲁·基平斯讥讽道："霍尔韦尔先生与奥斯瓦尔德先生两人都曾居于印度，全盘接受印度教条，并反对肉食。"基平斯刻意将两个文化叛逃者合论，以引起读者的讪笑。1787年，当威廉·朱利叶斯·米克尔在《欧洲杂志》发表对霍尔韦尔以及同类叛教者的攻击言论时，他或许也盯上了奥斯瓦尔德，毕竟与奥斯瓦尔德同住在寒士街的老板威廉·汤姆森和米克尔时有工作上的往来。而三年后，同一本杂志则刊出了对于奥斯瓦尔德个人的严厉攻击：

> 人们觉得此君的哲学与宗教思考极为奇怪。他崇尚印度式的神灵崇拜，并变得婆罗门化，厌恶一切动物性食物。当有人问他何以如此反感肉食时，他竟然答道："剥夺任何无辜动物的生命是残忍的，而啃食尸体更是龌龊。"

《欧洲杂志》宣称奥斯瓦尔德信奉"印度式的神灵崇拜"，这是不实的。虽然众所皆知他仰慕印度教道德观，但不管是通过谈话或是友人们为他所进行的辩护都可以看出，事实上他"根本并没有彻底接受婆罗门神学，毕竟他是个无神论者，并且否认轮回的存在"。对于奥斯瓦尔德而言，印度教以人道的自然法则为核心，而宗教信条则只是辅料。《欧洲杂志》说奥斯瓦尔德步上霍尔韦尔的后尘，也是言过其实。评论者们鉴于奥斯瓦尔德所代表的英国的另一股政治势力的崛起与潜在威胁，而特意扭曲他的认同。《欧洲杂志》等刊物所痛恨的并非素食主义本身，毕竟同一期杂志里他们大篇幅刊登了素食主义鼓吹者蒙博杜勋爵的论文，还对以博爱闻名的约翰·霍华德进行采访，后者的健康长寿"可归功于他从不吃肉"。在其他几期的《欧洲杂志》里，亦曾褒扬托马斯·霍利斯以面包果腹的禁欲之举，霍利斯是美国革命英雄，也是备受敬重的无神论者；《欧洲杂志》还评论过圣皮埃尔出版的果食主义小说《保罗与维尔日妮》，并颂扬《哈特利小屋》里变得像婆罗门一样同情动物的女主角相当"有道德"（尽管有些乏味）；该杂志甚至长篇大论动物的智慧并炮轰任何"听闻动物悲鸣，却无动于衷的人"。然而，奥斯瓦尔德的殊异处，以及为何同时代人们亟欲摧毁他所带来的威胁，关键在于他同情印度的反殖民主义暗示，特别是他所代表的政治革命思想。正如同出版商托马斯·里克曼指出的，奥斯瓦尔德是托马斯·潘恩少数交好的朋友之一，而潘恩正是美国激进革命者以及英国共和主义革命的关键人物。

奥斯瓦尔德同时热爱素食主义与激烈革命的矛盾，令众人惊骇困惑。他对动物的极度感性，与所支持的流血革命形成强烈对比，他憎恶宰杀动物但又崇尚暴力的性格，让敌友感到震撼与不解。文学评论家约瑟夫·哈斯尔伍德写道："我们在奥斯瓦尔德身上看见了人类矛盾性格的极致：他温良得看见血都会全身战栗，而他大举出兵的方式却胜于屠夫；他在两个极端的光谱之间如此摆荡。"

随后，奥斯瓦尔德前往法国，以其军事专业协助法国大革命的国民公会，他的同僚亨利·雷德黑德·约克如此回忆奥斯瓦尔德引发的困惑：

> 有一天，他在聚会时，一边吃着菜根一边冷酷提议避免内战的方法，就是屠杀所有法国境内的嫌疑犯……大家对此议论纷纷，当时托马斯·潘恩立即训斥他。"奥斯瓦尔德，"潘恩说，"你太久没沾肉味了，难怪那么嗜血。"

据戴维·厄尔德曼所言，威廉·华兹华斯很可能在奥斯瓦尔德潜伏于巴黎进行革命时与之交好。华兹华斯的诗作《远行》中描绘了名为"奥斯瓦尔德"的主人公，既是谦逊的革命者，反对迫害任何动物，同时又是勇猛杀敌的军官，并以英雄姿态战死沙场。整首诗作以同情观点看待动物权利议题，并以流浪者的角色点出命题。而在华兹华斯诗作《边境之民》（1842）的最终版本里，"奥斯瓦尔德"再次化身为好战、暴力的革命家，他为婆罗门的神秘信仰所吸引，并且只吃食草本植物。英国人往往以讪笑与惊惧的眼光，看待于法国大革命里扶摇直上的奥斯瓦尔德。

当然，奥斯瓦尔德对此矛盾深有自知之明，也费心地解释为何两个极端原则得以并行不悖。他对万事万物深怀同情心，也因此视杀戮为罪恶，但是同样地，铲除屠杀者亦有着相同程度的重要性。只有在根除全世界独裁者后，社会才得以享有公正与和平。武器，是可悲的发明，但是唯有痛下决心，才能斩草除根。"只有经历铁血暴力，才能抵达黄金时代，"他说，"让我们使用非常手段，以小毒攻大毒。"奥斯瓦尔德以冷峻的论述，贯彻军事素食主义哲学。

1791 年，奥斯瓦尔德出版了辞藻优美的大部头著作《天性的呼唤》，以平反公众媒体对他的错误解读。卢梭早已将同情心转化成人类与动物权利的哲学辩论基础，而奥斯瓦尔德更将同情心升华为民主革命与素食主义。在书的第一页，奥斯瓦尔德就摘录卢梭曾在《论人类不平等的起源和基础》里使用的尤维纳利斯第 15 首诗的诗句："大自然使人类拥有最柔软的心肠，使他们落下眼泪。"奥斯瓦尔德断定同情心是"天性赋予我们的善德"，更是"柏拉图、梵天、孔子、耶稣自远古时代起，所教诲人类的手足情谊"。同情心，正是天性所渴求的平等时代的永恒法则。

同年，托马斯·潘恩出版了精要论文《人的权利》，并以卢梭观点为普选辩护。而这些作者们更将"同情心"作广泛延伸，谋求奴隶解放与各族群的平等政治权。法国大革命使奥斯瓦尔德深深认定："腐败的欧洲政府体系应当退位，并以更好的组织方式取代。"也因此，他更期望"追求平等与善德的公民意识，能促使人们追求更广泛的博爱，并涵纳动物界"。

奥斯瓦尔德认为，印度教建构了兼容素食主义与暴力革命的原则。至于其余宗教，他解释："仅满足关乎人类的道德行为……致使其余动物走兽遭受冷酷弃离。"相反地，慈爱的印度教"爱护万事万物，视鸟兽飞禽如手足，也因此，普罗大众应予印度教该有的重视和地位，并应视之为人类所拥有最崇高的宗教信仰"。印度教的泛神论教导众人敬重世间万物，甚至鼓励动物崇拜，奥斯瓦尔德解释，印度教期望借此使得动物获得应有的爱惜。他为其欣赏的蒙博杜勋爵进一步论述说，印度文明忠诚地贯彻普遍同情这一价值观以及自然法则，反观秉持人类中心主义的犹太基督教，则受犹太传道者的误导而惯于压迫万物，诸如圣奥古斯丁和较为晚近的笛卡儿，都认同"早日灌输到人们头脑中的无情教条使人们冷酷无情并抛弃良心"。但是，奥斯瓦尔德和蒙博杜勋爵一样，相信随着文明启蒙的进程，此类观点终将被淘汰湮灭，人类将重返与自然和谐的和平境地。奥斯瓦尔德的无神论立场让他厌恶犹太基督教，并深信人类自身能成就未来的美好，而非上帝。

奥斯瓦尔德认为，身体的同情心机制证明屠杀动物绝非自然行为。这点不似乔治·切恩和伯纳德·曼德维尔（他亦摘录两人观点），时常为《圣经》准许人类宰杀动物而困惑。相反，奥斯瓦尔德彻底无视基督教教义，认为那不过是谎言与谣传堆砌出来的迷障。他对大加批评卢梭与素食主义者的布丰展开反击，并如此响应人类肉食性肠道的说法："手里拿着某人的脏腑，你喊叫，看看这肉食性动物的胃肠……野蛮人！我痛心地看见这些血淋淋的器官……这些肉体应以人道对待。"这画面的确让人感到头皮发麻，科学家们拿着人体器官在半空中摇晃着；奥斯瓦尔德以此比喻嘲讽，科学家切开人体肉身是如此变态的行为："为了你愚蠢腐败的科学，活体动物的骨肉皮血被你切开检视。"奥斯瓦尔德从科学家手中夺回被欺凌的五脏六腑，还原它们该有的温暖抚慰，他积极呼吁："我们的心，难道不是痛恨野蛮，而向往博爱的吗？"

奥斯瓦尔德进一步以古老的人类解剖学论点支持他的内脏感性说。他摘录切恩《论健康与长寿》里的普鲁塔克式哲言：人类没有肉食动物的奔跑速度、獠牙、嗅觉、消化系统、奇大无比的胃容量，以及冷酷无情的心肠。我们杀害、吃食动物的方法就是确保"垂死挣扎的动物能远离我们的视线"。如果血腥宰割在眼前发生，那么人类感官必定会"抗拒腐败动物尸体进入肠道，并成为其他动物的终极坟场"。"请倾听天性的呼唤！"他大力呼吁，"你的感官、常识和良心会告诉你答案。"不管切恩和启蒙时期的科学家们认同或不认同，在奥斯瓦尔德的引用中，他们已经成为强烈批判西方传统习俗的引路人。

由于奥斯瓦尔德认定素食乃被压抑的人类天性，因此他博览并诠释 18 世纪的感性文学，并将之视为创世记真理的见证者，尽管该时代文学多半贬抑素食主义。奥斯瓦尔德认定蒲柏的"快乐羔羊"说更加深了动物剥削的惨况，并以詹姆斯·吉尔雷的漫画作为《天性的呼唤》封面（吉尔雷为他的多部作品制作插图封面），画面里羔羊瘫倒于地，而大自然之母则幻化为拥有多副乳房的女神，为此残暴深露惊骇貌。奥斯瓦尔德确实深入地了解欧洲文化，他引用汤姆逊诗作《四季》与德莱顿译注的《变形记》里对动物受压抑的天性终于爆发来表达同情感。"即使在道德如此衰败的时代，仍有人抱持着同情心，这证明了自纯真时代起，人就与较低阶层生物即以和睦的方式共处。"奥斯瓦尔德坚持认为，出于本能的同情心即是天性渴求民主解放与动物权利的明证。

弱肉强食为社会不平等的象征，而多数人口袋拮据得根本不够买肉，因此，奥斯瓦尔德的素食主义更有着团结的意味。事实上，正如同莫弗特镇的约翰·威廉森一样，奥斯瓦尔德认为肉类工业即是经济压迫的根源。奥斯瓦尔德认为驱逐贫穷人口进行圈地放牧的"高地清洗运动"，正是资源缺乏下的败德缩影："难道草地该喂养的仅有某人的胃袋，而非众生？北苏格兰原是原住民们安居乐业之地，却被强迫转化成一望无际的放牛场。"奥斯瓦尔德证明了素食主义正是实践社会正义的消费选择。

法国大革命时期的重农学派尝试通过改变社会饮食习惯以重整农业，而奥斯瓦尔德推行永续食物生产正是深受此运动的影响。法国在大革命之前，已是全欧洲人口最稠密的国家，须慎防饥馑之害。路易十六的改革名臣安内·罗贝尔·杜尔哥则鼓励利穆赞地区的农民增加马铃薯产量以取代煮栗子和荞麦粥的主食地位。1764年，革命前的悲观主义者西蒙·兰盖日后倾倒于杜尔哥的重农派改革，提议法国将主食从谷类替换至马铃薯、鱼、玉米、蔬菜和米饭，以解决层出不穷的面包饥荒。他也提出将栗子转制成精致营养补充物，毕竟古代高卢人也以此为主粮，卢梭本人也曾经在《论人类不平等的起源和基础》里大力呼吁。当时法国农民对政府感到不满，而改革派则高举节俭大旗，以便和奢华宫廷形成对比，并凝聚公民意识。而路易十六日益夸张的狩猎嗜好与铺张行为，让人不难明白他身旁为何布满虎视眈眈的政治威胁势力。

当革命政府占据法国时，简约成了平等爱国主义的象征，而领导者们则以罗马共和时期的斯巴达俭朴精神为准则。美国革命英雄、素食主义者本杰明·富兰克林在18世纪70至80年代担任法国外交官时，即掀起了一股仿卢梭小说人物的简单生活风潮。富兰克林曾在他的一篇有关胀气的幽默论文中观察发现："爱吃肉类的洋葱狂们，总是口吐臭气，让人难以容忍；但如果他能只吃蔬菜的话，那么即便最严苛的气味敏感者也能与之亲近。"他的节俭作风很快地影响了其他革命领导者，像是常与奥斯瓦尔德并肩作战的雅克·皮埃尔·布里索。热衷大革命的政治家夏尔·塔列朗更以每餐拮据享用芝士、桃子、小片饼干著称；爱国领导者贝特朗·巴雷尔则提倡全民吃素，更有人期望推动公民债，以确保能平均分配粮食，避免浪费肉食。而平民革命更兴起了"无套裤汉"穿衣风格，他们拒绝穿贵族两件式紧身裤与长筒袜，并视此风格为热血革命者的流行裁缝样式；而动物群体的血肉，更成了革命热情的终极指向。素食主义绝非这场革命的核心部分的入场券，但是，此时此刻，吃素首次成为欧洲新统治阶层的特殊象征。新锐期刊《迪歇纳老爹》宣称："一点小酒配着派吃，无套裤汉什么都不缺。"理想主义者实践卢梭的口号，并想象大自然早已提供给她的孩子们足够的营养，不管是野生核果或是旷野徒长的蔬菜，只要她的子民懂得公平分享。奥斯瓦尔德在他的译著《好人杰勒德传》内进一步刻画卢梭所颂扬的节俭，书中主角杰勒德身为政治代表，却往往抛弃传统平民百姓的黑白服饰，穿着宛若卢梭《新爱洛伊丝》小说里走出来的人物，以斜条纹粗布衣裳的装扮出现在三级会议。毫无疑问地，当奥斯瓦尔德定居于巴黎时，据同时代人们传述，他"确实以无套裤汉的模样现身，并让两个儿子捡拾附近花园和树林的野果为食。他俩和爸爸一样，同样厌恶肉食"。

而英国反革命者背地里认为，这种胃肠政治只会让法国理想主义者饿到脱裤子。英国漫画家托马斯·罗兰森和詹姆斯·吉尔雷作画描绘爱国主义漫画角色约翰牛的下场：被强迫接受法国民主的洗礼，交出手中的烤牛肉换取干硬面包。让法国美食自豪的蔬菜汤、洋葱与蛙腿，早就常常被拿来和胃口奇大无比的英国牛肉饮食作比较。托比亚斯·斯摩莱特在1753年撰写的小说《费迪南德伯爵》里，就曾表示英国人对法国式通心粉的厌恶（某个头戴长假发、矫揉造作的纨绔子弟将该种通心粉取名为"macaroni"）。书里胖墩墩的房东太太"肚子上充满了优质健康的脂肪"。在批评法国时，她这样跟费迪南德伯爵说："你该不会是想跟卷心菜学习吧？只吃那点黑麦面包和菜汤充饥，现在，还想找烤沙朗牛肉的麻烦？"此类排外的漫画与小说，间接说明了英国人对法国大革命的反应。英国报纸杂志里的典型"无套裤汉"往往垂垂欲死，并且只吃蜗牛和洋葱。吉尔雷在 1792 年出版的《法式自由：英式压迫》里，以讽刺手法描绘法国革命家梦想着永恒的"奶与蜜"乌托邦时，一边啃着激进的菜根，锅里则塞满了活蜗牛，而臃肿的约翰牛则在一旁大嚼牛腿。

奥斯瓦尔德则将上述经典画面重新诠释，他认为肥胖的食牛客代表英国暴君阶级，而非平民百姓，而朴实的法国人则代表了满怀仁义的平等主义者。他巧妙地将自己对肉食的责难赋予政治意义，又同时不放弃热血的英国爱国主义者的身份。对奥斯瓦尔德来说，约翰牛吃的已经不再是烤牛肉，而是代表了劳工的辛苦、自由、活生生的牛。大部分的牛肉被极少数的特权阶级享有，因此，吃牛肉正是不平等特权的象征。牧牛象征将人民赶离自己的家园，并让土地堆满污秽粪便：真实的英国人就像被少数富有阶级吞噬牺牲的牛。

詹姆斯·塞耶斯则在漫画《约翰牛之死》里，描绘法国大革命对英国所产生的威胁，画中约翰变成了牛，头则放在法国革命者的断头台上。奥斯瓦尔德对这个画面也有触动，但是，他认为约翰牛是被爱吃牛肉的英国统治阶级所害，而非法国的革命者。奥斯瓦尔德指出，人们不是为了牛肉的可贵而保护牛，反倒是它所代表的政治意味：剥削约翰牛，等同于残害贫穷的英国劳动阶级。

在奥斯瓦尔德早期戏谑的歌剧作品《约翰牛的幽默》里，他曾批评英国不该出口牛肉给腐败的旧帝国来作践自己。书里旅馆老板蒂莫西·平普尔菲斯就参与叛国的贸易买卖，更荒谬地忽视自己行为所衍生出的意义，他对着刚从印度归国的富豪先生（从富豪的家世背景亦可窥见作者的用意）说道：

> 我敢打赌，你一定看过大象、犀牛以及野蛮的印度食人族；他们
> 只吃草不吃其他东西；那些印度人怀着反叛的心仇视烤牛肉，仇视旧
> 英国的光辉。

奥斯瓦尔德将印度素食主义转变为对英国暴君统治的政治抵抗。在英
国的牛，和在印度的牛一样，同样值得保护：为了经济需求，必须保
护作为象征的牛不被贪婪的当今统治者宰杀。素食主义拒绝阶级剥削。
也因此，正如蒂莫西所说，素食主义代表推翻寡头政治与腐败独裁的
革命。

　　奥斯瓦尔德将印度素食主义与政治革命及动物权利联系在一起：
打倒嗜血的特权阶级代表反对垄断物质资源，呼吁低阶层劳动者团结，
以及争取平等投票权。可见，争取社会变革与动物权利有着相同的逻辑。
奥斯瓦尔德把这样的观点带进法国大革命的最前线，为了追求革命成
功，他甚至不惜性命。

　　尽管奥斯瓦尔德的观点相当特殊，但他仍旧在文学与政治生涯里
获得非凡成就。早期的作品为他赢得"五百名最重要的当代英国作家"
头衔，后来他又赢得"苏格兰作家之光"的荣耀。他与激进国会改革
者托马斯·潘恩和约翰·霍恩·图克并肩作战，也因此成为欧陆革命
运动的先驱者。在那个时代里，只有少数富有男性享有投票权，政客
更可以肆意地买票，而奥斯瓦尔德则主张英国政治走向民主化。他以
挖苦的文笔著称，除了在《伦敦报》拥有专栏以外，更在《伦敦公报》
与《星报》发表让国会大为光火的文章，其中辉格党政客埃德蒙·伯

克就称他的人民团结理论为"最荒谬、可恶的卑劣主义"。

奥斯瓦尔德辩称腐败的下议院早已成了"虚假的人民代表";议员们只能代表自身利益,又时常遭罢黜,而国王更是吞噬人民力量的黑洞。他呼吁广泛平等选举权(多数法国大革命分子仅要求有限的选举权),他甚至认为代表制根本就是个错误的概念。奥斯瓦尔德梦想真正的民主是所有人都能直接为自己的权利发声。唯有在百分之九十的人民都同意的状态下,法律才能施行。把时间花在审议议题上,远远胜过参与过时的周日礼拜。一位奥斯瓦尔德的昔日战友对这种所谓出于天性的理想化民主观点讽刺说:"我总是努力劝诫他,这样的计划太缺乏效率,毕竟他忘了把拥有庞大数目的生物群算进来,那些他常挂在嘴边的猫啊、狗啊、野马和母鸡等等。"

不过,奥斯瓦尔德察觉英国政府毫无接纳他所提出的,通过公民表决实行直接民主制的可能,也因此他将目光投向法国。1789 年,法国人民群起抗议政府赋予富有特权阶级的减税优惠。他们成功迫使路易十六承诺让三级议会——由贵族、牧师、投票选出的平民代表组成的议会,废除封建制度,并颁布以重新分配土地以及赋予公民权利为基础精神的新宪法。而誓言使君主制度消失并致力于共和国建立的奥斯瓦尔德,则与返朴主义者、同时也是多元性伴侣鼓吹者的尼古拉·博纳维尔结盟,两人皆成为原始共产主义团体"社会圈"的重要领袖。

法国大革命的两个支派间的火药味越来越浓,一是较温和的共和党吉伦特派,另一是以罗伯斯庇尔为首的,行使恐怖统治的极端激进政治党派,后称山岳派。奥斯瓦尔德与吉伦特派领袖雅克·皮埃尔·布里索有密切合作。布里索出身贫困,为面包匠之子,他是 1789 年巴士底监狱沦陷的关键人物,并掌控了 1791 年末至 1792 年的政局。布里索授予奥斯瓦尔德、潘恩、约翰·霍恩·图克等人荣誉公民身份，奥斯瓦尔德很可能是第一个加入重要革命政治团体雅各宾派的英国人。

在英国间谍的严密监督下，奥斯瓦尔德成了革命的中间人，将英国新兴激进组织提供的军事武器与金钱交予法国革命政府。除此之外，他也要求雅各宾俱乐部将革命输出至英国本土，甚至，将民主的火炬"传遍全世界"。奥斯瓦尔德的跟随者们声称英国已为民主革命建构了理论基础：现在，他们等待革命开花结果。奥斯瓦尔德认为："来自法国的信件，鼓舞了饱受暴政、奸坏政客以及王室虐杀的英国兄弟与爱国者们。"英国要帮助法国"推行欧洲革命，实现世界革命的梦想"。在1792年炙热的月份里，奥斯瓦尔德宣称如果不先下手为强的话，乔治三世很有可能会发动战争，攻击法国："这个发疯国王从精神病院里窜逃出来，他们真该关他一辈子的，他妄想发动战争，并让犹如兄弟般的两国人民染血大地。"他还批判君主帝制："法国人哪！你们已经逐出自家的贵族猛兽，但是只要这祸害仍旧在你四周窜行，你便不得不防啊！"

罗伯斯庇尔警告，奥斯瓦尔德的提议将使人心惶惶的英国过早走上战场，忘了自家有更重要的改革等着。奥斯瓦尔德成功地利用鼓舞信件传递符合自身信念的信息，不过他并不为此感到满足。他采取布里索的建议，打算利用更激烈的手段。他请求法国派遣六万名"不怕死"的志愿者包围伦敦塔，并准备攻陷。英国弥漫着政治骚动的氛围，而奥斯瓦尔德坚信被剥夺权利的英国劳工们会张开双臂欢迎法国革命者来解放他们，并组成一个共和体。"在伦敦，"奥斯瓦尔德预言，"被压迫、悲惨、激愤的人民必将轻而易举地推翻暴君……血腥乔治将会和叛徒路易有同样的下场！"法国最后确实向英国与荷兰宣战，或者，是向他们的暴君宣战，1793 年 2 月 1 日，法国以十万大军进攻英国；但与此同时，人们不再相信奥斯瓦尔德承诺的热烈欢迎的那一套。

奥斯瓦尔德本就深信，暴力是推翻暴政的必要之恶，也因此，他立刻投入将法国大革命从和平抗争转变成浴血之战的筹备工作。1792 年 8 月 10 日，巴黎人示威并冲入王宫，抓住了国王以及王室成员，9 月时，他们攻陷监狱并展开为期四日的昂扬血战。革命分子大规模屠杀贵族成员，他们在大街上拖行贵族的尸体，并把他们的头颅挂在刀尖上。在革命的关键时刻，许多原本对革命报以同情的英国人在恐惧中逃避，而法国革命领导者则极力否认其责任。奥斯瓦尔德则是少数几个乐见民众动用暴力抵抗压迫者的人之一。

1793 年 1 月，在吉伦特派与罗伯斯庇尔的山岳派（后者成功掌控了雅各宾俱乐部，因此亦称雅各宾派）的一场恶毒激辩之后，国民公会投票同意炮制英国克伦威尔派的弑君行动：他们痛斥路易十六的叛变行为，并赐予他由吉约坦先生新发明的便捷杀人机器（断头台）所执行的"无痛死亡"。尽管众多吉伦特派分子不赞同杀害国王，但奥斯瓦尔德毫无疑问地激赏帝制的终结。一份可信的报道指出：

> 据信，奥斯瓦尔德正是巴黎恐怖大屠杀的幕后主使者……当法国国王被送上断头台时，他也是团团包围断头台长枪步兵队的领导者。当悲惨的帝王头颅落入篮子里时，奥斯瓦尔德和他的部队唱起了他亲自谱曲的断头歌，他正是为了此刻而作的曲。他们如同解放了的奴隶，一圈又一圈地围着断头台又唱又跳。

奥斯瓦尔德成了革命圈的红人，通过连续出版书籍，他的私生活也成了众所注目的焦点。他的素食主义成为革命性的人道行为与传奇宣言，他和许多同伴一样，将卢梭的动物权利说带进法国大革命的意识形态里。他还坦荡荡地拥有一夫多妻的生活。在法国，他与两名妻子同住，他的同伴似乎对此种生活模式的成功感到啧啧称奇。"她们两个都很美"，有人以非常好奇的口吻写道，"奥斯瓦尔德将家庭政治管理得有条不紊，三人以非常和谐与友好的方式共同生活着。我相信，历史上大概没有比这更美好的性关系了。"

奥斯瓦尔德还重新改进了原本粗拙的断头台的机关设计，他让刀片得以近距离地切断头颅，使得血腥杀戮更达巅峰之境。而他的"自然、本能、简单"的军事作战技术，更能让数千万的志愿者发挥天性暴力，再遵照简单划一的动作，运用普遍科学原理，让他们成为"得以攻破世间暴政与贵族集团的绝佳武力"。他们代表人民的力量，向贵族强权宣战，并且战无不克。而奥斯瓦尔德的断头台设计，以同伴的话来讲，"似乎参照了两性的性特征成就此机器"。

他的嗜血成性让世人惊骇万分。《爱丁堡评论》里，亨利·布鲁厄姆指控奥斯瓦尔德为"不可理喻的精神错乱"：

> 他自视对人道议题亲力亲为，并厌恶看到动物惨遭虐杀，但这名禁欲的圣人，正是向议会推举使用断头台的始作俑者，他让军人与混混都能搬出断头台来使用……他是发动巴黎大屠杀的狂徒，却害怕看见鲜血，他是不敢杀老虎的懦夫，却饥渴地狂饮人血。

大革命初期，武装设备支持不足，多亏奥斯瓦尔德的军事才能，使得革命军得以拥有百万人数的大规模精良部队。奥斯瓦尔德的部队上战场时，当然配有枪械，而那正是他认为能够带给大革命成功的绝佳武器。奥斯瓦尔德当选为第一长枪志愿军部队总司令。不过，送他回英国家乡作战实在太过危险，1793年奥斯瓦尔德被派往法国旺代省，负责剿灭贵族叛乱。人人称许他的平民作风，他穿戴普通士兵的服饰，并且节约饮食。"他朴素平凡的衣着和言行举止，令人感到钦佩，特别是他的简单生活。他已经十二年不知肉味，饮酒也不会超过六杯"，他的战友这样回忆道。

奥斯瓦尔德率领男男女女作战（革命政府首次让女人也上战场，而奥斯瓦尔德的同僚却抱怨女人带来太多麻烦，随后在奥斯瓦尔德不在场的情况下遣散了女战士）。我们可以想象奥斯瓦尔德跋涉万里前往旺代省，歼灭王室贵族起义军，其响应者包括数千位反对义务征兵与限制宗教自由的地主。奥斯瓦尔德的民主宣言让战争有正义的动机。他实现了数年前曾经说过的话："只有经历铁血暴力，才能抵达黄金时代。"只有抛头颅、洒热血，才能建立永久的不流血和平。

当奥斯瓦尔德的军队向西穿越法国并投入数个月的血战后，1793年9月14日，激烈的图阿尔战役让贵族兵占了上风，而奥斯瓦尔德则节节退败。只有数人逃过大屠杀一劫。奥斯瓦尔德的老友亨利·雷德黑德·约克如此回忆与奥斯瓦尔德的最后一次见面：

> 在塞桥之战，他骁勇率领军队，但一枚炸弹瞬间击中了他。同一时间，一枚霰弹击中了他那在部队担当战鼓手的两个儿子，刹那间，兄弟俩也倒在父亲尸体之上。

为了捍卫素食平等主义，奥斯瓦尔德终于战死沙场。巧合的是，历史学者戴维·厄尔德曼发现，奥斯瓦尔德的部队是唯一保存军事会议记录本的共和军部队。也因此我们得以知晓，奥斯瓦尔德的两个儿子，约翰与威廉，并没有与父亲同时死于战场。身为鼓手与战士，他们勇敢地在长枪部队里存活下来，直至多年后死于与贵族军队的战斗之中。奥斯瓦尔德并没有被众人遗忘，街头传言深信他并没有死，并且持续以人民团结为名进出军事沙场。当潘恩在 1793 年年末因保护路易十六而被捕入狱时，因畏惧断头酷刑，又对奥斯瓦尔德的死毫不知情，还写信到英国，期许奥斯瓦尔德会将他送回家。而奥斯瓦尔德那住在寒士街的昔日老板威廉·汤姆森则深信拿破仑·波拿巴只是奥斯瓦尔德的假名。"毕竟，两人都个子矮小，热爱军事行动且拥护人道精神，都是革命梦想家，他们也都喜爱莪相"。

战死的奥斯瓦尔德幸运地避开了英法两国对革命者的迫害：托马斯·潘恩在缺席的状态下被以煽动罪起诉，而约翰·霍恩·图克则在 1794 年被法庭宣判叛国罪。但是，奥斯瓦尔德所创建并推行的直接民主理论，早已融入了激昂的时代大环境里，并深刻影响了社会主义。《天性的呼唤》响遍全欧洲，并成为革命素食主义运动的奠基之作。

当瓦拉迪侯爵俯首认罪时，他才 27 岁。他的素食主义同道约翰·奥斯瓦尔德于三个月前战死；而瓦拉迪的结局也相当血腥。他们所发动的不流血革命，早已成为人肉屠宰场。

侯爵全名为雅克-戈德弗鲁瓦-夏尔-塞巴斯蒂安-弗朗索瓦-格扎维埃·让-约瑟夫·伊扎恩·德弗雷斯内，1766 年出生于奥弗涅。虽然他早已被英语语系的历史学者所遗忘，但是在他身后遗留的城堡里，收藏了大批记载法国大革命重要事件的私人信件，值得参考。

通过教育学习，瓦拉迪"深深热爱古老哲学家思想，并渴望自由"。他父亲的至交沃德勒伊伯爵义无反顾地协助美国人争取独立，而瓦拉迪就在这些致力于自由事业的人们的影响下长大。然而，他的私人生活却与此大不相同。瓦拉迪严厉的父亲反对法国共和主义思想。父亲虽然给予他极尽优渥的贵族生活环境，但是却不顾他个人意愿，在他16 岁时为他和沃德勒伊伯爵的女儿早早订了亲事。两人的美国友人塞缪尔·布雷克认为："新娘美得让人目不转睛。"但是瓦拉迪实在无法接受父亲如此独断地行使父亲权力：没有爱的婚姻乏善可陈，并且违背伦理。因此他强硬拒绝此项婚事，尽管他的岳母强迫他在闺房中与新娘共度了一宿。瓦拉迪为个人自由所做的斗争也促使他去为更伟大的政治自由而战。

逃离了家庭风暴以后，瓦拉迪谋得了法国卫兵队少尉一职。他前往巴黎，很快进入了革命者的圈子：塞缪尔·布雷克、自由百科全书派的圣-让·克雷弗克，以及对瓦拉迪前程最有帮助、同时也是约翰·奥斯瓦尔德的好友兼战友的雅克·皮埃尔·布里索。布雷克印象中的瓦拉迪是"疯狂的政治自由信仰者"，是"那些勇敢追求自由，并愿意随时为法国捐躯的人中的一员"。

由于对法国政府及其好战态度不满，瓦拉迪在 1786 年时从军队里退出，给过往华丽生活画下句号，并重新包装自己——如同奥斯瓦尔德一样，瓦拉迪以斯巴达式的朴实作风改头换面。同期的历史著作如此描述："他从布里索的身上，学习到简单生活的深刻韵味。"布里索向来仰慕本杰明·富兰克林；他认为自己在法国本土为自由而战，正如同富兰克林在美国的战斗工作，他仿效富兰克林的贵格会那种俭朴作风，并视之为强而有力并令人崇仰的道德宣言。他曾在翻阅富兰克林的自传时留下数页笔记，表达自己对勤俭的富兰克林的怀念："富兰克林曾经读过特赖恩医生描述的毕达哥拉斯式养生法，对该医生的分析深信不疑，也因此早早就放弃食肉……毕达哥拉斯式饮食为这位印刷匠的学徒省了不少钱，这些钱正好可以去买书。"朴实和自由联手对抗奢华与暴政体制，从此瓦拉迪彻底地挥别宫廷生活，转身拥抱朴实无华的平等主义价值观。这位满腔热血的革命者仪式性地剪下自己的贵族鬈发，并放弃侯爵称号，他还卖掉了手表，"因为男人不适合佩戴珠宝"。他扔掉了华贵的军队仪服，换上贵格会式的简朴衣着。

瓦拉迪满心期望逃离贵族生活，并搬至英国，"那是全欧洲唯一有自由气息的地方"。瓦拉迪在英国时与约翰·贝尔同住，后者为戴维·威廉斯的出版商，同时为威尔士共和派的德鲁伊教牧师。他认识了多名推动英国共和体制的领导者，并在富勒姆学习法律，和托马斯·潘恩保持良好友谊。但是随后他对"愚蠢地侵占我国领土"的英国政府感到幻灭，于是设法前往真正的民主国度——美国。

瓦拉迪的连番行动很有可能使父母和亲家两个贵族家族蒙羞，也因此他的朋友们想尽办法动用贵族势力，试图劝阻他的轻狂之举，但是谁也没能让他放弃对新生活的追求。他的岳母、不幸的太太及其表兄帕尔鲁瓦伯爵前往伦敦，当得知瓦拉迪已于两日前搭船前往美国时，她们心灰意冷。但这很快就被证明只是假消息而已，亲友团最终联系上了不听话的侯爵。起初，瓦拉迪费尽唇舌鼓吹他的妻子移民美国，但是不敌亲友的苦苦哀求，瓦拉迪终于同意返回法国，条件是他们必须签署合约，确保瓦拉迪能够享有个人自由空间，并且能够随心所欲地外出旅行。

仅仅在伦敦待了两个月的瓦拉迪，终于返回法国。当时法国大革命蓄势待发，路易十六召集权贵会议，并设法抚平激愤的人民。瓦拉迪则继续无视自己的军中义务，反而声嘶力竭地呼吁贵族与牧师放弃免税优惠，以减缓国内财务危机，减轻人民负担。此时他的友人们才见识了瓦拉迪对大革命的激情。他们设法向军队编造借口，安排瓦拉迪放长假。他的亲友希望远离巴黎的政治骚动后，侯爵能深切反省自己的无知行为，重拾军中职务，并关心备受他冷落的太太。然而，瓦拉迪将父亲的愤怒抛诸脑后，以身体衰弱为借口留在巴黎，继续进行他热衷的活动。直至 1787 年 1 月，他才勉勉强强地首次去看望了妻子，而后又拜见了久违的父亲。

原本预计春假后该返回军中的瓦拉迪，竟然又去了英国；并写信给塞缪尔·布雷克："我正要出发前往美国，在那里我才可以感到自己存在的理由，省得贵族家庭让我束手束脚。我的家族正是压迫者阶级，自由主义的敌人，这让我更厌恶自己的出身。"当他要动身前往美国之时，得知荷兰爱国党已经开展民主革命，因此他急奔巴黎，协助该党派人士。这次，他的家人企图通过经济手段阻挠他的行动——剥夺了他的年度收入。但是瓦拉迪仍旧毫不动摇，与奥尔良公爵和拉斐德侯爵一道，保护起义失败的荷兰爱国党人，承诺再次进行新的秘密行动时，他会一同并肩作战。

　　值此同时，家人们决定继续阻挠瓦拉迪。他的舅舅卡斯泰尔诺男爵为他延长军中假期，并邀请瓦拉迪至日内瓦共度一段时日。在那里，瓦拉迪这么形容："舅舅计划改造我的怪行以及热血，甚至企图除却我的哲学观念与共和思想，他希望彻底漂白这傻乎乎的侄子。"但是，瓦拉迪家族再次宣告失败。瓦拉迪不但没有清醒过来，反倒更加疯狂地沉浸在激进理想主义的信念中，他在日内瓦给妹妹写信说："我与一位智者交好，并彻底拜倒在他跟前，渴望得知他的思想。他引领我走上真实智慧的道路，走向自然天性，而这正是人类所能企及的最高境界。"瓦拉迪所说的这位"智者"，就是罗伯特·皮戈特，他所揭示的通往自然天性的道路，正是革命素食主义。

　　两人的会面成了大革命历史的传奇。共和人士、素食主义者理查德·菲利普斯的《法国共和革命家的奇闻逸事》里，描述瓦拉迪碰上了一位"被称作'黑皮戈特'的英国毕达哥拉斯主义者，那人只吃盘里的蔬菜"。瓦拉迪立刻全盘接受了这位英国绅士的饮食哲学，"往后的日子里，再也不识肉味"。五年后，菲利普斯的友人，素食主义革命家约瑟夫·里特森才说明那名绅士正是罗伯特·皮戈特，他曾是什罗普郡的最高警长，并继承了位于切特温德的古老名贵房产。皮戈特卖掉英国房产后，移民美国，他认为美国独立战争将会摧毁英国，而他更与伏尔泰、富兰克林、布里索，以及吉伦特派革命领导者罗兰夫人成为好友，罗兰夫人昵称他为"法兰克土著"，暗示他与奥斯瓦尔德一样，同样受封法国荣誉国籍。皮戈特立即动手准备宣布自己将以素食法案改善法国不定期饥馑的终极计划，他呼吁法国人民以马铃薯、扁豆、玉米、大麦、卷心菜为主食。皮戈特的共和党期刊《爱国者弗朗索瓦》里，他高声宣布，监狱囚犯们实应以"健康而自然的面包、水和蔬菜"来软化坚硬的心肠。布里索在回忆录里提及与皮戈特的友谊，并期盼未来能与之畅谈所思，可惜最后仍旧未果。

自 1790 年始，皮戈特一直梦想能够买下国家化的教会土地，与布里索和其他杰出吉伦特派分子弗朗索瓦·朗特纳、让·亨利·邦卡尔·伊萨尔、香槟区旅者、弗朗索瓦·比佐、罗兰家族，很可能还包括瓦拉迪等人，重建卢梭主义式的农业公社。皮戈特曾夸口会砸下重金十万法郎作公社基金，但是罗兰夫人却对这名"反复无常的毕达哥拉斯信徒"缺乏信心，而此计划也胎死腹中。少数在罗伯斯庇尔恐怖统治下幸存的皮戈特同盟，最终买下私人退休庄园，在孤独中实现原本破碎的梦想。

受到皮戈特的启蒙，瓦拉迪成了素食主义的热心传道者，并想方设法说服革命同志，视此为和平未来的唯一出路。他穿起了过去毕达哥拉斯学派的标准制服：全白的亚麻罩袍，并重弹准备造访美国的旧调，宣称将于该地建立和平的毕达哥拉斯式的素食主义社群："那里将保有节制与爱，使人们得以避免可悲的邪恶行为、残忍的浪费与自私的贪婪。"

瓦拉迪甚至大胆地尝试感化曾经与卢梭共同建构大革命政治理论的老前辈圣皮埃尔。而圣皮埃尔则写信给布里索，揶揄这名狂热的小伙子：

> 瓦拉迪先生还没看尽人情冷暖就积极想重建人类世界……他一直想要我尝试毕达哥拉斯式的饮食，甚至穿他们的衣服。我衷心祝福他能在美国得尝胜利滋味，并且以自己的美德标准和你的智慧，创建一个新世界，到时我会赶去你们那儿，共度余生：我的精神世界将充满欢愉。

话虽然说得刻薄，但是圣皮埃尔确实受到瓦拉迪天真的素食观念的鼓舞，他甚至在《自然的研究》与《保罗与维尔日妮》里提到，有人听闻瓦拉迪激切的谩骂后表示："他带给我们难能可贵的新概念……我们受益良多，圣皮埃尔深爱着瓦拉迪，那天瓦拉迪在我们大家面前高谈阔论后，圣皮埃尔大喊：'你是俄耳甫斯之子，或许你就是俄耳甫斯转世，向人类展示语言的奥妙。'"幸亏有圣皮埃尔，瓦拉迪才有可能与罗伯特·皮戈特会面，因为圣皮埃尔在《自然的研究》里，称赞过皮戈特虔诚的素食主义生活：

> 如果以更为进步的素食教育方式养育孩子，他们将成为最符合自然天性的人类……我曾见过一名年约 15 岁的英国小孩，他正是最好的例子……他的身形优美、体力充沛、性格开朗，而他的父亲，皮戈特先生，告诉我他以完全的毕达哥拉斯式生活法则把这小孩养大，他本身也深刻理解这样的养生方法所带来的好处。他已经在美国建立了饮食改革者的社群……这种教育如同重返远古的美好岁月。

皮戈特受到瓦拉迪的启发，想要和他合力在美国打造梦想的素食主义社群。甚至连圣皮埃尔都曾表明类似的渴望，"愿在美国打造快乐的小国"。而瓦拉迪的美国梦则是受到朋友圣·让·克雷夫科尔的影响。克雷夫科尔是驻美法国领事，他写的《一位美国农夫的来信》让数个世代的读者憧憬美国的大熔炉社会以及乡村木屋生活。

在受到皮戈特的影响下，瓦拉迪在 1788 年夏日去信妹妹弗雷西内·拉盖皮伯爵夫人，绘声绘色地描绘他的卢梭式素食主义新生活。"人类内心一切邪恶的根源，"他告诉妹妹，"以及让我痛楚的疾病，都是因为从前我吃肉，违反身体自然需要。"世界上的每个角落，都曾经有"黄金时代般的素食主义社群存在"。而身体病痛"来自我们对天性的毁坏，这一切都来自食用肉类和它的毒副作用"。瓦拉迪坚持道："如果我们不吃肉，那么身体状况会自然好转，我们的寿命将会延长三倍，并能享受人类物种该有的幸福。"但是人类早已蒙蔽了自己的天性，对肉类的毒副作用麻木无感，他们甚至对食用动物尸体一点都不会惊惧和恶心。也因此，瓦拉迪断言，若有人对此敢说出真相,他八成会被当成疯子：

> 在这华丽野蛮的时代，败德之事厚颜无耻地接连发生。这钢铁般的时代啊，谁敢起身宣称人类根本无权吃肉！剥夺上帝赋予动物的生命根本是滔天之罪！吃肉会让我们疾病缠身疼痛难挨，而这正是对我们残酷对待生灵的一种惩罚……我深深相信我必须承担这项艰难任务，指引众人重返慈爱的母亲——大自然的身边。

要阻止如此的社会瘟疫，必须从下一代着手：他们正是人类未来希望的寄托。瓦拉迪认为自己的素食主义概念虽然来自皮戈特，但他想得更透彻，甚至要重新修正卢梭在《爱弥儿》里提出的儿童教育方式，因此，他立刻计划为此著作提出建言。

瓦拉迪的妹妹育有几个小孩，他郑重警告，肉类会给孩童发育尚未健全的肠胃造成严重疾病。他说："英格兰与苏格兰的小孩最可爱，因为尽管他们的父母忙不迭地往嘴里塞进肉类，但是他们只喂小孩吃蔬菜和牛奶。"他断言，素食主义者的小孩不仅不会染上天花、麻疹或蛀牙，还能"拥有温柔又活泼的个性，因为吃什么就会像什么，人的脾气和道德也会因此改变"。

瓦拉迪是受到皮戈特的影响才加入素食主义联盟的，但较早的著作《罗伯斯庇尔传》里，作者认为瓦拉迪是受到布里索的同道约翰·奥斯瓦尔德的怂恿，才欣然加入此阵营：

> 奥斯瓦尔德在朋友心中就是个典型的英国佬，他思想固执，信服印度婆罗门的饮食方法。他早就抛弃以前的饮食习惯，不愿吃一点点动物尸体。而瓦拉迪也是有好长一段时间不敢碰肉。瓦拉迪受到朋友和一些书的鼓励，促使他写了一套既浪漫又迷幻的哲学理论，很多人甚至认为他就是疯了。

有足够的证据显示瓦拉迪是受到奥斯瓦尔德的影响才改吃素的；他们的热血思想和理论都很相近，而早在瓦拉迪认识皮戈特之前，他就深受卢梭派的极简主义所影响。既然奥斯瓦尔德和皮戈特、弗朗索瓦·朗特纳和布里索都为同一个期刊写文章，并致力于向英国人民推广革命思想，很有可能奥斯瓦尔德和瓦拉迪也有过一面之缘。

很显然，皮戈特、奥斯瓦尔德、瓦拉迪和圣皮埃尔都认识彼此，并且建立了松散却强有力的联盟，企图建造素食共和国。他们的理想主义深深影响许多大革命初期的重要领导者。撰写长篇圣徒传记《吉伦特党史》的阿尔封斯·拉马丁，也是圣皮埃尔的素食主义信徒。革命素食主义者的哲学精神领袖，非卢梭与圣皮埃尔莫属，两人是革命文化的中心人物。布里索也极为服膺素食主义，并且时时敦促自己，追随富兰克林勤奋节俭的作风。融合了富兰克林、布里索和托马斯·特赖恩的清教徒哲学，加上卢梭主义，酝酿成法国大革命的思想命脉。革命素食主义从17世纪40年代英国内战，至18世纪80、90年代左右，代代传承、繁衍不息。每当战争硝烟一起，食物短缺危机往往促使人们缩减食物消耗量，并将肉食行为与统治阶级的强取豪夺联系在一起。革命素食主义者惯于将动物视为民主同盟的一部分。比如革命政治家吕多和库佩就期望通过立法使人们"尽可能地将恩泽施惠于万物"，还有些革命党人希望能举办赞美鸟类的庆典，"它们是人类的兄弟"。革命素食主义并非偶然，而是浩瀚的革命哲学海洋里不可或缺的水流。

在1787年那个致命的夏天，紧张兮兮又循规蹈矩的舅舅把瓦拉迪带到日内瓦，这事的结果是，造就了更为顽强的革命者。瓦拉迪在1788年2月给布雷克的信里写道，他将夜以继日地革命下去，"摧毁那些被称作国王的人们所建立起的恐怖又卑鄙的秩序"，直到世界和平与人人平等。

就在写信的那个月，瓦拉迪协助建立了著名的"黑人之友协会"，或称"黑人会"，以戴维·威廉斯和格兰维尔·夏普所建立的英国组织为蓝本，表面上以修法废奴为其政治主张，实际上则为革命行动者的秘密集社。集社成员包括了接下来数年内相当活跃的革命人物，比如吉伦特派共和党员康斯坦丁·沃尔内，他同时也是无神论者、东方主义拥护者，并声称效忠拿破仑。沃尔内相当认同瓦拉迪，认为心地柔善的人面对杀戮动物，一定感同身受。"杀戮，甚至只是目睹杀戮现场，都会污染人心"，瓦拉迪在其著作《旅记》里结论道，素食主义者"拥有最人道且敏锐的心灵"，而宰杀动物和杀人一样，都会使人心变得麻木不仁。

瓦拉迪是"黑人会"里最具热情的成员，他的理论力量，让帕斯托雷侯爵、皮埃尔·保罗·西尔万·卢卡·布莱尔、潘普洛纳侯爵都加入进来。在接下来 5 月的会议里，瓦拉迪还介绍了自己在法国卫兵队结识的好友加入：阿诺、奥比松、当皮埃尔伯爵、蒙斯侯爵、圣洛将军、阿沃和路易·塞巴斯蒂安·梅西耶。在这个阶段，布里索也带了自己的朋友罗伯特·皮戈特加入进来。

虽然瓦拉迪把圣皮埃尔也列入会员名单内，但是圣皮埃尔却简短致信布里索，表示虽然他相当认同会议精神，但是自己不够聪明、住得太远，而且宁可孤独一点，因此谢绝结盟。接获婉拒信件的布里索相当沮丧："圣皮埃尔与卢梭让整个时代的人学习拥抱自然、自由和美德，但圣皮埃尔自己现在却不愿意加入革命的行列。"

布里索前往美国以期更进一步推广"黑人会"，并且梦想从此生活在这里。他写信向拉法耶特推举瓦拉迪，并希望日后瓦拉迪能够一同赴美。后来，瓦拉迪确实成了拉法耶特的助手，而拉法耶特又向乔治·华盛顿、亨利·诺克斯与米夫利厄斯将军推荐瓦拉迪。拉法耶特的另一名得力助手沙泰尔·布安维尔和哈丽雅特·科林斯结婚，后者后来与雪莱共建裸体素食主义者同盟。

不过当时，瓦拉迪实际没有去美国加入布里索，而是待在布里索的家里。布里索的妻子对此不快。这位夫人写信给布里索和她的哥哥，提醒他们，瓦拉迪"会带给他们一堆麻烦甚至危险"。她认为瓦拉迪迷恋毕达哥拉斯式饮食"是因为好玩，而非什么节俭道德"，而且宣扬素食营养的他"老是坐家里狂吃一整天，让人感觉蔬菜似乎不够营养"。她抱怨，虽然瓦拉迪总是强调不想带给别人麻烦，但是他往往要求主人端出家中没有的蔬菜，要是偶尔没有上牛奶，他就会露出很吃惊的表情，他相信"人人都应有共享的美德"，但是常常"做得太过火"。看来，很有可能瓦拉迪冒犯了布里索的妻子，肆无忌惮地将别人的家庭也纳入共享的蓝图里。

为了实现梦想，瓦拉迪再一次地荒废军中要职，毕竟此时此刻法国卫兵队在他眼中根本是"暴政与不公义"的代表。他折返英国，据《法国共和革命家逸事》的说法，他抵达伦敦的第一件事就是"拜访文学界的高贵绅士，并要授给对方毕达哥拉斯派相关的荣誉名称。他向对方保证，追随者将如潮水般从四面八方涌来"。我们无法得知，谁是他心中所属的全球素食主义教派掌门人：或许是约翰·奥斯瓦尔德，或许是其他英国素食主义者，比如戴维·威廉斯、詹姆斯·格雷厄姆、约翰·斯图尔特、约瑟夫·里特森。总之，这位绅士谢绝了瓦拉迪的盛情，而"瓦拉迪暗示自己有此身份"。这位不具名的前辈则提醒他，如果他想成为真正的毕达哥拉斯信徒，或许该涉猎一点希腊文，甚至可以到爱丁堡进修。

这年秋天，瓦拉迪从爱丁堡返回伦敦，此时他的父亲正想方设法切断他的财务来源，但瓦拉迪再一次预备前往美国。不过，瓦拉迪直至冬天都还没动身。在伦敦，他遇上了极力推崇毕达哥拉斯哲学的托马斯·泰勒，当时泰勒正着手翻译《柏拉图与毕达哥拉斯》，并已出版《柏拉图神学复兴史》，该书主题正是新柏拉图素食主义。同时代的人盛传泰勒其实信仰多神教，并且举行奠酒祭祀，甚至宰杀牛羊奉献给异教上帝。人们送他多个称号,"现代卜列东""异教使徒""英国异教大牧师""异教大教主",泰勒强烈吸引了早已放弃基督信仰的瓦拉迪。瓦拉迪想象卢梭的返朴主义能与毕达哥拉斯的自然和谐思想及黄金时代的素食观念结合。当瓦拉迪得知泰勒这位知名人物时,立刻提笔写了一封热情洋溢的自我推荐信给泰勒:

> 哦!托马斯·泰勒,您或许会欢贺弟兄的到来……我很幸运地在18个月前遇见了英国绅士皮戈特,他是毕达哥拉斯派的哲学家,并且鼓励我接受大自然所提供的营养最丰富的素食;这一神启般的改变让我享有完美的健康与心灵宁静……我多么希望离开这早已遗忘忒弥斯的箴言、喜好动物肉块并剥削索取大自然的丑陋地方。我两日前拜读您的大作。您是如此神圣,真是铁血时代的传奇!

隔日,瓦拉迪出现在泰勒门前,并苦苦哀求对方收自己为门生。再三推托无果之下,泰勒勉强接受瓦拉迪搬入家中。

这正是灾难的开始。事实上,泰勒是著名的动物爱好者,许多人甚至怀疑,他相信那些他所豢养的宠物的身体里囚禁着人类的灵魂。迪斯累里的小说《无赖》里就如此描绘泰勒,而《弗雷泽杂志》也把他和雪莱以及约翰·弗兰沙姆相比,但后者似乎比泰勒更能成功推广人道主义,使动物受惠。有人以为泰勒是素食主义者,威廉·布莱克称他"毕达哥拉斯学派的祭司",而现代学者认为这就是他的真实身份。泰勒翻译了古老的素食作品:波菲利的《论禁食动物》(他认为"该书揭示了素食生活的饱满丰富"),杨布里科斯的《毕达哥拉斯的生活》(他盛赞作者"模仿了古老时代的简约饮食"),以及普鲁塔克的部分有关动物意识的论文（他认为是"天才之作"）。不管泰勒喜欢与否，他的译作对素食主义的未来发展产生了深远影响：玛丽与珀西·比希·雪莱都熟读他的作品；泰勒也影响了诗人，甚至推动了动物崇拜的流行，威廉·布莱克、约翰·弗拉克斯曼都成了他的门徒；他也感动了美国《柏拉图》杂志编辑托马斯·M.约翰逊，而约翰逊的同事布朗森·奥尔科特则建立了"素食协会"，并希望借由泰勒的作品建立第二个伊甸园。

但是泰勒自己对吃素却相当踌躇不前：理智上他认为素食是好的，但他却无法持之以恒。他认同波菲利说的，蔬谷对人类的纯净灵魂和哲学思考都有益，但是他以为对于"好动的人"来说，则是不太适合。他以满怀歉意的语气写道："可我却一直有极其活跃的社交与思想生活。"也因此他发现："素食并不适合这样的生活。只有通过强制手段，我才有可能放弃吃肉，只以蔬菜营养维生。"

瓦拉迪想必对他的新老师有点失望，泰勒竟然没有遵循自己所信奉的哲学导师所推崇的饮食方式，不过，泰勒对瓦拉迪也颇有微词。数年后，泰勒匿名出版的讽刺作《为牲畜平反权利》以戏谑的方式描写："当那美好时代来临时……人类就会和野兽一同吃喝生活。"虽然泰勒本人的边缘异议色彩使得他与新锐人士如潘恩、托马斯·布兰德·霍利斯以及玛丽·沃斯通克拉夫特等人保持良好友谊，但他并不认同平等思想。他带有嘲弄意味的书评，很明显是针对潘恩的《人的权利》和沃斯通克拉夫特的《为女权辩护》写的，因为两位作者皆呼吁动物权利。他轻蔑地为两人的政治主张作结，认为"我们可以立马推翻政府和一切阶级制度，反正所有动物和人类都该享受平等地位"。他更认为瓦拉迪将政治革命延伸至动物权利的举动非常可笑，他重复使用奥斯瓦尔德在《天性的呼唤》以及赫尔曼·达格特在《动物权》里曾讨论过的古典素食主义辩论。他或许也刻意嘲讽素食主义者好友约翰·斯图尔特:"万物有灵的说法实在太过陈旧……本文将接着探讨植物与矿物的权利,或是看起来污秽的土块们。"虽然泰勒对朋友的偏激态度颇不苟同,但是在他的字里行间仍含有温情。尽管他认为爱护动物的想法引人发笑,不过,他深信,以柏拉图的观点来看,尊重万物存在链条上的每一等级,正是让宇宙得以维持和谐的要因。

很快地,予取予求的瓦拉迪再一次惹怒了泰勒。瓦拉迪说:"既然毕达哥拉斯社群可以和睦地分享所有财产,那为何不和朋友分享自己的老婆呢?"泰勒可不觉得他的提议好笑,不过思绪翻腾的瓦拉迪早就往下一个目标迈进了。听闻法国的政治动荡后,瓦拉迪已经准备好要回家投入法国大革命之中。当他动身时,他告诉泰勒:"来的时候,我是第欧根尼;走的时候,我已成了亚历山大大帝。"

1789年年初,瓦拉迪回到了法国,6月他抵达巴黎。当时人们谣传路易十六将强制解散国民公会(暴君路易原先应允将推动民主改革)。连法国卫兵队都爆发不满声浪,因为政府强硬要求卫兵队暴力镇压与其社会背景相似的作乱者,有些卫兵甚至因为不愿对民众开火而受到惩处。路易国王雇用瑞士卫兵队和私人护卫队的行为,更是让民众产生不满和愤怒。

瓦拉迪抓住时机,据当代历史学家所言,他摇身一变,成了法国大革命的重要人物。一份客观的历史评论如此描述:"一定意义上,瓦拉迪可说是推动法国惊心动魄的历史篇章的核心人物。"瓦拉迪回到军团,并且展开游说。《法国大革命秘史》作者弗朗索瓦·格扎维埃·帕热斯形容:"他是最热烈激昂的自由鼓吹者,奥尔良公爵很可能在背后给了他资金支持。瓦拉迪穿梭在军营之间,发表演说,以天职、为国家和人道主义尽力等话语激励士兵。"托马斯·卡莱尔在其重现历史场景的小说《法国大革命》里写道："因为有毕达哥拉斯信徒瓦拉迪，法国卫兵队誓言将不会阻挠国民公会和人民的示威行动。惊慌失措的将领们训斥卫兵队要严守军营，但是 6 月 25 日和 26 日，卫兵队宣告弃守，并加入人民的行列，围堵王宫。人民的欢呼声响彻云霄，并以酒水款待卫兵，大唱《人民万岁之歌》。"当时卫兵队的默契是绝不会阻拦人民，甚至会协助人民抵抗暴政，也因此革命群众更有信心能攻破巴士底狱。

此时，瓦拉迪暴露了身份，据说他被法国政府逮捕，并将由路易十六亲自处以死刑。但是瓦拉迪成功脱逃，并且得到岳父的帮助，在南特跳上一艘准备开往美国的轮船。但逆风使船滞留港口，同时瓦拉迪也获悉了人民攻陷巴士底狱的捷报。他旋风般地折返巴黎，并受到法国卫兵队的推崇，被推举为卫兵队的总司令。岳父沃德勒伊伯爵写信给瓦拉迪的父亲，告知他瓦拉迪又添了一桩曲折离奇的叛逆行为，并且哀叹："如果他能乖乖上船回美国，我们的生活就能平静多了。"

瓦拉迪成了巴黎革命英雄的事迹，很快传回了家乡。9 月 2 日时，地方士绅和约 30 名的武装青年前往拜会瓦拉迪的父亲，并表示愿意以跟随自由旗帜游行的方式，歌颂瓦拉迪的"才能、美德与真诚的爱国主义，如果情况允许的话，他们甚至愿意成为捍卫国家自由的烈士"。起义的革命火花点燃了整个法国。1790 年 1 月，戈利纳克与韦尔内特的农民围住了瓦拉迪的宅邸表达拥戴的热情，直至他本人亲自出现时，人们的激动热情才稍稍缓和下来。

1790—1791 年间，瓦拉迪在维勒弗朗什一带鼓动革命，并筹划参与下一次的大选。1792 年年初，他返抵巴黎，尽管"他极富自制力、智慧、哲学涵养、经济学知识，并恪守简单生活原则"，但援助革命使得他债台高筑。他的衣裳破烂不整，头发乱糟糟，还蓄着久未修剪的大胡子。为了解决经济问题，他羞愧地将母亲家族的房产继承权以三万法郎的价格抛售。

1792年时，瓦拉迪的朋友诧异地发现他在巴黎家中建造军火库，并试图缉捕王室家族。8月10日，立法议会决议罢黜帝制，并改组成新的国家议会，瓦拉迪当选为阿韦龙区域代表。尽管瓦拉迪身为共和党人，但是他并不赞成处决路易十六，并在1793年时，向吉伦特派人士靠拢。他提议应以保有尊严的方式监禁路易十六，直到法国结束与王后的侄子（奥地利与普鲁士的君主）的战争后，再建筑大型监狱，限制王室家族的行动。

布里索的吉伦特派与罗伯斯庇尔的雅各宾派歧见越演越烈，转变成暴力事件。而瓦拉迪则负责鼓动吉伦特派将武器送往议会。1793年1月20日，事件爆发前夕，据传瓦拉迪四处散发纸条宣告："团结一心保护议会，不来者为懦夫。"但是事情已如潮水般难以阻挡。2月1日，法国向英、荷宣战；3月时，"无套裤汉"群起暴动，反对吉伦特派；5月时，人们盛传吉伦特派实为全国保皇行动组织的一环。吉伦特派重要人士让-巴蒂斯特·卢韦建议路易十六逃往吉伦特派管辖的省，并亲自率军力克罗伯斯庇尔的雅各宾派。其余人士则极力阻止内战，并期望以新的民主机制进行改革。

5月31日，罗伯斯庇尔聚集了约八万名武装暴民，誓言血清吉伦特派，他们深信该党试图破坏共和体制，并选择组织城邦集团。6月2日，他们包围国民公会，扬言自己（而不是通过选举而产生的议员）才是人民的代表。他们要求议会交出包括瓦拉迪在内的22名吉伦特派人士，后者已成了暴民的眼中钉。当国民公会议长要求暴民给予议会尊重时，领导者弗朗索瓦·昂里奥大吼："让他妈的议长和议会去死吧！如果不交出那 22 个混蛋来，我们就直接炸了议会！"大炮对准了议会大门，议会代表们争先恐后地想从花园围栏跳墙而出，但没能逃出；暴民们拿着长枪闯入议会，狂吼，并与雅各宾党人齐坐高墙上守望。议会在血腥大屠杀的阴影下不得不让步，22 个被点名的议会代表的性命交付给"后革命时期"的愤怒民众：他们被宣布即刻逮捕，并等待判决。

这正是罗伯斯庇尔"恐怖统治"的开始，他试图消灭国民公会里传来的任何温和建言。7 月 28 日，22 名议会代表被处以叛乱罪，并"无权接受法庭审判，只要民众需要，就立刻送往断头台"。布里索闻讯悲痛不已，在他自己被处死以前，他悲叹"年轻而不幸的瓦拉迪，要和法国大地上最具美德与爱国情操的朋友们一起就义"。逃亡中的前部长让-马里·罗兰在听闻妻子已被推上断头台时，立刻自杀。许多人为了不想让疯狂嗜血的雅各宾党人得逞，选择自我了断。10 月 31 日，雅各宾派点名的 22 名议员代表，在短短 36 分钟内，集体人头落地。血洗吉伦特派行动的唯一幸存者让·巴蒂斯特·卢韦指出，被推上断头台的并不完全是名单上的议员代表，有许多人不明就里地成了替死鬼，有几名死亡名单上的吉伦特党员早已从巴黎遁逃，并在法国境内四处躲藏。

当时，瓦拉迪与卢韦、巴尔巴鲁和其他五人一起匿名逃出城门。在忠诚支持者的协助下，一行人辗转逃往诺曼底，并试图组织军队；然而雅各宾党羽四处捉拿逃亡之徒，并勒令各城镇搜寻陌生来客。他们在卡昂躲避一阵子之后，决定逃往海边，并乔装成于旺代省抵御保皇党的布列塔尼人军团。他们设法搭上开往波尔多的船只，前往吉伦特党的核心区域，在这生死逃亡的危难时分，一名善良的牧师让瓦拉迪一伙人在自家避难。接下来，同伙中的有些人转往佩里格寻求亲友援助，却立刻被盯上、逮捕，转天就被处决了。雅各宾党发动全城搜索令，准备一举拿下瓦拉迪、巴尔巴鲁和卢韦，三人赶紧逃往谷仓避难。巴尔巴鲁和卢韦在饥饿交加、筋疲力尽的时刻，双双举枪直指脑门，准备共赴黄泉，瓦拉迪流下绝望的泪水，在最后关头制止了朋友们的失控。他们冒着生命危险所信仰的大革命，此时竟变成吃人猛兽。在此危急时刻，随时有可能遭到逮捕和处决，他们每天都接到新的恐怖新闻，比如又有朋友被关进大牢或处决、旺代省的武装屠杀、对普鲁士与奥地利的战事告急等，随着罗伯斯庇尔派的得势，瓦拉迪他们只能等待束手就擒，并渐渐失去希望。为自由奋战的他们已经彻底醒悟，卢韦如此形容："我们无法再怀疑法国的奴役制度！"

当晚，让他们暂时避难的谷仓主人要求众人下楼。因为担心藏匿一事已遭泄露，巴尔巴鲁和卢韦已准备好一决死战，但瓦拉迪则坚信敌人不至于如此冷血地将他们处死。结果却是虚惊一场。他们在大雨的黑夜里藏入地下室避难，并与卢韦的儿时好友热罗姆·佩蒂翁以及弗朗索瓦·比佐两人重逢，这两人日后双双自尽。那时，当地弥漫着怀疑、不安的气氛，瓦拉迪一行人被迫分头避难。卢韦回忆道："当他知道我们被迫要分离时，那神情实在难以形容。"这或许也是瓦拉迪与朋友最后的会面，"我永远都不会忘记这悲伤的一刻，他的眼里已有死神徘徊。"

垂死的瓦拉迪在逃往佩里格的途中遭识破，他在 12 月 5 日"被残暴的罗伯斯庇尔党人在邻近孟屯的洛丽浮地区捕获"。经简短的审判后，瓦拉迪被临时法庭处以叛乱罪，即刻判处死刑。国民公会的官方文件指出，鲁-法齐拉克后悔地表示："当我看到判决结果时，感到莫大遗憾，因为该区的共和党员抵抗力量并没有我想象的那么庞大。虽然该罪犯表现出极大的危险性，但他确实让裁判官深受感动，有些判决官员还落下了眼泪。"

在遭处死刑的几天前，瓦拉迪提笔写信给家人们，表达临别的感伤。瓦拉迪像真正的烈士一般，表达自己愿为信仰而死的坚定决心。他告诉姨妈："我如同你教导的一般，深爱着人民；我义无反顾地投身于大革命之中，以神的旨意对抗腐败政府与万恶暴民。"如果瓦拉迪不死，他或许可以完成更多的爱国梦想，甚至"投身于最爱的文学与道德哲学"。他以贵族的身份赴死，并安慰姨妈，"这样或许可以稍稍抚平你的哀伤"。他期望自己成为年轻侄子的无畏典范，并请求姨妈以他热爱的素食原则将侄子们抚养长大。

除了坚持到底的勇气以外，瓦拉迪确实深感后悔。他对被自己抛弃的妻子感到悔恨万分；他对自己背弃上帝感到悲伤；他为尚未偿还的债务感到羞愧；最可悲的是他还卖了母亲的家产。在写给当时被囚禁于蒙彼利埃城堡里的父亲的信件里，他自称"公民瓦拉迪"，并请求父亲原谅他这个顽固的儿子，并以最孝顺的方式，拜托父亲为他偿还最后的债务；在他捎给买进他房产继承权的布东·拉罗凯特的信里，他哀求拉罗凯特："看在我们友情的分上，请将房子转卖给我的妹妹，别让她流浪在外，毕竟那是我们母亲最初的家。"

最后，瓦拉迪怀念起自己深爱的祖父，字里行间弥漫着强烈的哀伤："咳！如果我能乖乖听他的话，留在家乡陪伴妻子，并陪伴祖父度过晚年，我现在或许仍旧默默无闻，但内心必定充满平静。而我也能够对自己的家人负责。"终于，12月11日，对自己的一生所为感到既悔恨又自豪的贵族瓦拉迪，登上了断头台。他把头放入断头台木枷上，向自己心中的上帝做了最后的祷告。一声令下，断头台的绳索呼啸着攀升，发出清冷声响的刀刃朝他扑来，巨大的冲击下，血淋淋的人头滚落在地。

23 无血兄弟盟
Bloodless Brothers

　　法国素食主义革命者已然接近政治的核心。面对海峡对岸人头落地的内战景象，英国当权者内心惶惶，也因此，他们决定尽快歼灭反叛者，以免为时已晚。当时许多革命者在英国筹划革命，乔治三世则陷入空前的危机。待瓦拉迪遭斩首示众时，英国的思想警察早已准备好要严惩作乱的革命党人。但英国革命者们已建构起庞大的组织，其中更有许多素食主义者。

　　奥斯瓦尔德与瓦拉迪的至交，法国大革命领导者雅各布·皮埃尔·布里索，就时常造访伦敦以巩固政治联盟。由于布里索三番两次借住在毕达哥拉斯信徒皮戈特家中，也因此结识了许多将博爱之情推及到动物的朋友，布里索在《回忆录》里对此有细腻的描述。其中最引人注目的是威尔士的德鲁伊教派牧师戴维·威廉斯，他因在卡文迪什广场的大自然圣殿散播异教徒泛神论思想而广为人知。威廉斯在博纳维尔以及奥斯瓦尔德的共济会社交圈举足轻重，并在法国和英国鼓动革命，设立了"文学基金"，用以支持奥斯瓦尔德的秘密行动。威廉斯的《教育课》以卢梭的《爱弥儿》为思考基准，并援引毕达哥拉斯信徒对禁欲饮食的研究，而布里索则亲切地称呼威廉斯为素食主义的传教使徒。

　　事实上，威廉斯反对素食，不过他的功利主义辩词证明了"毕达哥拉斯学派错误的人性观念确实对动物保护有功"，他的观点和弗朗西斯·哈奇森与威廉·金不谋而合。他在《谈宗教与道德的普世准则与责任》里表示，如果农场动物通过精心饲养能获得快乐，那么就该豢养更多可供人类消费的家畜，这会比人类吃素带给动物更多幸福感。因此他的结论是："人道不能无理，为了让世界能更幸福，我们必须选择那看似不人道的作为——食用动物。"他解释素食主义是"温情过剩的产物，看似令人愉悦与温暖，但是却会误导与伤害我们"。威廉斯认为，如果不是审慎思考，"或许我还是会坚持以往日的毕达哥拉斯信徒的方式生活"。尽管他叛离了素食主义，威廉斯仍旧相信，如果世人皆遵循印度教的同情心教诲，善待动物，那么罪恶将不复存在。并且这能让革命者认识到，博爱应扩展于万物。

　　布里索在皮戈特位于伦敦的家中，和庸医詹姆斯·格雷厄姆成为好友，詹姆斯·格雷厄姆以电流床、自然沐浴和毕达哥拉斯主义而闻名。布里索如此描述："他在二十多个稀奇古怪的地方演讲，甚至包括美国。"在他备受欢迎的伦敦阿德尔菲大自然圣殿以及蓓尔美尔街上的处女圣殿里，他让人们租用电流磁力床刺激身体的神经系统，宣称能提高性欲。连德文郡公爵夫人乔治亚娜都成了他的顾客。詹姆斯·格雷厄姆的想法和蒙博杜勋爵与约翰·斯图尔特一样，认为颓废生活让人们的性能力低落，而他觉得可以通过全面素食疗法改善（而非经由烹煮的死肉），他大力推荐呼吸新鲜空气、硬式床铺、晨起、清教徒式的沐浴净身，特别是在他的泥浴澡堂里彻底洗净性器官。

　　格雷厄姆推销的是精神与身体的二合一再生，他保证能够"让人抵达完美的精神世界",并将实现一个"新耶路撒冷"的千禧年。18 世纪末的极端主义者屡屡提及千禧年的说法,他们将对民主改革的期待融合进乌托邦的梦想未来。

格雷厄姆的哲学思考以感性与同情心为关键词。当他转赴美国,追随富兰克林并支持革命行动者时,他呼吁将博爱推及"战争、殖民主义与奴隶制的受害者"身上。格雷厄姆希望将动物也纳入同情的范围之中。"你的恩惠与博爱,"他如此告诫读者,"不能仅限于家人与朋友,以及与你相同的物种。不!你必须爱护被你称做蠢动物或野兽的一切。"

格雷厄姆是托马斯·特赖恩的忠实读者,他也相信 17 世纪婆罗门先知所宣称的人类原始完美状态。在他沿用特赖恩书名的著作《健康、长寿和快乐之道》里,格雷厄姆采用了特赖恩的和谐状态说法:"请守护、关爱你和家禽、野兽和鱼儿的关系,那些可怜、无辜、可爱并美好的智慧动物会全心全意地祝福你,它们会向上天祈求,赐福于你和你的家人,毕竟我们全都是上帝的造物。"

虽然格雷厄姆谨守分寸,不让死去动物的肉体污染自己的身心灵,但他也知道,要说服别人可不是件容易的事。在他的多数著作里,格雷厄姆并不强硬地要求读者吃素。相反地,如同特赖恩和切恩医生一样,他解释如何可以减少肉类对身体的负面影响,比如避免食用这样的鸡——以笼子饲养、喂以不自然饲料、虐杀等等:

> 如果你必须吃肉,那最好挑选新鲜而年轻的牲畜……千万别让兽性占据你的肚腹,让肚子成为肮脏动物的停尸场……以我自己来说,如果出于数目过多或任何原因必须宰杀污秽的家禽,那么我请求别人代我下手,我也希望它们生命的终结不是因为我的消化器官。

格雷厄姆在爱丁堡受教育（虽然没毕业），居住于巴斯城。他承认自己从素食主义医学始祖威廉·卡伦与亚历山大·门罗那儿学到了许多。如同卡伦一样，格雷厄姆相信神经失调出自奢靡饮食与过度的生活方式。"我们患病或寿命缩短的原因，"格雷厄姆以近似切恩医生的说法表示，"就是过度食用肉类和饮用酒精饮料。"据此观点，格雷厄姆的建议和同时期的医生如出一辙，但是他将医学传统推向革命性的现代政治批判，并提出宇宙整体再生的新观点。

布里索很讶异深具科学证据支持的格雷厄姆医生竟然没有得到太大的回响。"格雷厄姆身形优美，令人着迷，气质高贵庄严，望之使人尊敬，"布里索在《回忆录》里写道，"他严守克罗托内城的改革者（即毕达哥拉斯）所提出的禁肉原则。他以这种方式维持良好健康状态长达 12 年之久。我实在不懂，他如此成功，却仅仅吸引了寥寥无几的追随者。"布里索善良地下了结论，认为格雷厄姆的失败绝非源自其素食主义辩词太过荒谬，相反地，人们对格雷厄姆的教诲如此无动于衷，乃是因为社会的腐败早已万劫不复。对居住于伦敦、苏格兰、美国的人民来讲，"他们早已习惯享用源源不绝的物资，而毕达哥拉斯的教义听起来无疑是天方夜谭"。布里索解释说："也因此格雷厄姆被视作愚医，而非哲人。"多次因欠债出入监狱并没有为格雷厄姆带来好名声，但是却让布里索（他也因欠债而入狱好几次）又找到好理由赞美他一番。布里索回忆在监狱时，格雷厄姆仍旧持续不懈地双手紧握囚室铁条，向外头谆谆祷告，他绝非是出于私利这么做，而是为了要尽早偿还债主欠款。

格雷厄姆曾经离走红只差一点点，1778 年他的兄长威廉（时年 21

岁）与布里索的友人、杰出的共和党史学家凯瑟琳·麦考利（时年 47岁）结婚，震撼了全世界。麦考利是富兰克林的好友，也曾经向格雷厄姆请教他的治愈能力，她在她撰著的有关社会改革的书里，向广大读者推广爱护动物的观念。麦考利的《教育信件手札》出版于 1790 年，即其去世前一年，她在书的开头强烈谴责牧师的渎职，因其未能教诲人们"将博爱观念推及愚笨的动物身上"，并且她坚信，上帝创造灵魂，正是为了使之幸福。她警告如果让孩子从小就成为"动物身体的吞噬者"，特别是血淋淋的肉块，那将"破坏大自然赋予人类的美德天性"，而"牛奶、水果、鸡蛋以及所有蔬菜，才该作为孩童营养的主要来源"。她积极地想说服更多读者，也因此她表现得远不如卢梭那样彻底，并且同意可以每周喂食儿童肉类三次；但是她不像多数学者，以动物受难作为减少肉食消费的辩词（以现有共识看来，这或许是较温和的选项）。

玛丽·沃斯通克拉夫特所著的《为女权辩护》，是当时最具革命性并极具影响力的政治著作。在这本书里，就记录了麦考利的调和观点。沃斯通克拉夫特赞誉麦考利为"我国有史以来最杰出的女性"。书中说，麦考利不认同绝对的素食主义的立场，她不认为动物具有理性，对于卢梭否认人类是肉食动物的观点，她似乎也不认同。但是，她又确实和格雷厄姆及威廉站在同一阵线，认为"动物人道待遇应成为国家教育的一部分"，因为"唯有公正与仁慈降临在万物之上时，这美德才真正实现"。

布里索，法国大革命关键期的领导者，相当接纳格雷厄姆的观念，并与数位素食主义者保持合作关系，由此可见素食主义已成为法国大革命的主要信念之一。毕达哥拉斯反对暴政的经历吸引了革命家们（正如同 17 世纪共和党自然神论者般的倾心），而对布里索等革命者而言，他们相当能认同毕达哥拉斯学派希望扩大社会影响并将人道施及万物的概念。格雷厄姆、威廉、奥斯瓦尔德、瓦拉迪与皮戈特等人，无疑只是已然逝去的时代的冰山一角。许多革命分子尽管未曾亲身尝试素食，但都相当认同素食主义能够一定程度上抵制当代社会的腐败。毕竟，吃素无害，既然吃素能够实现平等主义式的同情心并展现温和气质，那么又何苦大加反对呢？

即便是曾经深深认同大革命，但后来转变为英国极端保守党的桂冠诗人罗伯特·骚塞也不反对素食主义。在他的小说著作《英国来信》（1807）里，他表达了对革命素食主义者约瑟夫·里特森的厌恶，但这纯粹是因为里特森的政治言论，而非其饮食倾向。骚塞造访英国时，感觉瓦拉迪相当荒谬，形容他是"穿着一身白的野心家"。骚塞也不怎么欣赏格雷厄姆，但同样是因其行为古怪，而非饮食："这伙计只吃蔬谷，还大放厥词，说什么自己不会像野兽那样吃动物，也不担心自己的肚囊会成为动物停尸间和屠宰场。后来呢，他就成了彻头彻尾的激进派，他跑到大街上，把衣服脱下来，送给他碰到的第一个乞丐。"由于格雷厄姆参与狂热的千禧年教派，因此骚塞更觉得他行为不可理喻。

虽然骚塞与他在 18 世纪 90 年代所认识的先锋人士保持适当的距离，但他承认："平心而论，戒肉绝非荒诞的想法或罪过……这与无神论无关，反而更似具有道德意味的。"其实，早在 18 世纪 90 年代以前，骚塞就曾撰写过怜悯动物的诗句。他同意布里索的观点，问题不在于素食主义的概念架构，而是当今社会对肉类的贪食，更重要的，牛肉政治象征了英国的爱国主义。"一个世纪前的特赖恩曾梦想建立这样的社会，"但是骚塞认为只吃扁豆根本不可能，"毕竟这是个吃牛客拥有荣耀地位、士兵在战场上歌咏的是烤牛肉而非上帝的国家，况且他们还以约翰牛作为国家象征人物。"吃不吃肉，就像是政治石蕊试纸，骚塞巧妙地描述，如果在英国人的餐桌上面对牛肉有所迟疑的话，那么有可能会被视作国族耻辱。他淡淡地评论："已经不止一次有人在晚餐时问我盘里的老英国烤牛肉怎么样，他们讪讪地笑，像是我的回答将操纵整个英国的荣誉生死。"

　　让统治阶级忧心忡忡的是国家的名声：来了一堆像奥斯瓦尔德那样的家伙，对烤牛肉说三道四，还搞了六万人的法国部队要进攻英国。政府当局准备好要把革命者丢入大牢，18世纪90年代，确实有一些人因此坐牢，有些人被送上断头台或伯特尼湾，其余的则在大牢里饱受伤寒之苦。然而，把政治犯全都关在可以建立社交关系并与外在世界联系的伦敦新门监狱，似乎不是个明智的选择。如同历史学家伊恩·麦卡尔曼的研究所指出，将背景相异的人囚禁在同一地点，似乎会产生反作用力。新门监狱像是枚闪耀的自由勋章，它成了异议人士的大本营和革命者的圣地。在新门监狱关一阵子，就像是拿到了异议人士核心世界的入场券。根据布里索和皮戈特的法国素食者同盟革命经验看来，走一趟新门监狱，就能见识到革命素食主义传统的形成过程，此地简直无处可比。特别是，这里让革命者与17世纪的激进前辈们产生了联系，当时他们也遭受当局的强烈镇压，他们所提出的普选与土地重分配概念也遭到否定。

　　时至18世纪末，许多于上世纪形成风潮的观念又再度复苏。革命者们重新思索共和体制与克伦威尔的民主制度。凯瑟琳·麦考利认为自己推动的共和体制，其实和极端的国会议员敌人奥利弗·克伦威尔的概念相似。而法国革命家砍国王人头也有先例，比如处决查理一世。

共产主义团体"社会圈"与早期共产党实验相当类似；布里索、皮戈特、瓦拉迪与圣皮埃尔梦想的乌托邦农业小区，则与17世纪40至50年代的掘土派社群相似。抵抗暴政的民主斗士，呼应了150年前的战争与溃败。

正如同17世纪，人们以为动乱预示了新世代。政治光谱两端上的人都以为法国的杀戮正是末代启示录。对革命者而言，他们正等待平等时代的来临；对保守者而言，未来将是撒旦的国度。不管是罗伯斯庇尔还是拿破仑，都曾如此露骨形容。和17世纪时一样，不只有宗教极端人士这么想，激进无神论者同样梦想和基督教千禧年相仿的乌托邦，并期望未来将是奠基于人类进步思想而建立的和谐国度。

有趣的是，此类思潮伴随着新印度热而生。17世纪的神秘主义者特赖恩成为《土耳其间谍》里憧憬印度的多神论者的形象来源；而18世纪的宗教狂热者则相信印度经典透露了宇宙的秘密，而对不信者如奥斯瓦尔德而言，印度教则代表了万物互相尊重的自然法则。

不过，我们无须讶异素食主义运动再次随着各种思潮复兴。17世纪时，素食主义正是主流文化的激烈批评者，并且提供各式各样关于饮食的建议。奢靡象征了不平等与经济迫害的来源；宰杀动物则代表人类社会的残忍；而渴望权力的犹太与基督教会则助长了人类中心主义——以上种种，都是素食主义宣称可以解决的问题。

上世纪的名家仍然受到新时代的热烈拥戴。例如：托马斯·特赖恩的思想就再度席卷革命世界，他的奴隶制度批评启发了新的开明派，他的清教徒式精神则传递给继之而起的禁欲运动，即便他其余的古怪想法也历经科学启蒙时代而存活下来。17世纪的其他素食思想家虽然没有得到直接的重生，但他们仍旧在时代的脉搏里起伏跳动，并得到广泛的文化延续。17世纪和18世纪同样上演了宪法改革、民主推广与多元文化盛行，以及英国对国际文化的试探与接触（在1770—1790年间，英国掌握了欧洲强权在印度与其他殖民地的主控权）。革命者热切地期盼自己是永恒的自由抗争终曲，并将过去与现在串联在一起，而不分彼此。

和17世纪相同，新锐人士也在自己的社交生活圈持续发挥影响力。同情心不但是人类生来具有的美德，此时更成了以基本权利为基础的国家宪法规范义务，而人与动物的关系更无可避免地亲近了起来。即便如威廉·卡伦等知名人士，虽然他们当时尽可能地远离狂热，但也都不避讳公开赞美印度教思想，乃至拒吃肉食。

18世纪90年代，骚塞仍旧是个热诚的共和党员，他在新门监狱碰上了许多来朝圣的革命素食主义者，后来他无情地揶揄他们。詹姆斯·格雷厄姆在此地开始与千禧派发生联系，特别是臭名在外的犹太改教者乔治·戈登勋爵，由于激烈批判法国女王与英国法制系统，使得他长期蹲坐苦牢。戈登的追随者深信他正是从坟墓里爬出来的摩西本人。如同17世纪亲犹太人的狂热者特拉斯克与托马斯·坦尼一样，戈登大刀快斧地切下自己的包皮，并摆在牢房内展示。此外，他也绝对不吃非犹太教的食物。戈登装模作样地乔装成《圣经》先知，并吃着苦行餐点，种种行为让医学洁癖者格雷厄姆无比倾慕。戈登与异教徒医生卡廖斯特罗是好哥们儿，卡廖斯特罗对格雷厄姆着迷的神秘犹太教和通过苦行达到重生的概念相当认同。戈登的信徒，素食治疗师与革命者马丁·布彻时常到新门探望他，并热切学习戈登的饮食教条。布彻后来也与卡廖斯特罗结识，他在犹太游牧社群散播所印刷的《土耳其间谍》素食理念小册子，其中卡廖斯特罗宣称自己是在巴勒莫长大的街头流浪儿。1793 年，当戈登去世时，因宣称托马斯·潘恩为疗愈先知而成为阶下囚的布彻，用自己的灵力使戈登附身于狱友理查德·布拉泽斯身上，布拉泽斯宣称自己是"全能之神的侄子"，并承诺赐予迷失的希伯来人新的耶路撒冷。这时的人把自己与 17 世纪的改革者相比，而布彻更将第五王朝派与戈登和布拉泽斯等关联起来。

布拉泽斯修改了戈登的犹太饮食戒律，改以 17 世纪千禧派的堕落天使圣徒的饮食戒律。尽管布拉泽斯并没有强制规定众人吃素，但在他乌托邦式的著作《耶路撒冷释义——以伊甸园为中心》（1801）中，他宣称："无论吃肉、鱼或鸡都不违反戒律，因为饥饿和焦虑会促使人们不得不觅食以果腹。但如果在非必要的情况下食肉，那就有罪，并且违反了自然法则。"

布拉泽斯竟然吸引到了知名的东方主义者纳撒尼尔·布拉西·哈尔海德为其信仰者。哈尔海德与霍尔韦尔相似，是备受敬重的印度文化探索先驱，而他的《印度律法解密》也涵纳了霍尔韦尔的发现，并成为孟加拉国殖民政府的文化依据。但是如同霍尔韦尔一般（哈尔海德在加尔各答与霍尔韦尔出名的美女女儿伊丽莎白及其先生同住时，情不自禁地爱上了对方），哈尔海德也离主流学术研究越来越远，直到他开始深信史诗《摩诃波罗多》描述的场景和《圣经》启示的是相同的神迹。哈尔海德为国会成员之一，1795 年时，他为布拉泽斯进行抗监辩护，并激动地希望国会能够相信他眼中的先知有着足以撼摇国家的实力。在群声爆笑与冷嘲热讽下，哈尔海德愤而辞退国会席位，他的政治生涯就此终结。甚至有人提议将哈尔海德送往疯人院。骚塞好好地揶揄了两人一番，还宣称布拉泽斯深信卡巴拉轮回传统，但布拉泽斯本人却是对卡巴拉教条嗤之以鼻。

对千禧派信徒而言，新门监狱成了修炼场，并给予他们大好机会渗透革命者。而狱中的伙食则惹恼了众人。狱卒的杰作是让囚犯们自己选择——吃牛肉，或者饿死。但是布拉泽斯很快宣告投降，他告知众人，一丁点的面包碎屑简直就是要把人饿死，并再次让众人重温自己的饮食戒律。布拉泽斯声称，如果戈登如大家所知的那么遵守犹太饮食戒法，那么他应该和150年前的特拉斯克一样从未吃过狱中肉食。然而，格雷厄姆无疑赢得了冠军：众目睽睽之下，他毫无所谓地放弃牛肉。布里索日后赞美回忆道："对于格雷厄姆来说，只要几个马铃薯就够了。"

书和刊物是政治异议人士的思想传播的主要媒介，当掌权者把为革命者出版刊物的印刷商也关进大牢时，新的出版物便酝酿着新生。共和派丹尼尔·艾萨克·伊顿在牢里结识了皮戈特的革命成员弟弟查尔斯（后者在1794年皮戈特过世后数个月内去世）。来年，伊顿出版了查尔斯的《政治字典》，该字典认为：亚当是"第一个无套裤汉，更是真正的革命家"；东印度公司则是"受宪法保护的强盗以及有执照的杀人魔"；查尔斯更进一步，将压迫人类与动物都视作"残忍暴行"。

为约翰·奥斯瓦尔德和素食主义者约翰·斯图尔特出版作品的詹姆斯·里奇韦，与另一位开明出版商亨利·西蒙兹关在新门监狱的同一个牢房里。两人携手合作，并支持布里索、博纳维尔与"社会圈"等团体；他们印行了布彻对于戈登与布拉泽斯所做的预言，还发行了其他的一些支持印度婆罗门的多偶制的作品。革命者桑普森·佩里曾和他们共监长达两年，在那里他想必和里奇韦一起回忆了共同的好友斯图尔特，以及刚遭不幸下场的奥斯瓦尔德。自由派作者、演员、还曾当过马夫的托马斯·霍尔克罗夫特，也曾在小说《阿尔文》里，将好友约瑟夫·里特森写成追求完美的理想主义者，并如同耆那教守护者般爱护世间万物；霍尔克罗夫特在 1794 年时，被判刑进入了新门小集团，并以此赢得了翻译西蒙兹作品的差事。由于瑞吉森和西蒙兹都与来新门作客的无政府主义者威廉·戈德温交好，这让里特森与奥斯瓦尔德的素食理念得以感动玛丽与珀西·比希·雪莱，也让两人的素食世界繁衍生息，并影响到下一个世纪。霍尔克罗夫特与戈德温的另一个好友约翰·特威德尔在 1798 年拜访了正值大革命时期的法国，此后从此改为素食。

西蒙兹则一改文风，从爱好大自然的文学作家转型为激进革命作家，通过大革命支持者约翰·劳伦斯的协助，他出版了《论马，以及人类对野兽的道德责任——以哲学与实践的维度》（1796—1798）。身为肉食者，西蒙兹并不支持素食，但认为确实应该对无痛屠宰立法。他全心全意地投入关于动物园伦理的议题，推动防止对动物施加不必要伤害的立法。

而劳伦斯则极度想要澄清自己和印度狂热素食者如奥斯瓦尔德等人的关系："我知道在我们之中，有极少数的婆罗门信徒做得太极端。"他以不以为然的口吻说道，在他眼里，那些人和戈登勋爵等犹太派无异，他们"连黑血肠都不敢吃，任何带血味的食物都不能下肚"。

西蒙兹与来自曼彻斯特的民主派出版商乔治·尼科尔森联手出击，将革命素食主义运动推进了一大步。他们首先出版了素食主义文集《论食物》，随后更名为《无肉料理》。尼科尔森自 1797 年开始尝试出版素食文学的全集，将诸家作者作品纳入同一文集，促使分裂的英国素食作者甚至全世界的素食作者团结起来。尼科尔森展开铺天盖地式的调查，并将富兰克林、特赖恩、约翰·斯图尔特、卢梭、切恩、伽桑狄、格雷厄姆、戴维·威廉斯、约翰·沃尔科特（又称彼得·平达，另一位新门会员以及素食诗人）等人的名句改编，他甚至重新刊印了奥斯瓦尔德的《天性的呼唤》，以及其他关怀动物的文学作品。

虽然伦敦于英国北部的素食作家们开始有了联系，但是直到 1815 年，伦敦的革命者们才与数百位来自索尔福德的"《圣经》基督派"结盟，后者由于派纳特牧师威廉·考尔德的鼓舞而于 1809 年放弃食肉。而远在大都市革命群体之外的改革者们，则将吃素的想法推陈出新，比如居住于牙买加的医生本杰明·莫斯利就认为如果欧洲人放弃牛肉，改嗜糖类，那么或许可以改变他们野蛮的脾气秉性，甚至实现毕达哥拉斯的理想世界："这世界将不再有用以屠杀的牧场和以之为生的吃肉野兽。"（也可能莫斯利是以此挑衅素食者，后者宣称食用奴隶生产的糖类也为不义之举。）吉尔伯特·韦克菲尔德正是坚决反对奴隶制的素食主义者，1799 年，他宣称"啃蜡烛头和奶酪碎渣来勉强果腹的底层人民，将会举双手欢迎法国大革命的到来"，因此入狱。他在多切斯特监狱熬过了两年时光，并与那里的政治活动家交流，查尔斯·詹姆斯·福克斯就受到他的影响，后来弃绝狩猎嗜好，并从此吃素。

当素食主义如火如荼展开之际，大英帝国那些保守且热衷食肉的爱国主义者，则群起反扑围剿法国洋葱客，以及他们的英国激进同盟者。约翰牛摇身成为英国斗牛犬：斗牛也成了英国劳工阶级粗俗文化的典型活动，并且被视作饱含男性气概的活动，以与法国共和党分子对峙。在 19 世纪早期，每当禁止虐待动物的法案送进国会时，都会受到反对派的强力压制，并宣告失败。1794 年，贵族约翰·宾在国会为上流社会的狩猎活动进行辩护，并大骂怀着动物权利大梦的无套裤汉；1802 年，国会议员威廉·温德姆则强力斥责禁止斗牛活动的雅各宾派。

尽管一百年来，主流社会舆论早已对残忍无当的杀害动物行为进行了严厉批判，但是每当保护动物的相关法案送抵国会时，总是引发嘲笑。而其余法案推动者，则努力远离革命素食主义者。1809 年，曾为约翰·霍恩·图克等人辩护的托马斯·厄斯金在国会推动法案时，引用威廉·柯珀的反素食主义诗作《任务》表达态度，他期望能"阻止放肆的暴虐发生"而非反对人类拥有宰杀与烹煮动物的权利。无独有偶，当国会议员理查德·马丁在 1822 年成功推动动物法案立法时，他选择向约翰·劳伦斯请求协助，毕竟劳伦斯从来不倾向素食主义，甚至力主以更为人道的方式进行狩猎活动。

革命素食主义者从主流医疗、农业与道德论述取得材料，展开相应的讽刺与回击。事实上，首开杀戮革命党人先河的乔治三世，就曾被英国人咒骂不食烤牛肉。詹姆斯·吉尔雷的第一个讽刺漫画《无酒无肉的大餐》，描绘乔治三世与夏洛特王后大口吃着素餐，包括鸡蛋、沙拉、酸菜，一旁摆满了无数象征其节俭的勋章，像是切恩创造的名词"素朴饮食之效"，以讽刺乔治三世 1788 年时的神经失调，而神经失调正是切恩医生会开以食素处方的重疾。墙上还挂了乔治三世的小画像，却冠上"罗斯的男人"的称号，遥指禁欲主义慈善家约翰·凯尔。除了一再讽刺国王、王后的凄惨遭遇外，吉尔雷更点出了英国人民不满乔治三世抛弃烤牛肉的不爱国态度，而他那来自德国的妻子嗜吃酸菜的怪癖，更一再破坏了乔治三世的体质。不过，作为伟大的讽刺漫画家，吉尔雷并不偏爱任何一个阵营，他在《狂吃破胆的酒肉之徒》里描绘乔治好逸恶劳的儿子威尔士王子（又戏称"鲸鱼王子"），以讽刺胃肠政治光谱的另一极端。

吉尔雷常与奥斯瓦尔德合作，制作其书插图，包括前一年出版的《天性的呼唤》，也因此吉尔雷十分了解饮食方式隐含的批判思想。而早在英法战争爆发的前一年，奥斯瓦尔德观察发现乔治国王对斯巴达王室的勤俭故事大加赞赏，这或许代表乔治三世会成就法国大革命，并推行英国的平等改革。

吉尔雷的漫画被广泛使用的同时，另一派也在使用漫画表达观点和立场。理查德·牛顿的《早餐炸弹！》则讥讽了乔治三世差点让蔬菜和松饼引起的肠胃胀气成为暗杀自己的炸弹。在这则漫画里，将吃食蔬菜造成胀气与政治恐怖主义画上等号，暗示着乔治三世饮食的危险程度已不亚于革命素食者。如同骚塞警告的，拒吃烤牛肉会惹来污辱英国国族的最大误会。

革命素食主义给当时的欧洲造成了很长一段时期的政治焦虑，甚至创造了一种政治话语。并将一股庞大的政治异议潮流付诸实践，尤其为尚未成型的革命思想提供庇护，抵抗保守派的反扑。18 世纪 90 年代的反革命镇压反而促成了革命组织的结构化，使得革命素食主义者提出通过饮食净化、不分物种的博爱以及争取权利的民主运动等手段解决社会制度的问题。超越时代的革命者们汇集成了思想之河，而 17 世纪的思想家更让革命者深信自己已然找到永恒的真理与自然定律。接下来，他们还将理念带入维多利亚时期的神智学与素食主义社会运动，尽管位居边缘地带，但是他们仍旧带给主流社会观念重大影响。

24 约翰·斯图尔特与死亡的效用
John "Walking" Stewart and the Utility of Death

1789 年法国大革命的来年，人们时常可以见到古怪的约翰·斯图尔特走在巴黎大街上。他身材挺拔，衣着极有品味，并以能言善辩著称。斯图尔特认为，法国应当思考他提出的未来人类有机体的概念，也因此他与大革命的英国支持者形成联盟，并成为托马斯·潘恩少数交好的 18 个朋友之一。斯图尔特与年轻的诗人威廉·华兹华斯也相熟，华兹华斯多年后还提起他惊人的言辩才华。华兹华斯回忆起他们相识的那段日子："我在 1790 年至 1792 年间碰到他时，正深陷大革命的风暴中，两人都感到手足无措。"

斯图尔特与奥斯瓦尔德后来都遭遇了严重的政治灾难，他们的从政道路也如出一辙，两人更都是印度素食主义哲学的追随者。1767 年，年仅 18 岁的斯图尔特旅行至印度，准备展开人生的新篇章。斯图尔特出生于伦敦的苏格兰传统布料商家庭，他个性叛逆，对哈罗公学与查特豪斯公学的学院教育更是大为不满，并时常以身试法，挑战严苛的欧洲教育制度。受到前首相、苏格兰比特伯爵的影响，斯图尔特应聘上了东印度公司的文员职位，并满怀着伟大梦想，前往马德拉斯。然而，短短两年后，斯图尔特受够了该职位的烦琐工作与低廉报酬，他辞去了默苏利珀德姆工厂的职位，并提笔写了尖锐的抗议信件给马德拉斯议会，该议会记录则以"胆大的叛逆小伙子"形容斯图尔特的来信。和奥斯瓦德的反帝国主义态度一样，后来的人们如此记述："良心突如其来地唤醒了斯图尔特，他开始反思东印度公司所拥有的印度帝国财产，以及该帝国的经营模式。"斯图尔特摇身成了叛逆的暴徒，走遍印度，并期望在原始国度里进行一场冒险。

斯图尔特以身试险，踏上了穆斯林统治者海德尔·阿里旗下的印度领地，阿里刚刚在第一次迈索尔战争中击溃英国。恶名在外的阿里强迫迈索尔军队协助他打击马拉地族群。1771 年，马拉地军队攻击海德尔·阿里，而英国则未伸出援手，以此表达他们对阿里的不满，也因此种下了 1780 年至 1784 年间第二次迈索尔战争（奥斯瓦德参与此次战役）的种子。当斯图尔特抵达阿里朝廷时，被指派为军队将领，并率领四支部队，于 1771 年 3 月 5 日在奇纳库拉利与马拉地军队对战。斯图尔特留下了弥足珍贵的笔记，记录了作为印度统治者所统御的欧洲军人不同寻常的洞见。他生动描述，海德尔·阿里的部队如何趁夜逃避强悍精良的马拉地军队，撤返塞林伽巴丹港口，而早上又突如其来地遭到敌军骑兵队的追杀。眼看大敌当前，阿里必败，许多军队的士兵都展开叛逃，而斯图尔特则下令追杀叛兵："叛变士兵宣称会拿下所有帽子族，如果不是骑兵队阻挡此事，并处死数个罪大恶极的叛乱分子的话，我们早就小命不保。"最终，阿里率领其中一支骑兵队逃亡，留下步兵部队惨遭歼灭。斯图尔特可能因身受重伤被留下来等死，但他最终还是成功逃亡。很多年后，斯图尔特过世时，报道如此记载："他的身体遍布严重的火炮与刀伤，而他的头颈部则有足以致命的伤痕。"

斯图尔特以身体不适需要就医为由，向军队提出离职（实际上则是对阿里强烈不满）。他再次启程，展开冒险。根据他惊险刺激的笔记所记录，阿里派出暗杀者紧随其后，以防他将情报泄露给敌军，直到他潜过河水并穿越南印度森林逃跑后，才得以脱身。返回英国领地的斯图尔特被以叛变罪起诉，但是他坚称为阿里工作不是真心，他自始至终都全心全意地为英国使馆服务。斯图尔特最终获得了赦免，但当他离开古德洛尔时，斯图尔特被听命于乔治·道森的东印度公司军队射伤，士兵们还解下斯图尔特的手枪，佯装他们是先遭他攻击而做正当防卫，并将斯图尔特送入马拉地监狱。尽管斯图尔特上诉东印度公司，却输掉了官司，并被送上回国的船舰。

历尽千辛万苦，斯图尔特顺利逃脱，并折返印度。最后，他选择为阿尔果德的东印度公司工作。之后，他踏上史诗般的旅程，穿越了中东、北非，并在 1783 年经陆路回到英国，正巧是奥斯瓦尔德展开相同旅程的时间。并且，斯图尔特坚称自己是徒步走完全程。斯图尔特在伊斯法罕城时，以秘密间谍书信系统警告沃伦·黑斯廷斯，法国正计划鼓动波斯人向俄国人发动攻击，并抱怨英国对东印度奥德分公司极端不友善，因而让他无缘回返印度，"但我个人的调查与发现将对洪堡公司大大有利，因此需要您的鼎力相助"。总之，斯图尔特设法徒步穿越格鲁吉亚和切尔克西亚，据信，他更是除了奥斯瓦尔德以外，唯一一位造访土耳其北部库尔德族的欧洲人。

传奇人物斯图尔特还宣称徒步跋涉过德国、俄国、拉普兰、加拿大、苏格兰与法国，因此，赢得了"行走的斯图尔特"的昵称。他成了伦敦社交名人，并穿着成套的美式服装逛大街，兜售他怪诞的想法，混搭着东西方哲学。当时的人们记得他矗立在威斯敏斯特桥上，穿着硕大无比的外套，衣服和靴子上布满灰泥，以研究路人的人性为乐，又或者，他会坐在圣詹姆斯公园，猛吸那里的牛呼出的臭气。

　　法国大革命时期，斯图尔特移居巴黎。据史料指出，他和奥斯瓦尔德一样，为人民军队提供战略技术指导。但是当大革命演变成丑恶的党派之争时，斯图尔特立刻抽身，并且谴责罗伯斯庇尔"血腥而悲哀的暴政"。他预言，一定将有较温和的无政府时期取而代之。1791年，当罗伯斯庇尔成为雅各宾党派的掌门人，驳斥和打击那些拥护温和宪政改革的支持者时，斯图尔特立刻抛下大半家产逃离法国。他在7月时抵达纽约，并进行宣讲，力劝美国人放弃暴政与无政府的极端思想。但是美国人视他的警告为耳边风，斯图尔特只好返回英国，并愤怒地反对潘恩的极端思想，认为他"指使美国脱离其宗主国，必将带来灾祸（我们必须在毒液抵达花蕊前，断尾求生）"。

　　挨过数年经济拮据的岁月后，因阿尔果德分公司对斯图尔特所造成的损害，东印度公司被宣判赔偿给斯图尔特一万至一万六千英镑的巨额赔偿金。斯图尔特立刻从伦敦的破旧屋宅搬出，并买下科克斯珀街上极富享乐主义气质的奢华宅邸，然后以花俏的中国风与镜子装饰其屋（以符合他浓厚的东方主义色彩）。自1789年至1822年，据传其死于鸦片吸食过量的这段时日里，斯图尔特创作了无数的诗词与论文，他的文章多半有浩瀚庞大的标题，像是《天性启示录》《理智革命》《智衡》《意志力调节法》。他的著作在英国、法国与美国广为出版流传，并遵循独特的纪年法系统，例如1795年就被视作"人类智慧存在的第5年，以及《天性启示录》出版的时代"，而1818年则是"中国历书认定天体运行历史的第7000年"。为了将他的想法向各界广为宣传，他频繁举办音乐文化晚宴，邀请伦敦文学精英参与，像是社会主义者罗伯特·欧文、柏拉图主义者托马斯·泰勒，以及印刷商托马斯·克利奥·里克曼和亨利·乔治·博恩。看来，他们似乎都挺能容忍斯图尔特唯我独尊式的可怕论文，他甚至在文中宣称自己是"与宇宙合一的人类上帝"。

简单来讲，斯图尔特认为民众已被商业利益与腐败的教育体系洗脑，因此必须由接受高尚教育洗礼的贵族领导管辖，并接受国会与强有力的君主政治掌控。但是，他仍旧抱着单纯的卢梭式信仰，相信人性本善。他向读者描绘自己的理想世界：废除国家制度，让全体人类不分彼此。和奥斯瓦尔德一样，他的愿景是直接民主的全民议会组织，"直到全世界大同，人类和谐一体"。

他的理想是每个人都能互助分享食物、想法、热情和身体，让热血滚烫的身体交换性与思想，共度浪漫的青年时代，由此"全人类得以发展进步"，并将和平、智慧，当然，还有素食主义，付诸实行。斯图尔特主张性解放，他也是节育和自然避孕法的早期倡导者之一。他认为，人口暴增只会带来饥荒，并成为暴君的炮灰。斯图尔特终生未婚，他有点不好意思地承认"对于正常的性活动，他从未严苛地自我克制"。此外，他还主张性交易的制度化和规范化。

斯图尔特从不以宗教角度思考问题。他和好友奥斯瓦尔德一样，两人的想法观念接近，都是直言不讳的无神论者（当时这在英国社会是很不寻常的，而且在当时是触犯法律的）。斯图尔特说，宗教只是阻绝不道德行为的临时堡垒，更应以涵盖宇宙万物的道德系统，取代上帝赋予的规范。他总爱如此强调"与我们内在合而为一的亲密伙伴——大自然"。斯图尔特能够逃过被斩首的下场，据友人称，是因为他的想法太过奇异荒谬，以至于不被视作社会威胁。

尽管斯图尔特出言惊人，并因此树敌无数，但是他与英国文坛诸多巨擘保持友好关系。异议者约翰·泰勒与斯图尔特一见如故，两人的友谊维系多年，他回忆说："我从未见过如此慈悲为怀的人，他不只关心人类，更关心万物。"维也纳的迈克尔·凯利（他与奥斯瓦尔德共同拥有一名情人）说："我很震撼看到斯图尔特自法国徒步而来，他真是博学多闻，并且是个音乐爱好者。虽然，他不喜好世界上最香嫩美味的食物——牛排，他不吃肉，只吃蔬谷。"

1798—1799 年间，斯图尔特在巴斯城向天真的路人散发他的启示录时，偶遇 13 岁的小男孩托马斯·德·昆西，昆西日后成了威廉·华兹华斯的至交，并著有《一个英国吸食鸦片者的告白》。斯图尔特让昆西的世界观大大改变，十年后，昆西前往伦敦去找当年碰到的斯图尔特。两人的友谊固若金汤，而昆西成了斯图尔特最尽职的护航者，并在此后的半个世纪，一直在时尚的文学刊物上发表他对斯图尔特的回忆。在他们 20 年漫漫的友谊时光里，昆西认为他是"最有意思的朋友"，更是"最具雄辩天赋的朋友"，虽然"丰富的旅行经验让他的口音有点怪异"。昆西指出，斯图尔特为世间万物辩护，"他的目光触及所有生命"，而且斯图尔特"非常善良，拥有清晰睿智的头脑，是个名副其实的天才"，"他从不允许自己喝酒或吃动物制品，或许该说，事实上，他只接受婆罗门派吃食的牛奶、水果与面包；如此避免造成任何杀害，使他常保健康，他绝对是人类的生活典范"。斯图尔特抱持着某种怪异的自大想法，他认为世界统治者们将共谋销毁他的著作，因此他教导读者们将他的书深埋土中，以传给后代子孙。他还要求昆西将其作品翻译成拉丁文（感谢昆西没有做到）。昆西总是将斯图尔特的远征与华兹华斯漫游湖区近 28 万公里的事迹相提并论，并时常满怀忧伤地在自家花园散步，追思两位先贤。

斯图尔特吸食鸦片，他认为世间一切生命之间都有可感的关联，这种独特的哲学视野或许与他吸食鸦片的感官体验有关。另外，他认为漫游世界把他从局限于某一个国家的视角偏见中解放出来。在世界文化的洗礼下，通过吸收消化一切以人道促进全宇宙和谐的哲学，他形成了极具个人风格的哲学。

斯图尔特公开承认自己是斯宾诺莎主义者，并重新诠释了许多位17世纪自由派思想家的理论——查尔斯·布朗特、约翰·托兰与"土耳其间谍"。斯图尔特认为，毕达哥拉斯和印度教义所谓的轮回，就是宇宙之中的物质循环，而所有存在物都交互联结为一体。他阅读威廉·琼斯爵士和其他东方主义者的文章，吸收了印度教的宇宙合一的核心观念。斯图尔特指出，当人类认识到"以整个自然界来定义自我"时，才获得开蒙。他还吸收了伊壁鸠鲁唯物论的因果轮回思想，这种理论认为，感觉器官由基本粒子所组成，粒子参与感觉的形成，当感觉已消逝于人体，相应粒子却保留了感觉印象，从而形成因果轮回。这意味着，任何形式的暴力，无论是鞭打马匹、压迫农场工人还是采摘花朵，都会造成普遍的痛苦，而这种痛苦将持续不断地形成恶性循环。另一个个体的痛苦实际上是我们自己"普遍自我"的另一部分的痛苦。暴君的粒子将轮回形成受害者，一个农夫的粒子也将体验他宰杀的动物的痛楚。个体终将消融于自然整体之中，而任何暴力都会增加整体的痛苦。他指出，"人的肉身形式终将消散为不灭的物质粒子，这些粒子沉淀下来，继续存活在大千世界中"。如此说来，宰杀动物不仅残忍，也违背人类自身利益。因此这种行为是不合逻辑的。

人并非只有在死后才会消散为有感觉能力的粒子，而是时时刻刻地传递给周边的人。"人体每小时就会散发出约 0.45 千克的物质，可能会附着在任一物体上，参与其感官活动。"无数粒子持续不断的流动弥漫，斯图尔特认定，比如踢打动物、鞭打马匹，原子必将感受到这一暴力，感到马儿的切肤之痛。这就是人类应怀有同情心的原因之一。同情心应扩展至他人、家庭、国家、全人类和所有有灵魂的生命。

斯图尔特说，中国人五千年前早已发现了轮回循环；然后埃及人接受了这种观念，并以《致潘神》一书记载下来传与希腊人，接着是罗马人；近代则有博林布罗克勋爵予以重新诠释，这一观念如涟漪扩展，又荡漾在蒲柏的诗歌中。蒲柏的诗《人性》里提到："存在的永恒延续，表现为赋形万物／一切循环往复，体现普遍的善。"斯图尔特则如此描绘：

> 自然、物质、存在，是一个整体，
> 一切都是躯体与灵魂的融合，
> 忽而为王，忽而为物为奴，忽而为牛，忽而为草，
> 忽而策马，忽而为万马奔腾；
> 从围攻转为被围困，
> 忽而是开火的士兵，忽而是中弹的百姓；
> 被追逐的野兔成了猎犬，
> 鞭笞奴隶的，成了屈膝之奴；
> 这一切不会残存丝毫的记忆，
> 但受伤的微粒却感受着多出来的痛楚。

对于宇宙苦难的解决之道，是教每个人认识到"解放被奴役的动物，与人为善，并视自身与宇宙是一个存在整体"。斯图尔特认为，这才是

对于人类不善待动物的根本解决之道，而不是像厄斯金勋爵要在议会上立法那样可以解决的。"心地单纯或曰不失本性的人，总是害怕嘴里的食物也会感到疼痛，也总是会为那些敏感的生灵而触痛和悲悯；他会捡起路上的虫子以免人们不小心踩到，他还会救起掉入茶杯里的小蝇。"

在斯图尔特的交互关联的宇宙里，素食主义的医学依据与人道主义依据是一体两面。吃肉得病，与杀害动物，都会给自身带来伤害，都是同样地造就恶的因果。卡伦曾认为吃肉会导致过度兴奋甚至多血症，切恩曾认为肉会造成血管堵塞，容易激发怒气使大脑和身体紊乱，斯图尔特将卡伦与切恩两者的理论结合起来。他还追随狂热的江湖医生格雷厄姆的说法，建议"洁净的"泥浆浴，并以香皂洗涤阴部以防止性病。如果上述主张得不到人们的理解和响应，斯图尔特这位逸世者说，那他就告别城市尘嚣，去吸鸦片。

斯图尔特极为关注牙齿。他警示，肉的纤维会卡在牙缝里，导致蛀牙，但是，用牙签也相当不妥，因为牙签会戳伤牙龈，有可能造成感染。因此，他认为，素食是人类健康生活的唯一途径。斯图尔特还指出，女性在分娩时会饱受月经失调和疼痛的折磨，以至于当人类的天性达到理智战胜本能的地步时，她们将拒绝生育，而"人类就将灭绝"，此事刻不容缓，而唯一可以解决此迫切危机的，就是素食的普遍实行。因为他在东方旅行的经验显示，"空气、锻炼以及素食"，让东方女性在分娩时不像西方女性那么痛楚。

斯图尔特的观点貌似奇异，但它却是一场浩大讨论的重要组成部分，这场讨论的主题是如何创造世界上最大可能的幸福。那是一个功利主义哲学盛行的时代，而大多数功利主义者认同，应该将非人类的有感觉生命纳入总体幸福的考量中，尽管对其权重，大家意见不一。斯图尔特时常以功利主义哲学诠释自己的观点，宣扬"对整个自然施加最大可能的善"和"对所有有感觉的生命增善去恶"。他的因果轮回理论试图将人类和非人类生物的痛苦在价值上等同起来，从而彻底解放动物，实现更大的共同的善。

本质上，斯图尔特的万物关联的概念与许多功利主义哲学家的观点没有太大的不同，他们都受到伊壁鸠鲁的快乐主义和毕达哥拉斯的万物关联的影响。就像斯图尔特一样，正是印度教对待动物的方式，促使公认的功利主义哲学的奠基者杰里米·边沁（1748—1832）发现了西方立法中的缺陷。边沁在他 1789 年出版的《道德与立法原则导论》中写道："在印度教和伊斯兰教之中，动物的利益得到了一定程度上的关切。"他这样说：

> 总有一日，动物们会得到应有的权利，那是暴君时代难以想象的奢侈。法国人已经发现，黑皮肤并不能成为遭受社会唾弃的理由，更不该作为其饱受折磨的借口。那么，有一天，脚的数目、有无绒毛和有无尾巴，都不能作为遭受不幸对待的理由。

令未来的动物解放者大感振奋的是，边沁对千百年来动物是否有理性的辩论置之不理，他坚持认为："问题不在于它们是否拥有理性，或是它们是否有语言能力，而是它们可以感受到痛楚吗？"这正是卢梭在《论人类不平等的起源和基础》里重构的核心问题，即在以幸福为基础的道德规范中，感觉能力应充分得到重视。这个问题，仍旧是当今关于动物权利的热门议题，亦是杰出的动物解放者、普林斯顿大学动物伦理系彼得·辛格教授的功利主义哲学的思想基础。

然而，有些历史学者并没有弄清楚，便将边沁划入素食主义者阵营。其实，边沁并没有谴责宰杀动物的意思。相反地，他的论点驳斥了素食者以动物具备痛觉感官当作反对宰杀动物的理由。并且，边沁与大主教威廉·金等人一道站在反素食主义立场。他相信发生在屠宰场的杀戮是无痛的。如果死亡毫无痛感，那么，宰杀动物亦非坏事。生命只有痛苦与快乐，而本身没有固有价值。边沁甚至偏激地辩解，或许，动物被宰杀是桩好事："让动物死在我们手上，往往较为无痛，那比在大自然中直接面对弱肉强食好得多"，而且"死亡对它们来说，绝非坏事"。因此，他如此下了结论："我们实在应该努力、尽情地吃掉动物，这对我们好，也是为它们着想。"和其他反素食主义者一样，他唯一坚持的，就是人们不应故意折磨动物。

边沁的想法相当具有感染力。他那信奉功利主义哲学的门徒约翰·斯图尔特·密尔也认为动物的幸福是共同的善的一个不可忽略的部分，但他对鼓吹素食主义则缺乏兴趣。和边沁同年出版著作《文存》的戴维·威廉斯也复制了类似逻辑。早在边沁之前，菲利普·多德里奇就在《关于圣灵、道德与神学的课题》里强调，吃肉会让人们兴奋并因此带来快感，同时我们更不能忽略肉食工业从业人员的权益（此论点直至今日依然强有力）。对印度教与佛教相当有兴趣的阿瑟·叔本华响应边沁的说法，认为欧洲人不必像印度人那样放弃食肉，毕竟寒冷地带的人民所受的苦难，将胜过"动物以直截了当又不必预知的方式死去"。相反，斯图尔特则认为，动物被吃被杀所经受的痛苦，远超过人们吃肉的快乐（而且肉并非对人体有益）。

此外，对于什么是有感觉的生命，斯图尔特延展了定义：他将感官体验延伸至动物王国以外的生物。这种看法并非罕见。浪漫主义时期的人们深信一切存在物皆有感觉能力，对自然界万物关联的和谐满怀热爱（他们对印度文化的兴趣增强了这种热爱）。浪漫主义时期作家雪莱就以"感性植物"描述被碰触时紧缩叶片的含羞草，并认为植物和动物拥有相似的快感与痛觉。

伊拉斯谟·达尔文是这类观点的伟大的创始者，他是查尔斯·达尔文的祖父，一个极富想象力的医生。将老达尔文与斯图尔特比较，颇有意味：在许多观点上他们完全一致，但是两人对肉食的道德结论则是南辕北辙。老达尔文对于吃肉是极度放纵，他的肚腩不是一般的肥硕，以至于家里的餐桌都切割出了适合摆放他肚皮的弧度，但是他一点都不愿意为了更大的共同的善而放弃自己的口腹之欲（尽管他又确实为素食主义提供了极具震撼力的功利主义哲学的论证）。

老达尔文的长诗《植物之爱》含有大篇幅脚注，诗中认为植物拥有与人类相似的性爱生活，它们寻求交合甚至强奸的机会。在《自然圣殿》（1803）里，老达尔文描绘了为欢愉而生的宇宙，如同学者阿什顿·尼科尔斯所论证的，此诗着重表达了济慈对夜莺的热爱以及威廉·华兹华斯对水仙花的欣赏："每朵花的呼吸，皆是欢愉。"老达尔文为功利主义哲学注入了新的概念：所有生命皆可感受"痛苦与欢愉"，他说，世间万物的存在都是为了要"提升快乐感"。

老达尔文认为自然是一个愉悦造物的生态循环，这个说法酷似斯图尔特的理论。"无论是腐烂的蔬菜还是动物尸体，"老达尔文写道，"这些冗余物质都会再次激活，为自然同化，增进生物体的数目与质量……增加了地球上所有幸福的总和。"老达尔文的快乐原则甚至赋予了微生物道德价值。的确，潜在价值的衡量不应限于特定物种。当我们以最小单位检验幸福感时，幸福感的体验者与给予者都不再重要。"当庞大而年老的动物死亡时，它将转化成数千个年轻的微小生命，而自然界的幸福的总和将因此增加而不是减少。"这和边沁的说法相似，边沁认为当一个生物体死亡时，会为带来其他生物体更多的快乐，它因此而证成自身。这本质上是一种生态价值体系，它将单个生物体的价值纳入整个生态系统更广阔的图景中。

不论是老达尔文还是斯图尔特，都认为毕达哥拉斯的轮回观念表示"物质从一种形态转换至另一种形态的移动"。和斯图尔特一样，老达尔文也认为宇宙"满怀道德与慈爱，表现为宇宙中所有生物体彼此关联"。两人的哲学观点如此相近，也因此老达尔文的诗作似乎相当耳熟：

> 不安分的粒子如何随着无休止的变化而穿过
>
> 从一个生命到另一生命，一个跨界的整体，
>
> 有毒的天仙子花，芳香的玫瑰
>
> 都是这生命体的转换而成，
>
> 而明日的太阳，又会带来新的生命，
>
> 英雄的皱眉，美女的微笑。
>
> 开悟的圣人的道德蓝图从何而来
>
> 人应该永远是人的朋友；
>
> 要温情地看待一切生命形式
>
> 那如兄弟般的蝼蚁，如姊妹般的虫子。

不过，老达尔文对斯图尔特认为无机质可借由粒子传递于生物体间的

说法很不以为然，也因此，他更不认为道德物质的内在联系可成为吃素的原因。以老达尔文的观点来看，既然所有生命都联结在一起，那么动物生命的消逝并不会破坏自然界的幸福总和。相反，他相信自然的死亡与再生过程将会增进幸福感。自然生命循环的说法，强有力地对应了关注个体痛楚的"感觉"道德论。

早在数十年前，布丰伯爵就在《自然史》中提出了非感性的生态自然观点，而奥利弗·哥尔德斯密斯亦在《地球与动态自然史》重新宣扬该论点。布丰的脉络可上溯至神正论学者莱布尼茨与大主教威廉·金，他们认为天然捕食与人类肉食主义应当退位给普世博爱思想。布丰指出，死亡即是生命之母：生命力源源不断地传递在生命体之间。为了解释生命循环论，他认为所有生物体皆包含"可流动的原子"（这一说法和莱布尼茨的观点相似，认为可运动的"单子"持续地转换成新生命）。布丰解释，当生命体死亡或被吞噬时，它们只是被简化成较小单位，并循环进入其他生命体内。"这些微小单位，在生命体间流转"，布丰说，创造了"永恒的生命创造"。

同时，布丰也把轮回说看作卢克莱修快乐主义的物质循环体系的寓言。他说，印度教徒们深知"早在远古时代，生命体即含有可转换并且免遭摧毁的生命粒子，它们从一个生命体转换至下一个生命体"。他的结论是，印度教徒以此作为基础信念，发展出了"不该吃食任何含有生命粒子之生命体"的看法。然而，布丰认为，此看法过于着重在单一个体的保护，却忽略了"生物体唯有通过相互毁灭，才能繁衍"。布丰坚信"完满"原则，并期望能达到最大的生命数量与多样性，而这正是老达尔文的"更大的共同的善"原则。本质上，这是对托马斯·霍布斯的自然界战争论的一种响应。虽然布丰相信宇宙流动原子的数量是恒定的，但是老达尔文认为生命和幸福感却不断向上提升，他们肯定死亡为生命循环周期的必要环节，并因此促进生物界的繁茂。布丰和达尔文组成了坚强阵线，反击毫无科学根据的过度感性素食主义者，后者只见个体的牺牲，而不见自己身处庞大繁杂的生命体系之中。

两大哲学阵营的分歧点至今仍旧争辩未果；一派是保持生物中心观点并关注生态体系的环保主义"抱树者"（Tree-Huggers），另一派则是以动物保护为脉络，并关注个体所承受苦痛与幸福的"小鹿情人"（Bambi-Lovers）。时至今日，将生态体系视为一个完整网络的人，如同布丰和老达尔文一样，宣称素食主义过于盲目地聚焦于单一动物，却无视肉食行为带给自然界的好处，而且更无视自然界对肉食行为的容许。然而，斯图尔特的因果轮回观点则认为受害者直至死亡后，仍旧存有痛感物质，并将之散播传递至其他生命体，他的说法提供循环论另一个角度：物质移至新的生命体后，仍保有其感官体验，并可为新的生命体带来痛苦。虽然他和老达尔文一样，期望能提升全自然界的整体幸福感，但是他的痛苦流动论为生态体系论者带来了新的视角，并说明杀戮是一种罪恶。浪漫主义时期的关于环境主题的辩论可谓如火如荼，而在对斯图尔特的反应中，观念的冲突被尖锐地表达出来，有人鄙视他为"疯子"，也有人拥戴他为宇宙博爱的化身。

杀死一只猫：约瑟夫·里特森的无神论政治
To Kill a Cat: Joseph Ritson's Politics of Atheism

革命素食主义者约瑟夫·里特森也是约翰·斯图尔特的伦敦好友之一。里特森是著名的古物研究者，并以搜集罗宾汉民谣而闻名，他还担任沃尔特·斯科特爵士的畅销历史小说知识顾问。里特森有卓越的社会地位，还是反建制的共和主义者；他在 1791 年造访法国，并期待革命的火炬能够从法国传到英国。1792 年，当政府镇压反对党时，里特森看到朋友们一个个被逮捕处死，他开始担忧自己的处境。当政府特务四处搜集情报时，他躲在自己工作的法警办公室的桌子后面，并警告友人们："我不得不谨言慎行，以免身陷囹圄。"任何犯下"暗中批评暴君之罪的人"，都会被推上断头台或吊死，他满怀忧患地写道："他们会被血淋淋地活活切开，心脏和肠子被掏出，甚至在他面前直接被丢进火堆里；然后他的头再被切下，然后他的身体就断成了四截，任凭国王处置：邪恶的暴君设计并执行此残酷的屠宰，他八成会活活吃掉他们。"

尽管担心自己的处境，但是里特森仍然私下传播共和思想给朋友与家人们，并劝说他们："吃食动物伙伴相当不合乎自然，并且极为残忍。"他设计了一套蕴涵众生权利的平等主义体系，用以对抗人类社会与自然环境相抗衡的阶级体系。里特森早在 19 岁读罢伯纳德·曼德维尔所著《蜜蜂的寓言》时，就不吃肉了，尔后当了 30 年伦敦最出名的素食主义公众人物，并出版了《论戒除动物性食物及其道德义务》。这是一本素食主义文选，里特森还表达了自己的尖锐意见，批判人类不该过分夸大自己在自然界的角色与地位。相较之下，里特森的分析手段和批判方式，比同为素食主义者的作家乔治·尼克尔森编辑的文选来得更为有力，里特森的书成了凝聚传统思想的集大成者，使素食主义成为革命议程的重要组成部分。

里特森相当欣赏斯图尔特强大的精神力量，他甚至善意地称他为"棕熊公民"。他们有着相似的思想基础：共和主义、无神论与素食主义。两人还有着共同好友——无政府思想与共产主义的奠基者，雪莱的岳父威廉·戈德温，戈德温曾为减少肉食消费提出政治原因，但对素食主义好友们热爱的清淡蔬菜饮食则缺乏兴趣，直到慢性痔疮、便秘、昏迷等症状的出现最终迫使他彻底放弃吃肉。斯图尔特认为自己的理论正是戈德温理想主义的实践成果，好长一阵子，斯图尔特、戈德温、里特森成了无话不谈的好友。然而，1793 年时，里特森终于受不了斯图尔特的装腔作势和傲慢、背弃资产阶级的态度和为素食主义辩护所编造的胡言乱语。里特森将一本斯图尔特的著作转送给好友，鄙视地说："他根本没有作为公民的资格。"并以决绝的口吻强调："我早受够了他激烈的偏见和荒诞想法，我们的友谊因礼节而勉力维持着，而非出于对彼此的尊重。"

当斯图尔特忙于创造普适性的素食主义感性论时，里特森则尝试建立一套规避感性论缺陷的素食主义逻辑。当时，以动物受苦作为素食主义的辩论基础已经行不通了，因为反素食主义阵营以无痛死亡的说法迎战，而根源于布丰与达尔文的生态理论更认为以全体生态体系看来，单一动物死亡所承受的痛楚远小于生态系统所得到的益处。因此，里特森不以动物受害作为素食主义的主要辩护点，而是建构了动物权利的理论，强调生命固有的价值，动物生来即拥有生存的自然权利。此外，他认为，人类宣称自己拥有毋庸置疑的宰杀动物的权利，这一说法根本奠基于毫不可信的宗教神话。里特森为动物权利提供了相当重要的理论支持，并且足以回击以生态系统为食肉行为辩护的说法。

斯图尔特显然相当满意以人道作为普世通用的道德标准，但是里特森早已摩拳擦掌准备将人类从违反自然的宝座上赶下来。宗教让人类自信超越万物，而里特森则以《论节制》炮轰宗教。

里特森坚持，人类本质上无异于猴子。如果人类享有任何权利，那动物也有，而吃食动物即是食人行为。人类创造上帝，并相信自己乃是神圣造物，而世间万物却仅只是沼泽中的尘泥。宗教既是上帝崇拜，更是自我崇拜，而此时此刻，自傲的猿人们该了解到自己亦应遵循大自然的蓝图而生活。

里特森将人类一把拉回地面，剥去了他们神圣的灵魂，并与动物们一同逐入动物园。他希望读者们能重新检视人类这奇妙的生物，并强调人类的解剖组织与草食动物相似，而且"在自然环境下，人类应与大猩猩一般无害"。不管食肉是不是自然行为，里特森都认为相当残暴。肉食行为最早被嗜肉、恶毒的祭司所鼓励，并让人类从温顺的草食动物，转而成为"地球极端破坏者"。此刻，他以悲观的怨怼语气说道，人类与猎食者犯下了"谋杀、血战、暴力、恶意与欺骗的罪行"，而此类穷凶极恶的犯行者"实在没有生存的必要"。如果生态体系需要谋杀以维持自身运作，那么其代表的正是负面价值。如果自然是一场无止境的战争，那么生态体系根本无法提供最大幸福值，反之，只会带来庞大浩劫。

为了要解决这一问题，里特森建议欧洲人仿效印度教徒。虽然他轻视婆罗门祭司与其虚伪的教义，但是他和卢梭、奥斯瓦尔德、斯图尔特和沃尔内一样，相当欣赏他们的素食主义教条。他们证实了食肉与人类残忍行为互为因果的关系，而素食主义则让人类与自然重获平等关系，并"鼓励人类以温柔与人道的方式对待微小生灵"。除此之外，食肉更是豪奢阶级的标志，因此任何自重的自由派都该选择茹素。无神论正是瓦解人类霸权的利斧，而里特森重新界定了动物权利与环境保护的分野。

里特森轻而易举地说服守寡的姐姐茹素："你会发现自己将更健康。"他在1782年时这么告诉她："你将更有良知、更富人道精神、更快乐，你戒除肉类，停止剥削动物，并抛弃了数百甚至数千年来人类社会养成的野蛮习俗，让无辜动物和你一样，重享它们应有的权利。"但是当她教育自己的小孩时，问题来了。她的儿子，乔·弗兰克日后成为了坚定的共和素食主义者。里特森发现，保护动物的原则时不时会和小男孩的天性相抵触。首先登场的，是鸡蛋模棱两可的道德地位。"从今尔后，鸡蛋归类为动物食品，"里特森在1782年写信给弗兰克说，"也因此不应食用鸡蛋，希望你明白此中深意，并且遵守规矩。"弗兰克对此节制食欲的要求相当"不耐烦而叛逆"，因此里特森改变了态度："如果布丁放在你的面前，虽然那是用鸡蛋做的，但你并不用特意拒绝吃它，我也不会；但是我绝对不会要求别人用鸡蛋做布丁给我吃。"里特森允许偶尔食用鸡蛋，1802年他解释，因为"那并没有剥夺任何动物的生命，虽然那确实让一些动物无法出生，甚至被他人吃食"。

弗兰克以为，如果要防止动物死亡，那么应当从嗜血的肉食动物先下手。里特森确实认为"凶残的捕食动物"和人类吃肉一样不应该。而小伙子则把他的话放大数倍，发挥到极致，里特森以十足的歉意写信给他的姐姐："我觉得他似乎过了头，竟把怀斯曼太太的猫宰掉，只因它吃了一只老鼠。可是，猫的天性和人类的训练，都让猫以为那是自己的本分。"但是他写给弗兰克的信则是另一种口吻："我彻底了解你的意思，以及你完美的人道主义。"所有的动物都有生存的权利，不管是被人类或是肉食动物杀害的动物皆然。因此，不管是杀老鼠的猫，或是人类，都不应被容许，而这种基于动物权利的素食主义观点，至今仍在学界引起争论。

1803 年，漫画家詹姆斯·塞耶斯则作画讽刺里特森，攻击他荒诞的逻辑。枯瘦的猫咪被钉在里特森的墙头，而老鼠四处撒野。塞耶斯暗示里特森的激进政治思想：将社会阶层顶端的人监禁起来，并让低阶层人民享有自由。进一步分析塞耶斯的想法是，逃避猎杀与政治阶层概念，是相当自相矛盾的事。猫儿挨饿，而老鼠却延续了暴力恶性循环，吃着鲸鱼油脂做成的蜡烛。塞耶斯暗示，如同自然生态圈一样，阶级制度正是社会和谐的自然产物。共和思想与素食主义企图错误消灭自然界的不平等，此举绝不合理。如果生态圈能为政治阶层制度护航，无怪乎 20 世纪的法西斯主义者会以生态学证明自己的意识形态相当"自然"。

里特森已经暗示姐姐，不人道的主人教导猫儿捕捉老鼠（莫弗特镇的约翰·威廉森也曾如此宣称）。或许，他们可以组成和平的草食同盟会，毕竟里特森相当怀疑动物具有语言的能力。塞耶斯的漫画里面，里特森将《论节制》摊开在猫儿的面前，似乎期望它读罢后能改进自己的恶行。

共和概念、素食主义与无神论，三派论者企图合力弭平政治、自然与宗教阶级。可想而知，里特森的《论节制》所造成的反弹，远胜过任何素食主义文章。而身为知名文学家，里特森也立刻成了当时最臭名昭著的素食主义者。很显然地，人们不愿见到人道被践踏，而里特森对宗教与专政的严厉攻击，更引起了众人的愤怒。骚塞唾骂《论节制》："每一个字都是亵渎。"来年，当里特森在撰写一篇声称耶稣基督乃欺世盗名之人的文章时，举止失控，让评论者们大乐。据说他放火烧了自己的论文，并拔刀追逐旁观者。他劈砍沙发，踹破窗户，而随之而来的中风最终悲剧性地终结了他的生命。而对他满怀敌意的评论者更加毫不留情地落井下石。《英国评论》里罗伯特·内尔斯批评《论节制》为"无可言喻的荒唐"：

> 态度恶劣，行为令人憎恨，毫不虔诚，他的中心思想和概念甚至可能是无神论观点……这蠢蛋，还为自己的无知洋洋得意……处心积虑想将圣主从高坛上拖下来，让他眨眼间坠落至最底层、最丑恶野兽聚集的腐烂之地！人们说他夜半裸体着跑到旅馆大厅，一手拿着折叠刀，一手提着铜壶，他正无能地表达愤怒呢！

评论家继续鞭尸的举动确实不寻常，而持续出版死者生前难堪时刻的细节也相当引人反感。曾经赞赏里特森人格的沃尔特·斯科特爵士写信给罗伯特·斯彭斯："我对那些侮辱里特森生平的人感到愤怒。一份期刊大肆张扬折磨他的疾病，并用复仇的方式一再出版，而那混蛋编辑，绝对应该被公审、谴责。"但是传言如星星野火般蔓延开来：人们谣传特森是因为发疯才吃素，不管是克拉布、罗宾斯、斯图尔特、奥斯瓦尔德、霍尔韦尔、瓦拉迪、格雷厄姆和无血兄弟盟等素食主义者，都曾经饱受这样的人身攻击。连《国家历史纪实字典》都保持相同态度，并忽略早在他发疯前就已吃素 30 来年的事实。甚至近年的出版版本，仍旧暗示从里特森的早期论文可看出发疯的端倪。

虽然备受攻击，但是里特森的道德哲学概念确有其挑战性，也因此，当时的作家们耗费了极大的精力来驳斥他。至少，里特森的道德性的戒肉想法，为人性与自然环境的关系注入了新的面向。《爱丁堡评论》里，亨利·布鲁厄姆认为其共和思想与无神论观点极端"恶心而卑鄙"；不过，布鲁厄姆仍旧完整而正确地引用里特森的辩证。布鲁厄姆和骚塞一样，他们愿意以极具理性的方式辩论素食主义，也认同素食者更健康更道德，唯独无法容忍里特森认为人类和野兽具有血缘关系，更无法接受杀害动物有罪的说法。布鲁厄姆以研究证明，若以更广泛的生态观点审视，里特森的观点将不攻自破。虽然里特森极富同情心，但他根本无法逃脱人类深陷其中的生态大战。布鲁厄姆指出，里特森绝对有罪，他喝牛奶让小牛挨饿，吃鸡蛋使鸡夭折，每当他擦拭腋下时，更摧毁了上千万个微小生态圈。即便在书写素食主义论文时，他也用了从鹅身上拔下来的羽毛，以虫子压榨而成的墨水，而照明用的白蜡烛也以鲸鱼油脂制成。"如此残暴地虐待、屠宰深海大物，绝对是不人道的恶行，"布鲁厄姆总结认为，"他滔滔不绝地斥责剥夺动物生存权，自己却正活在杀戮之中。"

就算里特森拒绝使用人类赖以生存的动物制品，布鲁厄姆证明，里特森还是无法逃脱杀害相关动物的罪名：

> 每一滴滋养我们干渴喉咙和疲倦身体的雨水，都包含无数的虫子，

它们为了我们的需求而牺牲自己；毕达哥拉斯或婆罗门那俭朴而人道的素食蔬菜饮食，仍旧残害了无数柔弱而美丽的微小生命体。当我们趋身救助受重伤的小动物，或跪地祷告时，我们都无可避免地涉入虐待与杀害。从生命最初的一口气，到最后合上眼时，我们都参与了屠宰那些感性而无辜的动物。

布鲁厄姆认为，宰杀动物吃掉，仅只是"没有必要地吸收了巨大分量的营养，而显得大腹便便"。但生活在生命链之中，就注定了死亡到来的那一天。如同布丰和达尔文的观点，这点时常被用来反对东方素食主义者，而且，威力十足。避免杀戮，不但违背自然，更是不可能的任务。

除此之外，最受布鲁厄姆和其他评论者非议的，是里特森所宣称的"食肉让人类变成野兽"。布鲁厄姆认为，蓄意谋杀动物和无意间杀害动物，两者层次不同。1724 年，切恩医生就已指出，蓄意宰杀动物让人变得暴力，无意间扼杀微小细菌群则是另外一回事。

但是这似乎说服不了人，布鲁厄姆以里特森和奥斯瓦尔德为例：两人都是素食者，但却是彻头彻尾的野兽。里特森超级暴躁、刻薄，而且任何否定他的人都会惨遭唾骂。而对动物十足亲切的奥斯瓦尔德，则是毫不在乎人命。内尔斯则讽刺里特森："宁静的灵魂驱使他向全人类恶毒地宣战，不眠不休地攻击备受敬重的前辈，读者们可能很难得知，这就是他彻底戒肉的后果。"里特森被塑造成典型的愤世嫉俗素食者，既然他那么热爱动物，那么评论者也很容易影射他为禽兽。早在 1783 年，哈里斯·尼古拉斯爵士就在诗文《毕达哥拉斯批评家》里批评里特森以狠毒、嗜血的态度对待知识分子敌手们：

智慧的毕达哥拉斯教导年轻的里特森饮食之法，

血色肉块，从未能上桌；

走兽、鸟儿、水中游鱼，他心有同感，

他的餐桌绝不会出现煮熟的食物，遑论烤牛肉，

我们得以见到虔诚、温和与良善的信念，

不过，对人类来说，里特森则是个罪人。

"人啊！"里特森叫喊，"他逃不出我的掌心！"

"唯独他，可作为我的晚餐！"

  塞耶斯也以此为讽刺漫画的重点，揶揄里特森。漫画里，里特森把鹅毛笔伸进标着"恶毒"（gall）的墨水瓶里，暗喻他极度刻薄的态度，"恶毒"音近似"法国教教徒"（gallican），更点出他醉心于法国大革命的倾向，这也呼应了他窗边悬吊着的死青蛙和洋葱。塞耶斯或许知悉里特森正暗中进行词源字典的修订，并且相当有自信，当大革命的火把传至英国大陆时，人们将返回英语原初的单纯境地。（里特森的字典从未被出版，该字典将"腐肉"定义为天然死亡的动物肉体，而"龙虾"则被定义为"被自以为良善与人道的人们拿来活活烹煮的有壳鱼"。）

  里特森的朋友们坚持认为他并没有传闻描述的那么刻薄。沃尔特·斯科特爵士做了逗趣的对句——辣如毒汁，尖如剃刀，吃草如尼布甲尼撒。而当里特森到拉斯韦德和他同住并虐待、攻击端出烤牛肉的管家，与模仿嘲弄他的宾客爆发冲突时，斯科特都相当包容。斯科特本人对食素没有太大兴趣，他只是严格遵照医疗指示，仅以粥为食，但是他确实欣赏里特森，并承认："他的信仰本质相当诚实，即便他走

上了极端的道路，他的初衷仍旧值得尊敬。"

这种略带尴尬的尊敬，时常出现在斯科特的小说里。《古董家》里有一个角色，天主教格莱纳兰伯爵，他拒绝主人的大餐，反倒要求对方"以最精致与优雅的方式，准备包含各式各样蔬菜的小份沙拉"。而主人古董商约翰·奥尔德巴克爵士则"以忽视对方的要求作为还击"："半温的蔬菜和马铃薯，附上一杯冷水用以清洁沙拉……天啊，古董商似乎对沙拉的清洁程度满不在乎。"读者似乎就此可以感受到在拉斯韦德时，斯科特对里特森诸多要求的反应。另外，在《圣罗南之泉》里，主角卡吉尔端出了包括面包和牛奶的"毕达哥拉斯式大餐"招待客人，而那"饥肠辘辘的医生"麦格雷戈，则很明显地是在描绘爱丁堡医生格雷戈里和医生卡伦。

18 世纪的英国，很显然还没准备好要接受里特森的动物权论点。他对上帝出言不逊，激起众人的反感；即便在世俗领域的争论中，等级制度与人类掠食的习惯在生态原理上仍比里特森的平等主义观念更具主导地位。然而，里特森的文章启发了无数素食主义者，而其共和制度思想更吸引了进步改革派。里特森排斥以动物受苦为中心的感性素食主义文化，并以无神论观点开展自己的路径：具有智能的猿类凭借着《圣经》文字和永恒灵魂的想象，宣称自己拥有凌驾万物之上的权利。尽管里特森的权利论点有瑕疵，但是他的动物权利平等论吸引了后世的素食主义者。里特森的提议是人类能组成和平的草食聚落，他提供的大量有关人类学的旅行见闻，证明有其他文化早已达成他的目标，这为未来几十年素食主义的发展制定了某种议程。他对人道主义的重新诠释，推进了从 18 世纪浪漫时期发展而来的素食主义文化。即便政治改革家如戈德温等，始终未加入素食的行列，但是众人确实正视了理想素食主义者所提出的愿景。19世纪思想家们希望通过一套简单而快速的饮食改革方式解决全世界的问题，因此，不管是通过现代社会制度或是上帝律法，与自然和平共处成了众人的希望所在。

26 雪莱与重返自然
Shelley and the Return to Nature

当珀西·比希·雪莱第一次带大学朋友托马斯·杰斐逊·霍格到他的素食主义聚会时，雪莱一把将霍格推进门内。日后霍格撰写雪莱传记时回忆起自己目睹的奇怪景象："五个裸体的家伙飞快地跑来迎接我们，当他们看到我的时候，尖叫、转圈，又飞奔上楼，大吼大叫。"这些裸体狂热者正是《重返自然》（1811）的作者约翰·弗兰克·纽顿的后代，纽顿希望通过实践裸体主义和茹素，让家人们重返自然。"以衣物遮蔽身体的习俗，"纽顿告诫道，"是人们定居北方后才培养出的习惯。"

似乎所有碰到过纽顿后代的人，都对他的卢梭教育法大感佩服。纽顿的素食主义好友威廉·拉姆医生认为："他的小孩气色红润、长相姣好、体态健康，不仅发育良好、勇敢，而且天资聪颖，实在与众不同。"作为皇家医生协会与剑桥圣约翰大学的奖学金得主，拉姆颇具科学界公信力。雪莱同意："他的小孩八成是最美丽而健康的孩子；女儿可以作为雕刻家的完美模特，个性温和而良善。"纽顿后人像是未受污染的人类动物——身材好、健康、聪明、脾气温和。这种混合了素食主义、完美身体状态、禁酒与裸体主义的亚文化联合起来，期望能将人类从非自然文明中解放出来。

纽顿的太太科妮莉亚和她的妹妹哈丽雅特·布安维尔也喜欢时不时把自己脱光光，她们的丈夫则相当欣赏这样的举动。雪莱就热情地向好友托马斯·洛夫·皮科克吐露他对布安维尔太太的看法："她真是我所见过的最美妙的人类标本。"他也哀叹她的感情"极度细腻敏感，以至不可能一直真挚不变"，可见其中的情感牵连。拉姆的女儿和布安维尔的儿子艾尔弗雷德相恋，两人搬至乡间，实现田园梦，以霍格的字眼形容，他们"用原始人类般的天真方式耕种田地"。

这类纯真的自然爱好者也提倡自由性爱，他们将野生动物视作欢愉生殖的实践者。他们特别推举希瓦利埃·詹姆斯·亨利·劳伦斯，劳伦斯因为鼓励欧洲女性学习奈尔婆罗门女性争取财产继承权、将自我从一夫一妻制中解放出来并按自己的心意选择爱人、脱下所有的衣裳而名声不佳。"当女人把性爱与家事义务丢在一旁时，"劳伦斯幻想道，"爱……将重新激起开放而盛大的火焰，让世界变成天堂。"

雪莱渴望的正是强调"爱与和平"的裸体主义。他从小就为理想主义着迷，他留着先锋人士特有的蓬松长发，随身都会在口袋里塞点儿干面包和葡萄干，并且仅仅以节制的性事和俭朴的食物满足基本需求。雪莱出生在萨塞克斯，家境优渥，他也因此有闲暇去追求进步自由派的事业。他从小瘦弱多病，更是学校同学霸凌的对象，因此促使他锻炼笔锋，批判压迫者，并深信如果受压迫者放弃非自然的恶劣饮食，他们可以从自身找到抵抗力量。雪莱期望借由洁净身体，能够让他触及更纯净的诗学境界。1812 年 3 月，雪莱和他的第一任妻子哈丽雅特·韦斯特布鲁克宣布再也不吃肉了。在雪莱短短的一生里，除了几次短暂的破戒以外，始终素食。1812 年 11 月，雪莱遇到了正在推动北威尔士劳工垦地案件的纽顿，随后，他立刻与哈丽雅特搬往纽顿位于伯克郡布拉克内尔镇的素食主义社群。他们以过滤水冲洗蔬菜作晚餐，雪莱、纽顿、拉姆三家人组成了以素食主义为核心的思想阵线。

霍格在 1813 年加入了这伙人，他回忆雪莱"就像毕达哥拉斯信徒和婆罗门的合体，他与'重返自然'信徒们美好的互动，是他哲学与诗性生活的美妙亮点"。1832 年，人们在意大利岸边发现雪莱浮尸的十年后，霍格仍旧十分怀念他和老纽顿一家人的"不流血的晚餐"。虽然霍格和他们保持一定的距离，但当他在布拉克内尔时，他坚持"不流血的养生法则"，并形容他们的社群等同于"和平、包容而不洒血祭祀的教堂"，或称之为"大自然的蔬菜教堂"，他认为纽顿引领着众人前往"真正的伊甸园和世间天堂"。当时，雪莱正构思著名的先锋诗歌《麦布女王》，并于诗后附上自己重新修订的《自然饮食者的告白》（1813）。雪莱以简洁的修辞和政治反思为世人重现了这个素食主义群体。

在雪莱选择食素的同年，他还接受了劳伦斯的不婚主义，1814 年，雪莱抛弃怀有身孕的太太哈丽雅特，和玛丽私奔，玛丽是威廉·戈德温与玛丽·沃斯通克拉夫特的女儿。当哈丽雅特在蛇形湖投水自尽时，雪莱和玛丽为逃避放逐刑罚远走瑞士，并在阿尔卑斯山山区继续实验卢梭的素食主义质朴生活。1816 年，他们曾与诗人拜伦勋爵到日内瓦湖旅行，同行的还有拜伦的爱人，玛丽同母异父的姐姐克莱尔·克莱尔蒙特。数十年后，热爱印度的颅相学家托马斯·福斯特写信给托马斯·洛夫·皮科克时回忆道："你可记得 1814 年我和雪莱、拜伦、劳伦斯展开的牛奶与蔬谷饮食。"这封近期发现的私人信件，说明了拜伦勋爵曾经食素，尽管为时不长。当时同时食素的还有雪莱的医生威廉·劳伦斯爵士。

在这段充满欢乐与智识激荡的时光后，五位作家们不约而同地将素食主义写入作品里。1816 年夏天，玛丽在日内瓦开始了《科学怪人——现代普罗米修斯的故事》的写作，在该书高潮处，怪物苦苦哀求弗兰肯斯坦手下留情，并保证他和伴侣会以"温驯"的方式生活，只吃素食："我不吃人；我从不以山羊或小孩打牙祭；橡实和浆果提供我足够的营养。同伴的生活方式和我一样，我们没必要破坏现状。我们用枯叶作床，阳光轻柔地照在我们身上，并为我们带来甜熟的水果。"许多人幻想将人性带回初始境地——博爱、无害而且茹素，这是浪漫主义时期作家的共同愿景。后来，拜伦不但取笑同侪友人的素食癖好，也同样讥嘲反素食者的野蛮论，他以布丰的解剖学观点为小说《唐璜》里因遭逢船难而激起吃人欲望的船员解围："人本是肉食的制造物……像鲨鱼和老虎一样，它们必须狩猎。解剖结构是一回事，但熊哪能心甘情愿地嚼食蔬菜。"对拜伦来讲，逼迫农民接受年轻友人如雪莱所提出的重返自然概念，只会让众人感到空洞而大加埋怨。相反地，托马斯·福斯特则与刘易斯·冈珀茨共同建立"动物之友协会"，福斯特终其一生皆为毕达哥拉斯信徒，他也是一位素食者，并曾说："受诅咒的动物食物就像是慢性毒液，会使神经系统受创，带来消化不良、忧郁症、复视、头痛、眩晕与身体虚弱。"

同时，纽顿与拉姆则持续发表自身实践另类生活方式的实验结果。1806 年时，纽顿以素食疗法成功治愈哮喘，此后他和拉姆以及家人们深信人类本来就只吃蔬菜。历经三年的试炼后，拉姆在《特殊疗法成效报告》里表示："最终，我确实相信人类本应归类为草食性动物；而吃食肉类则是违反天性，并会造成疾病与过早死亡。"此说法已成为雪莱素食群体的医学信念。1815 年时，雪莱彻底搜罗了从古至今的支持素食主义的文章，并以自己行医时留下的患者诊断记录作为佐证，呼应 17 世纪起始的医学素食主义，包括切恩医生、科基与威廉·坦普尔爵士。既然自然状态下的动物皆得以健康生长，那么疾病应为不正常习惯的产物。因此，拉姆解释，避免肉食和不洁净物如含铅的水，可以治愈或避免像癌症这样的重大疾病。他保证，回归自然饮食，可以将人类寿命延长至少六分之一，甚至二分之一。新的数据则证实，禁欲的僧侣寿命远较普通人长久，这再次呼应了以往的传统观念，认为"禁绝肉类的婆罗门得享长寿"。拉姆更警告，每人每日应至少食用小分量生食或简单调理的水果与蔬菜。

纽顿相当同意拉姆的见解，他也在《重返自然》里强调自己以医疗经验作为研究后盾。他也明确厘清人类历史上的"大自然守护者"如希波克拉底、荷马、伊夫林、切恩、艾萨克·牛顿等人背后的素食主义信仰。他与皮埃尔·伽桑狄有着相似的信念，但是伽桑狄仅仅宣称"道德与哲学必将引领众人回归他们所抛弃的自然"（参见第 12 章），纽顿则似乎略胜一筹。根据纽顿的研究分析指出"雪莱毫无疑问地跟随他的想法"，古典神话中隐含人类原始饮食的真相。亚当与夏娃偷食禁果，即隐含肉食寓言，更使人类遭遇强大灾害、疾病与死亡。希腊神话里赐予人类使用火与药物能力的半神半人普罗米修斯，则可被视作历史事件的重新诠释：火和药物都与肉食紧紧相连，火用来烹煮肉类，而药物则是治疗肉类所带来的恶疾。原始人类生食蔬谷而活，纽顿甚至亲自品尝生马铃薯以作为见证（虽然他很聪明地宣布，日后不会以生马铃薯当餐点）。非自然的肉食与以衣蔽体的行为，都将使人类更加远离自然，而纽顿则期望能阻挡此种不正常潮流。

纽顿为印度神话深感着迷，而雪莱又再次步上他的后尘。纽顿赞同威廉·坦普尔爵士与伏尔泰的印度热，并声称："爱好和平而可敬的婆罗门是传递所有知识的使者，而他们更掌握了世界未来与过去的秘密。"十年后，纽顿在《三道谜题》（1821）里揭示了何谓秘密。和艾萨克·牛顿及较晚期的著名东方主义者威廉·琼斯爵士、乔治·费伯相同，纽顿也认为所有异教神话知识皆渊源并分裂自大洪水后的挪亚时代。不管是欧洲德鲁伊文化，埃及、伊朗、印度等古文明，都证实原始人类文化根源于蔬食，而恢复原始饮食将让人类加速回到黄金时代。纽顿认为印度图解神谱与希腊黄道带十二星象都显示了相同的寓言。在整理对照了两套体系的隐藏信息之后，他发现两者都指向了世界运行的四个阶段，梵天代表第一个创造阶段；毗湿奴代表第二个平衡幸福阶段，也是黄道带里的天秤座。印度毁灭之神湿婆，则代表第三个黑色时代，此时期人们开始狩猎动物，而黄道带则以射手座为象征，弓箭手追赶山羊，即摩羯座。黑天与檀梵陀利（药神）则代表第四"圆满时期"，又称"幸福时期"，黄道带则以饮水的水瓶座、温和食草的白羊座作为代表。直到预言的黄金时代来临前，纽顿建议所有人都应效仿婆罗门、波斯法师、德鲁伊教派与先知但以理，他们的素食饮食确实改善了其健康状态、让心智保持清明，并且协助人类创造和平。"仅以蔬谷为食，"纽顿说道，"你会和羊一般无害。"

虽然，纽顿发表这些作品的时间晚于雪莱的素食诗作，但是他确实耗费数年时间思考这个主题。他年轻、热诚的门徒雪莱发现，"所有宗教的神话"都证实人类原本正是草食动物；此外，食肉造成世界分裂；最后，恢复自然饮食代表着重返和谐时代。雪莱也建议，任何亲身尝试素食法的人，都可以得到相似的宁静感。

虽然纽顿对神话学的狂热着迷直追霍尔韦尔，但是对雪莱来说，神话数据只是再次呼应了已知的研究结果。纽顿、拉姆与雪莱都认为肉食对社会性格有着显著的影响。纽顿坚持道："在生理学的讨论架构下，道德、智识和自然、动物，相依而存。以非自然的饮食破坏生理系统，绝对会给道德性格带来负面影响。"纽顿确信肉食会破坏人的本性，让人类失去温和理智，进而展现暴力行为，他们将"情绪失控、暴躁易怒、渴望权力、争权夺利"。相反地，如果保护孩童，让他们免于进食肉类，"他们会有较少的情绪波动、易怒倾向也会大为减缓"。拉姆认为，素食法让人拥有较为温和的个性、博爱的道德思想以及纯净的价值观。

雪莱将道德败坏身体论延展成政治概念，他将肉食视作暴力行为的来源。除非人类社会彻底排除暴力行为，否则社会改革仅是虚构之词，遑论乌托邦梦想。雪莱和失望的克伦威尔派素食主义者一样，认为如果人类不放弃会带来煞气与兽性的肉食，那么与法国大革命相似的改革行动将永远无成功之日。《自然饮食者的告白》里，雪莱推举素食改革为唯一且有效的改革：

> 假使巴黎人能以丰盛的蔬谷满足口腹之欲，他们绝不会将可怜的黑名单人士交给罗伯斯庇尔之徒……很有可能，如果拿破仑的父母吃素，那么他或许会对权力无感，并且放弃夺取波旁王朝之权位。

雪莱还提出了平行经济理论，认为肉食与饮酒将提高国内奢侈品的需求量："我们若遵循天性的饮食法则……奢侈品将不会堆至天际线，造成无边无际的争斗、血腥暴行与国家战争。"他以此呼应17世纪的掘土派，认为如果贫穷者停止艳羡富有者的奢华生活，转而衷心拥抱花园蔬谷，那么他们将不再受到劳动剥削，并终止社会不平等。雪莱并以抒情修辞的诗作持续传递此概念，直至一个世纪后，圣雄甘地深受启发，并以素食主义与和平主义作为思想基础，开展不流血革命，成功领导印度摆脱英国的控制。

雪莱坚信自己的素食生活方式具有强大的医学和经济社会理论基础，与他那个时代的主流科学概念并无抵触。当人们怀疑他被过于浪漫的理想主义冲昏头时，他以科学理论为自己辩护。雪莱以人类中心主义发展出素食理论，而非利他的动物权利，这点虽然独特，却始终未得到应有的思考。雪莱及其追随者以人类中心主义为素食主义定位，并且希望未来的素食主义者能以"升华的自我利益"作为基准架构。为了更清楚地界定自己的位置，拉姆、纽顿与雪莱刻意与激进动物权者如约瑟夫·里特森保持适当距离。雪莱与布拉克内尔素食主义者们确实意识到了里特森的存在，他是雪莱的岳父，同时也是拜访常客威廉·戈德温的老友，而布拉克内尔派成员甚至擅自引用里特森《论节制》里的文句，却从未提及其作者。学者戴维·克拉克曾经证明雪莱如何以里特森的作品作为《自然饮食者的告白》的坚实架构。然而，观察雪莱如何选择性地隐瞒里特森的观点，更可以从中嗅出其意图。布拉克内尔素食主义者们深知里特森在为保护动物而攻击人性的观点使自己多么不受欢迎，此外，他的动物权利论点很轻易地就可以被推翻。因此，他们理解到，唯有以人类中心主义作为立论基点，才有可能为素食主义扳回一局。就算他们相信动物有生存权利，也隐而不谈。

浪漫主义时期的诗人已被视作当代自然感性的先驱；除华兹华斯、拜伦、雪莱、柯尔律治，还有无数诗人面向自然世界发出喟叹。此章节与下一章节将重新探讨此自然命题，并且分析何为雪莱心中的"自然"？并对近年学者所定义的自然提出怀疑。教授蒂莫西·莫顿曾在其经典著作《雪莱与味觉革命》里，阐述雪莱如何将身体视作隐含经济与社会概念的自然世界的交界面。但是，尽管莫顿认真地讨论雪莱对生态系统的兴趣，但是雪莱的概念究竟有多接近"生态学"，却是难以回答的问题。里特森企图将人类贬低至动物阶层以求生态圈平等，而布丰与伊拉斯谟·达尔文则认为狩猎为自然体系的动态平衡关键点，那么，雪莱在此激辩战场上提出什么意见呢？他是否如学者所言，保持着类似当代"深层生态学家"的观点，认为自然生态体系隐含互助互利的价值？又或者他对于生态圈的兴趣乃出自于自然体系提供了社会和谐的范本？究竟雪莱的素食主义源自对动物的容忍与互利同情，还是出于人类的自我利益？以及，有多少的人为因素介入了自然法则的建立？

拉姆、纽顿与雪莱都曾以爱护动物为理由进行素食主义辩护，但是他们不认为同情心是因道德节制而起，反之，他们认为解剖学观点证实宰杀动物对人类草食天性有害。拉姆甚至断言："依人性原则与意识感受进行节制的行为，完全是错误示范。"霍格直率地将布拉克内尔派的素食实验与里特森的行为做对比，他说：

> 他以古董贸易出名，却是个蔬谷狂热者，他以愤怒和野蛮夸大之词汇填充理论，因此被断然污蔑成疯子。他称山羊、牛、猪为"人类的伙伴"，或许它们确实是吧。他认为我们绝对不应该吃伙伴的肉，甚至残杀它们。跳蚤、小虫、虱子、绦虫都是好伙伴啊，我们不管它们吗？还有卷心菜呢。

霍格分析，雪莱和众人不同，雪莱视素食主义为"平和、深思熟虑后的选择",并认为素食"是诚挚严谨的饮食选择,并且能彻底发挥健康效用"。

雪莱以同情动物而闻名。他曾经为了理查德·格雷夫斯的著作《灵性的堂吉诃德》里的虐待狂格雷厄姆先生与人争辩不休,更大张旗鼓地攻击华兹华斯诗作《远行》里竟描绘"大批鳟鱼痛苦而死时的美妙颜色"。但是雪莱承认反素食主义阵营的说辞,假使食肉对人类有益处,那或可抵消动物的受苦。然而,他还是坚持吃肉对人类只有害处,而非有益。此外,他对大主教威廉·金、弗朗西斯·哈奇森、戴维·威廉斯与杰里米·边沁所提出的"屠宰对动物而言也是有利的,因为主人多半悉心照料、养护它们"的说法,持以否定态度。雪莱呼应里特森、拉姆、纽顿,甚至还有塞缪尔·约翰逊,指出阉割动物实为剥夺农场动物的快感与生存源头,并得出结论:"如果让有情感的动物承受无法交配的痛楚,不如一开始就不要出生在这个世界上。"虽然神义论者与功利主义者视家畜产业为双赢的局面,但是雪莱则认为,此情境之下,人类与动物都承受磨难,根本是双输。在他未出版的著作《蔬菜饮食系统研究》的最后一段里,雪莱解释让动物受苦"毫无必要",因为肉食会"损害人类社会的和平":

> 任何有情感的动物惨遭杀害,都必须得到正视……心狠手辣的惨案出自内心的暴力,这种事令人发指,令人憎恶。

雪莱转而投奔人类中心主义阵营,承续洛克、贺加斯、亚历山大的圣革利免以及众多思想家,认为残酷虐待动物之所以不可取,在于那会酿成暴力心性。当时社会普遍认为肉食让人类有勇气、信心与攻击性,即便现在，这个想法依旧存在；而雪莱的说法与此旧有观念并行不悖。雪莱认为，食肉是社会暴力的直接肇因。雪莱的同道也一致认为，他的人类中心主义思想，比起里特森的观点更易为人接受。1817 年，霍勒斯·史密斯与雪莱会面，他兴奋地表示，雪莱排斥食肉不是因为"毕达哥拉斯主义或婆罗门教义斥责肉食行为相当残酷，或不应残杀上帝的创造物，而是因为……茹毛饮血使屠宰者及享用者都变得像禽兽"。

虽然，让雪莱起心动念的是人类中心主义，但是他仍旧盼望素食主义会使动物与人类的关系趋于平等，也因此，部分评论者认为雪莱以较为生态中心主义的价值体系取代犹太基督人类中心主义。进一步检验雪莱的诗作，我们可以查见雪莱参与当代生态辩论时的思想波动，并观察现代概念下所假设的自然状态，以及人性之于自然的定位。

在其早期诗作里，雪莱透露了希望素食主义能消除世间丑恶的幻想。《麦布女王》里，以过去、现在、未来展示三阶段的人类时期。在初期两个阶段里，"地球在宗教铁幕下嚎叫……人间，正是屠宰炼狱所在"。但是，未来则有"不流血的革命"，届时和平时代的社会改革者，将恩泽惠予动物走兽以及世间万物：

> 将再也没有，
> 屠戮那望着人类双眼的羔羊，
> 并丑陋地吞咽它的肉块，
> 那践踏了自然法则，
> 以腐恶的幽默感染指人类心性，
> 那邪恶的气息和恶毒的本质，
> 痛恨、贪婪，盘踞着他的心头，

它们不能展翅翱翔，

它们美妙的诗歌骤然消逝于林间。

它们脱离人类魔掌，并群聚一块儿，

舔舐闪耀着光泽的羽毛，

小朋友们友好地与鸟儿嬉戏，

奔向那毫不知惧怕的动物。

那时，没有恐惧：人类早已失去

他可怕的特权与地位，

人与动物皆平等。

第一段显示"不再"吃肉，就是用人类肉身重新建构自然循环体系，并让人类心性免于疾病、暴力与罪行。这种说法无疑相当大胆，但是雪莱自信经验证据已证明他的假设。1812年到1813年之间，雪莱创作《麦布女王》时，他与日后的妻子哈丽雅特深信，尽管他们偶尔以食肉调剂生活，但是素食饮食已让他们的身体健康状态"大幅改善"。《自然饮食者的告白》里，雪莱加进了一段注解，以报告书手法写道："17个不同年龄的人（纽顿与拉姆家族），在实践了为期七年的素食饮食法后，几乎很少有人生病，更无一人死亡。"来年，他自信地宣称，实验人数已增加至"60人"，他们非常健康地完成了三年的生活实验。当拉姆医生听闻索尔福德那儿由考尔德领导的《圣经》基督派素食主义社群后，雪莱的数据暴增至400人："他们很健康，或许可以说他们比镇上的其他人都来得健康。"六年后，当罗伯特·骚塞挑战素食主义者，要求他们提出素食法的健康效用："希望英格兰的毕达哥拉斯信徒可以有足够的人数和哲学素养来进行实验……以检验他们素食系统的生理影响。"

雪莱认真读毕骚塞的挑衅语句，深信自己早已做到了信中的所有要求。

在《麦布女王》里，雪莱描绘动物王国将如何回应如果人类"不再"扮演嗜血暴君。雪莱幻想人类不再背弃道义，欺侮动物走兽，这呼应了早期激进诗人约翰·沃尔科特，别号彼得·平达的诗作：

> 我实在无法看着它们温顺的双眸，
>
> 轻拍它柔软的双颊，让它饱餐一顿，
>
> 然后说道，明天夜晚来临时，你必须死，
>
> 然后抽出屠宰刀，让血蔓延。

雪莱认为，放弃暴力使得动物鸟兽得以奇迹般重新聚集在人类身边，它们的眼神中再无惧怕。在他的散文里，着重描写了素食主义背后的人类中心主义概念，虽然他没有明确点出，为何这样的素食主义观点得以成立，但是他的诗作透露了一些这样的意味。

虽然当时他自称为无神论者，但是雪莱在《麦布女王》与其他诗作里所呈现的想象世界，都相当近似于千禧年后的和平天堂。如同一个世纪前的《土耳其间谍》，雪莱重构犹太基督救世思想，并将之转换成更为通俗的完美未来想象。他曾经向朋友解释道："我心中的黄金时代是基督千禧年。那时，狮子将和羔羊和平共处。"《麦布女王》里，雪莱又一次运用了《以赛亚书》的想象：

> 狮子已忘了嗜血天性：
>
> 它奔驰于艳阳下，
>
> 孩子们快乐地在一旁玩耍；

它的爪子已没有血腥味，它的牙齿不再凶恶，

习惯已让它的性情，和羔羊无异。

雪莱认为，人类的习惯让他忘却草食天性，而嗜好肉食；诗句里，他建议"通过习惯养成"，让肉食者的残暴天性"转换"成无害的草食性格。雪莱的论辩似乎有点矛盾，因为他坚持人类应顺应天性，维持草食习性，但是他又建议"天生"的肉食动物应转变成草食动物。但是，事实上，雪莱相信当时的原革命理论，认为物种可以循序渐进地转换本性。虽然，狮子的本性可能相当"暴虐"，但是雪莱认为"暴虐"绝非自然世界的天性。因此，雪莱认为，放弃猎杀行为不代表"重建"自然法则，而是"修复"自然法则。他和拉姆、纽顿以及纽顿的岳父戈德温一样，认为自然本善，而任何丑陋恶行皆是人为造成的，并且毫无必要。对雪莱而言，自然并不代表"万事万物"，甚至不是"所有非人的事物"，而是"所有的善"：任何不符合他审美观念的自然事物都是"不自然"的。雪莱近似伊甸园般的美好自然概念，无法接纳任何恶毒或具有侵略性的行为，甚至如冬日的荒凉或沙漠，亦不在他的自然范畴内。他定义诸恶，如社会不平等为非自然状态。他的第二任妻子玛丽声称："雪莱的人类物种论认定恶行绝非出自原本的世界，而是应被遏止的意外事件……人类若能将恶行排除在自身与自然环境之外，将能臻至完美境界，这正是他理论的精髓所在。"和友人纽顿一样，雪莱对拜火教很感兴趣，并设想摩尼将经历抗争阶段，涤净宇宙间的非自然的堕落物质。

正统教义派如大主教威廉·金与约翰·克拉克曾在著作《论罪恶的源头》（分别在 1702 年和 1720 年）里强调神义论概念，认为恶行是更广大的博爱天道中的一个环节；布丰与达尔文也曾在其近乎唯物

论的论著里重复这一观点。他们试图证明世上并无绝对的恶，并争辩狩猎恶行也是自然系统里必须且重要的部分。雪莱认为，自然体系里没有恶的存在，他也否定了神义论者的哲学解释和对狩猎的辩护。威廉·戈德温和颇具威望的威廉·佩利牧师认为，猎食行为似乎与宇宙博爱概念相抵触，而里特森更强调，宇宙间根本并无博爱原则的存在。雪莱同意猎食与博爱原则相违背，他以此反证，恶行绝非自然系统的一部分。

对雪莱而言，食肉如同打开潘多拉的盒子，让兽性侵入人类世界，而唯有素食主义能带领人类回归原始状态。吃食动物，等同于偷尝禁果；并让人类成为地球独裁者，造成自然生态体系与社会的不平等。放弃食肉，让人们重返自然，恢复"人与动物皆平等"的状态。这种平等主义的概念似乎与人类中心主义相抵触。不过，虽然雪莱的理论试图罢黜人类反常态的独裁者地位，但是他的概念确实以人类为世界中心，只是这种人类中心主义似乎更为细致与复杂。

雪莱认为素食主义能修复物质失衡并恢复动物之间的和谐状态，这一说法赋予人类独特的权力，并与基督教义宣称的动物皆处于堕落腐败状态，等待人类千禧年觉醒，并予以拯救的说法雷同。雪莱对自然的定义确实太过人为纯洁化（虽然以现代眼光看来有点荒谬，但是同期的神义论者甚至宣称蚊子、疾病与有毒浆果都是上帝给人类的礼物）。雪莱声称人类与自然皆能净化一切罪愆的说法，近似于贵格派教徒格雷厄姆，或是更为玄妙的特赖恩。当时人们通过精美的诗文与普遍的善意来响应雪莱的信念。毕竟在 18 世纪末期，确实存在这样一种广泛获得人们认同的潮流，即重建动物与人类社会和谐的观念。雪莱亦步亦趋地跟随科学家的脚步，并深信知名科学家们将相当肯定他的理论。

1764 年，大冒险家路易 - 安托万·布干维尔伯爵于马卢伊岛（福克兰群岛的一部分）登陆，当时迎接他的是相当奇异的景象。岛上野生动物从无接触人类的经验，因此它们丝毫"不惧怕"冒险家与其队员的到来。鸟儿根本不害怕人类可以一掌夺其性命，甚至随意地停在队员们的脚边。部分基督教人士认为冒险家目睹了动物堕落前的原始本能，它们乖驯地依偎在人类君主的身边；而其他学者则认为此行为展现了动物间的互信。对冒险家而言，他自认见证了"人类天性绝非残暴丑恶"的假设。此景象美妙动人，而接下来的数十年间，类似的动物故事屡见不鲜。确实，即便今日，人们仍然沿用此类冒险游记严肃探问人类与环境的关系。蒙博杜勋爵曾经提及布干维尔的经历，以证明人类本为草食动物，并且生动幻想："动物们群聚在冒险家身边，禽鸟轻触冒险家的头与肩膀，而野兽们则亲昵地在他们脚边打转。"他观察发现："如果人类本为动物的狩猎者，那么动物应会本能地避开。"老达尔文曾经引用蒙博杜勋爵的说法，并且加入了约翰·格梅林教授讲述的西伯利亚狐狸的故事："它们一点都不惧怕格梅林和他的队友，并让探险家们近距离观察，它们从未见过人类。"据老达尔文的说法，这代表"动物是通过学习，才懂得害怕人类"，也因此，人类或许能以和善的方式重新建立与动物的关系，"假使它们尚未得知我们的暴行"。老达尔文甚至认为，肉食动物可以抑制自身的暴戾之气，他曾引述当时著名的自然学者，至今仍旧备受环境学家尊敬的吉尔伯特·怀特的故事，描述一只猫咪如何温柔慈爱地喂养失去母亲的幼兔。根据喜欢吃糖的本杰明·莫斯利的说法，就连老虎也可以通过素食养育法的教导，而不留一丝暴虐气息。

冒险家们的经历印证了动物权利的鼓吹者汉弗莱·普里马特的千禧年幻梦，当 1776 年到来时，如果人们遵循上帝旨意，怜爱动物，"我们将抵达和平、和谐、爱的国度；人类变得仁慈，兽类变得温驯；家畜们将不会在鞭子的抽打下发出哀鸣……人与兽类，都将共享全新改变所带来的幸福"。看起来，戴维·格雷厄姆、约翰·威廉森、托马斯·特赖恩的想象，有了足以佐证的故事。素食主义作者乔治·尼科尔森重复老达尔文对此类冒险纪实的运用，还增添了乔治·福斯特所描述的库克船长之遭遇。《探险世界》里面记载，库克船长在 1773 年抵达新西兰达斯基湾时，船员发现"树林间的小鸟们根本不知道有人类的存在，它们盘踞在邻近枝头，只消几步路我们就可以把鸟儿打下来……这股大胆一开始保护了它们，毕竟它们靠得太近了，连弹弓都派不上用场"。然而，鸟儿们很快就接受了教训，离人类越远越好。布干维尔日后泄气地说道："它们很快对人类失去了信任，并了解到了人类的残酷。"

对雪莱、拉姆和纽顿而言，奇幻的冒险故事验证了普鲁塔克、伽桑狄与其他学者那种认为人类并非肉食性动物的说法。如果人类确实是肉食狩猎者，那么动物应当会本能地避开人类。但是雪莱观察发现，"人类没有狮子的獠牙或老虎的利爪"。如果惧怕人类并非来自本能，而是后天学习，那么许多科学家直言，假使人类停止迫害动物，并使动物不再认为人类具有危险性，那么人类与动物将可以共建互信的家园。《麦布女王》里，雪莱提出了解剖学观点：鸟不再惧怕人类，它们毫不担忧，就像福克兰群岛的鸟一样，甚至停在人的手臂上。

库克船长的新西兰报告很直截了当地否决了布丰等人的说法，认为猎食本为平衡生态体系的一环。库克精确观察后发现，除了新近移入的毛利人以外，新西兰岛并无原生的狩猎者，此外，该地生态圈似乎享有独特的平和。达斯基湾的鸟儿坦然地面对船员饲养的猫咪，报告指出："它们似乎对猫咪的残忍毫不知情。"如同雪莱所提出的，在此生态圈内，连动物间的相互猎食都闻所未闻。这样的平等主义的境地呼应了伊甸园般的黄金时代，而雪莱的《麦布女王》更阐述了类似的理想画面。依雪莱的观点看来，人类才是将猎食带入生态圈的凶手，而未有人迹之地，更是毫无狩猎行为的存在。库克的观察笔记指出："人类尚未驻足的生态圈，似乎毫无阶级系统的存在，亦无猎食者之踪影。"如果人类停止猎杀，动物很可能会重新信任人类，也会因此得以重建没有杀戮的社会生态体系。

拉姆医生似乎被雪莱的热情所影响：

> 人类与动物间不应存有敌意，大自然早已暗示人类应和动物建立互信关系。无数的冒险家与探险家的笔记已证实，在无人的岛屿和国家，在那动物可自在地不受侵犯与伤害的地方，它们一点都不害怕人类。鸟儿不害怕人类伸手捕捉它；狐狸像狗儿般蜷在人的脚边。事实显而易见，大自然希望人类能与动物和平相处。

拉姆医生的观点为无人岛主题添加了新的方向，因为他加入了"无人狩猎或侵犯动物的国家"。这对素食主义改革而言更有实质意义，因为无人岛屿并非改革者所关注的，素食主义者更期望人类能改善自身行为，以期和动物建立更为友善的关系。最显著的例子非印度莫属。自17世纪以来，探险队员们带回了无数关于印度人与动物和睦相处的故事，直到18世纪晚期，这些故事开始在人们心中烙下了鲜明的色彩。里特森深受此潮流影响，不但引用库克船长与布干维尔的历险故事，他更重新出版皮埃尔·玛丽·弗朗索瓦·帕热斯的《环游世界》，该书将此幻想提升到了另一个层次。帕热斯宣称，苏拉特区域的居民对待动物极其温柔，因此，连肉食动物都变得温和可爱：

> 空中的鸟儿们似乎没有因为我们的到来而不悦，它们盘踞枝头，跳跃穿梭在枝丫间；它们似乎认为人类不过是宁静与和谐自然的一小部分……连凶猛的野兽似乎都失去了凶猛性格；而当地居民对来访者的啧啧称奇也已经习惯了；如此和平共处，确实保护了所有弱小的动物啊！

史料与经验说，给了雪莱原始新西兰与福克兰岛生态圈所缺乏的故事：遥远岛屿上并无狩猎物种，而在印度，素食习惯更消除了"野蛮"的狩猎行为，变得"无害"（雪莱在《麦布女王》中如此形容）。这些故事多少呼应了卢梭的小说《新爱洛伊丝》，而雪莱更形容该书为神圣的天才洋溢之作，并包含了道德感性。因此，此类故事和朱莉的动物庇护所和保罗与维尔日妮的伊甸园一般，成了浪漫主义时期的基础信念，让人重新探究与自然关系的可能性。

虽然雪莱和里特森一样，对婆罗门祭司充满不屑，但是他也认为印度人完美示范了吃素如何能让人们变得温和，以此重建自然和谐，并且无须仰赖基督教义的做法。印度素食主义让雪莱能够重申神圣千禧年神话，并恢复原始素食饮食。不流血的生态圈提供了远较古老宗教更为悠久的唯物主义美学。

早在雪莱于牛津大学就读时（日后他因无神论观点被开除学籍），就已熟读"东方旅游者"以及东方主义者威廉·琼斯爵士、爱德华·穆尔、威廉·罗伯逊等人的著作。当然，他对蒙博杜勋爵的作品也相当了解，还间接吸收了约翰·泽弗奈亚·霍尔韦尔的观点。他和托马斯·福斯特是好友，后者更在研习印度教与毕达哥拉斯哲学后，撰写并出版了许多书籍，专论动物是否拥有不朽的灵魂，以及人类是否为原生的肉食动物。雪莱也对印度抱有极大的兴趣，他很想亲自走一趟，这或许是受到他岳父好友约翰·斯图尔特的影响，雪莱曾经在东印度公司的办公室写信给托马斯·洛夫·皮科克，询问要怎么样才能在印度大公手下谋得一职。

雪莱深受悉妮·欧文森的著作《传教士之印度传奇》(1811)的影响。该书讲述了婆罗门女祭司卢克希马与基督传教士伊拉里翁的柏拉图式爱情故事，后者很像诺比利，是个入境随俗的传教士。卢克希马非常温柔地对待树林里的动物，以至于所有动物都很温和，毫无暴戾之气。当两人相遇时，卢克希马看见伊拉里翁以完全"印度人的方式"对待动物，因此对他产生了好感。如学者约翰·德鲁点出的，《传教士之印度传奇》包含了威廉·琼斯著作所探讨的印度学知识，此外，琼斯所翻译描述印度国王杜希扬塔因接触到了如天堂般的野生动物乐园后放弃狩猎的梵文经典故事，恰巧也有一名叫做卢克希马的女主角。而骚塞的《克哈马的诅咒》似乎也直接而深刻地影响了雪莱的作品，并让他相信素食主义能够重建宇宙间的和谐。确实，观察雪莱的文辞，可以发现这些作者对他的影响，如他在《麦布女王》里所提到的"恐怖特权"（他认为人类应当放弃此特权），就对应了伊拉里翁所说的"可怕特权"。

这些故事多多少少让雪莱深信个人拥有改变环境的力量，此信念更是布拉克内尔的纽顿素食主义群体的基本概念。雪莱称素食为"俄耳甫斯与毕达哥拉斯主义的体系饮食",他更相信自己的素食诗作能够修复自然和谐,如同希腊神话的素食主义者俄耳甫斯以音乐吸引人类和动物一般。雪莱还有诗作借鉴了《土耳其间谍》里的隐士形象,描述了一位独居主角,以蔬谷作食,并和动物和悦相处。心事重重的雪莱或许将自我投射到笔下的主角身上,他的第二任妻子玛丽这么形容:"他时常与内心的邪恶念头交战。"诗中主角们传递了对纽顿黄金时代理论的信念,他们更印证了雪莱在《自然饮食者的告白》里的论点,认为素食主义"将破坏邪恶的根源",通过努力,即便"不能让全国食素,但是仍旧可以获得小规模的社会式、家庭式与个人式的成功"。

如教授蒂莫西·莫顿所言,雪莱诗作《阿拉斯托耳》描述了富有俄耳甫斯精神的诗人,他和动物享有欢愉的关系,并有如布干维尔船员般的福克兰群岛体验:"鸽子、松鼠被他温柔的双手和吃食蔬菜的习惯吸引,他温暖的样子令动物们放心。"在他的诗作残篇《马曾吉》(1818)里,讲一位佛罗伦萨英雄人物马曾吉受到崇尚印度生活方式的约翰·斯图尔特的鼓舞,回归自然:"他处于庞大的自然之中,感觉自己超越了自身的渺小,并在深思过后心灵随之成长。"

> 他吃野生无花果和草莓;
> 秋天所盛产的奶油味的核果,
> 他混着草类吃下,或是炒了炒,
> 冬日海风从岸上飘来;
> 他捡拾了些盛开的鸢尾花,
> 一丛丛的花儿们躲在沼泽地绽放。

马曾吉只吃自然死亡的动物，他将死亡转换成生命。同样地，他不只感化了温顺的野兽，还有那些"本性就与生命交战的东西"（雪莱对恶魔般的沼泽两栖动物的委婉说法），它们跑来在马曾吉的身边"讲话和玩耍"（雪莱或许联想到了乔治·尼科尔森描述一名温和对待动物的男人，让剧毒的爬虫类也与他做朋友的故事）。雪莱让马曾吉顺应自然，以消除自然界的邪恶错误：他只吃大自然提供的食物。如同雪莱在《自然饮食者的告白》里强调的，婆罗门实为实用主义者，所谓的素食饮食，正是大自然中最容易取得的食物集合。马曾吉远离复杂的都市生活，并以随手可得的食物喂饱自己；他并没有刻意地以道德感选择食物，而是尽情地享用大自然所提供的具有"牛奶香味"的食物（这一点和卢梭《论人类不平等的起源和基础》里的独居原始人非常相似）。被微风轻轻摇下的松果，被浪潮带到马曾吉身边的鱼儿，都象征了自然的力量，并彻底取代了布丰所坚持的捕猎鱼类得以控制其数量的说法。

　　雪莱描述个人通过自身力量可以重建自然界和谐，这或许透露了他相信人类具有得以控制自然的能力。但是如果雪莱幻想人类向自然妥协是为了施展超越自然的力量，那似乎有点自相矛盾。要理解雪莱如何想象人类与自然的妥协，必得深入研究《麦布女王》的遣字用词。人类并非放弃了狩猎动物的权力，而是失去了那"可怕的特权"。雪莱不认为选择素食主义是为了实践理想互利主义，相反地，人类必须奉行自然法则。人是受之约束的，在他讨论素食饮食的两篇文章里，雪莱强调以科学证据看来，人类社会"终将视肉类与发酵酒精为慢性毒物"，此外，"避免有害食物是毋庸置疑的普世真理"。雪莱认为，人类无法逃脱肉类有害的自然法则，选择素食主义就像潮水起伏般自然。而讲述素食的理论，仅仅是工具或是语言游戏，素食本身是大自然教导我们的。关于素食的诗文与理论超越不了自然法则，相反，它们是自然法则的产物。但是通过这些文字，人们可以实践大自然的意志。

浪漫主义作家翁诺·厄勒曼斯认为，雪莱并没有将自己当成风中呐喊的激进者，他和他的诗歌都是被微风吹动的树叶。《麦布女王》里，雪莱将人类对乌托邦改革的幻想，对比让星球绕行运转的自然力量："人类，如同此类被动的事物 / 它们将不自觉地完成自我: / 人类和它们一样，拥有无尽的和平时光 / 时间将快速流逝 / 但它终将到来。"《西风颂》里，雪莱想象自己是弥赛亚，呐喊自然的力量："哦，请将我像浪花、落叶或云朵般卷起吧! / 我将落在生命的尖刺上! 我将流血! "他的诗歌拥有改变人心的力量，而人类不过是大自然的被动工具:

> 让我消逝的念头流传在宇宙间，
>
> 像是落叶转眼新生!
>
> 就让这诗歌般的咒语，
>
> 飘散，从我那无休无止息的心里，
>
> 飘散出灰尘与花火，
>
> 让我的话语散播在人群间!

厄尔曼斯怀疑:"雪莱写的不是素食诗歌（虽然他本人曾多次如此称呼)。"不过，素食主义确实是雪莱主要诗作的命题，只是他认为自己的道德禁欲是归顺于自然法则的体现。事实上，我们该试着了解雪莱如何能像个桀骜不驯的自大狂，又同时展现面对自然力量的谦卑;他拥戴过时的人类中心主义，又主张人类放弃可怕的特权，以期能达到"动物与人皆平等"。人类不需要拥有超越自然的道德标准，他们总有一天将放弃不自然的习惯，顺应自然。

在雪莱的另一篇"素食主义"诗作《伊斯兰的反叛》里，他详细描述了大自然将如何引发社会与生态革命。有如弥赛亚一般的英雄劳恩引领革命（此标题暗示印度民众群起抗议穆斯林暴君），人民的力量仿佛大江大浪。在激烈的民愤面前，残虐暴君如同《麦布女王》里的主角，别无选择地放弃了可耻的特权。劳恩所领导的革命力量建立起了"联盟阵营"，而其金字塔结构象征了人类所出生的原始山脉（根据同时代东方主义者乔治·费伯的图解学说而来），那代表了真正的伊甸园与亚拉腊山，人类与动物在此共享和平的原始自然环境。在山脚下，革命家们聚集于火堆旁，享受如法国共和派一般的文明盛宴，只不过，他们的大餐是素宴，所有的动物都受邀一同享用。而劳恩那好似夏娃的伴侣希特娜宣布：

> 伙伴们，我们自由了！果树结实累累，
> 星儿底下，是晚风在吹着，
> 鸟和野兽们在成熟的玉米田里梦想着，
> 我们再也不会流血，
> 凶恶的人类野兽再也不会杀戮，
> 苍穹下弥漫着指控；
> 复仇之心该停歇了，
> 那喂养了疾病、惊惧和疯狂，
> 漫步在宇宙间、空气中的浪子，
> 应该加入我们欢乐的行列，
> 在这里寻求庇护或一顿饱餐。

17世纪时，托马斯·霍布斯认为，互相害怕正是自然界爆发战争的动机。而雪莱更推论（呼应了华兹华斯），惊惧，出自于违反自然法则，只有吃食大自然愿意"真心提供"的食物，才能弥平罪愆。自然力量并无包含恶意，如同霍布斯断言的，反之，它指向和谐。

《伊斯兰的反叛》里，完美的田园诗最终被结伙作党的暴君们摧毁，劳恩与希特娜最终被架在金字塔型的柴堆上活活烧死。翌年，雪莱以诗剧《解放了的普罗米修斯》诠释了同样的主题，这一次这位弥赛亚式的人物成功逃离了堕落人间。

然而，此时，雪莱的医生警告他必须即刻放弃素食，以挽救岌岌可危的健康状态。雪莱羞愧地坦承自己的实验宣告失败。朋友们则一直认为他对素食主义的信念根本是幻梦一场。他的表兄托马斯·梅德温，同时也是雪莱传记的作者，也曾于印度时选择茹素，他宣称"过量鸦片"与毕达哥拉斯式饮食害惨了雪莱。时常拜访布拉克内尔素食群体的托马斯·洛夫·皮科克，认为雪莱的素食法"让他神经兮兮又衰弱，并过度夸大自己的感性"。1817年，雪莱甚至央求激进记者利·亨特及其妻子玛丽安娜为他掩饰身体欠佳的事实："作为一个新饮食体系的鼓吹者，我必须刀枪不入，异常健康，改革后的国会应该可以破除所有政治阴谋……不然没有人会放弃肉食……或是改革国会。"1821年，亨特调侃雪莱："当他开始吃牛排时，就如同从天堂坠入地狱一般。"雪莱已经成为他热爱的印度语所指称的素食主义的"贱民"。

巧合的是，《解放了的普罗米修斯》的素食主义思想比重，似乎比雪莱先前的诗作来得少。《自然饮食者的告白》里，雪莱承袭纽顿的理论，认为普罗米修斯是对肉食者的比喻。而《解放了的普罗米修斯》

里的普罗米修斯则有着更为复杂的意义，也代表了摩尼教徒为守护人性而征讨腐败暴君的故事。普罗米修斯和马曾吉一样，他的想法符合大自然的脉动，并拥有俄耳甫斯般的魅力，吸引自然万物重返和谐美好。随着普罗米修斯的挑战成功，所有地球生物复归和睦的生态圈，并让自然重获新生。而"大自然"呼喊道：

> 从今尔后，孩子们都平等了，
>
> 他们躲在我永恒的怀抱之中，所有的植物，
>
> 和许多稀奇古怪的生物，拍打彩虹般翅膀的昆虫，
>
> 鸟、野兽与人类，
>
> 从前它们从我的怀抱之中得到疾病和痛苦，吸吮痛苦的毒药，
>
> 现在，它们该获取甜美的营养；
>
> ……死神，将非常缓慢地到来，取她的性命
>
> 或许她是个母亲
>
> 抱着孩子叫道："别离开我。"

残暴的死亡已被"自然"死亡所取代，让生物再次同化，重新回归生态圈。布丰和达尔文曾经论辩自然的腐败凋零远不及"无痛"的屠宰；而雪莱则将自然死亡看作母亲的怀抱。自然死亡和遭狩猎死亡的差异，等同于吸吮母乳和撕裂、吞食护士的差别（雪莱时常摆出此意象）。如同《麦布女王》和《马曾吉》里，"凶险野兽"开始吃草，"致命"的爬虫类变得"甜美可爱"，而苦毒的植物变得鲜美；翠鸟让被狩猎的虫儿重获自由，并以原本苦毒致命的水果当作晚餐。

普罗米修斯再一次与自然并肩作战，革命到底。玛丽·雪莱解释

雪莱的普罗米修斯"将知识转化为武器，抵御邪恶，并引领人类从无知无罪的境地，走向智慧而道德的新世界"。普罗米修斯传授文明知识，并将众人带离压迫者的泥淖，这反映了雪莱本身的信念，他认为传播科学证据与知识能促成人们的自我革新。革命者普罗米修斯有改变外在世界的人类中心主义的意味，但他只是以此作为实现自然法则的工具。

雪莱将人类置在《解放了的普罗米修斯》中心，意味着他认为人类的行动，仅次于大自然的自我革新力量。然而，革新亦须经由人类之手，所以人类仍旧是主要角色与受益者。人类虽然失去了大自然统治者的地位，但他仍旧居于生态圈的中心。根据诗中的描绘，尽管已经实现"人类与动物皆平等"，但雪莱仍想像动物会"围绕"在人类身边玩耍，将他视作保护者，并随着人类的音乐起舞。让雪莱害怕吃肉的主要原因是，他认为食肉引发了人类的"兽性"，这点正是克劳德·列维-斯特劳斯用以分析世界素食文化的主要观点。雪莱大幅提升了人类的地位，这避免了里特森等人的攻击，也让自己免于布丰派的否定，后者就曾认为卢梭派素食主义者是通过宣扬"彻底戒肉来追求完美长久的安宁"的神话让"全人类受辱"。

雪莱的想法有一些"生态学"的意味，因为他探讨了物种关系，并将人类看作自然循环的一部分。但是，若深入分析雪莱的观点，我们就必须将他的看法与生态学区分开来，因为后者重点研究非人类的生物体，即秉持生物中心主义，这与人类中心主义大相径庭。过度使用"生态观点"阐释雪莱的作品，就忽视了他视人性为中心的事实。

玛丽·雪莱曾表示，雪莱回避革新失败的事实，把自己关在诗歌的天地里，并否认自己的诗作是社会改革的理论架构或规则。许多人批评雪莱专注"内务"革命，过度关注"个人"与"家庭"的层次。但是对雪莱而言，家庭正是宇宙穹庐的微观象征，他的个人生活实践近乎人类遵循和谐自然法则的范例。他期盼自然力量能够通过他重新塑造世界，并达到和谐的理想境界。玛丽以非常谦虚的口吻说道："他希望至少能让一两个人相信，如果人类都愿意，地球将就此改变。"雪莱的素食主义诗歌深刻影响了 19 世纪的工人革命运动，他在《西风颂》里的渴望真的实现了，他"消逝的念头"在世界各地如落英缤纷散播开来，当圣雄甘地把他的想法传到印度，这些思想火花点燃了人类历史上最伟大的非暴力抵抗与革命解放运动。

自然与文明并不冲突，这是雪莱，以及布拉克内尔派素食者纽顿和拉姆医生的思想总前提。在他们看来，文明从属于自然法则，人类应以文明化、自我教育的方式来重返自然，其实现手段就是不再吃肉，复归天然饮食。正如雪莱的《普罗米修斯》所揭示的，科学与教育是让这种革新成为可能的文明工具。布拉克内尔派素食者则追随蒙博杜勋爵的让文明遵循自然法则的看法。后者曾经指出，尽管卢梭猛烈抨击腐败的文明社会，但是人类无须回到野蛮时代。蒙博杜为 19 世纪素食主义者提供了理论架构，指出素食既是符合自然的饮食，也是文明社会进步的逻辑必然。社会需要更多的文化，而非减少；素食主义者还强调，特别需要更多的农业。

普遍认为，人类从果实采集演进至狩猎者，再从畜牧者文化进化到农业时代。卢梭在《论不平等》中辩证地认为，农业是一场忧喜参半的"大革命"，从此它将不平等带入人类社会：财产诞生了，人们不得不劳动，广袤森林开垦成良田，随着汗滴禾下土，很快，奴役与苦难伴随着庄稼一起生根发芽。布拉克内尔派接受了卢梭的社会改革论，但是拉姆指出，所谓的"大革命"应该能让人类脱离食肉，并种植蔬谷以重返原初的素食饮食。"不放弃动物食品，"拉姆说，"简直是对奴隶生活的坚持。"在拉姆看来，蔬菜水果是最文明而自然的食物。

拉姆、纽顿与雪莱对农业的热情，来自欧洲人对饥饿时代的强烈恐惧。人口爆炸摧毁了食物制造业。18世纪时期，英国人口从五百万暴涨至一千万。1790年至1800年间，当食物短缺问题袭击欧陆时，人们对这个主题怎敢掉以轻心：人类的未来将会是饥馑和不幸吗？人类是否已经抵达进步的终点？

为了解决粮食危机，增进土地使用效能成为英国老百姓的热门话题。骚塞对于素食主义的评析，无疑为拉姆、纽顿与雪莱带来了新的方向。"拒绝吃肉的想法不仅无过，而且一点都不可笑，"骚塞说，"但是，终极的政治问题是，究竟是肉类饮食还是素食饮食能喂饱广大人口？"如果素食意味着更有效率地使用农地，那么确实有必要重新思考肉食习惯。

断定一国家强盛与否的关键，无外乎是经济、土地与军事规模的大小，故庞大人口数量确有其功用。因此，功利主义哲学家们重新诠释古老的"让人类大量繁衍"伦理观，他们认为每一个人都有潜力创造自身最大的幸福，因此，如能繁衍大量人口，即是创造地球最大的幸福。换言之，能够创造最高产量的农业系统，无疑就是最好的系统。众多农业学家、经济学者与人口学家支持素食主义者的观点，认为利用可耕地种植植物，将比狩猎与畜牧能够喂饱更多的人口。

威廉·佩利牧师正是最重要的人口增加道德论的支持者。他所著作的《基督教证据观》，直到20世纪都还保留在剑桥大学的阅读书单里。在《道德与政治哲学原理》里，佩利认为《圣经》中，动物被应允登上挪亚方舟，是人类具有宰杀动物之道德权利的唯一理由。他指出，吃掉一些动物是避免它们过度繁殖，以及避免它们与人类争夺资源，而由人类豢养的动物更有被宰杀的理由。但是他认为这类反素食主义论证，无法套用到鱼的身上。而且如果不诉诸《圣经》，人类根本无法证明自己的宰杀行为合乎道德。

其实，佩利反而认为，圣经赋予人类宰杀动物的道德权利，并不等于可以行使这一权利。这正是英国哲学思潮转变后的经典命题。对于大卫·休谟、弗朗西斯·哈奇森等元伦理学者来说，哲学在根本上是要定义道德的本质，而对规范伦理学者来说，则注重人类究竟该怎么做。吃肉或许并非杀害动物生命的过错，但是它代表了人性中的善念吗？佩利在《人口与粮食》里表示，政治最大的目标即是积极扩充人口数；而肉食行为最大的问题在于，"一块可用来生产十个人所需的动物食品的可耕地，如改生产谷类、根茎植物与牛乳，则至少可让双倍的人填饱肚子"。如有十英亩地，农民可种植人类能直接食用的作物，或规划成畜牧用地，一部分用来放牧，一部分种植饲料作物。用来喂食动物的一部分作物"转换成粪便与热量"被浪费掉，最终只会得到较少的营养价值。此外，用于放牧的草类作物的相对生产力远较谷类作物低。若将畜牧用地转换成可食农作耕地，将全面提高效率。

经济学者亚当·斯密曾在《国富论》(1776) 里使用相似的计算方式："一块产出能力普通的玉米田所能喂饱的人口数，将胜过一块同样面积的产出能力极优的畜牧草地。"此外，同样大小的马铃薯田，将能提供超小麦田三倍以上的营养。如果英国人将国民主食从面包换成马铃薯，斯密很有信心地保证，国家经济规模将为之扩张："人口将大幅成长，房价也会较目前来得乐观。"斯密并没有进而鼓吹英国人放弃吃肉以求人口增长；但是佩利将斯密的经济扩张理论放到功利主义道德观的框架里，并揭露了社会饮食习惯选择所代表的道德意义：

> 虽然，英国农地的产量已经日渐提升……但是我们的人口似乎并没有相对增加，我认为背后原因在于肉食习惯。一百年前，英国人的主要饮食是：牛奶、蔬菜、根茎类作物，而现在，几乎每人每天都要吃上一顿肉。因此，英国最富生产力的部分农地成了放牧草地。原本用来生产玉米和小麦的农地，现在却拿去为牛羊增肥。粮食总量与生产规模逐渐萎缩，生产作物质量的下降影响了耕地的生产能力。这使得我们认识到，作为衡量国家安全和生产力的农业，应选择耕种粮食作物，才能使人类生活可持续发展。

佩利的素食饮食爱国论让他赢得一枚素食主义者勋章。托马斯·洛夫·皮科克在《伦敦杂志》里揶揄他，并让佩利与雪莱、拉姆、里特森、戈德温、托马斯·泰勒与约翰·辛克莱爵士一同位列"业余素食者的晚餐"之席。虽然同期作家如此嘲讽他，但是佩利的农业观点沿用至今日：的确，肉食工业消耗大量资源，并间接剥夺许多人的生存权。

若以功利主义者的观点重新检视饮食道德，那么印度教的典范将再一次令世人惊艳。佩利观察到，印度教严格的素食主义，使得他们的土地能够喂养比欧洲更多的人口。如果他们和欧洲人一样开始研究肉类料理，"把鸡、鸭赶入现存的玉米田"，他们的人口必将直线下降。（确实，西方工业国家的肉食消费，正是当代人口统计学者担忧全球粮食体系安全的主因。）

现代农民深知不同作物所造成的土地效能差异。经柏拉图、圣哲罗姆观察，尔后由约翰·伊夫林重新诠释，当肉食需求上升时，将会造成土地资源缺乏以及邻人争夺等问题。自古希腊以来流传的反素食主义观点是，宰杀动物可避免动物数量无限扩张。比如，波菲利的反素食的观点就认为，如果我们不吃肉，那么动物会以极为庞大的规模扩张，并且"危及人类性命，毕竟它们具有破坏和战斗的能力，并且将吞噬大自然献给人类的资源"。17 世纪哲学家萨穆埃尔·冯·普芬多夫，视争夺资源为霍布斯所称人类与野兽之战的主因（雪莱则认为终结畜牧业代表自然战争的终点）。但是，这个古老的反素食观点也暗示了饲养大批农场牲畜将同样耗竭自然资源，因此，这个说法反而又为素食主义阵营大加使用。如同特赖恩于 17 世纪所做的观察，动物数量扩张的主要原因，乃是人类的饲养放牧；而抑止动物数量增长最简单的方法，就是不要让它们出生。在特赖恩的指导下，18 世纪时期，捍卫肉食的经典论证，反而转换成不该吃食过多动物的理由。这是因为从前肉食仅只是农业系统的副产品，在那时的农业体系里，农民在没有其他使用价值的土地上豢养动物，并以废料喂养它们。传统奶业里，当奶农养的小公牛超过喂乳期时，农夫会将它屠宰，以免它既耗费过多自然资源，又无法提供任何产出作为反馈。但是，肉食产业在 18 世纪诞生了：养牛是为了它的肉，而谷物则变成了牛的饲料。

在 15 和 16 世纪，普通佃农的传统可耕地被圈占，并被庄园地主改作绵羊牧场，以赚取羊毛工业的大把钞票。托马斯·莫尔爵士发表的《乌托邦》就曾批评，地主贪婪的行为让乡村地区的人口越来越少。18 世纪后半时期，农业革命掀起了新一批的圈地风潮，这是有史以来，人类为了吃肉以大规模的方式豢养牲畜。原本用来填饱老百姓肚子的可耕地，现在却用来种植牧草和饲料作物，让动物成了主人。目睹"丑陋的苏格兰高地清洗运动"的约翰·威廉森和奥斯瓦尔德，首度将圈地运动批评转换成对肉食工业的批评。直到 18 世纪 80 年代，学界所有有威望的经济学者、农业学者与人口学者，都不得不对这个主题进行探究与回应。英国是最早进行圈地运动的欧洲国家，其他欧洲国家迟至 19 世纪才展开行动。但是法国作家圣皮埃尔指出，由于放牧地免于征收什一税，因此农民有一种适得其反的动机去饲养动物，而不是用耕地更有效地种植粮食。他强调，中国人以精耕细作的方式使用土地，他们种植出足够产量的稻米食用，而只用剩余产品如稻秆来养牛。

老达尔文的《生物学》与《植物学：农业与园艺的哲学》等著作，以冷静笔调展现连最热爱英国烤牛肉的人都会为之动摇的科学证据。老达尔文深信人是肉食性动物，素食不仅让印度人变得"懦弱"，在欧洲对病人的危害也大于益处。针对效率不高的肉食产业体系，老达尔文警告英国人必须减低食肉量，并转换成以蔬谷为主食的饮食方式。"一百英亩土地上生产的玉米所支撑的人口数量，可能是人类所饲养的动物食品所支撑的人口数量的十倍，"他宣称，"农业较畜牧业能够生产更多的食物，这证明了以肉食品为主食的国家，人口将少于以蔬谷为主食的国家。"

老达尔文解释，追求更高利润的地主，推动了肉食产业的迅速发展："畜牧业所需劳力较少，而其产品如肉类、奶酪与奶油，却是市场上的高价奢侈品，其利润远高于耕地的产出。"利润增长正是地主圈占可耕地并转换成畜牧草场的经济诱因（当今农业专家仍旧认为，利润乃是不可持续发展的肉食工业急剧扩张的背后原因）。既然畜牧业雇用较少劳动者，并且产出较少食物，那么追求利润正是清空农村并使贫困人口沦为奴隶的根本原因，老达尔文还引用奥利弗·哥尔德斯密斯的诗作《荒村》，生动描绘了上述境况。老达尔文适当地引用了卢梭的批判，得出结论："现今世界人类不平等的状况已极为严重，以至于全世界既不能最大化地产出食物，也不能最优化地获得幸福。"

老达尔文指出，问题的严重性不断加剧，人们将可食用的谷物以"破坏性的加工"发酵成烈酒与浓啤酒，这就是"把人类的天然营养转换成化学毒药"。这简直是全民性的灾难，"如果我们纵欲消费酒肉，那么社会底层将因食物短缺而萎缩，而上层社会也会因此给身心带来疾病"。他提议唯一能阻止英国"变得太肉食性"的方法，就是"立法全面禁止圈占可耕地"。若英国能解决这个政治危机，将变成全世界"人口最多、最强健、最快乐与繁荣的国家"。老达尔文的想法和戈德温一样乐观，并且预期未来的世界"人口将以十倍数增长，而幸福程度更会以千倍数提升"。

虽然老达尔文并没有直接倡导素食，但是他本身的专业权威性，让素食主义者得以大加运用其理论。乔治·尼科尔森立刻在文章里引用老达尔文的说法，并将之与威廉·巴肯的概念融合，巴肯同样认为医疗饮食讨论应将农业因素纳入考虑范围。"过量消费肉类，"他认为，"刺激了欲望、疾病与暴躁脾气，且是谷类短缺的主要原因。牛吃进大量的种植物，但是相比之下，却生产出很少的食物。"还有约瑟夫·里特森也引用了佩利的论点。毫无意外地，雪莱也当然会引用这种新思想来支持他对政治压迫的批判。他将老达尔文的思索延伸成为新的革命概念，雪莱意识到吃肉不仅是财富的象征，也是压迫穷人的一种工具。嗜肉的上层社会占据了比他们实际需要更多的土地。雪莱指责挥霍者（这与老达尔文对农业生产者的关注不同），认为他们吃下的肉实际上是从穷人嘴里偷来的粮食：

喂养牛消耗的植物，如果以快速的方式采收的话，可以喂饱十倍以上的人口，并且避免疾病的发生。如果目前地球上最丰饶的土地都被改作牧场，就是完全浪费资源，所造成的损失也将不可计量。

雪莱和佩利、拉姆的想法一样，认为即便是穷人亦不应该耽溺于奢望肉类的幻想中："农民要是也有同样的欲望，他的家人将挨饿度日。"如同 17 世纪时期的特赖恩、克拉布和达尔文，雪莱认为饮酒也有着同样负面的意味，毕竟酿酒所使用的植物可以用来喂饱饥饿人民。"肉类和酒精，"他激动地呐喊，"剥夺了人民平等生存的权利！"

拉姆医生也认为农耕是社会改革的关键。"通过运用农耕这项有益的创举，"他说道，"让更多人得以出生在这个世界上。"他进一步指出："如果人类可以抑制自己的食肉欲望，人口可以一直增长下去。"拉姆认同老达尔文的说法，认为农耕促进创造和平文化："这听起来或许很吸引人并且非常美妙，假设所有人都限制自己只吃蔬谷，那么战争，以及战争带来的恐怖与不幸，将再也不会出现在地球上。"和老达尔文一样（相比佩利的混合农业模式），拉姆认为乳品产业同样也是浪费粮食的元凶。拉姆的态度或许没有雪莱那么强烈，但是农耕主题仍吸引他对政治发生兴趣。毕竟，肉食与牛奶很明显地被上层社会更多地占据，如果每个人都吃肉，那么剧烈扩张的人口将迫使有些人不得不去耕种贫瘠的土地，甚至耗费更多财力以进口粮食。不止是政治思想将人们导向素食主义（如同雪莱的故事一样），素食主义也激发了政治思想的进步。

对 18 世纪晚期的人们而言，人口研究成了热门显学，而当时的理论成果，在今日仍主导全世界的农业议题。当时最著名的人口学家，是托马斯·罗伯特·马尔萨斯牧师，他也是现代人口学奠基者。马尔萨斯的父亲和卢梭交好，并且以《爱弥儿》描述的教养方式养育马尔萨斯。但当马尔萨斯30岁时，他抛弃了父亲所持的人性本善的信念，并出版了有史以来最令人惊骇的经济现实主义著作。他的论文《人口原理》驳斥了雪莱岳父戈德温的乌托邦思想，并专门批判素食主义者的土地效率论。在这场政治论战中，雪莱与布拉克内尔素食主义派挑战了马尔萨斯的农业假说，先后三代人持续地进入这场论战。

马尔萨斯理论最让人争议的部分在于，他主张人口具有以几何级数增长的潜力（以1倍、2倍、4倍、8倍、16倍的速度增长）。然而，农作物则会因为土地产出能力衰竭而减少，即便使用最进步的科学技术，他认为，仍旧无法让农作物增长率与人口增长率追平。现实世界里，人口增长率必然会受到物质因素所阻碍：当贫困人口意识到生活的艰困时，将停止生育。他犀利地点出，如果人口毫无节制地增长，那么将有一部分的人口必须死亡。即使瘟疫没有消灭他们，那么战争也必然发生，倘若上述两种阻力都没有出现，那么人口数量将超越食物资源，就会造成饥荒。假如贫穷家庭生育了过多的小孩，那么他们注定要生活在贫穷线以下；不管个人有无能力逃脱战争或瘟疫风暴，相同数目的死亡注定会发生。马尔萨斯主张废除或大幅修正《济贫法》。组织化的互惠行为，会鼓励贫困人口生育更多的孩子，但结果只会导致粮食产量供应不足，造成饥荒的发生。他认为应该让人们接受自然法则的秩序与和谐挑战，直到人们明了自身经济条件并懂得节育为止。

马尔萨斯论点的基本概念，源自布丰数十年前对卢梭与素食主义者的批评。布丰认为，假使未有规律的死亡波动，人口数将"成倍地增长，并逐渐互相攻击、残杀，也就是发生战争；为了争夺有限营养资源，土地丰饶程度必然下降；此外，疾病和饥荒也是有同样效果的人口增长阻力"。马尔萨斯主张的三种人口控制工具，都是源自布丰的理论——相互残杀、疾病与饥荒，另外布丰还有一种是计划生育，这点马尔萨斯也是认同的。唯一的差别是，布丰谈的不是人，而是鱼，而他所谓的大规模屠杀也不是一种偶然，而是由人类，或者说狩猎者，所精心策谋的捕杀。马尔萨斯的人口模型就像是把布丰对狩猎行为的生态辩护，转换成社会学概念。而且，两人皆将矛头指向素食主义者。布丰和马尔萨斯对自然生态圈的自戕与修复的功能都采取放任态度，并认为人类的角色与动物没什么不同；此外，两人都认为功利素食主义者想方设法要规避自然的残酷生存战。许多人认为布丰与马尔萨斯的比喻，无疑是将阶级压迫手段，乃至战争与饥馑，加以合理化，两人的理论让人为的政治不道德，成了再自然不过的天灾。确实，布丰的追随者约翰·布鲁克纳就明确地宣称战争行为，像自然狩猎一样，都是上帝赋予人类的权利，能控制人口，增进全体人类的幸福。但事实上，马尔萨斯比批评者更清楚人口控制在政治上可能会被滥用，他更警告任何欲解决贫困问题的肤浅慈善举动，都将造成更严重的后果，比如军队规模的扩增、劳动力越来越廉价。马尔萨斯坚称，让人口增长的唯一可靠方式，就是提高农业产量，若粮食可以充分供给，家庭人口自然就会扩增。

威廉·戈德温曾幻想一个人人合作共享的农业社会，取代工业化国家的奴隶形式体系。"如果所有人都能遵守简约而健康的饮食，"戈德温论证道，"那么他们将不用再为了金银财宝而过度劳动，甚至每人每日工作约半小时就已足够。人类将建立快乐而人口繁多的社会，并远离战争、暴戾与罪恶。"马尔萨斯同意辩论对手戈德温所提议的公正社会，并相信人口增长的阻力将因此得到部分缓解，比如英国人口会至少增长两倍。但是，马尔萨斯认为，当人口数往上攀升时，势必所有人都得改为吃素："只能是把所有畜牧草场翻犁成耕地，不再吃肉。"他不假思索地承认："众所皆知，种植业可养育的人口远胜于畜牧业。"他也认同亚当·斯密的论点，认为"如果马铃薯变成老百姓的最爱食物……英国将可以容纳更多的人口"。这正是素食主义者的看法，但是马尔萨斯认为放弃吃肉是不可取的。至少，纯然的农耕体系无法生产粪肥，而英国土地又异常贫瘠。他暗示说，畜牧业为富人提供了肉类，为穷人提供了粪肥。

不过，马尔萨斯反对素食的根本原因是，即便英国社会在 25 年内人口翻倍，食物贫乏的问题仍会卷土重来。700 万人口翻倍后，"或许蔬谷能够供给 1400 万人所需，但是当人口继续膨胀，食物供给就不可能跟上人口所需，进而仍会产生饥荒等灾难"。而戈德温幻想的互惠社会将演变成资源抢夺战："神秘的自我保护机制将战胜人类温存的道德原则，利己主义将筑起排外的帝国，并期望统治世界。"

马尔萨斯以佩利和亚当·斯密推崇的印度与中国的大规模人口为例，进一步说明自己的观点。他认为两大国以有效率的方式在有限土地上生产出最大可能的食物资源。这或许看起来正如戈德温与佩利所想象的美好，但是马尔萨斯认为两国处境异常危险，因为多数人没有什么金银财宝。他质疑，当严重歉收时，两国将会出现严重的饥荒："很可能印度人朴实的生活习惯更酿成了该地的饥荒。"马尔萨斯视金银财宝为饥馑缓冲机制，他幻想（这点和戈德温一样抱有理想主义）饥荒时期，富人会将金银财宝变现，进而用多余财富为更多人提供就业。此外，马尔萨斯也不同意佩利以及其他人的观点，即应极力推动人口增长，马尔萨斯指出，让更多的人陷入贫困的生活，只会增加痛苦的总量，而不是增加幸福的总量。

戈德温否认此说，他点出马尔萨斯的乌托邦版本是当人民已达到预期人口目标时，最终又被其成功所打败，这似乎说不过去。戈德温认为马尔萨斯抹杀了想要达到人口增长的初衷，并推测当人口达到农业可支持的预期数量时，人民会竭尽所能地继续追求人口最大化。相反地，戈德温坚持道，当濒临增长的饱和点时，人民会理智地转向家庭节育；男性将乐观地选择避孕，或以道德约束性欲。因此，农业改革将带来人口翻倍增长，但绝不会造成马尔萨斯所预测的灾荒。《人口论》的后期扩充版本里，马尔萨斯确实谈论到以"道德约束"降低人口增长，他认为独身主义和晚婚都会是很好的方法。正如骚塞与柯尔律治在 1803 年共同评论马尔萨斯的《人口论》所指出的，马尔萨斯本人在他的著作的结尾提出了一个自相矛盾的论断，认为基督教徒将以贞洁原则应变强势的人口膨胀法则。马尔萨斯说明，自然本身即鼓励节制。但是骚塞指出，马尔萨斯和戈德温一样，以理想主义的态度认定大自然将抑制人类生育过量，这种乐观态度与布丰、莱布尼茨相似，认为自然将巧妙地达成和谐状态："马尔萨斯是乐观主义者，可能属于邦葛罗斯一派，他认为社会现状即是所有可能性中最完美的状态，即便诸恶仍在。"他们认为马尔萨斯对自由主义改革前后不一的攻击，仅是为了使贫困人口陷于可憎的奴隶制之中。

虽然马尔萨斯并没有赞成禁止食肉以增加农作物产量，但是他似乎同意素食主义者的基本论点，认为这样有助于可增加人口总量。戈德温指出，马尔萨斯的数据似乎再次确定，"若以蔬谷取代肉类，人类将以最经济的方式达到生存最优化"。同样地，当雪莱试图驳斥马尔萨斯的理论时，他先大力称赞马尔萨斯的主要论点，再将视角微调。"就算没有战争与饥荒控制人口，"他呼应《人口论》的论点说道，"畜牧产业的浪费行为也令人难以接受。无论战争和饥荒是否消灭部分人类，肉食产业也应退让给农耕产业，以养活所有的人。"而人类尚未全面转型成素食社会的原因是，政客们乐见战争、暴君与疾病压迫人民。这里，雪莱将马尔萨斯刻画成潜在的大屠杀者——他宁可扼杀千万人出生的权利，也不愿意看到人们放弃吃肉以提高食物产量。

素食主义学者们再次批判马尔萨斯的消极主义，讥嘲马尔萨斯的说法过于肤浅，否定他认为欧洲耕地已没有增长空间的说法，并相信如果人们放弃吃动物尸体，可释放出更多可耕地，食物产量也将因之大增，使得人口数量有大幅增加的空间。《重返自然》作者约翰·弗兰克·纽顿回应马尔萨斯说：

> 那个著名的人口学家辩称，人口消亡乃为神意，并将带来许多好处，他还欣然见到自己的理论被大量支持者传播。然而事实显而易见，地球分明就可以再容纳、滋养十倍以上的人口！

纽顿乐观预测人口将增长十倍，这个数值显然超越了戈德温、达尔文与雪莱的估计，更让佩利的翻倍说法显得过于小气。虽然老达尔文在某些激动的时刻，声称人口将会以百倍增长，但是他较为科学的研究数据指出，将畜牧地转换成农耕地可增产十倍以上的农产品，雪莱接受了这个说法。纽顿确信人口将会以十倍数增长，但是计算的前提是所有人都只食肉。1811 年时，纽顿仍旧与戈德温通信，持续讨论多少数值较为可信。

有意思的是，时至今日人们仍旧深信十倍数的说法——这正表明，这场辩论的影响力贯穿于两个世纪。困扰马尔萨斯和布拉克内尔素食派的问题并没有得到解决，灾难只是由于精进的农业技术而被延缓了，也或许人们只是选择了 19 世纪初期被视作荒谬的方法：进口食物。2003 年，伦敦政治经济学院学者科林·塔奇发出警告，如果不节制肉食生产量，那么全球可耕地面积将全面告罄。和马尔萨斯与圣皮埃尔一样，塔奇认为小规模的农场动物是应被鼓励的，因为它们可以解决不可食用的剩食，比如米糠、稻草或高纤维质的草类植物等；而农场动物亦提供可使用资源，比如粪肥。但是基本论点仍旧不变："素食主义者认为同样面积的可耕地，若种植小麦或豆类，将比圈养牛羊多生产十倍以上的蛋白质与热量。"

雪莱、戈德温与布拉克内尔派认为，马尔萨斯的人口膨胀问题是可以解决的，人类社会将继续发展，资源竞争可以消除，人类与动物也将和谐相处。博物学家讥嘲浪漫主义者对生态学与农业学一无所知，这点马尔萨斯深感认同，因为他的人口动态学本质上就是一种生态学模型。马尔萨斯的前辈学者曾直言不讳地批评素食主义者缺乏现实思考。18 世纪 60 年代，布丰的追随者约翰·布鲁克纳就批评素食主义者那种认为发展农耕就可以避免屠宰动物的想法过于天真。"试想，要求全世界的游牧民族戒掉肉食，"他宣称，"他们的草场本就不适宜耕作；而唯一能在自然生态圈生存下来的办法，就是做个环保的肉食动物。"无论是人类还是动物，都仰赖这一关系生存。自然生态学者如布丰、布鲁克纳以及早期的神义论者威廉·金牧师，都认为人类与其放牧的动物拥有互助的生活模式。而素食主义者企图抹杀这种关系的行为不仅不符合生态学，也相当荒谬。"毫无常识的蠢蛋！"布鲁克纳大骂道，"他们想推广完美无缺而平衡的生存方式给全世界；设计出这完美的生态体系的人就是那种只用幻想来评断现实的无知者。"而布鲁克纳本人抱持的乐观态度，似乎不比厌恶狩猎的素食主义者来得有生态学常识。将人类排除在生态系统外，并非明智之举。人类确实拥有独特能力，但是他们终将因为自身的生态利益与善良天性，而决定更有责任地行使掌控权。"人类的一念之间，"布鲁克纳说道，"将可主导地球走向覆灭或保存的终局，所有物种皆赖其而生。"人类的善良天性与自身利益，将促使他们减缓对其他物种的压迫。

威廉·斯梅利翻译布丰的著作，并在《自然史的哲学》（1790）里解释，何以布丰理论直指素食主义者所持的和谐自然界论点的破绽："真相是，大自然的运行并不会考虑人类的存在，每分每秒都有上万生命消殒，而自然力量并不会感到内疚……但是自然体系让万物互相吞噬共存，并达到生生不息与幸福的最大可能性。"斯梅利观察发现，人类物种的毁坏滋养了无数生命。斯梅利如同布丰以及其后的马尔萨斯一样，认为人类不该介入篡改此自然法则："如果繁茂的动物体系不受到抑制，那么世界将面临宇宙级的饥馑，并瞬间毁灭。"而人类也作为这个循环的一部分。虽然宰杀家禽做晚餐看似残酷，斯梅利也强调："这并不残忍。人类有权吃动物，就像大自然也会偶尔毁灭看似温驯而乖巧的动物。此外，若非人类文化，数以百万的动物将不可能来到这个世界上，并得到保护。"

布丰和他的追随者们认为，自然界战争是达到物种多样化与大量化的工具，这种观念成了他们的理论依据。或许有人会指责，因其忽略在生存战中丧失性命的个人，而可能酝酿出"法西斯主义"。不过，他们所提议的，是尊重生物多样性的系统，以今日眼光看来，倒相当符合生态学概念。他们推崇生物多样性的本质，并传承了推崇繁杂性的古老文化思维——上帝之所以伟大，正因为他创造出如此不同而庞大的生命体系。猎食、寄生与采集剩余物，都是地球生态体系平衡的重要环节。狩猎者与猎物本质上互相依赖与联结：一方得到营养物，另一方则得以平衡族群数目。企图破坏复杂自然生态系的举动，将会招致灾难。如果肉食动物不再食肉，那么肉食动物将消亡，而被猎物种也会因过度繁殖而导致全盘灭绝。人口问题也是同样道理。如果依循素食主义者的提议放弃猎食动物，那么依照马尔萨斯的分析，人口将急速膨胀并终将造成大规模的战争与死亡。他们警告素食主义者，人类本为生态圈的一分子，而死亡亦无可避免。

19 世纪初，当雪莱重新点燃卢梭运动的圣火时，布丰与布鲁克纳派的争议又再次浮上水面。雪莱友人，坚定的唯物主义者，年轻的威廉·劳伦斯爵士，他的自然变异理论后来有助于查尔斯·达尔文的发现，而且赢得达尔文拥护者托马斯·赫胥黎的信任，因其"协助打破了人类与动物的界限"。1814 年左右，劳伦斯参与雪莱的素食实验，坚持了大约一年。之后，拉姆医生说，劳伦斯承认自己的身体健康状况获得大幅改善。但是当雪莱在 1815 年时向劳伦斯讨论自己的慢性胃病时，劳伦斯却认定素食主义是一种相当危险的潮流，并要求雪莱停止吃素，而雪莱也乖乖照做了一整年。这期间，劳伦斯写出了一整套抨击雪莱素食主义的说辞，发表于他声名狼藉的著作《人类自然史探究》之中，并在 1817 年向皇家医学院公开演讲。此后，他将此书整理出版，题为《人类》，被编入亚伯拉罕·雷里程碑式著作 39 册的《百科全书》（1819）中。

劳伦斯认为人类牙齿与胃肠结构很明显近似于草食动物："总体而

论，人类的牙齿骨骼与下巴关节和草食性动物很相像，并且在某些方面人类与猴类有着相同的特征，而猴子更是天生的草食动物。"（布拉克内尔素食主义者们大加散播劳伦斯的退让之词，而拉姆更在自己的素食主义文选里予以引用。）劳伦斯也同意应以更为科学的方式进行素食实验以得知其成效，虽然他早已与布拉克内尔素食派进行了相对宽泛的试验；劳伦斯认为，应该让更多不同类型的人历时三代参与素食实验。劳伦斯进一步坚持（当然拉姆也爽快地再次引用了他的陈述）："我无意让读者误解，以为人类本该用蔬菜当晚餐。"如读者作此解读，他认为那是误判了自然的意义，正如同布拉克内尔常常强调的，自然与文明并无抵触。对人类而言，亲手烹饪肉类相当自然。劳伦斯强调，素食主义就像是对文明与社会展开粗劣原始的攻击。他刻意引用布丰的文句，"在黄金时代，人类如鸽子一般纯洁……他和动物的关系总是如此融洽"，以此嘲笑素食主义者的信念，劳伦斯说，令人震惊的是，在 19 世纪，人们实际上是根据一些"绝对的、夸大、歪曲的事实，以及更为悲观的假设，去找到所相信的结论，以为人体的生长发育、结构、精神甚至道德知识程度，都将会因为吃肉而大大衰竭或病弱"。雪莱认为，经验主义的劳伦斯将自己与同侪贬为热爱幻想的理想主义者，或可以今日用语"浪漫"称之。但是劳伦斯认为，雪莱与拉姆之流，擅长编造事实以符合自身的理想素食梦。素食主义一点也不科学，遑论具有生态学概念，它根本地误解了生态圈运行的模式。

反素食者的自然主义者如布丰、布鲁克纳、老达尔文与马尔萨斯等，共同定义了人类在自然界的地位。他们认定大规模死亡可形成丰富的生物多样性，而这正是查尔斯·达尔文惊觉大规模死亡可以酝酿出繁复生物多样性的起点。当达尔文在 1838 年阅读马尔萨斯所说的大规模死亡模式时，突然灵光一现，认为自然淘汰过程正是演化背后的动力。达尔文的笔记里记录了这惊天动地的一刻。笔记透露了，正是马尔萨斯谈起戈德温式的人口增长所含有的潜在意义时，达尔文才有了重大发现。达尔文的自传里说："正好我读了马尔萨斯的《人口论》，很欣赏书中为生存而斗争的思想……我突然领悟到，在自然环境中，较强的物种将生存下来，而较弱的将消逝。新的物种就此生成。在这里，我终于找到了一个可行的理论。"当达尔文发表《物种起源》与《人类的由来》时，他承认自己以马尔萨斯的"生存斗争"理念作为自己的理论基础。每个世代都会经历的大规模死亡磨难，这正是促成自然选择与创造物种多样性的背后动力："马尔萨斯理论认为全体动物界与植物界受到极为复杂的力量操控；在这种情况下，人类根本不必要增加粮食产量，也无须恪守婚姻形式。"物竞天择说的共同发现人艾尔弗雷德·拉塞尔·华莱士也视马尔萨斯为思想启发者。若个体在发展成熟前遭遇大规模的毁灭，将会促成物种的演化。适者生存，而弱者惨遭淘汰。而任何企图扭转生态圈定律的举动，都将直接地毁灭整体生态圈。而避免生态圈发生大规模的毁灭行为，成了反对素食主义者最有力的说法。传统自然主义学者恰恰从抨击素食理想主义的说辞里，发展出进化论。

现存的偏见往往使学者们从 18 与 19 世纪的素食主义者与热爱自然者的文章里，找寻生态哲学的先声。但将生态学置放于错误的时代将酿成历史误解，研究者必须厘清当时素食主义者的"理想"生态学，和反素食主义者的"现实"生态学的差异，更应知晓两者背后政治意味的大相径庭。直至今日，多数人对双方的说法仍旧混淆不清，并且造成动物保护运动与环境主义的悖论与对立。素食主义者树立了尊重非人类物种的观念，坦承人类与猴子间的密切关系，并奠定了现代文明对自然环境的感性思考。素食主义者重视"生命"的价值，也因此，毫无疑问地将因暴力的死亡视作破坏性因素，在乎动物个体的价值。但是，上述观念与生态自然学者相违背，后者视动物个体的死亡为其他生命存在的必要前提。而此差异正是素食主义者与反素食主义生态学者的分水岭。

　　两派的分歧可上溯至 17 世纪。霍布斯以其"所有人反对所有人的战争"理论，推翻理想主义者深信自然界本为谐和运行的观念。而素食主义者如特赖恩则以物种和平相处的例子反击霍布斯。这是"理想主义"与"现实主义"二分法在自然观上的历久不衰的体现，而平等主义者与乐观主义者也以此说对阶级制度进行辩驳。两大阵营聚集了卢梭与布丰各自的拥护者，并在浪漫时期的雪莱派与其论敌如劳伦斯、斯梅利与老达尔文等人那里分别得到发扬。今日，推崇个体动物价值的动物权分子，仍旧与关注生态圈体系平衡的生态学家进行道德争辩。总体看来，理想素食主义者与生态学者各持己见。认为生态圈有其重要性的反素食主义者，则视人类为生态圈的其中一个不可或缺的环节，即便人类以野蛮的姿态吃肉。

尾声
素食主义与生态学政治：梭罗、甘地与希特勒
Vegetarianism and the Politics of Ecology: Thoreau, Gandhi and Hitler

1845 年，梭罗放弃了都市生活，搬往家乡马萨诸塞州康科德镇瓦尔登湖畔的小木屋居住。梭罗在他最知名的著作《瓦尔登湖》里记述了整整两年在野外离群索居的日子，此书后来成了美国梦的原型。虽然近代美国社会尊视梭罗为自然爱好者，但是他对人类与自然关系的定义却时常前后不一，并且始终被大众所误解。梭罗是如同印度教或毕达哥拉斯信徒那样热爱保护所有生命，还是一个依内心深处动物本能行事的人？

梭罗与新英格兰超验主义者领导人物拉尔夫·沃尔多·爱默生相当交好，并因此结交了美国素食主义改革者布朗森·奥尔科特与其堂兄弟威廉·奥尔科特及西尔维斯特·格雷厄姆（现代谷类麦片早餐大师）。梭罗曾以身试验众人推荐的"原粮"饮食，并吸收了人道主义观念，他在搬往瓦尔登湖之前曾宣告："和许多人一样，我早已多年不碰动物食品、咖啡、茶，并不是因为这些食品有害，而是因为它们不符合我的精神需求。"素食主义者赞颂梭罗对野外生活的透彻认识；布朗森·奥尔科特这样形容他："他是我认识的人里面，最通晓大自然秘密和人与自然关系的。"当他们观察梭罗在小木屋的生活时，自然而然地希望他

也能认同素食主义的中心概念：人类本就有怜惜万物的天性。

梭罗确实经历了人性的那一面，在爱默生过度理想化的悼词中，梭罗被描绘成俄耳甫斯般的神话人物："他与动物极其亲密，小蛇蜿蜒攀爬上他的小腿；游鱼在他的掌中嬉戏；他更将狐狸从猎食者的爪下救出来。"但是如同爱默生所承认的，梭罗并无意拥护任何一派的说法，更不必说素食主义。虽然他确实认为食肉于营养而言毫无必要，况且蔬谷更方便的取得也更经济，且其清淡口味也相当适合澄明的思想生活；而他也通过文字让美国大众了解到他只吃米饭与自力种植的豆子。但是，梭罗并没有将自己看作热血素食主义传教士的一员。"他喜欢非常简单的食物，"爱默生解释道，"但是，如果有人提议他吃素，梭罗会认为饮食仅只是个微小话题，他甚至会说，'杀水牛当晚餐的人，过得比格雷厄姆小屋的人好多了'。他承认有时觉得自己像个猎犬或野豹，如果梭罗是个天生的印第安人，他绝对会上猎场。"

梭罗重返自然的经验，让他发现人类与自然关系论的两极观点皆有可取之处。一方面，他体验了野性狩猎本能以及人类置于生态圈制高点的荣光；另一方面，他也承认文明让人类拥有道德感觉，并与社会以及更广大的生态圈产生共生联结的关系。

壁垒分明的光谱两端分别是在人类混战中强调野蛮求生意志的霍布斯，与认为人类具有普遍同情心并发展出社会美德的卢梭。两大生态学传统阵营变成了主导 19 世纪与 20 世纪政治运动的主要哲学内涵：右派与左派。右派推崇马尔萨斯，并认为自然界本是无止境残酷斗争的场地，在此之中，只有强者才有资格生存下来。这一观点受到查尔斯·达尔文理论的加持，成为西方世界的主流价值思想。而与霍布斯和马尔萨斯一派在本质上对立的卢梭派，在后达尔文时期有进一步研究，认为合作与同情才是生态体系的动力。

梭罗在《瓦尔登湖》的"更高的法则"一章（此章原名为"动物食品"）中，将人类与自然关系的这些冲突观点糅合在一起。他相当热情地描述土拨鼠的出现激起他"内心野兽般的冲动，以及强烈地想将之猎杀生吃的念头"，以此作为文章的开头。他侃侃而谈："我从来都不拘小节，如果有必要的话，我有时可以津津有味地吃一只炸老鼠。"现代文明向来视狩猎为自然感性的对立面，事实上，人类社会一直都这么认为，但是梭罗和卢梭一样，认为狩猎让人们重新与自然展开亲密接触。在瓦尔登湖畔隐居的梭罗，时常捕鱼或猎杀一点小野兽来打打牙祭，以弥补淡如白水的饮食，而狩猎更符合他心中的人类自然定位论："梭鱼吞鲈鱼，渔夫猎梭鱼，大自然如此填饱每个缺口。"

虽然梭罗偶尔吃些野味，但他最终认为以不流血的和平方式生活才是"更高的法则"。梭罗坚称，人类文明将无情地从猎食野蛮走向草食化：

> 假设人类是肉食动物（此句话并无贬义），如果人类学习并限制自己仅食用无肉而简单的饮食，他将得到莫大好处。不管我个人怎么选择，我相信人类物种的最终方向该是如此，通过不断地努力，人类将远离动物食品，就像食人族也不会永远吃人，特别是在他们认识了更为文明的人之后。

虽然梭罗认为狩猎确有正当性，但是他推崇素食主义者更为进步的生活方式。虽然依赖其他动物而活的肉食者位居食物链顶端，但是素食主义者似乎更为超脱。他们不应只是"恐怖的凶残动物"，梭罗鼓励人们超越食物链："难道人类不该照料微小物种？他不能成为弱势动物的上帝吗？"

受到承袭浪漫主义时期华兹华斯与雪莱精神的爱默生的影响，梭罗把一本《薄伽梵歌》带到瓦尔登湖畔小屋，热情探究超越物质世界的可能。他时常在静心打坐时幻想自己是印度苦行僧，并宣告："可能在某些特殊的时刻，我或多或少是个修道者。"而罗伯特·路易斯·史蒂文森则将他比作裸体主义者。他吃下肚的东西也成就了他整个人。梭罗在《瓦尔登湖》中写道："我那么热爱印度哲学，或许我正该以米饭为食。"

梭罗无意采用二元论者的说法，以心智超越身体的概念诠释自己的体验。梭罗的笔调透露出，渴望心灵自由本是从不曾停止的念头："厌恶动物食品不是出自经验，而是天性使然。"他写道："我相信，任何曾经想尝试保有最清醒的诗意与理性的人，都会试着戒吃肉类。"在他想象的世界里，超越的美学与远古狩猎者都符合"自然"。他和雪莱一样，认为高度文明的生活，和美国印第安人的原始部落一样自然。

梭罗在两股力量之间来回拉扯："一边是亟欲追求更高、更有精神意义的生活；另一边则向往更蛮荒原始的风格。"他所描述的挣扎，似乎和他的文学与政治启蒙者本杰明·富兰克林的遭遇极为类似。富兰克林同样认为素食与肉食的矛盾象征着人类在自然界的两极化定位。和梭罗一样，富兰克林也在思索了残酷食物链的意义后，决定放弃蔬谷，改烤几条刚上岸的鳕鱼作晚餐。

狩猎本能与"互惠"倾向分别代表了不同的政治观点。而梭罗的写作衔接了两方观点，也让现代美国的左派与右派都纷纷拥戴其论点，或许正因如此，梭罗与富兰克林都被视作传统美国的代表性人物。

梭罗否认民主制度的合法性,因其会阻碍个人投入对"更高的法则"的追求。相反地,他鼓吹缩限政府力量,并提升个人自由。但是,梭罗个人所推崇的"更高的法则"似乎远远背离个体性:由于他深信文明进程将深化人性的同情心与尊重万物的信念,因此他和无政府主义者威廉·戈德温一样,相信人类天性中的社群主义将使他们和平共处,而无须政府的介入。

梭罗期望实现"更高的法则"可以顺利废除奴隶制度。他认为当个人遵从清醒的理性原则时,将会同意终结奴役制度所造成的非人道罪行。但是,他也认为将来会有个"全人类的领导者"(他心里想的或许是奥尔科特兄弟俩)阻止众人对动物施暴。"人类心中微小的疑虑,"他保证,"将会战胜文明习俗与一切争辩"。最终,梭罗相信个体将更臻道德完美,而全体人类社会也终会达到道德觉醒,并走向终极的素食主义之路。

1842 年,爱默生给了梭罗的好友布朗森·奥尔科特一笔钱畅游英国。奥尔科特为农民之子,自学成为教育改革者并推动废奴主义。旅英时期,奥尔科特居住于素食主义者詹姆斯·皮尔庞特·格里夫斯所建立的开明教育机构,该机构的居民"在泥土地上劳动着,并饮用白开水与生食"。来自北美的奥尔科特很明显地影响了该社群,居民们将该机构命名为"奥尔科特之家"以兹怀念。1787 年时,这里的居民也成为"素食协会"的主要推动者。

基督卫理公会派也是"素食协会"的推动力量。早在 19 世纪初,威廉·考尔德牧师在曼彻斯特附近的索尔福德免费发送蔬菜浓汤时,就种下了日后合作的种子。考尔德融合了伊曼纽尔·斯韦登堡的神秘基督教义、切恩的医疗论辩、圣皮埃尔派的卢梭原则与托马斯·潘恩的革命政治观点，考尔德期望信徒们可以在万物身上寻得上帝的踪影：

且慢！手下留情！

上帝存在于万物之中；

当你割肉，犹如击打上帝，

这，难道不是滔天之恶？

考尔德过世后，他的牧师职位传给了隶属激进自由派的磨坊主约瑟夫·布拉泽顿，布拉泽顿也是《曼彻斯特卫报》的创始出资人，日后，布拉泽顿成为索尔福德国会代表议员，1847 年更成为"素食协会"的首任主席。考尔德的另一位杰出追随者威廉·梅特卡夫在 1817 年移民美国，并与布朗松·奥尔科特与西尔维斯特·格雷厄姆结盟，最终在 1850 年建立了"美国素食协会"。

维多利亚女王时代的改革运动以热爱结党结派、组成"协会"著称，但是有人质疑这种小集团意识是画地自牢，似乎无法达到减少肉食者与减少人类食肉量的目标。将"素食主义者"定义成严格的身份认同，正好符合其向来的偏执形象，但是此举将许多认同肉食争议论点的群众排斥在外。自此，素食主义者似乎准备好面对更新一波的揶揄浪潮。讽刺性期刊《出击》就如此哄笑"素食协会"的首次年会："据报道，曼彻斯彻协会会员将投注全部心力鼓励大家吃蔬菜，而其成员将定时举办见面会，一起咀嚼马铃薯泥与生菜叶片。"

1853 年，"素食协会"共有 889 名成员，据称约有一半以上的成员是工人与商人。19 世纪 80 年代，通过文坛名人的加持，该协会成员暴增。1881 年，剧作家萧伯纳在读罢雪莱的诗作《伊斯兰的反叛》后，决心不再吃肉。他重新巩固了素食主义者与穿着朴素的社会主义者的联结，萧伯纳吸引了列夫·托尔斯泰的加入，托尔斯泰还为霍华德·威廉斯的新版素食主义文选写了一篇声情并茂的推荐文。

19世纪末期，素食餐厅在维多利亚时期的伦敦城里开始流行。1888年，一名从古吉拉特邦来的年轻男性在此研读法律，发现了"素食协会"的存在，而素食主义成了他改变世界政治的关键。如果有任何人得以匹配梭罗所称的"全人类的领导者"头衔，那恐怕非莫罕达斯·甘地莫属，日后，他成为印度独立运动的领导者。西方素食主义者深受印度文化洗礼长达三百年，而甘地则把素食主义再次传回印度，并使其成为国家自由运动的基础信念之一。

甘地出生在古吉拉特邦的商人家庭，该地正是坚守"不杀生"信念的毗湿奴派印度教的圣地。然而，相当讽刺的是，19世纪众多现代印度改革者皆反对茹素，而甘地亦曾被此说法吸引而暗中食肉，以作为反对传统印度保守主义与英国殖民主义的象征。甘地认为当时自己被老派英国教条所洗脑，认为素食主义让印度人瘦弱且意志薄弱，多年后他回想道："我开始深信吃肉是有好处的，这让我更强壮且有气魄，假使全印度人都吃肉的话，我们应该可以击退英国。"然而，甘地对欺骗父母感到良心不安，并且总是做噩梦，梦到动物们在自己体内呼号，最后，甘地放弃了这项实验，并决定在父母过世后，将正式宣告再也不吃肉类。

甘地热切希望能感受到世界的脉动，尽管经济上不宽裕，他仍旧期望能赴英国修读学业，而老家的长辈则威胁他，如果那样，他很有可能会失去其种姓地位，因为"有人告诉我们，在英国你将会过着吃肉喝酒的生活"。甘地向母亲郑重发誓绝不会染上英国的野蛮习俗，不顾长辈的威胁，他动身前往伦敦。他兑现了食素的诺言，尽管甘地还是相信，吃肉可以让印度人更健康："我们将可以打败英国，重获自由。"

一开始，甘地发现清淡的蔬菜简直难以下咽，他在宿舍里煮着根茎类食物，连香料都不知道如何使用。最后，房东救了甘地一命，告诉他几间廉价的伦敦素食餐厅。他满心欢喜地散步到法灵登街，享用了数月以来最满足的一餐。吃饱后，店内陈列的素食主义书籍吸引了他的目光，其中包括霍华德·威廉斯的《饮食道德》、安娜·金斯福德医生的《完美饮食法》以及阿林森医生的作品（"阿林森"目前还是一个全麦面包的品牌名）。而最引起甘地注意的，则是约翰·罗斯金与爱德华·卡彭特的社会主义好友亨利·索尔特刚出版的《为素食主义辩护》；亨利·索尔特鼓吹雪莱所提议的非暴力革命素食抗议（此概念乃受到印度教的启发），日后，甘地写作时亦曾提及雪莱与亨利·索尔特，足见两人对他的启发。

素食主义书籍的出现成了甘地生命的转折点。他成为一名焕然一新的素食主义者，通过"个人抉择"决定食素，而非仅为了遵守诺言。他克服了原本想抛弃食素生活的念头："我为了素食主义的精神而食素，并且抱持着传递此信念的决心。"素食主义更成为殖民耻辱的印记，甘地将食素转换成抵抗的象征。原本被教导要鄙视印度习俗的甘地，如今却将印度文化视作抵抗腐败西方文明的解药。

素食主义算是甘地的政治初衷；他早期的文章都刊登在"素食协会"的期刊上，并以宣扬自己的素食主义任务为目的。"我怀抱着素食者新手的强大热情"，甘地如此形容道。他很快成为"素食协会"的委员会成员，直到离开英国时，还保有相关职位，并协助世界各地成立素食主义的宣传基地。他还成立了素食主义俱乐部，并由埃德温·阿诺德担任副主席。甘地在素食活动中获得了组织政治动员的经验，此类活动也让他更了解素食主义背后的价值观，他认识了新卢德派、社会主义者、殖民主义批评者，包括了萧伯纳、安妮·贝赞特与亨利·索尔特（后者为抗议同僚皆为"野蛮人"，以动物血肉为食并仰赖世界劳动阶级的血汗而生活，辞去了伊顿公学的教职）。

甘地认为素食主义可以将西方与东方的人民联结起来。他鼓励旅英印度人将"素食协会"当作自己的家，他希望"英国与印度人民能为了爱而联结在一起"。当他前往南非为叔叔处理法律事务时，他试着让当地布尔人的孩子们吃素，并教导孩子们尊重生命，以期打破种族隔离观念。他承诺，只要提高地区可耕地的农业产量，就能提高农地喂养人口数，并化解欧洲人与印度人的竞争隔阂。事实上，甘地在约翰内斯堡的素食餐厅里第一次碰到了他日后的主要政治伙伴阿尔贝特·韦斯特与亨利·波拉克，他与两人共同建立了乡村素食主义公社凤凰城（1904），以及托尔斯泰农场（1910）。他与素食主义者同仁一起推动"真理永恒"（satyagraha，梵文字面意思为"坚持真理"）非暴力抵抗运动，从争取南非亚洲族裔的权利开始，逐渐发展成印度独立运动。

虽然一开始，甘地较为关注素食所带来的健康与节省经济费用等优点，但是他最终以"宗教"与"道德"的眼光看待素食主义。他认为不论是基督教还是印度教，皆视"非暴力"概念为信仰核心，而素食主义成了最强有力的鲜明旗帜。甘地试图将西方的素食主义传统导向印度的"不杀生"教义。同时，他也将西方的素食主义辩证联结至传统印度社会对"不杀生"的讨论之中。有一次，一个印度评论家在看到甘地放生一头小牛时说道："你最好承认你的'不杀生'观点是从西方世界进口来的。"甘地挑衅回答道:"如果是西方教育教导了我'不杀生'的观点,我也没什么好羞愧的。"确实,甘地因为受到神智学协会的影响,而再一次地检视了印度经典教义。

甘地从"不杀生"概念里找到了用以抵抗英国殖民者的非暴力信念。从 1919 年至他去世的 1948 年之间,不管是自力种植棉花取代英国进口服饰,还是断断续续进行的抵抗运动,都可见此信念的繁衍茁壮。甘地同时希望能够通过个人的日常生活实践"不杀生"的想法。他和梭罗一样,相信通过自身身体的实验,能够掀起全国的改革浪潮。不吃肉,在他的想法里只是第一步,所有的食物都会造成伤害,即便喝水与吃食植物也会抹杀微小细胞的生存机会。虽然这无法避免,但是他坚持道:"如果仅吃一口就能得到满足,你就不该吃两口。"咀嚼有助于尽可能地汲取营养,他解释道:"这有助于减少为求生存而行使的饮食暴力。"

甘地建议,像生食的麦片,是真正能减少饮食暴力的食物,甘地二十多岁时曾在伦敦实验过这类食物。这个传统可上溯至雪莱友人霍华德·威廉斯与威廉·拉姆医生,甘地也曾经阅读过霍华德·威廉斯的著作《饮食伦理》。甘地宣称:"避免用火烹调食物可以减缓疾病的发生。我们应该和动物一样,吃最原始状态的食物。"他希望让人们从烹煮食物中解放出来,甘地保证生食"将可让最有智慧的男人与女人为生活带来革命性的改变;生食可以将女性从枯燥乏味的家务劳动中解放出来,毕竟家务劳动不会给她们带来任何幸福,却只会使其受到疾病之苦"。生食及戒除奶制品等创举,都源自西方素食主义者的潮流文化,而许多观察家们以此指摘甘地的思想血统不纯正。甘地总是坦然承认:"这些所有我谈论素食主义想法的种子,确实,都来自英国。"

而连甘地都忽略的事实是，他所接受的英国素食主义传统，早已深受印度哲学的影响。

如果说甘地政治化了的"不杀生"概念或整套公民抵抗理论得益于哪个启发者的话，那非梭罗莫属。甘地早期推动非暴力运动时，即已阅读过梭罗的论文《西方公民不服从的传统》，原称作《抵抗公民政府》。虽然甘地早在阅读《西方公民不服从的传统》前，就已经创造出自己的理论（虽然当时有些人认为事实恰好相反），但他确实认为梭罗的想法"影响我至深"。在《致美国友人的信》里，甘地重申："你们给了我一位老师，梭罗，而《西方公民不服从的传统》让我更加确认自己在南非所推动的运动的科学性。"而在 1942 年写给富兰克林·德拉诺·罗斯福的信中，他提及："梭罗与爱默生的著作让我感触良多。"许多人因此认为甘地只是将受东方观念影响的西方传统文化带回印度。一名美国记者特别指出："看起来，甘地将梭罗深思熟虑后的印度哲学彻底吸收。"甘地承认他热爱阅读爱默生的原因确实与此有很大关系，他说："以西方眼光思考深邃的印度智慧，有时，他者的视角确实能提供不同的角度。"

虽然梭罗对无害原则与斯多噶学派的忍受观念深感兴趣，但是他并非甘地所想象或盼望的那么彻底坚信非暴力原则——比如梭罗就支持约翰·布朗使用谋杀手段与暴力起义来反对奴隶贸易。但是，梭罗相信个人拥有抵抗政府不公正行为的正当权利，这一点鼓舞了甘地。甘地在伦敦读书时，通过素食主义者与女权主义者的影响，知晓梭罗以服从"更高的法则"作为面对社会不公正的个人态度。确实，梭罗预言，独身的个人如雪莱描写的普罗米修斯英雄，将领导人类远离野性肉食行为，而那正是亨利·索尔特的著作《为素食主义辩护》的开场白，此书启发了甘地的人生新使命，使其终其一生投入政治抵抗运动。

亨利·索尔特是梭罗的忠诚拥护者，并视甘地为梭罗的化身。1929 年时，他欣喜若狂地读到甘地自传时回忆道，阅读"为素食主义辩护"是他个人生命的转折点。亨利甚至立马提笔写信给甘地，客气地询问他："您读过梭罗的书籍，您是否深受他的影响？因为在许多事务上，你们都拥有相似的视角。"甘地以自己曾在《印度观点》上用古吉拉特语发表《公民不服从》译文节选一事作为最好的回应。日后他也提及自己读过《瓦尔登湖》以及亨利·索尔特所写的梭罗传记："我相当满足，并且有许多收获。"这次通信后的一年，索尔特作诗一首，称颂甘地，这位与来自英国的"外国人法律"斗争的"年老体弱，毫无抵抗力的老人"。甘地重返英国，向众人报告印度独立现状，并在伦敦素食协会做演讲，赞扬喜欢坐在自己身边的亨利·索尔特。这真是代表性的一刻——曾经担当该协会委员，并推动更大规模运动的甘地，绕了一圈回到此地，完美见证了数世纪的跨文化交流，梦想得以成真。

甘地钦佩梭罗的抗议理论、脱俗与自给自足的勤俭，他还曾提到梭罗的《公民不服从》观念是他政治哲学的基础，不仅是印度对英国的抵抗，也是公民对政府的抵抗。确实，甘地在其最受瞩目的著作里引用梭罗的信条："管得最少的政府就是最好的政府。"甘地向大众宣告："解除政府权力，将可创造启蒙后的无政府主义，届时，所有人都是自己的主导者，而他绝不会损害邻人的利益。"甘地希望能消除国家政府力量，并以"自治村"取代之，他以自给自足的素食和平主义社群作为模型。和梭罗一样，甘地相信多元的无政府状态可以实现人性互助的理念，我们亦可理解，甘地的政治信念背后，有着关于人性及其在生态系统中的角色的历史脉络。

甘地认为历史以扭曲的方式呈现人性样貌，因其拼凑记录了众多人们抛弃安稳生活而纵身跃入战争或冲突的特殊时刻，如果从个人角度出发的话，他们会选择互爱互重的状态。甘地以其友爱动物的居所更进一步证明，相互的爱和尊重也适用于人与动物的关系。他的自传中有一段话可以看出他如何解答此争议了数世纪的疑问，更可以看出生态学理论如何能作为对右翼社会达尔文主义的回应。如同世纪末伦敦视人道主义为食素的理由，甘地写道："人类拥有较高的地位，并不代表他们该猎杀动物，而是强者该当保护弱者，两者应联结起来互相帮助，正如同人和人之间的联结一般。"不管是以政治或生态学的观点来看，人和人的关系，都应该与人和动物的关系一样。

　　甘地的"互助"一词指出了这一思想的哲学渊源，并清楚地概括了他的整个政治观。甘地旅居伦敦时，"互助"正是社会生态学者们的口号，他们认为人类与动物社会皆因为合作本能而成立。该运动由俄国的自然主义－无政府主义旗手彼得·阿列克谢耶维奇·克鲁泡特金所领导，他的畅销著作《互助论》从 1890 年起陆续发表，但直至 1902年才正式全部出版。1872 年，克鲁泡特金因暗中协助俄国工人进行社会主义革命而遭到逮捕。他从俄罗斯监狱逃脱，并逃亡至英国。1888年（甘地抵达英国的那一年），克鲁泡特金与马克思主义者海因德曼、泛神论者安妮·贝赞特和爱德华·卡彭特共同成立了"谢菲尔德社会主义社"，其中卡彭特对西方现代性的批评，对甘地的经济观念产生了深远的影响。卡彭特本身也是一位素食主义者，他曾负责翻译克鲁泡特金的盟友、无政府主义者让·雅克·埃利泽·雷克吕斯的作品，雷克吕斯将克鲁泡特金的共产道德观扩展成人与动物间的同盟关系。亨利·索尔特也与克鲁泡特金交好，并接受了他的观点，所以，甘地也间接受到了克鲁泡特金的影响。克鲁泡特金也和甘地的素食朋友剧作家萧伯纳相识，克鲁泡特金的女儿日后甚至将萧伯纳的剧本翻译成了俄文。此外，克鲁泡特金与多数伦敦的异议分子和社会主义者一样，都相当崇拜列夫·托尔斯泰，克鲁泡特金还在 1911 年时在《大英百科全书》中赞美托尔斯泰的无政府主义实验农场社群。同时，托尔斯泰所写的《上帝之国在你心中》也启发了甘地，二人经常就素食主义与非暴力抗争的主题进行书信往来。

克鲁泡特金、托尔斯泰、萧伯纳和甘地，都相当不满马尔萨斯对进化论的错误解释及其鼓吹个人主义与社会竞争。社会达尔文主义所犯下的最严重的错误，据克鲁泡特金说，即是 1888 年，达尔文著名的门徒托马斯·赫胥黎在论文中阐述的："为了生存而竞争本是人类无可回避的命运，自然状态下弱者被淘汰，而最强悍或精明的，虽然未必能代表最好的，将得以生存下来。生命就是无止境的战斗——霍布斯所谓的所有人反对所有人的战争，就是生存的自然状态。"赫胥黎强调，为了抵抗残酷无情的自然生态，人类必须征服自身嗜血的本能。西方世界过度热情地鼓吹如此坦率的政治评论，而发明"生态学"一词的学界领导者恩斯特·海克尔更宣称："人类社会为争夺资源而展开争斗，正是恐怖与永无休止的整体生态界战斗的缩影。"

克鲁泡特金认为，赫胥黎所描述的人类社会本能是过分理想化地扭曲了生态界事实："自霍布斯时代以来，人们毫不质疑此说法，并且大加传播。"克鲁泡特金坚持认为，生态界的多数生物并非通过彼此战斗而存活下来，而是团结在一起共渡难关。克鲁泡特金于气候严酷的西伯利亚苔原进行大量的动物学田野研究，研究表明在人与动物都相对稀疏的环境中，竞争并不常发生，这正是他与达尔文派观点的差异所在。达尔文以物产丰富的热带区域作为其生态学的原型。克鲁泡特金解释，在严苛的环境条件下，只有最善于合作的动物才能生存下来。社群本能带来重要的进化效益："社会性是生存斗争中的最大优势。"人类向来是最优秀的物种，互助使其生存繁衍最为成功。克鲁泡特金指出（与卢梭、梭罗、甘地观点一致），上述原则正是"人类源出的道德本能"与利他主义的根源。和雪莱一样，克鲁泡特金并不忌讳谈论生态学者定义的"道德"特征，然而他的敌手则普遍选择忽略互助原则，即便这是自然界法则之一。克鲁泡特金认为自己的互助理论对社会的有效组织有着明显的影响："不要竞争！竞争对物种有害，而资源富足不应竞争！请互相帮助！"克鲁泡特金激动地阐述，马尔萨斯竞争论只会造成死亡和毁灭，不仅绝不会有效，而且只会浪费资源。

时至今日，多数生态学者仍然反对克鲁泡特金的理论，他们认为互助本能在进化过程中胜出的唯一可能就是个体繁殖成功率提高，而非物种本身。然而，克鲁泡特金对"过度理想化的进化论"的批评是有针对性的，他的动物学研究由生物学家韦罗·温·爱德华兹接手继续下去。在一篇名为《克鲁泡特金不是疯子》的文章里，斯蒂芬·杰伊·古尔德赞美道："克鲁泡特金确实创造了竞争与合作的二分法，两种形式的差异同时存在，一为相同物种的生物体之间为争夺有限的资源而互相竞争，二为生物体为抵抗自然环境而合作。"

克鲁泡特金认为达尔文及其追随者过分地忽视社会性的重要。他们转而关注自利的生存竞争，并为丑陋的政治态度漂白。达尔文与赫胥黎使人们认为欧洲文化比发展落后地方的文化高等，而人类物种的进化受到阻挠，达尔文以如此口吻说道："一大群身体与内心皆相当弱小的人类因受到保护而得以生存，早在他们野兽时代就该遭到消灭。"

但是达尔文确实仍旧研究了进化过程中的社会性，承认同情心"会在自然选择中逐渐加强，而认同互助理念的社群将拥有最多数量的成员，并繁衍最大数量的后代"。而物竞天择说的共同发现人艾尔弗雷德·拉塞尔·华莱士与托马斯·赫胥黎也同样认为人类的互助性格与道德源自"动物祖先所赐给我们的道德本能"。但是如同亚当·斯密和更早之前的霍布斯一样，达尔文认同情感最终会被自私的内心状态所战胜，而斯密指出，满足同情会带给五脏六腑一种本能的满足感，而达尔文更详加解释："我们期待做好事能够得到别人的回馈。"和卢梭所认定的相反，达尔文派认为同情心与社会性并非自利的相对面，而是自利的附属品。克鲁泡特金刻意与他所称呼的"天真乐观卢梭派"保持距离，但是他深信人类能在没有法制与政府权威的阴影下以互助本能创造和谐社会的想法，其实源自卢梭和戈德温派的思路，并由梭罗与甘地加以传播。

克鲁泡特金与其思想启蒙者戈德温一样，视缺乏效率的使用农地为社会共同资源的流失。他认为，"牧场比起玉米田，效率实在奇差无比，所谓高贵的牛实在是相当差劲的生物，一只牛得要三亩地才能养活"。但是克鲁泡特金没有宣扬禁肉，他说："我们最爱的主食就是肉，不管是出于自愿或必需，非素食主义者平均要消费 102 千克的肉。"然而克鲁泡特金的后继者们在他的论文中，发现了素食主义得以立论的思想基础。如果物种内的合作能够带来绝佳效益，人为何不该追求跨物种的合作呢？与克鲁泡特金相比，1781 年巴黎公社的老将埃利泽·雷克吕斯则鲜明地主张卢梭派的乌托邦梦想，他认为，跨物种的和谐状态对生存极为有利，人类对动物早已萌生"兄弟之情"，这种天然的关系不管是在远东还是古代印度的典籍都可得到证明，是对生态系统的所有成员都有好处的："那天性的同情心让各种动物和谐共处，并共享和平与爱。"他还说："鸟儿飞来停靠在人类的手掌心里，甚至倚靠在牛角上。这样和谐的关系，比起当个猎食者，更能带给人类好处。"

进化论成了社会上的中心议题，而克鲁泡特金与雷克吕斯的说法对素食主义相当有助益。（确实，拉塞尔·华莱士虽然不吃素，但他同样认为人类应该为了道德、医疗与农业原因选择吃素，他也认同亨利·索尔特所赞美的雪莱之美德。）1938 年，"国际素食联盟"的伦敦代表杜格尔·森普尔表示："我们不仅该学习达尔文，也该学习克鲁泡特金。"克鲁泡特金说，群居性是一种进化上的优势。据此，森普尔推断，群居性的食草动物群体正在占领世界，而食肉动物却在不断减少。后达尔文时期，许多人仍旧心怀伊甸园般的不流血的生态梦，甘地认为狮子"极端残忍而毫无用处"，显然也受到这说法的感召。

1917 年后，俄罗斯革命左派取得领导地位，成功推翻沙皇后，流亡的克鲁泡特金返回国内，并着手在革命时代建立一个符合生态道德的社会。同一时期，令人惊惧的欧洲极右派兴起，而其支持者更以生态学为自己的政治行动做辩护："特定组织取得霸权并统治其他族群，乃自然状态。"纳粹（又称国家社会主义德国工人党或德国工人党）相信净化"劣等人种"本就是自然界应允的淘汰过程，希特勒在《我的奋斗》里提到："自然基本准则就是贵族主义。"或许赫胥黎与海克尔不该为大屠杀承担责任，但是纳粹的人类优生论确实有其理论背景，马尔萨斯与威廉·劳伦斯爵士通过观察农民的育种淘汰法，诠释了进化论，他们也不认为以"优生学"使人类物种进步有何不对。纳粹将这一理论发挥到毁灭极致：他们认为犹太人应该被社会清除掉，因其寄生般的社会存在，会造成德国都市经济的隐忧。

或许有人会讶异当时素食主义受到法西斯右派与革命左派的拥戴（特别是马尔萨斯的生态论曾被用来批评素食主义）。法西斯主义企图净化人类种族的想法，貌似呼应了素食主义的洁净观点。纳粹尝试使人类返回"自然"状态，虽然他们所称的"自然"与素食者的说法相似，但却极端可怕。他们对动物保护议题的关注，出于对犹太 – 基督教人类中心主义的反感。同时，他们对"人类只是生态系统中的一种动物"的认定，合理化了连纳粹自己的动物保护法都不会容忍的屠杀罪行。

尽管历史学家努力澄清两者间的分歧，但是，一直让许多现代素食主义者难以接受的，是阿道夫·希特勒竟然也是个素食者。希特勒笃信素食主义，终生一以贯之。确实，有许多纳粹分子吃素，并热衷研究相关议题。纳粹党护卫队掌门人海因里希·希姆莱相信素食是健康的源泉与长寿的秘诀。希特勒的副手鲁道夫·赫斯是非常严苛的素食者，他甚至拒绝德国总理府为他特别准备的餐点，并声明自己只食用以有机方式种植的蔬菜，尽管总理府的主厨为希特勒本人所亲自任命（任何有可能贬低希特勒的举止都是绝对应该避免的，据说，希特勒非常不满地告诉赫斯，他应该自己在家吃饱再过来）。位高权重的党务中心领导人马丁·鲍曼为了在餐桌上迎合希特勒，也只吃素食。约瑟夫·戈培尔也曾在日记中表示相当认同素食主义："希特勒的论点在任何严肃的层面上都不能被驳倒，它们是毋庸置疑的。"

纳粹意识形态恐怕是欧洲历史中最可怕的东西，但是它有其渊源。不管是往前追溯，还是往后寻觅，其脉络清晰可循。很显然，文化浪潮经过繁衍变异，转变成造成国家危机的法西斯主义。

到 20 世纪初，后卢梭主义的回归自然运动，已经发展成为一曲热热闹闹的由自然主义者、裸体主义者、泥浆浴者、生态学家和素食主义者合奏的交响乐。这一运动的巅峰是反主流文化的天体营（裸体主义派），他们宣扬"回归大自然，才有天堂般的生活"。19 世纪与 20 世纪初期的德国，全社会关注的是健康与美貌，以抵抗过度城市化带来的病态影响，他们从魏玛时期的"生活改革"与充满活力的"身体文化"概念中找到了灵感。政治光谱两端的人们，不管是犹太复国主义、法西斯主义、社会民主主义、嬉皮先驱等，都不约而同地拥抱自然主义并亲身实践。犹太作家弗朗茨·卡夫卡就曾经是裸体主义者、素食主义者和生食爱好者。

19 世纪 60 年代，爱德华·巴尔策在德国组织素食运动，贯彻歌德好友威廉·胡费兰的观念。德国民族主义者理查德·翁格维特说服追随者，以奉行严苛的素食主义和严酷的集体裸体体操，来重拾德国在第一次世界大战中失去的民族尊严，并将德国国民重新推回世界军事强权的舞台上，德国人深信战争能逆转进化过程。翁格维特的素食同伙，德国素食主义者联合会主席古斯塔夫·泽尔斯以及女性主义者克拉拉·埃伯特，三人同时鼓吹以吃素作为净化德国社会腐败的手段。他们主张，不愿接受净化过程的人，应立法严禁其哺乳，甚至限制将其"低等体质"遗传给下一代。翁格维特还组织了以金发雅利安男性为主要成员的新兴异教徒团体。就在同一时期，美国的约翰·哈维·凯洛格提倡以谷类麦片取代传统的鸡蛋与熏肉的组合式早餐，凯洛格也是优生学运动的领导者，他公开主张对非裔美国男性罪犯进行强制绝育，目标是在 20 年内绝育 1500 万。

20 世纪初期，德国法西斯主义者轻而易举地篡用了素食主义者的论调。尽管纳粹最终遏制了翁格维特这样的裸体社团，他们还是接受了后者的言论。希特勒相信素食可以净化自己身体内的"坏血液"，并借此达到身体健康与血统纯正之效——他担心自己的祖先有犹太血统。1911 年时，希特勒第一次为了胃病而尝试吃素，1924 年为了减轻体重而再次吃素，最终在 1931 年彻底告别肉类。据传，肉食使他联想到侄女格莉·劳巴尔的尸体——劳巴尔是用希特勒给她的手枪自杀身亡的。希特勒一直坚信吃素可以治好胀气、便秘、过度流汗、神经紧张、肌肉痉挛与胃绞痛，并免受癌症致死之苦。对希特勒来说，个人经验显然可以扩展至全人类身上。

希特勒呼应了卢梭、伽桑狄、普鲁塔克等人的素食传统，深信吃肉绝非人类饮食天性。根据马丁·鲍曼书写的《希特勒的席间漫谈》，希特勒不断向纳粹高层官员训话："我们的史前祖先猴子就是吃素的。如果我让小孩子选择一个梨或一片肉排，他会立刻选梨来吃。那正是他的返祖本能……在一切生物中，只有人类试图违背自然法则。"戈培尔在 1942 年的日记中也提到，希特勒认为吃肉会破坏人类本性。这证实了鲍曼的说法。

学者罗伯特·普罗克特在《纳粹与癌症的战争》里说，那一时期的顶尖医生认为吃肉特别是过量食肉，会导致癌症，而食素人口如印度人则不见患癌。因此，纳粹鼓励德国人选择更健康自然的饮食，以根茎类、水果、谷类做主食，并立法规定烘焙师傅有义务提供全麦面包，全麦面包更成了伟大德国人的爱国粮食。而不愿按照规定改变自身饮食、不能按照规定保持匀称、苗条、健康的体魄的人，将遭受惩处。任何食用过量肉类和脂肪的人，纳粹认为他们"抢夺其他同志的食物，是流氓和国家的叛徒"。如此信念与政策不可思议地吸引到了德国泛神论者萧伯纳与基督复临安息日会的支持，1933 年时，他们欣喜赞美由希特勒所领导的德国"如同由上帝之手亲自带领一样"，"希特勒深知自己必须对上帝负责，他不但不喝酒、不抽烟，还是个素食者，他比任何人都能理解我们的饮食改革运动"。

希特勒更大胆地得出结论（和甘地、梭罗友人延斯·彼得·米勒、胡费兰以及拉姆医生等素食主义者的看法一样），烹煮本身就是不自然的饮食坏习惯。《希特勒的席间漫谈》一书指出，希特勒认为"所有文明疾病源自烹煮食物"，他还强调，"所有素食者应当谨记，生冷蔬菜正是保存营养价值的绝佳状态"。甘地和其追随者受到德国自然疗法的启发，实验以发芽小麦作为主食，而德国军队也规定以发芽小麦佐以大豆粉作主食（当时大豆又称为"纳粹豆"）。讽刺的是，纳粹与甘地有同样的饮食改革愿景，希勒特还说，如果人们的寿命延长了，那是因为"人们重新接纳了自然的饮食"，"生食运动正是一场大革命"。

希特勒在当德国总理的几个月里，会见了一位80岁高龄的老妪，她是"莱茵河畔闻名的素食、冷水浴和草药治疗的耆宿"。那天，秘书提醒希特勒回到办公桌上的政治事务时，他回答道："有些主题是远比政治更有深远意义的，比如人类生活形态的变革。今天上午她对我说的这些，比我这辈子能做的任何事都远远重要！"希特勒在政治会议上总是谈着谈着就转到素食的益处，让同志们面面相觑不知说什么好。1942年4月，即便在战事的白热化时期，希特勒仍旧占用战略会议的时间，讨论自己喜欢的话题。"当然他自己知道不能在战争期间打乱饮食供应，"戈培尔在日记里写道，"但是，他决心在战后解决这个问题。如果吃肉成为纳粹党人的信念主旨，我们不可能会成功。"希特勒陷入深思，但向海军上将弗里克保证，他现在不会颁布禁止海军吃肉的禁令。

希特勒不愿意在战争时期禁止吃肉，但他确实相信吃素很可能会是德国军队成功的秘密关键。他强调，凯撒大帝的军队只吃蔬谷，"如果维京海盗吃肉，他们不可能完成漫长的远征"。希姆莱深表同意，并下令武装党卫队吃素，并且不得抽烟。希姆莱观察到，印度的素食主义者活得比欧洲人长且健康，他幻想雅利安德国人重返素食后，能够一统天下。

在二战期间纳粹面临食品短缺的背景下，传统素食主义反对浪费谷物饲养牲畜的呼声越来越高。据说，希特勒埋怨约有 37% 的德国土地被供作牧场用途。"所以，吃掉粮食的不是人类，而是他的牛；相反，德国国民的主食马铃薯却只占了 1% 的土地，"希特勒说，"如果马铃薯种植地增加到 3%，我们的粮食一定供过于求。"赫尔曼·戈林因此颁布了一个强硬的法令，宣称所有将谷类拿去喂牛的农民都是"叛国徒"。纳粹公共健康委员会委员弗朗茨·维尔茨也有类似的抱怨，他认为 9 万卡路里热量的谷类食物只能造出 9300 卡路里热量的猪肉，"这等同于消耗了约 90% 的农作物"。维尔茨坚称，那些种植饲料谷物的耕地都应该改成耕种人类的粮食作物。

如同 17 世纪的英国与大革命时期的法国一样，素食主义再一次在战争时期跃升为主流观念。粮食短缺时期，吃肉被视为不爱国的放纵行为和对资源的低效利用。马尔萨斯曾经预言，当粮食生产不足以满足所增加的人口数时，唯一可行的办法即是提高农作物产量。他还警告，若此举失败，将导致饥荒与战争，直至人口数目趋于平衡。究竟纳粹的社会理论有多少源自马尔萨斯，反过来纳粹的行为又如何实践了马尔萨斯的理论，已难考察。同一期间，印度的甘地也呼吁以食素作为抵抗战争暴行的姿态。看来，不管是马尔萨斯还是他的素食主义对手，都认同使用可耕地喂饱人民，将是最有效的利用国土的方式。不管是甘地还是希特勒，也都对此深信不疑。

人们似乎不难理解为何法西斯政权视提倡健康生活与蔬谷食物生产为必要手段，但是或许很难理解为何纳粹德国推行史上最为严苛的动物保护法律。使用活生生的人体进行科学实验，并将上百万人送进毒气室的政权，却竟然同时禁止活体解剖动物。纳粹颁布至今仍无其他国家政府实施的人道地屠宰鱼类与甲壳动物的法规。戈林积极推动动物保护法则的实施，其他纳粹党人同样也积极地保护动物免于伤害。据说，希姆莱非常痛恨"从背后射杀在树林里游荡的没有抵抗能力并且不知情的无辜动物"，他称之为"彻头彻尾的谋杀"。希特勒非常喜欢动物，他深信动物有一定智力，甚至有语言系统。他极宠爱他的狗，尤其是牧羊犬布隆迪。1945 年，当希特勒与爱娃·布劳恩吃完最后一餐番茄意大利面并双双举枪自尽之前，希特勒喂布隆迪吃了氰化物，以免它独自在非纳粹的世界受苦。（据说，苏联法医检验希特勒烧焦的遗体时，是因该尸体有"素食者特有的黄板牙"才确定了他的身份。）

或许，希特勒的动物保护制度被人们无限夸大，以对比他所造成的恐怖杀戮政治。当时人们已感觉到两者间的断裂。举例来说，希特勒书架上的法式素食料理书很讽刺地注明"献给素食者与人间和平使者希特勒先生"。但是，事实上，关怀动物和制造人类灾难，两者之间根本毫无关联。（虽然也有些愤世嫉俗的人因为难以融入大众，转而向动物寻求更温暖的群体关系。）现代学者指出，纳粹的动物保护法透露出极端排外的倾向，比如禁止使用犹太教或伊斯兰教的方式进行屠宰。戈培尔在关于希特勒的素食生活的记录中写道："基督教与犹太教，希特勒一律反对，因为两者都排斥动物。也因此，希特勒认为这些宗教终将走向毁灭。"纳粹的生物课本教诲学生："不管是从身体或心理结构来看，人类都与动物无异。"1933 年，帝国大元帅赫尔曼·戈林警告，

"谁再胆敢把动物当作无生命的财物来对待"，就把谁关进集中营。

犹太－基督教传统向来与人类中心主义密不可分。纳粹使用动物保护法规、素食主义与灭绝犹太人等法西斯手段，来清洁他们认定已然腐败的人类生态系统。《希特勒的席间漫谈》里描述希特勒以近似雪莱的语调表示，当青蛙吃下恶心的食物时"等同于遭受非自然污染"，就会长出丑恶的瘤，成了蟾蜍。他计划发起全球饮食革命，让全世界返回最初的纯洁状态。希特勒的素食主义时常被追溯至他崇拜的歌剧作曲家理查德·瓦格纳，尽管并无足够的史料证明两人的关系。不过，瓦格纳确实与甘地、雪莱甚至希特勒一样,认为肉食动物是"非自然的"，或至少是生态系统中不受欢迎的成员。1881 年，瓦格纳写道，回归天然素食，将有助于将纯洁的人性从那些由肉食习惯和种族杂交造成的堕落中解放出来，并免受犹太人的侵害。他说："诚心诚意地走向素食主义者、动物保护人士和懂得节制的人，是保持人性的唯一希望。"瓦格纳还表示："比起人类，我更同情动物所遭受的苦难。"因为动物没有办法像人类那样可以摆脱苦难。希特勒可能吸收了瓦格纳这些观点，当然，主张法西斯式的人性净化是两人的共识。

犹太教思想与人类中心主义的内在关联，至今仍刺激着许多法西斯主义者采取对立态度。希腊的法西斯主义者马克西米亚妮·帕特阿斯，别称萨维特里·黛维（被史学者尼古拉斯·古德里克·克拉克称为"希特勒的女祭司"），至今仍有许多追随者。萨维特里·黛维在二战时移居印度，她曾试图邀请希特勒与其雅利安党员与印度种姓高阶层贵族结盟。她出版的书籍由涉嫌参与"大屠杀否认行动"的出版商印行，并在 1991 年再次印刷。书中，她同时攻击犹太－基督教人类中心主义与社会达尔文主义，她的诉求为"你不能要求大自然去纳粹化"。据萨维特里·黛维的说法，印度经典不认为人类拥有独特的自然界地位，也因此，灭绝非雅利安人种与保护动物毫不抵触。她感叹道，为了修建道路和城市，为了给越来越多的本来不会出生的人种植粮食，毁尽了多少古老的森林！有时候她宁愿人类灭绝，也不愿看到大自然彻底毁灭。认为人类本是动物世界的一部分，因而对生态支配权的争夺是不可避免的，正是这种观点，使法西斯主义者心安理得地实施大规模的暴行。

纳粹党人有时会引用印度思想来支持素食主义，这与无数素食主义者也批判犹太－基督教的人类中心主义不谋而合。然而，纳粹以其令人惊愕的暴行将历史上发人深省的观念推向极致。毫无疑问，大多素食主义者对这种纳粹素食主义感到相当不安。于是有人说，希特勒有时也是会吃肉的，希特勒独身与禁欲的领导者形象不过是其宣传部门的虚假编造。（饶有意味的是，通过苦行解放身体与心灵，并身负爱国重大责任的领袖形象，很可能是从圣雄甘地身上得到的灵感——希特勒的书架上就摆着关于甘地的书籍。）当然，希特勒是素食者还是肉食者，其实没必要做过多的揣测与联想。或者说，作为素食者的希特勒与素食大众的关系，并不见得比作为肉食者的希特勒与肉食大众的关系就更密切。虽然，素食主义是希特勒法西斯意识形态的一个组成部分，但是这并不意味着素食主义内含有任何法西斯主义思想。

素食主义和生态学历史上的这种先例，使得今日的辩论陷入了左右为难的雷区。然而，更客观的说法是，不论素食主义还是生态学理论，其历史都远比其信徒如纳粹与其思想对手古老得多。深究人类对待自然界的方式和理念，早已成为人类历史上无数交锋的文化竞技场。素食主义观念早已风行了数个世纪，绝不应与特定的政治观点联系起来。

欧洲素食主义者向人类对动物王国过度无情的剥削发起挑战，正是他们，及其背后的印度哲学，让今天的我们对自然界怀抱着一定的恻隐之心。

当今激烈争辩的议题，许多仍旧承袭了传统的思考脉络。著名动物解放学者彼得·辛格教授直承功利主义，其追随者们反对造成动物的不必要痛楚。彼得·辛格将动物的感受纳入更大的共同的善的考量之内，相对于多数功利主义者将肉食行为合理化的做法，他分析指出，文明国家的人民拥有无数饮食选择，实在没有道理将其商业饲养与宰杀动物的行为合理化。而往往与动物解放主义者意见相左的生态主义者则相对难以归类，或许与其源自复杂的生态研究和政治理论研究有关，前者认为人类社会应当遵照自然体系运作，而后者则认为人类价值观本就相似于生态体系。而被归类为"深层生态学家"或"生物中心论者"的，则是最受攻讦的人士，许多人甚至将之划归为法西斯主义者，这就和把素食主义与纳粹联结起来一样荒谬。

生态学者，比如就我自己来说，则质疑彼得·辛格教授视知觉为道德考量标准的观念，这其实是古老的人类中心种族主义的思路延伸（而非相反），即认为生物自身固有的道德价值视它们与"我们"的相似程度而定。必须看到的是，唯一的希望（也是渺茫的希望）就是我们要认识到所有生物都在一个相互依赖的网络中繁衍生息。无论人类如何诉诸"权利"或"道德价值"，如果我们（以及生物界的任何其他成员）想要避免困境甚至更糟的情况，生态环境就必须得到保护。特别是当获取食物的方法出现危机时，这就会成为一个重要的议题。动物解放论者为此开出的处方，即倡导推行全民性的素食主义，这在生态学上是不是最明智的，以及是不是减轻动物痛苦的最佳方式，还不太确定。毕竟，以可持续的生态方式（不仅仅包括对野生动物的捕猎管控）取得肉类，即便在动物福利论的意义上，这些方式给动物造成的伤害也小于对农耕种植的破坏。此外，世界上尚有许多地方只能以放牧来让人类与动物共同生活下去。

无论如何，反对食肉必须兼顾动物福利和生态环境，以及人类自身的利益。但要看到的是，世界上仅存不多的原始森林正因为开辟放牧草场与种植大豆而即将消失殆尽。而营养丰富的豆类大部分都用于喂养动物，这些动物最终会出现在西方发达国家的餐盘中，而且越来越多地出现在中国。这种生态破坏，再加上肉类工业所产生的巨大资源消耗，不仅威胁着生态系统和祖祖辈辈依靠土地为生的老百姓，也威胁着整个人类的生存。道理很简单：如果我们少吃一些肉，特别是那种以不可持续的方式生产的肉类，我们就可以少破坏一些森林，少浪费一些水资源，少排放一些温室气体，从而守护下一代的地球资源。只要我们希望避免自然环境与粮食安全的危机，就至少有令人信服的理由，使我们少吃一些肉。

湖岸

动物研究丛书
Hu'an Series in Animal Studies

动物保护的圣经，素食主义的宣言，生命伦理经典之作

动物与人类同属自然的生灵，但人类对非人类动物的暴行持续千年，给动物造成的巨大痛苦和折磨，只能与若干世纪以来白人对黑人的暴行相比。为反对这种暴行而进行的斗争，我们称之为——动物解放。

与人一样有知觉、有痛感的动物饱受剥削、欺凌和杀戮。成为一个素食主义者，少制造动物的痛苦，不仅能使人类与动物和睦相处，也能降低环境成本，拯救不堪重负的地球。

对其他生命的尊重正是对人类自身生命的尊重。动物的解放才是人类真正的解放。

彼得·辛格（Peter Singer），澳大利亚著名道德哲学家，现代效用主义代表人物，全球动物解放（保护）运动的倡导者，曾任国际伦理学学会主席、美国普林斯顿大学生物伦理学教授、澳大利亚墨尔本大学应用哲学与公共伦理中心荣誉教授，专事应用伦理学的研究。

《造物同胞：我们对其他动物的责任》
（克里斯蒂娜·科尔斯戈德）

《肉食的性政治学》
（卡萝尔·J.亚当斯）

《动物的苦难：动物福利的科学》
（玛丽安·斯坦普·道金斯）

《饮食之道：食物选择为何重要》
（彼得·辛格　吉姆·梅森）

《伦理与动物导论》

（洛丽·格伦）

《动物研究中的动物伦理》

（海伦娜 · 勒克林斯贝里

米基 · 耶里斯　I. 安娜 · S. 奥尔松）

《动物正义论》

（罗伯特 · 加纳）

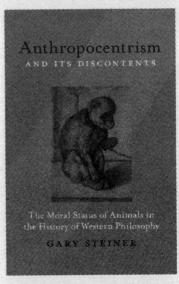

《人类中心主义及其不满：
动物在西方哲学史上的道德地位》

（加里·斯坦纳）

部分待出书目

《源于动物：达尔文主义的伦理启示》
（詹姆斯·雷切尔斯）

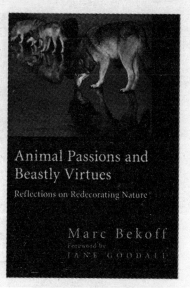

《动物激情与野性美德：
重新装饰自然的思考》
（马克·贝科夫）

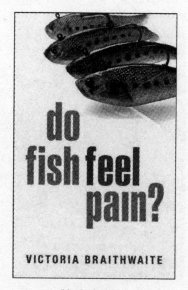

《鱼会痛吗？》
（维多利亚·布雷思韦特）

《当物种相遇时》
（唐娜·J.哈拉维）

湖 岸
Hu'an *publications*®

出 品 人_唐 奂
产品策划_景 雁
责任编辑_韩 松
特约编辑_张雪银 杨子兮
营销编辑_刘焕亭 孙静阳
责任印制_朝霞午昼
封面设计_尚燕平
版式设计_裴雷思
内文制作_常 亭 陆宣其

🐦 @huan404
🐙 湖岸 Huan
www.huan404.com
联系电话_010-87923806
投稿邮箱_info@huan404.com